AF731928

GRETHLEIN

Jugendgerichtsgesetz

SAMMLUNG GUTTENTAG

249

Jugendgerichtsgesetz

Kommentar

von

Dr. Gerhard Grethlein

Amtsgerichtsrat

BERLIN 1959

WALTER DE GRUYTER & CO.

vormals G. J. Göschen'sche Verlagshandlung — J. Guttentag, Verlagsbuchhandlung — Georg Reimer — Karl J. Trübner — Veit & Comp.

Archiv-Nr. 21 1 249/59

Satz: Walter de Gruyter & Co., Berlin W 35

Druck: Berliner Buchdruckerei Union GmbH., Berlin SW 61

Alle Rechte, einschließlich des Rechtes der Herstellung von Photokopien und Mikrofilmen, vorbehalten

Vorwort

Das JGG von 1953 gilt, wenn dieses Buch erscheint, schon 5 Jahre. Seine erhebliche Bedeutung ergibt sich weniger daraus, daß es bei etwa $^{1}/_{5}$ aller Straftaten anzuwenden ist, als vielmehr aus der Erkenntnis, daß das Gesetz die Behandlung gerade der noch beeinflußbaren und erziehungsfähigen Täter regelt. Von der richtigen Behandlung hängt es wesentlich ab, ob der gestrauchelte junge Mensch wieder auf die rechte Bahn gebracht werden kann oder ob er sich endgültig dem Verbrechen verschreibt. Viele Berufsverbrecher sind Frühkriminelle; aber nur etwa $^{1}/_{7}$ der in der Jugend straffällig Gewordenen begeht weitere strafbare Handlungen.

Dieser großen Bedeutung wird das Gesetz gerecht, das — ungeachtet einiger Mängel vor allem im Recht der Heranwachsenden — zu den besten Nachkriegsgesetzen gezählt werden darf. In den letzten Jahren ist eine Reihe bedeutsamer Entscheidungen und Abhandlungen erschienen, die sich mit verschiedenen Einzelfragen befaßt haben. Auch Grundrisse und Schriften über die Kriminologie der Jugend liegen vor. Schließlich steht seit nunmehr 3 Jahren neben dem bewährten Erläuterungsbuch von Potrykus der hervorragende Referenten-Kommentar zum JGG von Dallinger-Lackner zur Verfügung. Es gibt aber noch immer kein Handbuch für die tägliche Praxis, ein Erläuterungswerk also, das über alle in der Praxis wichtigen Fragen rasch Auskunft gibt und dessen Umfang gestattet, das Büchlein im Büro und in der Sitzung stets griffbereit zu haben.

Diese Lücke will dieses Werk füllen. Ich war und bin mir der Schwierigkeiten dieses Unterfangens bewußt. Kurze Erläuterungsbücher im herkömmlichen Sinn setzen eine wenigstens einigermaßen abgeschlossene Entwicklung des Rechtsgebietes voraus, das Ausgetragensein wenigstens eines Teiles der Probleme. Dies ist gerade beim JGG nicht der Fall. Das Jugendrecht ist ein ziemlich junges, noch ganz in der Entwicklung stehendes Rechtsgebiet. Die herrschende Meinung von heute kann morgen schon überwunden sein. Auch ein kurzes Erläuterungsbuch des JGG kann sich deshalb nur an wenigen Stellen auf die Wiedergabe der herrschenden Anschauung beschränken. Meist ist eine wenigstens kurze Darstellung der Gegenmeinung, wenn auch nur in Fußnoten, unumgänglich, um dem Leser ein eigenes Urteil zu ermöglichen. In dieser Situation ist es auch geboten, neben der in weitestem Umfang berücksichtigten Rechtsprechung und den immer beachteten Kommentaren von Dallinger-Lackner und Potrykus auch das sonstige Schrifttum kurz zu zitieren, um dem Interessierten ein sicheres Eindringen in die einzelnen Probleme zu ermöglichen. Natürlich war eine gewisse Auswahl nicht zu umgehen. — Veröffentlichungen sind allgemein bis zum

Sommer 1958 berücksichtigt. Die amtlichen Entscheidungssammlungen, das Nachschlagewerk des Bundesgerichtshofes (Lindenmaier-Möhring), die Neue Juristische Wochenschrift und die Juristische Rundschau wurden jedoch bis einschließlich Oktober 1958 verarbeitet.

Das Büchlein darf auch nicht nur Jugendrichtern und Jugendstaatsanwälten, für deren tägliche Arbeit es allerdings vorwiegend bestimmt ist, ein rascher Helfer am Schreibtisch und in der Sitzung sein. Als Handbuch des JGG muß es auch den seltener mit dem JGG befaßten Richtern und Staatsanwälten der Erwachsenen-Gerichte, den Rechtsanwälten und den weniger mit den juristischen Problemen des JGG beschäftigten Jugendämtern, der Polizei, den Bewährungshelfern und neuerdings den Disziplinarvorgesetzten der Wehrmacht ein kurz gefaßter Ratgeber für die juristische Seite ihrer Tätigkeit mit und neben dem JGG sein. Deshalb mußten besonders die entsprechenden Abschnitte (§§ 24f, 38, 75, 112b JGG z. B.) ebenso wie die grundlegenden Vorschriften ausführlich erläutert werden.

Damit war der Arbeit ein gewisser Mindestumfang gesetzt, der nicht unterschritten werden konnte.

Um trotzdem den Charakter des Handbuchs zu wahren, wurde der Stoff überall beschränkt, wo das vertretbar erschien. So wurden zunächst Ausführungen über das frühere Recht vermieden, die heute praktisch bedeutungslosen Übergangsvorschriften nicht mehr erläutert und auch grundsätzlich die Kritik am geltenden Recht ebenso unterlassen wie Vorschläge für die künftige Rechtsgestaltung. — Es wurde auch darauf verzichtet, Verordnungen, Erlasse und weitere Gesetze in einen Anhang aufzunehmen. Bei der teilweise erheblichen Rechtszersplitterung wäre viel Raum erforderlich gewesen, dessen Inhalt für jeden Benutzer jedoch nur zu einem kleinen Teil bedeutsam ist. Überdies stehen Neuregelungen bevor, soweit es sich nicht bereits um neuere, leicht zugängliche Vorschriften handelt. Endlich zeigt die Erfahrung in der Praxis, daß der Anhang bei den meisten Erläuterungsbüchern nur wenig benützt wird. Nur die Anordnung über die gerichtliche Erziehungskartei, die Durchführungsverordnung zur Erziehungshilfe sowie die Sondervorschriften für Jugendliche und Heranwachsende in den Mitteilungen in Strafsachen und in der Untersuchungshaftvollzugsordnung, die bundeseinheitlich sind und größere Bedeutung haben, wurden bei den entsprechenden Vorschriften (§§ 94, 112b; 70, 93) im Anschluß an Gesetzestext und Richtlinien abgedruckt.

Wo bei der notwendigen kurzen Fassung der Erläuterungen durch Zitate oder Anführung der Gegenmeinung Unübersichtlichkeit drohte, wurden Fußnoten gewählt. Um Wiederholungen zu vermeiden, wurden gelegentlich mehrere Paragraphen in einer Anmerkung zusammenfassend erläutert. Oft waren auch Verweisungen nicht zu umgehen, da das Gesetz selbst vielfach mit Verweisungen arbeitet und besonders materielles und Verfahrensrecht trotz der vielen Überschneidungen in gesonderten Abschnitten behandelt. — Besonders unglücklich ist, daß das Recht der Heranwachsenden und der Soldaten sowie das Verfahren gegen Jugendliche und Heranwachsende fast nur durch Verweisungen geregelt ist. Die bei jeder Vorschrift noch vor dem Gesetzestext angebrachten Hinweise (vgl. Abkürzungsverzeichnis Teil I) sollen auch hier auf engem Raum eine hinreichende Übersicht über das Anwendungsgebiet jeder Vorschrift gestatten.

Von besonderer Bedeutung sind für die Praxis Entscheidungen der Obergerichte. Es lag mir viel daran, jedem Benutzer das Nachlesen der Entscheidungen zu ermöglichen. Alle Fundstellen der an den verschiedensten Stellen abgedruckten Entscheidungen des BGH und des BayObLG stets anzuführen, erschien aus Raumgründen unmöglich. Sie sind nach der Fundstelle der amtlichen Sammlung, hilfsweise der NJW oder einer anderen Zeitschrift zitiert. Doch ist am Ende des Büchleins eine Tabelle abgedruckt, aus der auch die anderen Fundstellen entnommen werden können.

Das Werk will der Praxis dienen, deren Bedürfnisse ich durch meine Tätigkeit seit dem Inkrafttreten des JGG zunächst als Jugendstaatsanwalt in der Großstadt, dann als Jugendrichter an einem kleinen Amtsgericht auf dem flachen Land mit Garnison im Bezirk von verschiedenen Seiten her kennengelernt habe. Sollte der Kommentar im Gebrauch der Praxis doch die eine oder andere Lücke zeigen, bin ich für einen Hinweis ebenso dankbar wie für die Mitteilung von Druckfehlern.

Bogen/Donau, im Herbst 1958 Dr. Gerhard Grethlein

Inhalt

Gliederung des JGG

Abkürzungsverzeichnis

Teil I

Verweisungen zwischen Überschrift der Paragraphen und Gesetzestext

1. **Hw** Die Vorschrift gilt auch für Hw.

Hw-J Die Vorschrift gilt für Hw, wenn die Voraussetzungen des § 105 I (Anwendung des materiellen JRechts) gegeben sind.

Hw-JRecht Die Vorschrift gilt für Hw, auf die im Urteil gem. § 105 I materielles JRecht angewendet worden ist.

~~Hw~~ Die Vorschrift gilt für Hw nie.

2. **ErwG** Diese Vorschrift muß auch das ErwG beachten, wenn es (auch) gegen einen J verhandelt.

~~ErwG~~ Diese Vorschrift darf das ErwG nicht anwenden.

Zu 1 und 2

a) Die Kombination 1 und 2 zeigt, ob diese Vorschrift vor dem ErwG gilt, wenn es (auch) gegen einen Hw verhandelt, ohne daß ein J beteiligt ist.

zB: **Hw** ... **ErwG** ... Die Vorschrift muß auch das ErwG beachten, wenn es gegen Hw allein oder neben Erw verhandelt.

~~Hw~~ .. **ErwG** ..
Hw ... **~~ErwG~~** ..
~~Hw~~ ... **~~ErwG~~** ..
} Die Vorschrift gilt nicht, wenn das ErwG nur gegen Hw oder gegen Hw und Erw verhandelt.

b) **Soweit die Abkürzungen nicht stark gedruckt sind** (zB Hw statt **Hw**), weist das darauf hin, daß Ausnahmen oder Einschränkungen gegenüber der mit dem Starkdruck gekennzeichneten Regelung bestehen. Die angegebene Fundstelle sagt Näheres.

3. **Sold!** Die Vorschrift ist nicht oder nur mit Einschränkungen oder Abwandlungen anzuwenden, wenn der Täter Soldat ist. Die angegebene Fundstelle sagt Näheres.

Teil II

Abkürzungen für die Anmerkungen und Fußnoten

Vorbemerkung. 1. Über die nachstehend erklärten Abkürzungen hinaus werden m Text einige weitere gebräuchliche Abkürzungen dann verwendet, wenn sie ohne weiteres verständlich sind. So sind verschiedene Nachsilben (-keit, -lich,

-ung) häufig gekürzt (-k., -l., -g.). Für „und“ wird meist „u.“ geschrieben. Ähnlich wird zum Teil bei Fürwörtern verfahren (für = f.; gegen = gg; mit = m.; zu, zum, zur = z.). Recht und Strafe werden in Wortzusammensetzungen, aber auch allein als „R“ und „Str.“ (auch St.) geschrieben.

2. Gesetzblätter, Zeitschriften und Entscheidungssammlungen werden grundsätzlich nach Jahrgang und Seite zitiert. Das gilt nur dann nicht, wenn eine andere Zitierweise allgemein üblich ist, zB bei BGH und LM. — Römische Zahlen bezeichnen die Absätze einer Vorschrift. — Paragraphen ohne Gesetzesangabe beziehen sich auf das JGG, Absätze ohne Paragraphenangabe auf den eben erläuterten Paragraphen; letzteres gilt von Anmerkungen, Richtlinien zum JGG uä, auch soweit sie sich auf andere Erläuterungswerke zum JGG beziehen. Sonst ist der Absatz, die Anmerkung oder die Richtlinie des vorher erwähnten Paragraphen gemeint, etwa bei § 52 II, RL 3, A 4, im Gegensatz etwa zu RL 2, § 50 A 1a, wo die Richtlinie Nr 2 zu dem eben erläuterten Paragraphen, aber die Anmerkung 1a zu § 50 zu vergleichen sind.

A	Anmerkung
a.	anders, andere ...
aA	anderer Ansicht
aaO	am angegebenen Ort
AbgO	(Reichs) Abgabenordnung
ABl.	Amtsblatt
Abs.	Absatz
abw.	abweichend
aE	am Ende
AG	Amtsgericht
allg.	allgemein
allgM	allgemeine Meinung
allgR	allgemeines Recht
AO (Erz. Kartei)	Anordnung (über die gerichtl. Erziehungskartei; abgedruckt bei § 94)
ARi.	Amtsrichter
Art.	Artikel
Aufl.	Auflage
AV	allgemeine Verfügung
B	Bemerkung
BAnz.	Bundesanzeiger
Bek.	Bekanntmachung
Ber.	Berufung
bes.	besonders, besondere(r)
Beschl.	Beschluß
Beschw.	Beschwerde
bestr.	bestritten
Bew.	Bewährung

BewH	Bewährungshilfe, -helfer; auch: Zeitschrift für „Bewährungshilfe"
BGB	Bürgerliches Gesetzbuch
BGBl	Bundesgesetzblatt
BGH	Bundesgerichtshof; auch Entscheidungen des BGH in Strafsachen
BMJ	Bundesminister der Justiz
BRD	Bundesrepublik Deutschland
BVerfG	Bundesverfassungsgericht
BVerwG	Bundesverwaltungsgericht
Dallinger-Lackner	Jugendgerichtsgesetz, Kommentar
DAR	„Deutsches Autorecht"
DDR	Deutsche Demokratische Republik
dh	das heißt
DJ	„Deutsche Justiz"
DJZ	„Deutsche Juristenzeitung"
DR	Zeitschrift für „Deutsches Recht" (Wochenausgabe, vereinigt mit JW)
DRiZ	„Deutsche Richterzeitung"
DRZ	„Deutsche Rechtszeitschrift"
DVO Erz. Hilfe	Rechtsverordnung zur Durchführung der Erziehungshilfe durch den Disziplinarvorgesetzten (abgedruckt bei § 112b)
Einf.	Einführung
Einl.	Einleitung
einschl.	einschließlich
EJF	„Entscheidungen aus dem Jugend- und Familienrecht", Loseblattsammlung
Entsch.	Entscheidung
entspr.	entsprechend
Erw.	Erwachsener
ErwG	Erwachsenengericht
ErwR	Erwachsenen-Strafrecht
Erz., erz.	Erziehung, erzieherisch oä
ErzBer.	Erziehungsberechtigter
ErzKartei	Anordnung über die gerichtliche Erziehungskartei (abgedruckt bei § 94)
ErzM	Erziehungsmaßregel
f, ff	und folgende
FE	Fürsorgeerziehung
FGG	Gesetz über die Angelegenheiten der freiwilligen Gerichtsbarkeit
Floegel-Hartung	Straßenverkehrsrecht, Kommentar 11. Auflage
FN	Fußnote
G	Gericht oder Gesetz (nur bei Zusammensetzungen; sonst Ger. oder Ges.)
GA	Goltdammer's Archiv für Strafrecht

gem.	gemäß
Ger.	Gericht
Ges.	Gesetz
ges Vertr.	gesetzlicher Vertreter
GG	Grundgesetz
ggf	gegebenenfalls
GKG	Gerichtskostengesetz
grds	grundsätzlich
GrS	Großer Senat
GStA	Generalstaatsanwalt
GVBl	Gesetz- u. Verordnungsblatt
GVG	Gerichtsverfassungsgesetz
H	Heft
HESt	„Höchstrichterliche Entscheidungen", Sammlung von Entscheidungen der Oberlandesgerichte und der obersten Gerichte in Strafsachen
hM	herrschende Meinung
HRR	„Höchstrichterliche Rechtsprechung"
HS	Halbsatz
Hw	Heranwachsender
Hw-J	Heranwachsender, auf den gem. § 105 materielles Jugendrecht anzuwenden ist
Hw-JRecht	Heranwachsender, auf den gem. § 105 materielles Jugendrecht angewendet wurde
iS	im Sinne
iVm	in Verbindung mit
J	Jugend, Jugendliche(r)
j.	jugendlich oä (zB jgem. = jugendgemäß)
JA	Jugendarrest
JAGO	Jugendarrestgeschäftsordnung (Sonderveröffentlichung DJ Nr 31)
JAVollzO	Jugendarrest-Vollzugsordnung v. 20. 12. 43, DJ S 580
Jagusch	LK S 428d—471 (Kommentierung des JGG in seinem materiellrechtlichen Teil von Jagusch)
JG	Jugendgericht
JGG	Jugendgerichtsgesetz
JGH	Jugendgerichtshilfe
JK	Jugendkammer
JMBl	Justizministerialblatt (zB NRW = für Nordrhein-Westfalen)
JME	Justizministerial-Erlaß
JR	„Juristische Rundschau" oder Jugendrecht, je nach Zusammenhang
JRi.	Jugendrichter
JSchöff.	Jugendschöffen

JSchöffG	Jugendschöffengericht
JStA	Jugendstaatsanwalt
JStr.	Jugendstrafe
JVollzO	Jugendstrafvollzugsordnung (Sonderveröffentlichung DJ Nr 32)
JW	„Juristische Wochenschrift"
JWG	(Reichs)Jugendwohlfahrtsgesetz
JWohl	„Jugendwohl", katholische Zeitschrift für Kinder- u. Jugendfürsorge
JZ	„Juristenzeitung"
Kfz	Kraftfahrzeug
KG	Kammergericht
Kleinknecht-Müller	Kommentar zur StPO, 4. Aufl.
KostO	Kostenordnung
Kroschel	Kroschel-Hülle-Doerner. Die Abfassung der Urteile in Strafsachen, 17. Aufl.
LG	Landgericht
LK	Strafgesetzbuch (Leipziger Kommentar) von Ebermayer, Lobe und Rosenberg, fortgeführt von Nagler; 8. Aufl. herausgegeben von Jagusch und Mezger
LM	Das Nachschlagwerk des Bundesgerichtshofes, herausgegeben von Lindenmaier-Möhring ua
Löwe-Rosenberg	Kommentar zur Strafprozeßordnung und zum Gerichtsverfassungsgesetz, 20. Aufl.
MDR	„Monatsschrift für Deutsches Recht"
Mezger	Kriminologie, Kurzlehrbuch 1951
MiStra	Anordnung über Mitteilungen in Strafsachen (Bundeseinheitl. Ländervorschriften, zum Teil abgedruckt bei § 70)
Mitt.	Mitteilungen
MKrim.	Monatsschrift f. Kriminologie u. Strafrechtsreform
N	Note (fortlaufende Numerierung der Anmerkungen bei Dallinger-Lackner)
NdsRpfl	„Niedersächsische Rechtspflege"
NJW	„Neue Juristische Wochenschrift"
Nr	Nummer
NRW	Nordrhein-Westfalen
O	Ordnung (in zusammengesetzten Wörtern)
o.	oben
ObLG	Bayerisches Oberstes Landesgericht, auch Sammlung von Entscheidungen des ObLG
OLG	Oberlandesgericht
OWiG	Gesetz über die Ordnungswidrigkeiten
Potrykus	Kommentar zum Jugendgerichtsgesetz, 4. Aufl. 1955

R	Recht (meist in zusammengesetzten Wörtern)
RAGebO	Rechtsanwaltsgebührenordnung
RdJ	„Recht der Jugend", Zeitschrift für Erziehung
Rev.	Revision
RG	Reichsgericht; auch Entscheidungen des RG in Strafsachen
RGBl	Reichsgesetzblatt
rglm	regelmäßig
Ri.	Richter
RiStV	Richtlinien für das Strafverfahren (1. 8. 1953)
RJGG	Reichsjugendgerichtsgesetz von 1943; mit Zusatz „23": Reichsjugendgerichtsgesetz von 1923
RJM	früherer Reichsjustizminister
RL	Richtlinien zum JGG (15. 2. 1955)
Rpfl	„Der Deutsche Rechtspfleger"
Rspr	Rechtsprechungsbeilage der DRiZ
S	Seite oder Satz
s. (a.)	siehe (auch)
SchlHA	Schleswig-Holsteinische Anzeigen
SchöffG	Schöffengericht
SchwG	Schwurgericht
sof. Beschw.	sofortige Beschwerde
sog.	sogenannt
StA	Staatsanwalt oder Staatsanwaltschaft
StGB	Strafgesetzbuch
StPO	Strafprozeßordnung
StReg.	Strafregister
StRegVO	Strafregister-Verordnung
Str.	Strafe (meist in zusammengesetzten Wörtern)
StrAzBew.	Strafaussetzung zur Bewährung
StrFrG	Straffreiheitsgesetz
StrK	Strafkammer
StrR	Strafrecht
stRspr.	ständige Rechtsprechung
StTilgG	Straftilgungsgesetz
StVollstrO	Strafvollstreckungsordnung
u.	unten, unter
ua	unter anderem, und andere ...
uä	und ähnlich ...
UHaft	Untersuchungshaft
UJ	„Unsere Jugend", Zeitschrift für Jugendhilfe in Wissenschaft und Praxis
unbestJStr.	Jugendstrafe von unbestimmter Dauer

URi.	Untersuchungsrichter
uU	unter Umständen
UVollzO	Untersuchungshaftvollzugsordnung (Bundeseinheitl. von 1953, zum Teil abgedruckt bei § 93)
Verf.	Verfahren
Verh.	Verhandlung
vgl	vergleiche
Vollstr.	Vollstreckung
VollstrL	Vollstreckungsleiter
VO	Verordnung
Vollz.	Vollzug
VollzL	Vollzugsleiter
Vorb.	Vorbemerkung
vorl.	vorläufig
VormG	Vormundschaftsgericht
VormRi.	Vormundschaftsrichter
VU	Voruntersuchung
WiStG	Wirtschaftsstrafgesetz
Z	Ziffer
zB	zum Beispiel
Zbl	„Zentralblatt für Jugendrecht und Jugendwohlfahrt“
ZPO	Zivilprozeßordnung
ZStrVollz	„Zeitschrift für den Strafvollzug“
ZStW	„Zeitschrift für die gesamte Strafrechtswissenschaft“
zT	zum Teil
ZuchtM	Zuchtmittel
zw.	zweifelhaft
zZ	zur Zeit

Einführung

I 1) Zusammen mit dem allgemeinen Streben, das Strafrecht nicht nur auf Vergeltung und Sühne aufzubauen, sondern auf die Erfüllung bestimmter Zwecke, besonders der Resozialisierung, auszurichten (Liszt), hat sich in unserem Jahrhundert die Erkenntnis durchgesetzt, daß **Jugendliche keine kleinen Erwachsenen** sind, die man wie diese, gegebenenfalls etwas milder, behandeln könnte (so zB noch StGB §§ 55—57 bis 1923), sondern ganz andere, eben in der Entwicklung stehende Wesen (Mezger S 121f; ähnlich Dallinger-Lackner § 5 N 4, Becker JR 56/338).

Daß das **Alter** einen erheblichen **Einfluß** auf Art und Umfang der **Kriminalität** hat, ist seit langem bekannt. So stehlen zB die Jungen 10mal mehr als sie betrügen; die über 40 Jahre Alten aber betrügen mehr als sie stehlen (Mezger S 117). Die Tat eines jungen Menschen hat auch meist einen ganz anderen Unrechtsgehalt als die äußerlich gleiche Tat eines Erwachsenen (z B Unzucht mit einem Kinde eines knapp 14jährigen mit einem schon reiferen 13 Jahre alten Mädchen; die Wegnahme eines Spielzeugs, der Warenhausdiebstahl eines Dorfmädchens). Abenteuertrieb, Hang zum Übertreiben, Kraftmeierei, Neugierde, Phantasie, Spieltrieb, Grausamkeit, falsche Vorstellungswelt (zB falsch verstandene Kameradschaft), Sturm und Drang der Pubertät bestimmen weithin die Handlungen Jugendlicher (vgl die Beispiele bei Potrykus § 13 B 3). Auch die Reaktion des jugendlichen Täters auf die Tat ist anders (häufig Geständnis, wenig Rechtsmittel; aber auch viel häufiger Selbstmord und Flucht).

Der Unterschied besteht vor allem darin, daß der Erwachsene ausgereift und selbständig ist, während der Jugendliche noch der Führung und des Vorbildes bedarf (auch wenn er sich selbständig gebärdet!), in seiner Unausgeglichenheit Verlockungen leichter erliegt und oft den Unrechtsgehalt der Tat nicht oder nicht in vollem Umfang erkennt (s. § 3 A 1b). Fehlt die Führung, tritt Verwahrlosung auf; ist die Führung falsch, tritt die Irreleitung auf. Oft geht beides Hand in Hand; die fehlende Führung führt leicht zum Anschluß an falsche Vorbilder. Verwahrlosung und Irreleitung sind aber viel häufiger die Ursachen der Jugendkriminalität als schlechte Anlagen.

2) Aber auch **„die Jugendlichen"** und **„die Heranwachsenden"** sind **keine einheitlichen Gruppen,** die für alle Zeiten gleich bleiben. Es gibt keine festen, klar erkennbare Entwicklungsetappen, sondern nur eine alles andere als gleichmäßig fortlaufende Entwicklung jedes einzelnen Menschen. Heute vollzieht sich im allgemeinen vor allem die körperliche, aber auch die intellektuelle Entwicklung schneller als früher (Akzeleration), während die sittlich-charakterliche Entwicklung häufig zurückbleibt (Schaffstein NJW 55/577) (Dissoziation der Reife). Gleichzeitig ist aber auch die Streuungsbreite bei der Entwicklung wesentlich größer als früher, sogar für die körperliche Entwicklung, wie Untersuchungen über den Beginn der Menstruation (Menarche) bestätigt haben (vgl Becker JR 53/412; s. insgesamt Freund, Entwicklungswandel der Jugend).

II. Das **JGG** hat aus diesen Gegebenheiten **nur die Konsequenzen** gezogen. Deshalb müssen diese Gedanken, bes. der Erziehungsgedanke, stets bei der Auslegung des JGG berücksichtigt werden.

1) Zwar hat es, wie die praktischen Bedürfnisse unabweisbar fordern, feste **Altersgrenzen** zwischen strafunmündigen Kindern, Jugendlichen, Heranwachsenden und Erwachsenen gezogen (§ 1). Doch ist diesen Grenzen dadurch jede Starrheit genommen, daß in ihrer Entwicklung zurückgebliebene Jugendliche strafunmündig sein können (§ 3) und daß gegen — noch nicht zu weitgehend selbständigen Persönlichkeiten ausgereifte — Heranwachsende die gleichen auf die Entwicklung abgestimmten Maßnahmen verhängt werden können wie sie für Jugendliche vorgesehen sind (§ 105).

2) Da die Jugendkriminalität nach Täterpersönlichkeit und Tat anders als die allgemeine Kriminalität ist, muß sie auch anders — nicht aber generell milder — bekämpft werden (Dallinger-Lackner § 5 N 4), was — ungeachtet der gleichen Straftatbestände — zur **Eigenständigkeit des Jugendrechts** führt (vgl § 2).

a) (1) Die Bestrafung von Jugendlichen mit den **Strafen** des Erwachsenenrechts ist nicht nur nicht gerechtfertigt (oben I 1 aE), sondern meist auch für deren weitere Entwicklung gefährlich. Der Staat aber hat nicht das Recht, junge Menschen zu vernichten (Dallinger-Lackner § 17 N 6); ja es liegt sogar im Interesse des Staates, Jugendliche, die gefehlt haben, wieder in die Gemeinschaft der Rechtschaffenen einzugliedern.

Das Gesetz stellt entsprechend den erheblichen Unterschieden in der Entwicklung (oben I 2) und der Umwelt eine reiche **Auswahl verschiedenster Reaktionsmittel,** nämlich Erziehungsmaßregeln (§§ 9—12), Zuchtmittel (§ 13—16) und Jugendstrafe (§§ 17ff) zur Verfügung, die grundsätzlich auch nebeneinander verhängt werden können (§ 8). Aus der Erkenntnis, daß der Täter noch in der Entwicklung steht, also noch beeinflußbar ist, ergibt sich bei der Abkehr vom bloßen Vergeltungsstrafrecht von selbst die Folgerung, daß bei dieser Auswahl **erzieherische Bemühungen den Vorrang** haben müssen (§ 5; Erziehungsgedanke), zumal die persönliche Schuld der jugendlichen Täter oft nicht allzu schwer wiegt (oben I 1 aE). Das Gesetz bestimmt deshalb, daß weder Jugendstrafe (§§ 17ff) noch Zuchtmittel (§ 13ff), nämlich Verwarnung, besondere Pflichten und Jugendarrest, verhängt werden dürfen, wenn Erziehungsmaßregeln (§§ 9ff), nämlich Weisungen, Schutzaufsicht oder Fürsorgeerziehung, ausreichen (Subsidiarität; vgl näher § 5 A 2, 3). Den vielgestaltigen Weisungen (§ 10) kommt dabei besondere Bedeutung zu. — Die Jugendstrafe ist das letzte Mittel, wenn weder Erziehungsmaßregeln noch Zuchtmittel ausreichen. Der Jugendliche soll also nur im äußersten Notfall der Obhut seiner Eltern entzogen werden. Also: **„Keine stationäre Behandlung, wo ambulante genügt!** Keine Jugendstrafe, wo eine Erziehungsmaßregel oder ein Zuchtmittel ausreicht! Keine Fürsorgeerziehung, wo die Schutzaufsicht oder gar die Weisung zum Ziele führt! Kein Jugendarrest, wo eine Ermahnung, Verwarnung oder Auferlegung einer Pflicht genügt" (Holzschuh bei Dallinger-Lackner § 5 N 17, bei

Becker JR 53/413, bei Lackner JZ 54/134). Bei der Auswahl ist der Richter also weder an den Strafrahmen noch an die Dreiteilung (§ 1 StGB) des Erwachsenenrechts gebunden. Aus Anlaß eines Verbrechens können zB Erziehungsmaßregeln angeordnet werden, wobei es dann nicht einmal zu einem Strafverfahren kommen muß (§ 45 A 2b); umgekehrt kann auch eine Übertretung — ausnahmsweise (s. § 17 A 1b, 2a (2)) — mit Jugendstrafe geahndet werden.

Das dargelegte Subsidiaritätsprinzip darf jedoch nicht dazu führen, mildere Maßnahmen zu verhängen, wenn sie zur Erziehung und Besserung nicht ausreichen. Die Praxis zeigt immer wieder, daß Milde am falschen Platz, besonders die wiederholte Verhängung von Jugendarrest gegen kriminelle oder verwahrloste Jugendliche, diese zu erzieherisch nicht mehr ansprechbaren Hangverbrechern machen kann. Die schwere **Entscheidung** des Jugendrichters, **ob die Tat nur Episode oder schon Symptom ist** (Mezger S 123), setzt nicht nur ein gutes Einfühlungsvermögen voraus, sondern fordert in gleicher Weise die Bereitschaft zur Milde gegenüber gutartigen wie die Entschlossenheit zur Härte gegen bösartige Jugendliche. Auch muß sich der Jugendrichter hüten, nur „um der Erziehung willen zu erziehen"; denn auch er bleibt Richter (Knögel NJW 58/609, Lackner JZ 54/134).

(2) Maßregeln der Sicherung und Besserung und Nebenstrafen und Nebenfolgen sind nur in beschränktem Umfang zulässig (s. §§ 6, 7).

(3) Insgesamt kommt es also weniger auf die Tat selbst als auf die Täterpersönlichkeit an. Deshalb führen auch mehrere Taten grundsätzlich nur zu einer einheitlichen Unrechtsreaktion (§§ 31f, 66). Sühnebestimmte Straftaxen sind dem Jugendrecht als Täterstrafrecht fremd (Dallinger-Lacker § 5 N 11); entscheidend ist die Frage, wie der Täter gebessert werden kann.

b) Dazu ist die **Erkenntnis der Täterpersönlichkeit notwendig.** Mit deren gründlicher Erforschung und richtiger Beurteilung steht und fällt die Entscheidung des Jugendrichters. Die Schaffung **besonderer Jugendgerichte** (§ 33) mit besonderer örtlicher und sachlicher Zuständigkeit (§§ 39—42) und die sorgsame Auswahl der Jugendrichter, -schöffen und -staatsanwälte (§§ 36f; s. BGH 8/349, 354) ist damit ebenso unumgänglich wie die Übertragung der Ermittlungen zur Täterpersönlichkeit (§ 43) auf die dafür besonders geeignete **Jugendgerichtshilfe,** die auch sonst durch Beratung, Fürsorge und ähnliches eine günstige Entwicklung fördern soll (§ 38) und zur Erfüllung ihrer Aufgaben bedeutsame Rechte im Verfahren hat (§§ 50 III, 93 III). Auch eine Spezialisierung bei der Kriminal-**Polizei** ist wünschenswert, mindestens aber eine entsprechende Unterrichtung der Beamten (vgl Weber, Die polizeilichen Richtlinien zur Bekämpfung der JKriminalität Zbl 57/309).

c) (1) Um die Persönlichkeit des jugendlichen Täters anzusprechen, muß auch das **Verfahren besonders elastisch** sein und **viele Möglichkeiten** bieten (Grundsatz der Reaktionsbeweglichkeit). Neben dem förmlichen stehen das vereinfachte Jugendstrafverfahren (§§ 76ff) und das formlose Erziehungsverfahren (§§ 45, 47), die beide durch die Befreiung von Förmlichkeiten einen weitgehenden Einfluß erzieherischer Gedanken ermöglichen. Daneben gibt es für Bagatellen die jugendrichterliche Verfügung (§ 75) und die gebührenpflichtige polizeiliche Verwarnung (§ 75 A 6b). Gegebenenfalls können dem Vormundschaftsrichter Anordnung und Auswahl von Erziehungsmaßregeln überlassen werden (§ 53). — Sogar der Verfolgungszwang (Legalitätsprinzip des § 152 II StPO) ist erheblich eingeschränkt (§ 45 A 1c).

(2) Das **Jugendgerichtsverfahren** ist auch wesentlich **anders gestaltet** als das allgemeine Strafverfahren. Im Interesse der Erziehung bedarf es besonderer Beschleunigung (§§ 72 IV, 78 III, 56; § 55 RL 1 S 1), die jedoch nicht auf Kosten der Persönlichkeitserforschung (§§ 43f, 73) gehen darf, weshalb das beschleunigte Verfahren der StPO ausgeschlossen ist (§ 79 II). Der Beschleunigung dient auch die Beschränkung der Rechtsmittel (§ 55). Im Interesse der Erziehung soll grundsätzlich in Anwesenheit des Jugendlichen verhandelt werden (§§ 50f); dabei soll er mit erwachsenen Angeklagten möglichst nicht in Berührung kommen (§ 48 RL 4; vgl § 93 I). Außer in unbedeutenden Fällen (§§ 45, 47, 75) ist jedes summarische schriftliche Verfahren ausgeschlossen, damit auch der Erlaß eines Strafbefehls untersagt (§ 79 I). Aus erzieherischen Gründen soll die Untersuchungshaft so weit wie möglich durch vorläufige erzieherische Anordnungen ersetzt werden (§§ 71f); sie kann nur unter besonderen Umständen angerechnet werden (§ 52). Auch Anklage und Urteil müssen auf die Belange der Erziehung ausgerichtet sein (§§ 46, 54). Besonders betont ist die Stellung des Erziehungsberechtigten und gesetzlichen Vertreters (§§ 50 II, 67). In bestimmten Fällen ist die Anhörung des Disziplinarvorgesetzten von Soldaten vorgesehen (§ 112d). Verteidigung und Beistandschaft (§§ 68f) sind ebenso wie Kosten und Auslagen (§ 74) und die Mitteilungspflichten (§ 70) besonders geregelt. Interessen der Verletzten und der Allgemeinheit müssen, soweit möglich, hinter den Forderungen der Erziehung zurücktreten; das Verfahren gegen Jugendliche ist nicht öffentlich (§ 48), der Eideszwang ist vor dem Einzelrichter aufgehoben (§ 49); es gibt keine Privat- oder Nebenklage — wohl aber Widerklage — (§ 80), auch keine Zubilligung einer Entschädigung des Verletzten im Strafverfahren (§ 81). — Das Verfahren für die Entscheidungen, die nach den §§ 20—31 (Strafaussetzung zur Bewährung, Aussetzen der Verhängung der Jugendstrafe und nachträgliche Bildung einer Einheits-„Strafe“) und §§ 11, 15 III (Abänderung von Weisungen; Verhängung von Jugendarrest bei Verstoß gegen Weisungen oder besondere Pflichten) zu treffen sind, wird in den §§ 57—66 geregelt.

(3) Die **Anrede** ist für Personen über 18 Jahre „Sie“, darunter meist „Du“, wobei aber im Einzelfall das „Sie“ vorzuziehen sein kann.

(4) Insgesamt kann das Jugendstrafverfahren nicht als bloße Abart des allgemeinen Strafverfahrens angesehen werden; es stellt vielmehr nach Zielrichtung, Aufbau und Durchführung ein **eigenständiges Verfahren** dar (BGH 8/349, 354).

d) Auch die **Vollstreckung** (§§ 82ff), der **Vollzug** (§§ 90ff) und das **Strafregisterwesen** (§§ 94ff) wurden den Besonderheiten angepaßt. Hervorzuheben ist, daß der Jugendrichter auch die Vollstreckung leitet und einige besonders wesentliche Entscheidungen in richterlicher Unabhängigkeit trifft.

3) Die bedeutsamste Neuerung des JGG ist die Regelung des Rechts der Heranwachsenden.

a) Schon seit der Zeit unmittelbar nach dem Inkrafttreten des ersten RJGG von 1923 wurde die Forderung erhoben, auch die 18—20jährigen dem JRecht zu unterstellen, gegründet auf die gesicherten wissenschaftlichen Erkenntnisse, daß die charakterliche, besonders die sittliche Entwicklung mit der rascheren körperlichen und intellektuellen Entwicklung nicht nur nicht Schritt hält, sondern oft sogar — besonders bei Kriminellen — verlangsamt ist, daß die Dauer der Entwicklung sehr unterschiedlich ist und daß es einheitliche Maßstäbe nicht gibt (oben I 2). Erst die oft ungenügenden Erziehungsverhältnisse, die vielen schlechten Beispiele und ähnliche Folgen des Krieges und der Nachkriegswirren haben eine besondere gesetzliche Regelung für die 18—20jährigen erzwungen. Den **Reform-Bestrebungen** wurde jedoch nur in sofern voller Erfolg zuteil, als Heranwachsende ebenso wie Jugendliche grundsätzlich vor das Jugendgericht kommen (§ 107). Die materiellen Unrechtsfolgen sind nur unter besonderen Voraussetzungen die gleichen wie bei Jugendlichen (§§ 105, 106); auch das Verfahren weicht zum Teil ab (§§ 108, 109).

b) Die Zuweisung der Heranwachsenden an die Jugendgerichte **hat sich bewährt** und ist heute allgemein als richtig anerkannt (Dallinger-Lackner Einf. N 63).

Hinsichtlich der Voraussetzungen für die Anwendung des Jugendrechts haben die bisherigen Erfahrungen gezeigt, daß bei einer wesentlich größeren Zahl von Heranwachsenden Entwicklungsrückstände vorliegen als der Gesetzgeber angenommen hat (vgl Jagusch § 105 A 4; Schaffstein NJW 55/1577). Nach anfänglicher Zurückhaltung besteht wohl die — sachlich berechtigte — Tendenz, überall Jugendrecht anzuwenden, wo nicht besondere Anhaltspunkte dafür vorliegen, daß der Heranwachsende schon eine weitgehend selbständige Persönlichkeit mit im wesentlichen abgeschlossener Entwicklung ist (s. § 105 A 2e (3)). Die Statistik trügt hier wegen des in der Praxis üblichen schematischen Strafbefehlsverfahrens bei kleiner Oberflächenkriminalität (s. § 109 A 2 (b) (4)). Eine entsprechende Änderung des Gesetzes wäre angebracht (s. Schaffstein und Lackner im Tagungsbericht von Potrykus NJW 56/1749).

4) Die Regelungen des JGG gelten mit einigen Abweichungen auch gegen jugendliche oder heranwachsende **Soldaten** (§§ 112aff). Sie gelten weitgehend auch, wenn ausnahmsweise gegen einen **Jugendlichen oder Heranwachsenden vor einem Erwachsenengericht** verhandelt wird (§§ 102—104, 112, 112e).

III. Die Jugendgerichte sind in **Jugendschutzverfahren** auch wahlweise neben den Erwachsenen-Gerichten zuständig (s. § 121).

IV. Literatur

Kommentare: Dallinger-Lackner und Potrykus, sowie die Kommentierung des JGG bei Dalcke-Fuhrmann-Schäfer: Strafrecht und Strafverfahrensrecht, die Erläuterungen Beckers in: „Das deutsche Bundesrecht" und die Kommentierung der materiell-rechtlichen Vorschriften des JGG von Jagusch im Leipziger Kommentar.

Grundrisse: Becker-Mantler-Scheunemann-Vins: Jugendgericht und Jugendgerichtshilfe; Hinrichsen: Einführung in das Jugend-Kriminalrecht; Müller: Das Jugendgericht.

Kriminologie und Hilfswissenschaften: Bruckner: die Jugend-Kriminalität; Bundeskriminalamt: Bekämpfung der Jugend-Kriminalität; Fischer: Der junge Mensch; Heck: Äußere Ursachen der Jugendverwahrlosung; Heintz-König: Soziologie der Jugend-Kriminalität; Kaiser: Die kriminalpolitische Bedeutung der Halbstarkendelikte in Zbl 58/57; Middendorf: Jugend-Kriminologie; Reimann: Verderbt, verdammt, verraten; Spranger: Psychologie des Jugendalters; Steinemann, Erlebnisüberlastung als Ursache der Straffälligkeit bei J u.Hw in Zbl 58/153. — Im übrigen kommen die allgemeinen Lehrbücher der Kriminologie — zB Exner, Mezger — in Betracht; vgl auch die zu § 5 genannte Literatur des JGG.

Aufsätze zur Einführung: Becker JR 53/411; Heinen MDR 53/449; Lackner JZ 53/527 (vgl auch JZ 54/133: Neue Wege zur Bekämpfung der Jugend-Kriminalität und GA 55/33: Kollisionen zwischen Jugend- und Erwachsenen-Recht); Potrykus NJW 53/1452; UJ 55/6; Zbl 53/137, 237 (Gerichtsverfassung, Zuständigkeit, Verfahren), 54/38 (Vollstreckung, Vollzug), 103 (Strafregister, Strafmakel), 129 (Heranwachsende).

Aufsätze über (erste, weitere, neue uä) Zweifelsfragen zum JGG: Becker NJW 54/335; Just-Dahlmann MDR 54/24; Pentz NJW 54/1351, RdJ 56 H 3; Potrykus NJW 54/821, 1349; 55/244, 1135; 56/654; UJ 57 H 8; RdJ 56 H 14, 18.

Literatur zu Einzelfragen ist jeweils bei den einzelnen Paragraphen oder Abschnitten vermerkt.

Jugendgerichtsgesetz

Vom 4. August 1953 (BGBl I S 751) mit Richtlinien und Erläuterungen

ERSTER TEIL
Anwendungsbereich

§ 1
Persönlicher und sachlicher Anwendungsbereich

1) **Hw** s. A 2. — **2) ErwG:** § 104 A 1a.

(1) Dieses Gesetz gilt, wenn ein Jugendlicher oder ein Heranwachsender eine Verfehlung begeht, die nach den allgemeinen Vorschriften mit Strafe bedroht ist.

(2) Jugendlicher ist, wer zur Zeit der Tat vierzehn, aber noch nicht achtzehn, Heranwachsender, wer zur Zeit der Tat achtzehn, aber noch nicht einundzwanzig Jahre alt ist.

(3) Strafrechtlich ist nicht verantwortlich, wer zur Zeit der Tat noch nicht vierzehn Jahre alt ist.

Richtlinien zu § 1:

1. Auf Ordnungswidrigkeiten und auf Handlungen, für die Ordnungsstrafen vorgesehen sind, findet das Jugendgerichtsgesetz keine Anwendung (vgl jedoch § 13 Satz 2 des Gesetzes über Ordnungswidrigkeiten in Verbindung mit § 120 JGG).
2. Gibt der Staatsanwalt einer Anzeige wegen Strafunmündigkeit des Beschuldigten keine Folge, so verständigt er in geeigneten Fällen den Vormundschaftsrichter und prüft, ob die Schulbehörden oder andere Stellen zu benachrichtigen sind und ob gegen den Aufsichtspflichtigen einzuschreiten ist.

1a) Ob eine **Verfehlung** (objektiv-rechtswidriger Verstoß gegen eine Strafvorschrift, auch Übertretung) vorliegt, bestimmt das allg. StrR (§ 2 A 2a, b). Das JGG gilt also — mit Ausnahme der §§ 1 III; 3 (§§ 13 S 2 OWiG, 120 JGG) — nicht (RL 1)

(1) für Ordnungswidrigkeiten; hier sind sowohl im Verwaltungsverfahren als auch im gerichtl. Nachprüfungsverfahren des ARi. (nicht JRi.) Geldbußen zu verhängen (§§ 13, 48, 55 V OWiG). Für die Mischtatbestände gilt das JGG erst, wenn die Verfehlung als Straftat behandelt wird, zB im Falle des § 58 OWiG nach der gerichtl. Zuständigkeitsprüfung. — Das Unterwerfungsverfahren ist gegen J ausgeschlossen (§ 67 VI OWiG), gegen Hw aber zulässig (Dallinger-Lackner § 79 Vorb. 4). — Die Steuerordnungswidrigkeit (§ 413 AbgO) ist ein vom Ger. (§ 33 A 4) zu ahndendes Vergehen, keine Ordnungswidrigkeit.

(2) für Ordnungsstrafen (§§ 178 GVG, 51, 70 StPO, 380, 390 ZPO, 33 FGG, zB); hier ist auch gegen J Geldstrafe oder Haft zu verhängen; diese kann aber in einer JA-Anstalt verbüßt werden.

b) Das JGG gilt — einschl. der ErzM (Dallinger-Lackner N 36) — auch für **Ausländer und Auslandstaten** im Rahmen der §§ 3—6 StGB. Im Verhältnis der **deutschen Länder** — einschl. Berlins (§ 123) und seit 1. 1. 57 des Saarlandes (saarländisches Rechtsangleichungsgesetz vom 22. 12. 1956, ABl. des Saarlandes 56/1667) — gilt das Recht des Tatortes (BGH 7/53, 55; Einzelheiten: LK Vorb. 7 vor § 3 StGB). Im Verhältnis zur **DDR** sind jedoch §§ 3—5 StGB entspr. anzuwenden, weil im JR erhebliche Unterschiede bestehen (zB kein JA und stets ErwR für Hw in DDR; vgl Legien JR 58/45ff, bes II S 46f) und die Voraussetzung für die Anwendung interlokalen Rechts — das Bestehen einer gemeinsamen übergeordneten Rechtsordnung — nicht gegeben ist (Dallinger-Lackner N 37, Potrykus B 12; aA BGH aaO für das allgR).

c) Das JGG gilt auch für j. oder hw. **Soldaten** (vgl §§ 112a ff).

2) Das JGG schafft im Interesse der Rechtssicherheit **feste Altersgrenzen.** Für Täter über 21 Jahre gilt stets das allg. StrR; die nicht 14 jährigen werden als Strafunmündige (u. A 3) ausgeklammert. Für die übrigen — J (14—17 Jahre) und Hw (18—20 Jahre) — gilt das JGG.

a) (1) Die **Einteilung** richtet sich **nach** dem **Alter zZ der Tat,** dh im Zeitpunkt des eigenen strafrechtl. erhebl. Verhaltens ohne Rücksicht auf den Eintritt des Erfolges; frühere Volljährigkeit ist ohne Bedeutung (Potrykus NJW 57/1136). Dauert eine fortgesetzte Handlung, der rechtswidrige Zustand eines Dauerdeliktes oder die Handlungspflicht beim Unterlassungsdelikt über das 14. Lebensjahr hinaus, ist der Täter strafbar; das Verhalten im strafunmündigen Alter bleibt aber außer Betracht, hinsichtl. des späteren Verhaltens sind die Voraussetzungen des § 3 besonders zu prüfen. Wegen der späteren Altersgrenzen vgl § 32 A 3; 1a, b. Sind mehrere an einer Tat beteiligt, kommt es auf die für den Tatbeitrag entscheidende Willensbetätigung des einzelnen an: ein Tun im strafunmündigen Alter kann nicht dadurch strafbar werden, daß die Tatbeiträge der Mittäter später geleistet werden (Dallinger-Lackner N 10; vgl § 50 I StGB; offen bei BGH JZ 54/271).

(2) Das **Alter zZ der Aburteilung** ist für die Einordnung der Tat ohne Belang, bei der Auswahl der Maßnahmen aber oft von großer Bedeutung. Gegen einen inzwischen Erw. zB sind viele Weisungen nicht mehr geeignet [s. § 10 A 1c (2)], auch Verwarnung oder JA meist nicht mehr angebracht (s. § 14 A 1d, § 16 A 2e), Schutzaufsicht und FE sogar unzulässig (§§ 56, 59, 63, 72 JWG; s. § 12 A 1a). Dagegen können bes. Pflichten rglm noch auferlegt werden (§ 15 A 1b). Für die JStr. gelten an sich keine Besonderheiten (§ 17 A 2), doch sind rglm die erz. Voraussetzungen für JStr. unbestimmter Dauer nicht mehr gegeben (§ 19 A 2b); auch die Aussetzung der Verhängung der JStr. ist grds nicht mehr angebracht [§ 27 A 2b (4)].

b) Das **Alter** ist nach allg. Grundsätzen **zu berechnen.** Der am 1. 7. 40 Geborene ist am 30. 6. 58 24^{00} Uhr J, am 1. 7. 58 0^{00} Uhr Hw (§§ 186, 187 II BGB entspr.). Der am 29. 2. 40 Geborene ist am 1. 3. 61, nicht am 28. 2. 61 erwachsen (§ 188 III BGB entspr.).

c) Zweifel über das Alter sind zugunsten des Täters zu lösen (BGH 5/366). (1) Bei der 14-Jahres-Grenze bleibt der Täter straffrei. (2) Bei der Grenze zwischen J und Hw kann die Altersreife (§ 3) fehlen. Sonst ist JR anzuwenden, wenn die Voraussetzungen des § 105 gegeben sind; andernfalls ist zu ermitteln, welche Unrechtsfolge nach JR und welche nach ErwR angemessen wäre, zwischen diesen abzuwägen und der Sanktion der Vorzug zu geben, die weniger schwer in die Rechtsstellung des Betroffenen eingreift. Ein Vermischen der verschiedenen Unrechtsfolgen — etwa die Verhängung einer bestimmten JStr., wenn nach JR eine unbestJStr., nach ErwR aber 1 Jahr Gefängnis verwirkt wäre (so BGH 5/366, 370, allerdings durch § 116 III gerechtfertigt), oder die Verhängung einer JStr. von 4(!) Monaten, wenn entweder 10 Monate JStr. oder 4 Monate Gefängnis verwirkt wären (so Schnitzerling NJW 56/1384) — ist unzulässig, weil eine solche Strafe weder nach J- noch nach ErwR verwirkt ist (Dallinger-Lackner N 14, Jagusch A 5b, Lackner GA 55/34, Potrykus NJW 54/1349). — JStr. entspr. stets einer Gefängnisstrafe gleicher Höhe[1]); unbestJStr. ist aber schwerer als jede unter ihrem Höchstmaß liegende Gefängnisstrafe (BGH 5/366, 368; Potrykus NJW 55/930; ähnlich Dallinger-Lackner § 105 N 64, Schnitzerling NJW 56/1385). ErzM und ZuchtM (über deren Verhältnis s. § 55 A 4a) sind grds milder als alle ErwStr. Das gilt auch im Verhältnis zur FE, weil sie angeordnet werden muß, wenn ihre Voraussetzungen vorliegen; wird sie nicht im Strafverf. angeordnet, muß der VormRi. sie verhängen. Nur für das Verhältnis JA: Geldstrafe gilt das Gesagte nicht; ein Vergleich ist hier nur für den Einzelfall unter Berücksichtigung der Folgen eines Eintrags im StReg. für diesen Täter und der Rückfallgefahr möglich[2]). (3) Bei der 21-Jahres-Grenze ist unter Berücksichtigung des § 106 ErwR anzuwenden, wenn die Voraussetzungen des § 105 nicht gegeben sind. Andernfalls ist auch hier zwischen den gegebenen Maßnahmen des JGG und der verwirkten ErwStr. wie oben dargelegt abzuwägen und die mildere Maßnahme zu treffen. — (4) Über die Zuständigkeit bei Zweifeln hinsichtlich der Altersgrenze s. § 33 A 2a.

d) Jedes Urteil ist anfechtbar, das auf der **Einreihung in eine falsche Altersgruppe** beruht. Ein rechtskräftiges Urteil ist aber aus diesem Grund **nur ausnahmsweise nichtig**[3]), nämlich allg. Grundsätzen (Löwe-Rosenberg Einl. 15 S 60) entspr. nur, wo der Bestand des Urteils für die Rechtsgemeinschaft unerträglich wäre und wo ein solches Urteil offensichtl. nicht hätte ergehen dürfen, also schon aus sich heraus unrichtig ist. Das ist nicht der Fall, wenn die falsche Einstufung auf falschen Tatsachenfeststellungen beruht; hier ist meist die Wiederaufnahme des Verfahrens (§§ 359, 362 StPO) möglich (OLG Hamburg NJW 52/1150; Dallinger-Lackner N 20;

---

[1]) BGH 10/100, 103; 5/366, 369; Potrykus NJW 55/930, Schnitzerling NJW 56/1385; aA Dallinger-Lackner § 105 N 61, 64; Jagusch A 5b; Lackner GA 55/35: JStr. sei milder wegen milderer RegFolgen; dadurch wird aber eine klare Abgrenzung ohne zwingenden Grund unmöglich.

[2]) Dallinger-Lackner § 105 N 62, 63; Lackner GA 55/35; ähnlich Jagusch A 5b; aA Potrykus NJW 55/930, der meint, JA sei als Freiheitsentzug stets schwerer als Geldstrafe; doch ist diese Strafe, jener nicht; aA auch Schnitzerling NJW 56/1385, der Geldstrafe stets für milder als JA und FE hält.

[3]) **Literatur:** Luther: Zur Nichtigkeit von Strafurteilen insbes. im JR, ZStW 58/87ff.

Lackner GA 55/38f; aA Potrykus B 4 u. NJW 53/93). Beruht die falsche Eingruppierung auf einem Rechtsfehler, ist das Urteil nur dann nichtig, wenn gegen einen Strafunmündigen eine Maßnahme verhängt wird, die auch der VormRi. gegen ihn nicht aussprechen könnte. Die Verurteilung eines Erw. nach JR und eines J nach ErwR bewirkt keine Nichtigkeit[4]); ob eine Ausnahme zu machen ist, wenn ein J zu Zuchthaus verurteilt wurde, ist zw. (nein: BGH u. FN 4, ja wohl mit Recht Dallinger-Lackner N 21, Lackner GA 55/39). Ein nichtiges Urteil darf nicht beachtet werden; die Nichtigkeit kann nach § 458 StPO festgestellt werden. — Meist sind es unzuständige Ger, die solche Urteile verhängen (vgl dazu § 33 A 3b).

3a) Tatbestandsmäßige und rechtswidrige Gesetzesverstöße von **Kindern** sind nie schuldhaft; diesen **fehlt die Schuldfähigkeit**[5]). Wegen solcher Taten kann nur der VormRi. eingreifen (RL 2). **b)** Daß der Täter zZ der Tat 14 Jahre alt war, ist darüber hinaus eine **Prozeßvoraussetzung,** die — wie allg. (Löwe-Rosenberg Einl. 11 A S 36) — zur Verfahrenseinstellung, nicht zum Freispruch zwingt[6]). Beachte RL 2.

c) Die hM lehnt die **Aufrechnung** (Kompensation, §§ 199, 233 StGB) ab, wo der Gegner ein Kind war (Jagusch A 3c aE, Dallinger-Lackner N 49, Potrykus B 9; zw.[7]). — Ein Kind kann aber **Vortäter** der Hehlerei sein (BGH 1/47ff). Dagegen ist die persönl. Begünstigung eines Kindes ausgeschlossen, weil es nicht strafmündig ist und deshalb der Bestrafung nicht entzogen werden kann; der mögliche Versuch ist nicht strafbar.

§ 2

Anwendung des allgemeinen Rechts

1) Hw: s. § 1. — **2) ErwG:** § 104 A 1a.

Die allgemeinen Vorschriften gelten nur, soweit in diesem Gesetz nichts anderes bestimmt ist.

1a) Das JGG enthält für J und Hw **Sondervorschriften,** die als leges speciales den Normen des allgR vorgehen, auch wenn diese jünger sind (Grethlein NJW 57/1370 A, Jagusch A 1).

---

[4]) BGH bei Dallinger MDR 54/400 und bei Herlan GA 54/309, im wesentl. übereinstimmend Dallinger-Lackner N 21, Lackner GA 55/39; aA Potrykus aaO; vgl über die flüssigen Grenzen zwischen J- und ErwR §§ 32, 114; oben A 1a (2) und 2a (2).

[5]) BGH 9/370, 382, allg.M; aA nur Peters JR 49/498 A 13, 50/746; ZStW 1954/434, 1956/116: je nach Fall Schuld- oder Strafausschließungsgrund; aA für das alte Recht auch RG 57/206, 207f: Strafausschließungsgrund.

[6]) hM, zB Dallinger-Lackner N 43f, Jagusch A 3c; abw. zB Löwe-Rosenberg Einl. 11 E 1 S 46, die die Einstellung nur für zulässig halten, wenn der Täter zZ der Einl. der gerichtl. Untersuchung noch nicht 14 Jahre alt war; aA Potrykus B 7: stets Freispruch; vgl § 47 I 3, II 2 für Strafunmündige.

[7]) Vgl BGH 10/373, 374 bezügl. des Vergleichs mit der Ehrennotwehr und die Erwiderung Schwarz NJW 58/10, der darauf abstellt, daß der beleidigte Beleidiger durch die Beleidigung schon hinreichend bestraft sei. Beides ist aber auch bei Beleidigung durch Kinder gegeben. Auch der Wortlaut der §§ 199, 233 StGB zwingt wohl nicht zu der herrschenden Auslegung, objektive Beleidigung oder Körperverletzung genügten nicht.

b) Das JGG schließt dabei das allgR nicht nur dort aus, wo es eine ausdrückliche Regelung trifft, sondern schon dort, wo das allgR den Grundsätzen des JGG widerspricht (Dallinger-Lackner N 8, Grethlein NJW 57/1370 A) oder wo es zu einem nicht jgem. Ergebnis führen würde (Potrykus B 2).

c) Sonst aber kommen die ohne Rücksicht auf das Alter geltenden Sätze des allgR ergänzend zur Anwendung (s. Vorb. zu § 33).

2a) „Allgemeine Vorschriften" enthalten neben StGB, StPO und GVG das gesamte Nebenstrafrecht (AbgO, Wirtschaftsstrafrecht; Wehrstrafges. s. § 112a Vorb.), das Landesstrafrecht und die Straffreiheitsgesetze[1]). **b) Welches Verhalten strafbar ist,** bestimmt stets das allgR. Auch dessen **Auslegung** erfolgt nach allg. Grundsätzen. Nur die Folgen des Unrechts sind nach JGG andere. — Für eine bes. „jgem. Auslegung" bietet das Ges. keine Grundlage. Sie ist auch nicht notwendig, weil alle Schwierigkeiten bei richtiger Anwendung des § 3 und richtiger Auswahl der Unrechtsreaktion (s. § 5) vermieden werden. Bei wertausfüllungsbedürftigen Begriffen kann allerdings gleiches Tun bei einem J anders zu beurteilen sein als bei einem Erw (vgl böswillig: kindlich-gefühllos; rücksichtslos: kindlich-unbedacht) (Dallinger-Lackner N 5—7).

3) § 2 gilt auch für **Verwaltungsvorschriften** wie GnadenO, Mitt. in Strafsachen und RiStV (die zB nur ergänzend nach den RL zum JGG anwendbar sind).

ZWEITER TEIL
Jugendliche

ERSTES HAUPTSTÜCK
Verfehlungen Jugendlicher und ihre Folgen

Erster Abschnitt
Allgemeine Vorschriften

§ 3
Verantwortlichkeit

1) Hw: § 105 I, RL 1, A 1. — 2) **ErwG:** § 104 I 1.

Ein Jugendlicher ist strafrechtlich verantwortlich, wenn er zur Zeit der Tat nach seiner sittlichen und geistigen Entwicklung reif genug ist, das Unrecht der Tat einzusehen und nach dieser Einsicht zu handeln. Zur Erziehung eines Jugendlichen, der mangels Reife strafrechtlich nicht verantwortlich ist, kann der Richter dieselben Maßnahmen anordnen wie der Vormundschaftsrichter.

---

[1]) Zum Gesetz von 1954 vgl Dallinger-Lackner A 9—13 mit Fundstellen, Becker Zbl 54/213 und Potrykus NJW 54/1277. Über das Verhältnis zur Aussetzung der Verhängung der JStr. s. § 27 A 2c.

Richtlinien zu § 3:

1. Die strafrechtliche Verantwortlichkeit des Jugendlichen ist in jedem einzelnen Fall zu prüfen · in Zweifelsfällen wird das Gutachten eines Sachverständigen einzuholen sein (vgl auch die §§ 38, 43, 73 und die Richtlinien dazu).
2. Ergibt die Prüfung, daß der Jugendliche mangels Reife nicht verantwortlich ist, so stellt der Staatsanwalt das Verfahren ein (vgl Nr. 7 der Richtlinien zu § 45); ist die Anklage bereits eingereicht, so kann der Richter mit Zustimmung des Staatsanwalts das Verfahren einstellen (§ 47).
3. Für die Erziehung des Jugendlichen wird es meist nachteilig sein, wenn die Hauptverhandlung mit dem Freispruch wegen mangelnder Reife endet. Ergibt sich der Mangel der Reife erst in der Hauptverhandlung, so empfiehlt es sich, die erforderlichen erzieherischen Maßnahmen sofort anzuordnen.

1a) Kinder sind stets strafunmündig (§ 1 III), Hw wie Erw immer strafmündig (§ 105 nennt § 3 nicht). **J sind nur bedingt strafmündig,** nämlich nur, **wenn** bei ihnen **Verstandesreife** (1), **ethische Reife** (2) und **Widerstandsfähigkeit** (auch: Willensbildungsfähigkeit) (3) **gegeben sind.** (1) Der J muß nicht nur Recht und Unrecht allg. auseinanderhalten, sondern auch im Einzelfall verstehen können, daß die Rechtsordnung dieses Verhalten nicht erlaubt. Ob er das Unrecht tatsächlich eingesehen hat oder einsieht, ist nur als Anzeichen für die Einsichtsfähigkeit von Bedeutung. — Die Strafbarkeit braucht der J nicht erkennen zu können (RG DR 44/659); die Erkenntnis des Sittenwidrigen oder Unmoralischen genügt nicht (Dallinger-Lackner N 5; BGH 10/35, 41 für den Verbotsirrtum). — (2) Der J muß weiter das Gebot als sittlichen Wert erleben und seine Handlung rechtlich als beanstandenswert empfinden können (BGH EJF C I Nr 3, Dallinger-Lackner N 6). Diese Einsicht fehlt häufig bei J, die mangelhaft erzogen sind und oft schlechte Beispiele Erw. sehen. — (3) Der J muß endlich nach der geistigen Einsicht und dem sittlichen Empfinden handeln, also den Verlockungen zur Tat widerstehen können und zwar kraft schützender Gegenvorstellungen, bes. kraft der Einsicht in seine Rechtspflichten (vgl die Beispiele bei v. Schlotheim UJ 56/152). Bes. der Geschlechts- und Besitztrieb überwindet bei J oft trotz richtiger Einsicht und Wertung alle Hemmungen (Jagusch A 3b bb). Verstandesreife, ethische Reife und Willensbildungsfähigkeit müssen **bei diesem Täter zZ der Tat für die spezielle Tat** (A 2) vorhanden gewesen sein.

b) Die notwendigen Feststellungen können nur auf Grund einer eingehenden, **individuellen Prüfung** getroffen werden, da die Gruppe der J ganz verschiedenartige Persönlichkeiten umfaßt (Jagusch A 3a). Bes. die heutige J weist große Schwankungen im Reifeprozeß auf (Einf. I 2). Auch normale J bis 16 Jahre sind noch in der kindlichen ich-bezogenen Vorstellungswelt befangen, weshalb ihnen oft das Verständnis für die Belange anderer abgeht. Die 16 und 17jährigen Burschen leben im „Sturm und Drang"; sie können oft nicht genügend Widerstandskraft aufbringen, zumal auch ihrem Selbständigkeitsdrang häufig nur unentwickelte ethische Vorstellungen entgegenstehen; doch fehlt die Altersreife nur dort, wo der Drang übermächtig ist (Potrykus B 2c). — Bes. sorgfältig ist zu prüfen, wenn es um Tatbestände geht, die ein bes. Verantwortungsbewußtsein (Amtsdelikte, Untreue, Berufsgeheimnis, Aufsichtspflicht), tiefere Einsichten in die Sozialordnung (Hochverrat, Wirtschafts- und Steuervergehen) voraussetzen, denen eine Beziehung zu einer bestimmten Person als Verletztem fehlt (Hehlerei, Warenhausdiebstahl, Betrug zum Nachteil einer öffentl.-rechtl. Körperschaft), die in der Umgebung des J als „Kavaliersdelikte" angesehen werden (Schmuggel, Wilderei, einfache Karten-Glückspiele) oder die nur die Fortsetzung eines im strafunmündigen Alter begonnenen Verhaltens sind. — Langes Bettnässen deutet auf eine zurückgebliebene Entwicklung hin.

2) **Die Strafmündigkeit ist teilbar,** weil strafrechtliche Rechtsfolgen stets nur an bestimmte, in den Tatbeständen umrissene Verhaltensweisen geknüpft werden(BGH 10/35, 38f). Sie kann für einige von mehreren sachl. oder rechtl. zusammentreffenden oder im Verhältnis der Gesetzeseinheit stehenden Tatbeständen gegeben sein, für andere nicht (RG 47/385, 387, 388) und zwar auch im Verhältnis des Grundtatbestandes zur Qualifikation (hM zB Dallinger-Lackner N 13, Lange JZ 49/399f; aA nur RG DR 44/659; vgl aber BGH 10/35ff, der die Teilbarkeit des Unrechtsbewußtseins beim Verbotsirrtum anerkennt). Es kann also immer nur soweit verurteilt werden als die Unrechtseinsicht und die Willensbildungsfähigkeit reicht.

3a) **Die Jugendzurechnungsfähigkeit ist Schuldvoraussetzung** (BGH 9/370, 382, Jagusch A 3c, Dallinger-Lackner N 8). Bei ihrem Fehlen ist freizusprechen, wenn nicht — möglichst vor Eröffnung des Hauptverf. — das Verf. vom StA oder vom Ger. nach § 47 I 3, II eingestellt werden kann. Wo ein erz. meist ungünstiger Freispruch unvermeidl. ist, muß wenigstens der äußere Tatbestand festgestellt werden; grds sollte eine Maßnahme nach § 3 S 2 getroffen werden[1]).

b) Eine Verurteilung setzt voraus, daß die **Altersreife positiv festgestellt** ist (§ 54 A 3d). Die schwierigen Feststellungen sind grds unter Einschaltung der JGH, ggf unter Zuziehung eines Sachverständigen sorgfältig zu treffen (§ 43; vgl dort); dabei ist es zweckmäßig, wenn sich der Sachverständige auch über die aus dem Entwicklungsstand zu ziehenden Folgerungen äußert (Dallinger-Lackner N 16). Bei nicht behebbaren Zweifeln ist zugunsten des J Strafunmündigkeit anzunehmen (Jagusch A 8).

c) Für **andere** an der Straftat **Beteiligte** und für die Anwendung der §§ 199, 233 StGB gilt bei fehlender Altersreife dasselbe wie bei Strafunmündigkeit (§ 1 A 3c).

4) **Konkurrenzen a) Die §§ 51, 55 StGB** betreffen von der Entwicklung unabhängige Störungen, § 3 aber Reifemängel im normalen, regelwidrigen oder krankhaften biologischen Entwicklungsprozeß (Dallinger-Lackner N 24). Überschneidungen sind möglich, bes. bei j. Psychopathen. Die Ursache der mangelnden Schuldfähigkeit ist manchmal auch nicht aufklärbar. — Beide Vorschriften stehen **unabhängig nebeneinander.** Grds sollten §§ 51, 55 StGB zuerst geprüft werden, da zB Debile oft nur den

---

[1]) Dallinger-Lackner N 46, § 54 N 7, Potrykus B 3, NJW 53/276, Kroschel S 131; aA AG Kiel NJW 52/1429, um die Vernehmung eines Kindes als Zeugen zu vermeiden. Doch kann das Fehlen der Altersreife nur im Hinblick auf einen bestimmten Geschehensablauf festgestellt werden, die Tat muß also vorher in ihren Einzelheiten aufgeklärt sein; auch wird der Täter durch die Eintragung der Entscheidung in die ErzKartei beschwert, was nur bei Nachweis einer Straftat gerechtfertigt ist.

Entwicklungsstand eines Kindes erreichen, gegen sie aber nicht erz. Maßnahmen veranlaßt sind, sondern die Unterbringung (Dallinger-Lackner N 25); diese kann aber nur angeordnet werden, wenn mindestens verminderte Zurechnungsfähigkeit (§§ 51 I, II; 55 I, II StGB) nachgewiesen ist. Die Unterbringung wird nicht dadurch unmöglich, daß daneben auch noch die Altersreife fehlt; die Annahme einer Schuldkonkurrenz (Sauer NJW 49/289ff) wird allg. zu Recht abgelehnt. Nur wenn der Ri. Erz.Maßnahmen gem. § 3 S 2 anordnen will, muß er nach Bejahung der allg. Zurechnungsunfähigkeit noch die Prüfung nach § 3 vornehmen. — Verminderte Zurechnungsfähigkeit als fakultativer Schuldmilderungsgrund erfordert dagegen stets noch die Prüfung nach § 3. Die Altersreife kann auch bei erhebl. verminderter Zurechnungsfähigkeit gegeben sein (BGH 5/366, 367). Wo strafrechtl. Verantwortlichkeit besteht, wird die Schuldminderung meist durch erhöhte Erz.Bedürftigkeit ausgeglichen (Dallinger-Lackner N 31).

b) Verbotsirrtum und mangelnde Altersreife sind von einander **unabhängig.** Doch ist jener grds dort zu entschuldigen, wo die Altersreife fehlt. Liegt sie vor, so ist er rglm nicht entschuldbar, weil feststeht, daß der J das Unrecht seines Tuns hätte einsehen können. Deshalb ist § 3 vor dem Verbotsirrtum zu prüfen (Jagusch A 5, Dallinger-Lackner N 33—38). Die Möglichkeit, die Strafe bei verschuldetem Verbotsirrtum zu mildern, ist im JR praktisch ohne Bedeutung; dagegen darf dieser bei der Auswahl der JGG-Maßnahmen nicht unbeachtet bleiben.

c) Ein **Tatbestandsirrtum** ist **unabhängig** von der Altersreife. Führt ein solcher Irrtum zur Annahme einer fahrlässigen Tat, ist bei der „vorschnellen" J die Altersreife bes. zu prüfen.

d) Die **Eidesmündigkeit** ist **keine selbständige Schuldvoraussetzung,** sondern nur der Anlaß, die Voraussetzungen des § 3 sorgsam zu prüfen (Dallinger-Lackner N 39), falls man nicht annehmen will, daß der Eid eines Eidesunmündigen kein Eid im Sinne des Ges. ist (LK Vorb. 4 vor § 153 StGB).

5a) Vormundschaftsrichterl. Erz.Maßnahmen können auch dort vom JRi. angeordnet werden, wo die Altersreife fehlt **(§ 3 S 2)** oder das Fehlen der Altersreife zugunsten des Täters unterstellt werden muß, weil diese Maßnahmen gegen Strafmündige ebenso wie gegen Strafunmündige ergriffen werden können (Dallinger-Lackner N 47). Vor Anordnung muß der JRi. aber freisprechen oder das Verfahren einstellen (Dallinger-Lackner N 53).

b) Dem JRi. stehen hier die **Maßnahmen der §§ 1666 I, 1838 BGB, 56ff, 62ff JWG** zur Verfügung, nicht aber die im JGG genannten ErzM. Die Voraussetzungen der §§ 1666 I, 1838 BGB müssen nicht vorliegen; dagegen dürfen Schutzaufsicht und FE allein unter den Voraussetzungen des JWG verhängt werden, wie sich aus § 12 ergibt (Dallinger-Lackner N 52). — Grds soll der JRi. diese Maßnahmen dem VormRi. überlassen; eine Ausnahme aus erz. Gründen ist dort geboten, wo es bereits zur Hauptverh. gekommen ist.

c) Spätere **Änderungen** der getroffenen Maßnahmen kann nur der VormRi. vornehmen. Die Verhängung von JA nach § 11 II ist ausgeschlossen.

§ 4

Rechtliche Einordnung der Straftaten Jugendlicher

1) Hw: A 1b. — **2) ErwG:** § 104 I 1.

Ob die Straftat eines Jugendlichen als Verbrechen, Vergehen oder Übertretung anzusehen ist und wann sie verjährt, richtet sich nach den Vorschriften des allgemeinen Strafrechts.

1a) Die **Einteilung** erfolgt nach der **abstrakten** (BGH 8/78, 79f) Strafdrohung des allgR gem. § 1 StGB. Das ist bedeutsam für Versuch (§ 43 StGB), Beihilfe (§ 49 StGB) und Strafverfolgungsverjährung (§§ 67ff StGB). — Vgl auch §§ 18 I, 38 III, 75, 101.

b) Die Einteillung gilt auch für Hw und zwar entweder über § 105 oder nach allgR unmittelbar.

2) Die Vollstreckungsverjährung ist nicht geregelt.

a) Für JStr. gelten §§ 70 I S 4, 5, III; 71ff StGB entspr.; bei StrAzBew. ist § 22 II zu beachten. Sonst gibt es im JR keine Vollstr.Verjährung. Vgl jedoch für JA § 87 IV, für FE und Schutzaufsicht §§ 59, 72 JWG.

b) Für Maßregeln der Sicherung und Besserung gelten §§ 70 II S 1, 71f StGB unmittelbar.

§ 5

Die Folgen der Jugendstraftat[1])

1) Hw — J: § 105 I. — **2) ErwG:** § 104 I 1.

(1) Aus Anlaß der Straftat eines Jugendlichen können Erziehungsmaßregeln angeordnet werden.

(2) Die Straftat eines Jugendlichen wird mit Zuchtmitteln oder mit Jugendstrafe geahndet, wenn Erziehungsmaßregeln nicht ausreichen.

(3) Von Zuchtmitteln und Jugendstrafe wird abgesehen, wenn die Unterbringung in einer Heil- oder Pflegeanstalt die Ahndung durch den Richter entbehrlich macht.

Richtlinien zu § 5:

1. Ergibt sich in der Hauptverhandlung, daß bereits eine erzieherische Maßnahme angeordnet worden ist, und hält der Richter deshalb eine Ahndung für entbehrlich, so stellt er mit Zustimmung des Staatsanwalts das Verfahren ein (§ 47).
2. Wird im Urteil wegen verminderter Zurechnungsfähigkeit des Jugendlichen seine Unterbringung in einer Heil- oder Pflegeanstalt angeordnet und dadurch die Ahndung der Tat durch den Richter entbehrlich, so empfiehlt es sich, nicht in der Urteilsformel, sondern in den Urteilsgründen auszusprechen, daß von Zuchtmitteln und Jugendstrafe abgesehen wird.

---

[1]) **Literatur:** Bitter: Heilen statt Strafen- ein Tagungsbericht. Hellmer: Erz. und Strafe. Zugleich ein Beitrag zur j. strafrechtl. Zumessungslehre. Holzschuh: . . . aber Ihr klagt uns an! Knögel: J, JRi. und JKriminalität, NJW 58/609. Lackner: Neue Wege zur Bekämpfung der JKriminalität, JZ 54/133. Potrykus: Theorie und Praxis der Erz. in Freiheit, UJ 54/437. Vins: Weisungen und Pflichten; von den Grenzen der richterl. Freiheit und Verantwortung, UJ 55/97.

1) Vgl zunächst die Einleitung, bes. II 2a.

2) **Nicht jede Straftat** (rechtswidriger, schuldhafter Verstoß gegen einen StrTatbestand des allgR) **eines J führt zu einer Ahndung** durch ZuchtM oder JStr. (§ 5 II). Diese dürfen nämlich nicht verhängt werden, wenn ErzM ausreichen oder sonst eine Ahndung entbehrlich ist **(Subsidiaritätsprinzip).** Ob ErzM ausreichen, muß immer — zweckmäßig zuerst — geprüft werden (Dallinger-Lackner N 23); wo die gesetzl. Voraussetzungen für JStr. (§§ 17 II, 21) oder für ZuchtM (§ 13 I) erfüllt sind, reichen ErzM allein rglm nicht aus (Dallinger-Lackner N 18f). Sonst kann eine Ahndung entbehrlich sein, wenn bereits erz. Maßnahmen (RL 1; §§ 45, 47) getroffen sind oder die Unterbringung in einer Heil- oder Pflegeanstalt angeordnet ist (§ 5 III); bei Unterbringung ist das rglm der Fall (Dallinger-Lackner N 26). Zur Urteilsfassung in diesem Fall RL 2; § 260 IV StPO steht nicht entgegen (Dallinger-Lackner N 27).

3a) **ErzM** werden **aus Anlaß der Straftat** angeordnet (§ 5 I); sie betonen den Erz.-Gedanken und sind ohne Sühnefunktion, wenn sie auch oft Sühnewirkung haben (zB FE, Arbeitsaufl.; vgl § 9 A 4b). Art und Umfang der ErzM wird allein durch die Erz.Bedürftigkeit bestimmt (Dallinger-Lackner N 14; vgl § 9 A 4a).

b) Wenn ErzM allein nicht ausreichen, wird die Tat **mit ZuchtM oder JStr. geahndet.** Bei diesen werden nach den Belangen der Erz. auch das Sühnebedürfnis und das Schutzbedürfnis der Allgemeinheit berücksichtigt (Dallinger-Lackner N 20—22). — **JStr.** (auch mit StrAzBew.) darf **nur** verhängt werden, wenn die vorliegenden schädl. Neigungen anders (durch ZuchtM oder ErzM) nicht mehr wirksam bekämpft werden können (§§ 17 II, 13). Bei unlösbaren Zweifeln ist die Schuld festzustellen und die Verhängung der JStr. zur Bew. auszusetzen (§ 27). Bei bes. schwerer Schuld ist stets auf JStr. zu erkennen (§ 17 II). Der Erz.Gedanke bestimmt auch bei der JStr. das Strafmaß (§§ 18 II, 19 I) und den Vollz. (§ 91) (für JA vgl § 90 I). Auf den Vollz. der JStr. kann ganz (§§ 20ff) oder wenigstens zum Teil (§§ 88f) verzichtet werden, wenn das erz. sinnvoll und zweckmäßig ist.

c) **Die Praxis** greift bes. oft und vielfach schematisch zu JA und Geldbußen. In vielen Fällen wäre eine genau auf den Täter abgestimmte Weisung besser. Immer wieder wird auch JA verhängt, wo bereits JStr. angebracht wäre. Jeder JRi. sollte vor der Verhängung von JA oder von Geldbußen gründl. überlegen, ob nicht andere Maßnahmen angebracht sind.

4) **Über die Koppelung** mehrerer Maßnahmen s. § 8; zur **Urteilsfassung** vgl § 54 A 2, 4. — Wegen der **Nebenstrafen** u. **Nebenfolgen** und **Maßregeln** der Sicherung u. Besserung vgl §§ 6f.

§ 6

Nebenstrafen und Nebenfolgen

1) **Hw — J:** § 105 I; sonstige Hw s. § 106 II. — 2) **ErwG:** § 104 I 1.

Auf Verlust der bürgerlichen Ehrenrechte, Unfähigkeit zur Bekleidung öffentlicher Ämter oder Zulässigkeit von Polizeiaufsicht darf nicht erkannt werden.

Richtlinie zu § 6:

Soweit eine in § 6 nicht genannte Nebenstrafe oder Nebenfolge nicht zwingend vorgeschrieben ist, beantragt der Staatsanwalt sie nur, wenn sie mit den erzieherischen Notwendigkeiten vereinbar ist.

1) **Nebenstrafen und Nebenfolgen,** die nach allgR nur neben einer Hauptstr. oder ggf im objektiven Verf. (§§ 430ff StPO) verhängt werden dürfen, können **auch neben ErzM u. ZuchtM** verhängt werden (§ 8 III). Bei ihrer AO ist jedoch **Zurückhaltung geboten** (RL); ihre Verhängung kann über § 6 hinaus im Einzelfall unzulässig sein, wo die AO den Grundsätzen des JGG zuwider laufen würde (§ 2 A 1b).

2) **Nicht erkannt werden darf auf:**

a) Verlust der bürgerlichen Ehrenrechte (§§ 32—34 StGB),

b) Unfähigkeit zur Bekleidung öffentl. Ämter (§ 35 StGB),

c) Zulässigkeit von Polizeiaufsicht (§§ 38f StGB),

d) **Wertersatzstrafe,** weil diese in ihrem Wesen eine Geldstrafe ist und das JGG Geldstrafen ausschließt (BGH 6/258, 259, Potrykus B 3, NJW 54/244; vgl aber §§ 15 I Z 3, II Z 2),

e) Privatbuße (§§ 188, 231 StGB), weil sie eine zivilrechtl. Entschädigung ist, (LK A I zu § 188 StGB), für die im JStr.Verf. kein Raum ist (§ 81 entspr., Kümmerlin DJ 43/562); vgl aber § 15 I Z 1!

3) **Umstritten ist,** ob die AO der Veröffentlichungsbefugnis (§§ 104b II, 165, 200 I StGB) und der öffentl. Bekanntmachung (§§ 200 II, 285a II StGB, 399 AbgO) zulässig ist (ja: Dallinger-Lackner N 9, 10; nein: Potrykus B 2, NJW 54/244). Da Zweifel schon nach RJGG bestanden, der Gesetzgeber aber diese Nebenfolgen nicht in § 6 erwähnt hat, können sie nicht als stets ausgeschlossen angesehen werden (vgl RL). Wo aber die AO den Täter in seiner Entwicklung schwer schädigen würde, ist sie mit den Grundsätzen des JGG nicht vereinbar (vgl §§ 80f, 48 I) und damit unzulässig (§ 2 A 1b). Es kommt also auf den Einzelfall an.

4) **Zulässig sind:**

a) Einziehung (BGH 6/259) und Unbrauchbarmachung (§§ 40 bis 42 StGB),

b) Verfallserklärung (§ 335 StGB),

c) Verlust des Wahlrechtes, der Wählbarkeit und der aus öffentl. Wahlen hervorgegangenen Rechte (§§ 85, 98, 101, 104b StGB); vgl hier aber bes. RL!,

d) Verlust der Eidesfähigkeit (Potrykus NJW 55/244; § 161 I StGB),

e) Abführung des Mehrerlöses (§§ 8ff WiStG),

f) Einziehung des Jagdscheines (§ 41 Bundesjagdges.).

5) **Tatgewinn und Entgelt** der Tat können **nach § 15 II 2** erfaßt werden.

§ 7

Maßregeln der Sicherung und Besserung

1) **Hw — J:** § 105 I; sonstige Hw s. § 106 II. — 2) **ErwG:** § 104 I 1.

Als Maßregeln der Sicherung und Besserung im Sinne des allgemeinen Strafrechts können nur die Unterbringung in einer Heil- oder Pflegeanstalt oder die Entziehung der

Erlaubnis zum Führen von Kraftfahrzeugen angeordnet werden (§ 42a Nr. 1 und 7 des Strafgesetzbuchs).

1) Maßregeln der Sicherung u. Besserung sind nur die in § 42a StGB genannten. Wo materielles JStR angewendet wird, können **nur Unterbringung in einer Heil- oder Pflegeanstalt oder Entzug der Fahrerlaubnis** angeordnet werden. Die Voraussetzungen einer solchen AO und ihre Durchführung bestimmt das allgR (§§ 42b, f, g, h, m StGB, 111a StPO).

a) Bei der **Unterbringung** in einer Heil- oder Pflegeanstalt ist bes. sorgfältig zu prüfen, ob die öffentl. Sicherheit nicht mit anderen Mitteln (Beistandschaft, Schutzaufsicht, anderweitige Unterbringung) gewahrt werden kann, da eine Unterbringung in der Entwicklung sich bes. nachteilig auswirken kann (BGH NJW 51/450). Von der Beweiserhebung über das Verhalten des J kann nicht mit der Begründung abgesehen werden, daß ein bestimmtes Verhalten als wahr unterstellt wird (OLG Schleswig EJF C I 17). Bei verminderter Zurechnungsfähigkeit (§ 51 II StGB) kann neben der Unterbringung auf alle Maßnahmen des JGG erkannt werden; doch ist eine Verbindung fast nie zweckmäßig (§ 5 III A 2 aE). Altersreife und Zurechnungsunfähigkeit s. § 3 A 4a!

b) Bei der **Entziehung der Fahrerlaubnis** ist keinesfalls milder als gegen Erw zu verfahren, da das Sicherheitsbedürfnis der Allgemeinheit hier im Vordergrund steht (Dallinger-Lackner N 8). — Diese Maßregel kann auch neben ErzM und ZuchtM verhängt werden (BGH 6/394 für ZuchtM, Dallinger-Lackner N 21ff, hM). Über die Zulässigkeit von Weisungen, die in ihrer Auswirkung ähnlich sind, und die Unterschiede zu solchen Weisungen s. § 10 A 2b (8).

2) Über die **bes. Zuständigkeit** im JR s. § 41 A 2d.

3) Der Entwurf der Großen Strafrechtskommission sieht noch die vorbeugende Verwahrung für die 17—26-Jährigen auf die Dauer von höchstens 5 Jahren vor (DRiZ 58/149).

§ 8

Verbindung von Maßnahmen und Jugendstrafe

1) **Hw — J:** § 105 I. — 2) **ErwG:** § 104 I 1; s. § 9 A 4d. — 3) **Sold!** Erz.Hilfe s. § 112b A 1b.

(1) Erziehungsmaßregeln und Zuchtmittel, ebenso mehrere Erziehungsmaßregeln oder mehrere Zuchtmittel können nebeneinander angeordnet werden. Mit der Anordnung der Fürsorgeerziehung darf Jugendarrest nicht verbunden werden.

(2) Der Richter kann neben Jugendstrafe Weisungen erteilen, die Schutzaufsicht anordnen und besondere Pflichten auferlegen. Auf Fürsorgeerziehung und auf andere Zuchtmittel kann er neben Jugendstrafe nicht erkennen. Steht der Jugendliche unter Bewährungsaufsicht, so ruht eine gleichzeitig bestehende Schutzaufsicht bis zum Ablauf der Bewährungszeit.

(3) Der Richter kann neben Erziehungsmaßregeln, Zuchtmitteln und Jugendstrafe auf die nach diesem Gesetz zulässigen Nebenstrafen und Nebenfolgen erkennen.

Richtlinie zu § 8:

§ 8 Abs. 1 Satz 2 schließt lediglich die gleichzeitige, nicht aber die aufeinanderfolgende Anordnung von Fürsorgeerziehung und Jugendarrest aus. Wird im Urteil Jugendarrest verhängt und die Auswahl und Anordnung von Erziehungsmaßregeln nach § 53 dem Vormundschaftsrichter überlassen, so ist dieser nicht gehindert, Fürsorgeerziehung anzuordnen. Der Richter kann auch während der Fürsorgeerziehung Jugendarrest verhängen. In der Regel wird aber die Anordnung der Fürsorgeerziehung die Verhängung von Jugendarrest entbehrlich machen (§§ 45, 47).

1) **Regel** ist, daß die **verschiedenen Reaktionsmittel** des JGG **nebeneinander** verhängt werden können (I S 1, II S 1, III). Erst dadurch kann oft der erz. beste Erfolg erzielt werden, bes. wenn sühnende mit rein erz., scharf zur Ordnung rufende mit länger erz. einwirkenden Maßnahmen gekoppelt werden. Auch kann eine Maßnahme erst die Voraussetzungen schaffen und den Boden bereiten für eine andere, die allein keine Aussicht auf Erfolg bieten würde (Dallinger-Lackner N 2; vgl Grethlein NJW 57/1462).

2 a) **Einige Kombinationen sind verboten** und zwar auch dann, wenn in einem Verf. mehrere Taten abgeurteilt werden (§ 31 I S 2). (1) Schutzaufsicht und FE (vgl § 59 JWG); (2) FE und JA (I S 2); (3) FE und JStr. (II S 2); (4) JStr. und JA (II S 2); (5) JStr. und Verwarnung (II S 2) dürfen nicht gleichzeitig verhängt werden.

b) Dieses **Koppelungsverbot** gilt **nur für** die **gleichzeitige Verhängung.** Der JRi. kann aber alle diese Maßnahmen nebeneinander bestehen lassen, wenn in verschiedenen Verf. (ein Zwang zur Verbindung besteht nicht: vgl BGH 10/100, 101) auf sie erkannt worden ist und das Nebeneinander erz. zweckmäßig ist (§§ 31 II, III, 66 I, vgl § 31 A 5). Der JRi. kann auch auf JA (nicht auf JStr.; vgl. § 53; der ErwRi. kann auch das: § 104 IV, § 53 RL 3 S 1) erkennen und dem VormRi. daneben die Verhängung erz. Maßnahmen gem. § 53 überlassen, der dann auch FE anordnen darf (RL), wenn das Verf. gem. § 53 nicht nur der Umgehung des Koppelungsverbotes dient (vgl Potrykus B 2). Die AO der FE durch den VormRi. oder sonstige Maßnahmen, die dieser trifft, hindern die Anwendung aller Reaktionsmittel des JR nicht (Potrykus B 2 letzter Abs.; vgl § 90 II S 3; aA Heinen BewH 55, 56/233, wenn FE allein oder ua wegen der gleichen Tat angeordnet ist, ohne Grundlage im Ges.).

c) Das **Koppelungsverbot gilt nicht,** wenn die Verhängung der JStr. **nach § 27** ausgesetzt wird. Neben dieser Aussetzung kann also auf FE (Dallinger-Lackner § 27 N 13, aA OLG Frankfurt NJW 55/603, Potrykus NJW 55/245f) und JA (Grethlein NJW 57/1463) erkannt werden, auch darf daneben eine Verwarnung ausgesprochen werden. Denn die Aussetzung der Verhängung von JStr. ist gerade nicht die Verhängung einer JStr. (BGH 9/160 für § 23 III S 2 StGB); selbst wenn im Nachverfahren JStr. festgesetzt wird, wird sie nicht neben, sondern nach den anderen Maßnahmen festgesetzt, so daß § 8 nicht entgegensteht (eingehend Grethlein aaO). Erz. zweckmäßig ist diese Koppelung rglm jedoch nur mit JA und auch hier nur in geeigneten Fällen (darüber Grethlein aaO).

3a) Über das gesetzl. Verbot hinaus ist die **Kombination in folgenden Fällen meist unzweckmäßig:** (1) Weisungen und bes. Pflichten neben FE, da diese die umfassende Maßnahme ist; (2) Verwarnung neben JA, da dieser die in der Verwarnung liegende Mißbilligung in viel schärferer Form enthält [vgl o. A 2a (5)!]; (3) ErzM und ZuchtM [vgl schon o. A 2a (3—5)] neben vollstreckbarer JStr., da grds erst deren Erfolg abgewartet werden sollte. Doch kann zB die Verpflichtung, den Schaden gutzumachen, neben JStr. von 6 Monaten angebracht sein (vgl Potrykus B 3).

b) Der JRi. soll sich im gesetzl. Rahmen **von jedem Schematismus freihalten** und nur darauf achten, was im Einzelfall geboten ist; er wird dabei immer wieder von allg. Grundsätzen abweichen müssen. Dies gilt bes. bei JStr., deren Vollstr. ausgesetzt ist; zwar ist diese echte JStr. (§ 21 A 1b), doch unterscheidet sie sich von dieser nicht unbeträchtlich nach AO, Bedeutung und Wirkung (vgl Jagusch JZ 53/688 u. Grethlein NJW 57/1463).

4) Die gem. II S 3 **ruhende Schutzaufsicht** lebt nach dem Ende der Bew.Zeit wieder voll auf, wenn sie nicht inzwischen aufgehoben worden oder erloschen ist.

5) Während die Verbindungsmöglichkeit bei **Nebenstrafen** u. **Nebenfolgen** unbeschränkt ist (III), erwähnt das Ges. die Koppelung der Maßregeln der Sicherung u. Besserung nicht. Vgl darüber § 7 A 1a und b.

Zweiter Abschnitt

Erziehungsmaßregeln

§ 9

Arten

1) **Hw — J:** § 105 I; s. aber bei §§ 10, 12! — **2)** ErwG; § 104 I 1, IV; s. § 9 A 4d. — **3) Sold!** § 112a Z 2; s. § 9 A 2.

Erziehungsmaßregeln sind

1. die Erteilung von Weisungen,

2. die Schutzaufsicht,

3. die Fürsorgeerziehung.

Richtlinien zu § 9:

1. Die Erziehungsmaßregeln sind nicht dazu bestimmt, die Straftat eines Jugendlichen zu ahnden. Die Tat ist für den Richter nur der Anlaß, Erziehungsmaßregeln anzuordnen (§ 5 Abs. 1); diese verfolgen den Zweck, erkennbar gewordene Erziehungsmängel durch erzieherische Einwirkung zu beseitigen.
2. Wegen der Eintragung von Erziehungsmaßregeln in das Strafregister oder in die gerichtliche Erziehungskartei wird auf § 94 Abs. 2 und die Anordnung über die gerichtliche Erziehungskartei hingewiesen.

1) Vgl § 5, bes. A 3.

2) **ErzM** sind **nur die 3** hier genannten. Die AO der Erz.Hilfe durch den Disziplinarvorgesetzten ist eine Weisung (§ 112b A 4a). Auch der VormRi. ist, wenn er nach § 53 tätig wird, an diesen Katalog gebunden (§ 53 A 2c), sonst dagegen nicht (§ 53 A3). — Den ErzM sehr ähnlich ist die Ermahnung (§ 45 I). **Andere Maßnahmen zur Erz.** kann der JRi. nur nach § 3 S 2 („Vormundschaftsrichterl. Maßnahmen", vgl § 34 III) oder im Rahmen der §§ 45, 47 („erz. Maßnahmen"; vgl dort) anordnen. — Wegen des Verhältnisses der ErzM zu den vormundschaftsrichterl. Maßnahmen des bürgerlichen Rechts s. § 53 A 3.

3) Die **Anordnung** von ErzM setzt Schuldfähigkeit voraus. Dies ergibt sich aus § 3 S 1 beim Vergleich mit S 2, der von Maßnahmen des VormRi., nicht von ErzM spricht (s. o. A 2) und aus § 5 I („Straftat" im Gegensatz zu „Verfehlung" in § 1 I, vgl § 5 A 2, § 1 A 1a); (Dallinger-Lackner N 12, Jagusch A 3; aA Potrykus B 5).

4a) **ErzM dienen nur der Erz.**, setzen also eine in der Straftat sichtbar gewordene Erz.Bedürftigkeit und eine durch die Persönlichkeitsermittlung festgestellte Erz.-Fähigkeit voraus. Beide Voraussetzungen müssen für die ErzM des JGG vorliegen. ErzM sind also zB nicht anzuordnen, wenn Erz. Bedürftigkeit nur für Weisungen und Schutzaufsicht gegeben ist, diese aber nicht mehr ausreichen (also die Erz.Fähigkeit insoweit fehlt), andererseits aber zwar die Erz.Fähigkeit hinsichtl. FE gegeben wäre, doch FE nicht erforderlich ist, also insoweit die Erz.Bedürftigkeit fehlt.

b) **ErzM** haben **häufig** daneben auch **sühnende Wirkung** (Dallinger-Lackner N 2, Potrykus B 1). Es ist auch ein Anliegen der Erz., einem Fehlenden klar zu machen, daß er für sein Unrecht einzutreten und es zu sühnen hat (Dallinger-Lackner § 5 N 21). Gerade J empfinden den Gedanken von Schuld und Sühne noch stark (vgl Potrykus § 17 B 3). Es geht deshalb zu weit, wenn Goebel (NJW 54/15) fordert, daß den Weisungen als ErzM kein repressiver Charakter anhaften dürfe. ErzM dürfen nur nicht allein deshalb angeordnet werden, um zu sühnen. Sie können aber angeordnet werden, wenn durch sie in erster Linie erzogen werden soll — sei es auch durch die mit der ErzM verbundene Nebenwirkung der Sühne. Der Sühnegedanke darf nur nicht der beherrschende sein (Dallinger-Lackner § 10 N 3; Potrykus § 10 B 1, NJW 54/821, UJ 54/437; Vins UJ 55/97).

c) Bei der **reichen Auswahl an ErzM** kann man nur bedauern, daß sie in der Praxis meist hinter oft schematisch verhängte Geldbußen oder hinter JA zurücktreten müssen. Gerade die ErzM können dem Einzelfall am besten angepaßt werden (Potrykus Vorb. zu § 9).

d) Das **ErwG** kann die erforderl. (§§ 5, 104 I Z 1) ErzM nicht selbst anordnen, sondern muß Auswahl und AO dem VormRi. überlassen (§ 104 IV; § 53 RL 3 S 1).

5) Wegen der **Urteilsformel** vgl § 54 A 2b; wegen des Eintrages in die **ErzKartei** s. § 94 A 2. Die AO ErzKartei ist bei § 94 abgedruckt.

§ 10

Weisungen[1])

1) Hw—J: § 105 I; s. § 10 A 1c (2). — 2) ErwG: § 104 I 1, IV; s. § 9 A 4d. — 3) Sold: § 112a Z 3 S 1, § 10 A 1c (3), § 112b A 4.

(1) Weisungen sind Gebote und Verbote, die die Lebensführung des Jugendlichen regeln und dadurch seine Erziehung fördern und sichern sollen. Der Richter kann dem Jugendlichen insbesondere auferlegen

1. Weisungen zu befolgen, die sich auf den Aufenthaltsort beziehen,

2. bei einer Familie oder in einem Heim zu wohnen,

3. eine Lehr- oder Arbeitsstelle anzunehmen,

4. einer Arbeitsauflage nachzukommen,

5. den Verkehr mit bestimmten Personen oder den Besuch von Gast- oder Vergnügungsstätten zu unterlassen,

6. keine geistigen Getränke zu genießen oder nicht zu rauchen oder

7. bei einer Verletzung von Verkehrsvorschriften an einem polizeilichen Verkehrsunterricht teilzunehmen.

(2) Der Richter kann dem Jugendlichen auch mit Zustimmung des Erziehungsberechtigten und des gesetzlichen Vertreters auferlegen, sich einer heilerzieherischen Behandlung durch einen Sachverständigen zu unterziehen. Hat der Jugendliche das sechzehnte Lebensjahr vollendet, so soll dies nur mit seinem Einverständnis geschehen.

Richtlinien zu § 10:

1. Weisungen kommen bei nicht allzu schwer wiegenden Verfehlungen in Betracht, die durch ungünstige äußere Einflüsse, Erziehungsmängel oder Fehlerziehung minderen Grades oder durch seelische, geistige oder charakterliche Schwächen oder Störungen des Jugendlichen bedingt sind. Bei verwahrlosten oder schwer gefährdeten Jugendlichen sind sie nur angebracht, wenn sie neben anderen Maßnahmen oder neben Jugendstrafe angeordnet werden.
2. Die Lebensführung gestaltende Gebote sind Verboten im allgemeinen vorzuziehen. Eine Weisung wird besonders wirksam sein, wenn das auferlegte Verhalten in einem inneren Zusammenhang mit der Tat steht. Weisungen, deren Befolgung nicht überwacht werden kann, sind in der Regel für die Erziehung von geringem Wert.
3. Bisweilen kann es angebracht sein, den Jugendlichen durch Weisung der Aufsicht einer bestimmten Person zu unterstellen. Eine solche Weisung wird sich jedoch nur empfehlen, wenn der Erziehungsberechtigte zustimmt.

---

[1]) **Literatur** s. bei § 5, weiter: Goebel: Grenzen der jrichterl. Weisungen, NJW 54/15. Holzschuh: Aufl. und Weisungen im JStrR, JWohl 52/157. Potrykus: NJW 54/821. Schnitzerling: Die zeitl. Begrenzung der jrichterl. Weisung RdJ 56 H 14. Schnitzerling: Die jrichterl. Weisungen gegenüber Verkehrsdelinquenten DAR 56/124.

4. Soll dem Jugendlichen eine Arbeitsauflage gemacht werden, so wird darauf zu achten sein, daß er bei einem Arbeitsunfall Versicherungsschutz hat.

   Ob in einem solchen Falle ein Entschädigungsanspruch nach § 1 Abs. 2 des Gesetzes betreffend die Unfallfürsorge für Gefangene vom 30. 6. 1900 (RGBl. S 536) besteht, ist zweifelhaft. Führt der Jugendliche die ihm auferlegte Arbeit in abhängiger Stellung wie ein Arbeitnehmer aus, so ist Versicherungsschutz nach § 537 Nr. 1 oder Nr. 10 der Reichsversicherungsordnung gegeben. Für die Frage, ob der Jugendliche Arbeit in abhängiger Stellung wie ein Arbeitnehmer leistet, kommt es nicht darauf an, wie alt der Jugendliche ist, ob das Beschäftigungsverhältnis längere Zeit dauern soll, ob dem Jugendlichen Lohn gezahlt wird und ob Beiträge zur Sozialversicherung entrichtet werden.

   Für die Fälle, in denen hiernach gesetzlicher Versicherungsschutz nicht besteht, wird es sich empfehlen, privaten Versicherungsschutz herbeizuführen. Dies kann in der Weise geschehen, daß eine gemeinnützige Einrichtung mit einer Versicherungsgesellschaft einen Unfallversicherungsvertrag zugunsten einer bestimmten Zahl unbekannter Jugendlicher abschließt, denen von den Gerichten eines Bezirks Arbeitsauflagen erteilt werden.

5. Ist die Befolgung einer Weisung mit Kosten verbunden, so empfiehlt es sich, vor Erteilung der Weisung zu klären, ob der Jugendliche selbst die Kosten aufbringen kann oder ob für ihn der Unterhaltspflichtige, der Bezirksfürsorgeverband oder eine andere Stelle die Kosten übernimmt (vgl auch Nr. 5 der Richtlinien zu § 74).

6. Vor der Erteilung von Weisungen sind die Vertreter der Jugendgerichtshilfe zu hören (§ 38 Abs. 3 Satz 4).

7. Über die Bedeutung der Weisungen und die Folgen schuldhafter Zuwiderhandlung (§ 11 Abs. 2) soll der Richter den Jugendlichen belehren. Die Belehrung wird in der Niederschrift über die Hauptverhandlung vermerkt oder sonst aktenkundig gemacht.

8. Bevor einem Jugendlichen die Weisung erteilt wird, sich einer heilerzieherischen Behandlung zu unterziehen, wird es in der Regel notwendig sein, einen Sachverständigen gutachtlich zu hören.

1 a) Im Gegensatz zu den anderen Unrechtsreaktionen des JGG, die gesetzl. genau festgelegt und ausgestaltet sind, ist die **Findung und Ausgestaltung der Weisungen dem JRi. überlassen,** der dabei im Rahmen des § 10 frei ist. Gebote und Verbote im JGUrteil, die nicht in anderen Bestimmungen des JGG aufgeführt sind, sind immer zulässig, wenn sie die Voraussetzungen des § 10 erfüllen.

b) (1) Weisungen können angeordnet werden, wenn **der Täter schuldfähig, erz.-bedürftig und erz.fähig** ist (§ 9 A 3, 4a); vgl. RL 1. (2) Sie müssen die **Lebensführung beeinflussen** und nicht nur der Wiedergutmachung, Sühne oä dienen (§ 9 A 4b). Die Einflußnahme braucht jedoch nicht bes. groß oder von längerer Dauer zu sein (vgl Arbeitsaufl., Verkehrsunterricht, I Z 4 und 7). Wo aber eine solche Einflußnahme zB wegen Widerstandes des Täters nicht möglich ist, darf eine Weisung nicht erteilt werden. (3) Die Weisungen sollen in einem **angemessenen Verhältnis zur Tat** stehen (Schnitzerling

DAR 56/124, Knögel NJW 58/609, 611f, vgl auch RL 2 S 2), sinnvoll und **einleuchtend** sein; sie müssen das Ehrgefühl des J schonen (vgl Knögel NJW 58/611f). Nur dann nimmt sie der J mit der für den erz. Erfolg notwendigen Bereitschaft auf sich (Dallinger-Lackner N 17f, Potrykus B 3). (4) Sie müssen **klar und bestimmt** [vgl § 11 A 2b (1)] und vor allem **zu überwachen** sein (RL 2 S 3). Grds sollte bei Weisungen von längerer Dauer ein **Endtermin** angegeben werden (Dallinger-Lackner N 21); das Ges. zwingt allerdings nicht dazu (Potrykus B 3) (vgl insgesamt Lackner JZ 54/134). (5) Über das Einverständnis der ErzBer. s. u. A 3, über die Anhörung der JGH s. u. A 4. —

c) (1) Für die **Auswahl** gibt RL 2 Hinweise. (2) Eine große Rolle spielt auch das **Alter** und der Entwicklungsstand zZ der Aburteilung. Ist der Täter inzwischen erw., sind Weisungen, die ausschließl. die Erz. des noch in der Entwicklung stehenden J im Auge haben (zB Rauchverbot, Heimaufenthalt, Besinnungsaufsatz, Werke der Nächstenliebe), nicht angebracht; es kommen hier vor allem Maßnahmen in Betracht, wie sie gegen Erw. als Bew. Aufl. verhängt werden (§ 24 I StGB; zB Beschränkungen hinsichtl. des Aufenthalts, der Benutzung eines Kfz und der Verwendung des Einkommens; Erfüllung einer Unterhaltspflicht, Übernahme einer ständigen Arbeit, Unterstellung unter Aufsicht und Leitung eines Helfers, Teilnahme an einem Verkehrsunterricht) (Dallinger-Lackner § 105 N 73). Auch bei 18—20 jährigen gilt das für Erw. Gesagte zT. Es muß vermieden werden, daß sie durch Weisungen in Opposition getrieben werden, die sie als unangemessenen, nicht mehr altersentspr. Eingriff empfinden. (3) Bei **Soldaten** sind die **Besonderheiten des Wehrdienstes** zu berücksichtigen (§ 112a Z 3 S 1). So sind Weisungen, die sich auf den Aufenthaltsort beziehen (I Z 1, 2), die Annahme einer Lehr- oder Arbeitsstelle (I Z 3) oder Arbeitsaufl. (I Z 4) oder Verkehrsunterricht (I Z 7) oder eine heilerz. Behandlung (II) anordnen, nicht oder (I Z 4, 7) nur selten angebracht (Potrykus NJW 57/814, 815, II 2a). Auch sonst ist die Auswahl bei Soldaten nach Art und Umfang durch die zwingend vorgeschriebene Berücksichtigung des Wehrdienstes sehr beschränkt (Potrykus aaO); Beispiele: DVO ErzHilfe § 4 II, abgedruckt bei § 112b. Aufsichtspersonen nach RL 3 sollten grds Soldaten sein (§ 112a Z 4 entspr.), wenn schon nicht Erz.Hilfe durch den Disziplinarvorgesetzten gem. § 112b angeordnet werden soll, eine auf die militärischen Verhältnisse zugeschnittene Weisung nach RL 3 (vgl § 112b, A 4). — Vor der AO von Weisungen soll der nächste Disziplinarvorgesetzte gehört werden (§ 112d, s. dort A 1).

d) Weisungen sind **unzulässig,** wo sie die Grenzen überschreiten, die der staatl. Strafgewalt durch Verfassung und Sittengesetz gezogen sind (Potrykus NJW 54/822). Das wäre zB der Fall bei Weisungen, das geschwängerte Mädchen zu heiraten, rglm in die Kirche zu gehen, einem bestimmten Verein beizutreten (nicht aber: irgend einer JGruppe beizutreten oder aus einem die Erz. gefährdenden Verein auszutreten). Ebenso Dallinger-Lackner N 15, Potrykus B 3; vgl auch RdJ 55/137—146 und 235.

2a) I S 2 bringt Beispiele. (1) Bei Weisungen nach **Z 1 u. 2** darf der Täter nicht zwangsweise gegen den Willen der ErzBer. festgehalten werden (über diesen wichtigen Unterschied zur FE vgl Dallinger-Lackner N 5). Die Koppelung mit Weisungen nach **Z 8** ist oft gut (Potrykus B 4 Nr 3). (2) **Arbeitsaufl.** sind nur zulässig, wenn dadurch die Einstellung des Täters zur Arbeit beeinflußt werden soll und kann, da (Zwangs-) Arbeit zur Sühne des Rechtsbruches dem Ethos der Arbeit widerspricht und sich erz. ungünstig auswirken kann (Dallinger-Lackner N 6); sie ist deshalb bei Verkehrsdelikten nur selten angebracht (Schnitzerling DAR 56/125). Arbeit zur Sühne ist nur als Wiedergutmachung gem. § 15 I Z 1 möglich (vgl. dort); über den notwendigen Versicherungsschutz vgl RL 4. Das JSchutzGes. vom 30. 4. 38 (RGBl I 437) gilt dabei nicht; doch sollte der JRi. die Grundgedanken beachten (Potrykus NJW 56/656). — (3) Die weiteren Weisungen des I bedürfen keiner Erläuterung. (4) Diese Beispiele werden **ergänzt** durch das Beispiel **RL 8** (s. da; vgl auch § 23 A 2b (1) aE), durch die **soldatische Erziehungshilfe** vgl § 112b) **und** die bes. Weisung des **Abs. II** (u. A 2c).

b) Aus diesen Beispielen läßt sich ableiten, welche Art von AO der GesGeber als Weisungen betrachtet (vgl bes. Arbeitsaufl., Alkohol- und Nikotinverbot, Verkehrsunterricht). **Weitere Weisungen** sind **zB:** (1) bestimmte Verwendung des Arbeitseinkommens, etwa Ablieferung des Lohnes an Eltern, sparen, über Ausgaben abzurechnen, Schulden in bestimmten Raten zu zahlen, keine Schulden zu machen (Abzahlungsgeschäfte!); (2) bestehende Pflichten gut zu erfüllen (Schule, Arbeit, Elternhaus, Unterhalt); die Pflicht, die Verf.Kosten zu tragen, gehört wohl nicht hierher (vgl BGH 9/365 für BewAufl. des allgR; aA Meyer NJW 57/371 für das JR); doch dürfte die Aufl., bestimmte Verf.Auslagen zu ersetzen, im Rahmen des 15 als Wiedergutmachung zulässig sein; s. dort A 2a (2); (3) eine Lehre zu beenden, Verkehrsvorschriften zu lernen; (4) einen Besinnungsaufsatz zu fertigen (vgl dazu Heinen und Kirchhoff UJ 52/75 und 273, auch in Verkehrssachen: Schnitzerling DAR 56/125); (5) keine Tanz- oder sonstige Veranstaltungen zu besuchen, aus einem die Erz. gefährdenden Verein auszutreten (s. A 1d); (6) irgend einer selbst zu wählenden J Gruppe beizutreten (s. A 1d); (7) auch die Weisung, ein Werk der Nächstenliebe zum Ausgleich für eine Verfehlung zu tun, ist möglich; doch ist Vorsicht am Platze, weil erzwungene gute Werke für die Entwicklung J auch nachteilig sein können (Dallinger-Lackner N 12, Vins UJ 55/97); (8) zulässig ist auch die Weisung, bestimmte Gegenstände für eine gewisse Zeit nicht zu gebrauchen oder abzuliefern; das gilt auch für Kraftfahrzeuge ungeachtet des § 42 m StGB, weil dieser dem Schutz der Allgemeinheit dient, die Weisung aber die Erz. des Täters im Auge hat und Schutz- und Erz.-Bedürfnis nicht immer zusammentreffen, zB bei dem Motorradfahrer, der durch seine Motorradleidenschaft in Schulden geraten ist und gestohlen oder betrogen hat (Dallinger-Lackner N 11, Potrykus B 1, NJW 54/821, Schnitzerling DAR 56/124f; vgl auch Hartung DRiZ 58/51; aA Pentz und Goebel NJW 54/15, 16 und 337, Kroschel S 138); (9) auch die Aufl., etwa an einen rücksichtslosen Radfahrer oder undisziplinierten Fußgänger, eine Haftpflichtversicherung abzuschließen, fällt noch in diesen Rahmen, weil sie das Verantwortungsbewußtsein fördern kann (Schnitzerling DAR 56/125); (10) sogar ein Berufsverbot kann zulässig sein (vgl BGH 9/258ff, für Bew.-Aufl. des allgR); (11) wegen Weisungen bei Verkehrsdelikten vgl Schnitzerling DAR 56/124.

c) Die Weisung, sich einer **heilerz. Behandlung** zu unterziehen, ist in II und RL 8 eingehend behandelt (vgl auch Stutte MKrim. 56/103). Als Sachverständige kommen

Psychiater und Psychologen in Betracht; wo Erz.Beratungsstellen vorhanden sind, können diese eingeschaltet werden. Aufgabe der Behandlung ist vor allem, den Grund der Gesetzesverletzungen aufzudecken, ihn dem J bewußt zu machen und diesem dabei einen Weg aufzuzeigen.

3) Die Befolgung der Weisungen **kann nicht erzwungen,** sondern **nur** die **Nichtbefolgung** mit JA **geahndet** werden (§ 11 II, Dallinger-Lackner N 32). Darüber soll der J **belehrt** werden (RL 7: aktenkundig!). Verbieten die **ErzBer.** die Befolgung der Weisung (zB den Heimaufenthalt), kann nur durch Änderung der Weisung geholfen werden [vgl § 11 A 2b (1)]. Weisungen sollten deshalb nicht gegen den Willen der ErzBer. erteilt werden (für die Heil-Erz. bes. streng II). Über die Bereitschaft des J vgl A 1b (2), (3).

4) Die Überwachung obliegt der **JGH** (§ 38 II S 3); auch deshalb muß (Ausnahme: § 75 I S 3; §§ 45, 47) sie vor der AO gem. § 38 III S 4 **gehört** werden (RL 6). Da die JGH nur als Helfer des JRi. überwacht, darf auch dieser selbst die Einhaltung der Weisungen kontrollieren. Neben der JGH darf auch ein bes. Helfer zur Überwachung herangezogen werden. Die amtl. BewH haben Weisungen nur zu überwachen, wenn diese als Bew.Aufl. erteilt sind (Dallinger-Lackner N 23—26).

5) Über **Kosten und Versicherung** vgl RL 4 und 5 sowie Schreiben des BJM vom 4. 10. 54 (bei Dallinger-Lackner N 33 u. Potrykus NJW 54/244).

§ 11

Nachträgliche Änderung von Weisungen
Folgen der Zuwiderhandlung

1) Hw — J: § 105 I. — **2)** ErwG: § 104 I 1, IV; s. §§ 65 A 2c und 53 A2d. — **3) Sold!** § 112a Z 3; § 11 A 1a, b (2).

(1) Der Richter kann Weisungen nachträglich ändern oder von ihnen befreien, wenn dies aus Gründen der Erziehung geboten ist.

(2) Kommt der Jugendliche Weisungen schuldhaft nicht nach, so kann Jugendarrest verhängt werden, wenn eine Belehrung über die Folgen schuldhafter Zuwiderhandlung erfolgt war.

Richtlinien zu § 11:

1. Die nachträgliche Änderung von Weisungen kommt vor allem in Betracht, wenn die weitere Entwicklung des Jugendlichen oder eine Änderung seiner Lebensverhältnisse die Anpassung der Erziehungsmaßregeln erforderlich macht oder wenn sich die Unzweckmäßigkeit einer Weisung herausstellt.
2. Bei Weisungen, denen der Jugendliche längere Zeit hindurch nachzukommen hat, empfiehlt es sich, in angemessenen Zeitabständen zu prüfen, ob es aus Gründen der Erziehung geboten ist, die Weisung zu ändern oder aufzuheben. In der Regel wird vor der Änderung oder Aufhebung die Jugendgerichtshilfe zu hören sein.

3. Der Jugendarrest ist das schärfste Mittel, das bei Zuwiderhandlungen gegen Weisungen oder bei Nichterfüllung von besonderen Pflichten (§ 15) zur Verfügung steht. Bei leichten Zuwiderhandlungen kann eine formlose Ermahnung des Jugendlichen ausreichen.

4. Vor der Verhängung von Jugendarrest muß geprüft werden, ob der Jugendliche der Weisung (§ 10) schuldhaft zuwidergehandelt oder die besondere Pflicht (§ 15) schuldhaft nicht erfüllt hat. Hierzu ist in der Regel erforderlich, daß der Richter den Jugendlichen anhört.

1a) Der Einbruch in die Rechtskraft durch **Änderung einer Weisung** nach dem Grundsatz der Reaktionsbeweglichkeit ist nicht nur mögl., wenn sich die Tatsachen geändert haben (Änderung der persönl. Verhältnisse, der Entwicklung, Erreichung des erstrebten erz. Erfolges, Wehrdienst: § 112a Z 3 S 2), sondern auch dann, wenn die Situation anders beurteilt wird (J ist schwerer oder leichter erziehbar, die neue Umgebung oder Aufsichtsperson erweist sich als ungeeignet, die Weisung kann nicht überwacht werden) (RL 1); Verschulden ist nicht erforderl. Denn das Ges. verlangt nur allg., daß **Gründe der Erz.** eine Änderung **gebieten;** die Achtung vor der Rechtskraft setzt jedoch ein anders nicht zu befriedigendes Bedürfnis voraus (ähnl. Potrykus B 1; zu eng Dallinger-Lackner N 1). — Wenn die **Änderung** notwendig ist, **muß** sie vorgenommen werden; das ist für den Wehrdienst in § 112a Z 3 S 2 ausdrückl. ausgesprochen, gilt aber allg. Längerwährende Weisungen sind deshalb von Zeit zu Zeit zu überprüfen, ob sie noch den Verhältnissen entspr. (RL 2).

b) (1) Die **neuen Weisungen** dürfen **auch härter und anders** geartet sein (heute allg. M). Doch dürfen auch bei der Abänderung nur Weisungen nach § 10 erteilt werden (Dallinger-Lackner N 1; aA Potrykus B 1 hinsichtl. Geldaufl.). (2) Auch eine **bloße Ergänzung** durch eine weitere Weisung ist mögl., wenn schon eine Weisung erteilt war. Ebenso ist die **Aufhebung** aller Weisungen mögl., zB wenn der Erfolg erreicht ist oder mit Weisungen nicht zu erreichen ist; in diesem Fall ist ggf beim VormRi. FE anzuregen (Dallinger-Lackner N 6). Aufhebung kann bes. bei Einberufung angebracht sein (§112a Z 3 S 2; Potrykus NJW 57/814, 815 II 1a). — Auch die ErzHilfe durch den Disziplinarvorgesetzten ist eine Weisung (§ 112b A 4) und sollte (§ 112a Z 3 S 2) daher im Rahmen der Abänderung ggf angeordnet oder ersetzt werden.

2a) Der **vorsätzl. oder fahrlässige Verstoß gegen eine Weisung** ist ein spezifisch j strafrechtl. Tatbestand des Ungehorsams[1]) und **kann mit JA geahndet** werden. Das ist rglm nur bei erhebl. Verstößen angebracht (s. § 38 II S 3, 4); oft genügt eine Ermahnung (RL 3; § 65 RL) oder eine Änderung der Weisung. Doch ist auch eine zu große Geduld des JRi. erz. gefährl.

b) (1) JA kann nur verhängt werden, wenn der Täter **belehrt** war (wohl Bedingung der Strafbark.), auch sonst **schuldhaft** gehandelt hat (RL 4), und wenn die Zuwiderhandlung nachgewiesen ist. Ist die Befolgung der Weisung — zB wegen eines ent-

[1]) Überzeugend Dallinger-Lackner N 10, Jagusch A 4; aA Potrykus B 4, der zwar die Annahme eines Ersatzstrafcharakters in § 17 B 1 ablehnt, dessen Konstruktion aber im wesentl. doch darauf hinaus läuft. Ähnl. auch Schnitzerling JZ 56/274.

gegenstehenden Gebotes des ErzBer. — nicht zumutbar, fehlt die Schuld. — Die **Ermittlung** des objektiven Tatbestandes ist schwierig, wenn die Weisung nicht bestimmt, der Nachweis des subjektiven Tatbestandes fällt schwer, wenn die Weisung nicht klar und verständl. ist. (2) Weiter muß eine Weisung verletzt sein, die **im Urteil,** nach § 11 I, als BewAufl. (§ 26 A 1c), nach § 53 vom VormRi. **oder nach** § 75 (Besonderheit: § 75 III) **erteilt** wurde; nicht genügt, wenn die Weisung nach §§ 45, 47 oder vom VormRi. in eigener Zuständigk. ausgesprochen worden ist. (3) **Daß** der **inzwischen ältere** Täter bei einer strafbaren Handlung zum gleichen Zeitpunkt nicht mehr nach materiellem JR abzuurteilen wäre, steht der Verhängung von JA hier nicht entgegen (allgM).

c) Es kann **wegen jedes einzelnen Verstoßes JA bis zum Höchstmaß** unter Beachtung des § 31 verhängt werden, auch wenn die Weisung neben DauerJA von 4 Wochen ausgesprochen wurde[2]); denn es handelt sich um mehrere selbständige Verfehlungen. Bei wiederholter Verhängung von JA (vgl. allg. § 16 RL 4) ist Vorsicht geboten; in diesen Fällen wird oft die Weisung den Verhältnissen nicht gerecht.

d) Die Verhängung von JA ist — wie o. dargestellt — eine Ungehorsamsfolge, kein Beugemittel; der JA ist deshalb auch bei **nachträgl. Erfüllung** der Weisung zu vollstrecken (Dallinger-Lackner N 18, Potrykus B 7 aE, NJW 56/658); hier kann nur die Gnadenbehörde helfen. Auch die Weisung bleibt unabhängig von der Verhängung und dem **Vollz. des JA** bestehen.

e) Dies alles gilt **entspr.** beim Verstoß gegen eine **bes. Pflicht** (§ 15 III).

3) Zuständigk., Verf. u. Anfechtung vgl § 65 mit A, § 53 A 2c, ferner § 11 RL 2 S 2, 4 S 2.

§ 12

Schutzaufsicht und Fürsorgeerziehung

1) Hw — J: § 105 I; s. § 12 A 1a. — **2)** ErwG: § 104 I 1, IV; § 9 A 4d. — **3) Sold!** § 112a Z 1, A 1a; § 12 A 4.

Die Voraussetzungen, die Ausübung und Ausführung sowie die Beendigung der Schutzaufsicht und der Fürsorgeerziehung richten sich nach den Vorschriften über Jugendwohlfahrt.

1a) Neben den **Voraussetzungen des JWG** (vgl die Erläuterungsbücher hierzu) müssen auch die **allg. Voraussetzungen** für die AO von **ErzM** (§ 9 A 3, 4a) vorliegen Doch können FE und Schutzaufsicht auch bei fehlender Altersreife als vormundschaftsrichterl. Maßnahmen gem. § 3 S 2 durch den JRi. angeordnet werden (vgl § 3 A 5). Es dürfen die **bes. Altersgrenzen des JWG** nicht übersehen werden (§§ 56, 59, 63, 72 JWG);

---

[2]) Dallinger-Lackner N 10, 15, Jagusch A 4; aA zT Potrykus B 8, der zwar auch bei mehreren Verstößen die Dauer des gem. § 11 II verhängten JA auf insgesamt 4 Wochen begrenzt wissen will, aber deren Verhängung auch dann zuläßt, wenn bereits im Urteil neben der Weisung auf JA erkannt ist. Schnitzerling JZ 56/274 will wegen einer Tat insgesamt nur 4 Wochen JA zulassen, so daß nach ihm eine Weisung, die neben JA von 4 Wochen angeordnet ist, ungesühnt übertreten werden kann.

für diese kommt es auf die **Zeit des Urteils** an. Auch wenn danach Schutzaufsicht oder FE noch zulässig wären, versprechen sie bei Hw meist keinen Erfolg mehr (Dallinger-Lackner N 74, 75, Potrykus A 6 je zu § 105); FE gegen einen 18jährigen ist nur mit Zustimmung der FE-Behörde mögl. (§ 63 III JWG, Dallinger-Lackner N 24, Potrykus B 3b, Gräber UJ 55/274).

b) Dem **JRi.** obliegt **nur** die **AO**, nicht aber die Durchführung und Aufhebung, die Sache des VormRi. sind (Dallinger-Lackner N 6, 20). Die **Zuständigk. des VormRi.** und des JAmtes richtet sich nach JWG. Wegen der Vollstr. s. § 82 A 2.

2a) Die **Schutzaufsicht** ist bei straffälligen J selten ein geeignetes Mittel. Der JRi. erteilt in den entspr. Fällen besser eine Weisung nach § 10 RL 3, da der J durch § 11 II wenigstens mittelbar gezwungen ist, den Weisungen des Helfers nachzukommen. — Die Bestellung des Schutzhelfers bleibt zweckmäßig dem VormRi. vorbehalten. Schutzhelfer sollte stets der Vertreter der JGH, also eine bestimmte Person sein, nicht die JGH als Amt (§ 38 II S 6); aber auch jede andere geeignete Person kann mit Zustimmung der JGH zum Schutzhelfer bestellt werden (Dallinger-Lackner N 15).

b) Schutzhilfe und BewH (§ 24) dürfen nicht verwechselt werden.

3a) **FE** sollte der JRi. tunlich nicht anordnen (Potrykus UJ 56/235), sondern auch die AO dem VormRi. ggf nach § 53 überlassen, weil das JGVerf. zu den notwendigen Ermittlungen schlecht geeignet ist und weil eine zu häufige AO von FE im StrVerf. ihr Ansehen als Erz.Maßnahme noch mehr untergräbt. Nur wenn sich die Notwendigkeit der FE erst in der Hauptverh. herausstellt, zugleich aber alle erforderl. Feststellungen in dieser Verh. getroffen werden können, ist die AO der FE durch das JG zu vertreten. Sie darf nie gegen Kriminelle verhängt werden. Sonst ist zu prüfen, ob nicht ambulante Maßnahmen genügen (Subsidiarität; s. Einf. II 2a).

b) Bei nicht ganz ausreichender Klärung kann es einmal zweckmäßig sein, daß das JG nur die **vorl. FE** anordnet. Das ist zulässig (hM, zB Dallinger-Lackner N 46); die Akten sind dann alsbald dem VormRi. zuzuleiten, der in seinem Verf. über die endgültige AO entscheidet.

c) Die vom JRi. angeordnete FE — auch die vorl. — darf **erst nach Rechtskraft** durchgeführt werden (allgM, vgl § 71 I S 2).

4) Gegen **Soldaten** darf weder FE noch Schutzaufsicht angeordnet werden (§ 112a Z 1).

Dritter Abschnitt
Zuchtmittel

§ 13
Arten und Anwendung

1) **Hw — J:** § 105 I. — **2) ErwG:** § 104 I 1.

(1) Der Richter ahndet die Straftat mit Zuchtmitteln, wenn Jugendstrafe nicht geboten ist, dem Jugendlichen aber eindringlich zum Bewußtsein gebracht werden muß, daß er für das von ihm begangene Unrecht einzustehen hat.

(2) Zuchtmittel sind

1. die Verwarnung,

2. die Auferlegung besonderer Pflichten,

3. der Jugendarrest.

(3) Zuchtmittel haben nicht die Rechtswirkungen einer Strafe. Sie werden nicht in das Strafregister eingetragen und begründen nicht die Anwendung von strafrechtlichen Rückfallvorschriften.

Richtlinien zu § 13:

1. Die Zuchtmittel sollen dazu dienen, das Ehrgefühl eines im Grunde gutgearteten Jugendlichen zu wecken und ihn zu der Einsicht zu bringen, daß er strafbares Unrecht begangen hat und dafür einstehen muß. Hierin liegt ihr erzieherischer Wert. Sie sind daher nur angebracht, wenn zu erwarten ist, daß der Jugendliche zu dieser Einsicht kommen und sich künftig ordentlich führen wird.
2. Wenn außer dem Zuchtmittel eine längere erzieherische Beeinflussung des Jugendlichen erforderlich ist, wird die Verbindung mit einer Erziehungsmaßregel angezeigt sein (§ 8 Abs. 1).
3. Wegen der Eintragung von Zuchtmitteln in das Strafregister oder in die gerichtliche Erziehungskartei wird auf § 94 Abs. 2 und die Anordnung über die gerichtliche Erziehungskartei hingewiesen.

1) Das **ZuchtM ist** ein eindringlicher tatbezogener Mahn- und Ordnungsruf (I) ohne die Fernwirkungen der Str. (III). Es hat Übelcharakter und dient der Ahndung und Sühne, soll aber dabei die Entwicklung des Täters erz. günstig (RL 1 S 2) beeinflussen und dadurch weitere strafbare Verfehlungen verhindern. Dem Täter soll es die Autorität der RechtsO zum Bewußtsein bringen und ihn erkennen lassen, daß er für sein Tun einzustehen hat und daß sich Unrecht nicht lohnt. Im Gegensatz zur ErzM und zur JStr. ist das ZuchtM nicht auf Dauerwirkung angelegt; deshalb sind Verbindungen (§ 8) oft angezeigt (RL 2 für ErzM, § 23 und Grethlein NJW 57/1462 für Bew.Zeit). Wichtig ist, daß irgendwelche Nachwirkungen auch in Schule und Beruf vermieden werden (vgl § 16 RL 8).

2) ZuchtM dürfen **nur gegen** strafrechtl. verantwortl. (§ 3 S 1; 5), im Grund gutgeartete, erz.ansprechbare (RL 1) J verhängt werden; bei kriminellen, verwahrlosten, schwer gefährdeten oder geistig erhebl. zurückgebliebenen J scheiden sie aus (vgl RL 1 S 3). Bei üblichen J-Flegeleien sind ZuchtM wegen ihres ernsten Charakters nicht angebracht (§ 45), bei bes. schwerer Schuld nicht ausreichend (§ 17 II). Vgl auch § 5 A 2, 3.

3) ZuchtM kann **nur der JRi. durch** Urteil, bes. Pflichten auch als BewAufl. (§ 23) und im Rahmen der §§ 45, 47, JA gem. §§ 11 II, 75 III durch Beschl., Verwarnung und Geldaufl. in einer jrichterl. Verfügung (§ 75) verhängen.

4) ZuchtM sind **keine Str.** (näher III). **Doch** kann neben ihnen die Fahrerlaubnis entzogen werden (§ 7 A 1b). Auch rechtfertigt die Gefahr der Verhängung von ZuchtM die Verweigerung der Aussage (BGH 9/34 ff für § 55 StPO und JA).

5) Wegen der **Urteilsformel** vgl § 54 A 2b; wegen der Eintragung in die **ErzKartei** s. § 94 A 2 und die bei § 94 abgedruckte AO ErzKartei.

§ 14

Verwarnung

1) Hw — J: § 105 I; s. § 14 A 1d. — **2) ErwG:** § 104 I 1. — **3) Sold!** § 14 A 1d.

Durch die Verwarnung soll dem Jugendlichen das Unrecht der Tat eindringlich vorgehalten werden.

Richtlinien zu § 14:

1. Eine Verwarnung durch Urteil wird nur dann anzuordnen sein, wenn sich erst in der Hauptverhandlung ergibt, daß eine förmliche Zurechtweisung des Jugendlichen angezeigt und ausreichend ist. Hält der Staatsanwalt eine Zurechtweisung des Jugendlichen für ausreichend, so regt er eine Ermahnung bei dem Jugendrichter an und sieht von der Verfolgung ab, wenn der Richter der Anregung entspricht (§ 45). In derartigen Fällen kann das Verfahren auch noch nach Einreichung der Anklageschrift in Verbindung mit einer Ermahnung eingestellt werden (§ 47).
2. Wegen des Ausspruchs der rechtskräftig angeordneten Verwarnung wird auf Abschnitt IV Nr. 1 der Richtlinien zu §§ 82 bis 85 hingewiesen.

1a) Die **Verwarnung** ist eine **Zurechtweisung** des Täters unter Vorhaltung des Unrechts der Tat. Durch sie wird er auf die Schwere des Schuldvorwurfs und auf die Folgen für den Verletzten und die Allgemeinheit hingewiesen; zugleich wird er vor weiteren Verfehlungen im eigenen Interesse gewarnt und unter Anrufung seiner Ehre und seines Gewissens zur Rücksicht gegen die Mitmenschen ermahnt.

b) Eine solche Zurechtweisung ist bei jeder Verurteilung erz. geboten. Die Verwarnung zeichnet sich darüber hinaus durch die **bes. Form** aus, in der auf sie erkannt wird (Urteilssatz, jrichterl. Verfügung) und bes. in der sie vollzogen wird (vgl Heinen UJ 52/29 u. 120). Dadurch erhält sie Sühnefunktion und wird zum ZuchtM. Sie ist deshalb neben JStr. oder JA nicht mehr [§ 8 A 2a (5) u. 3a (2)], in leichtesten Fällen aber überhaupt nicht notwendig, weil hier eine formlose Ermahnung genügt (RL 1).

c) Eine **Verwarnung** ist **meist neben** einer Weisung oder einer bes. Pflicht angebracht, wenn das in der Tat enthaltene Unrecht bes. betont werden soll; die Zurechtweisung hat dann neben dem erz. Moment eine nicht unbedeutende Sühnefunktion (ähnl. Ehrenstr.). — **Allein** sollte sie **nur** bei leichten einmaligen Verstößen gutartiger J verhängt werden, die die Verh. bes. beeindruckt hat (vgl RL 1 S 1). Sie ist auch bei Vergehen (aus Not, nach Verführung, als J-Streich) mögl. (Dallinger-Lackner N 3; aA wohl Potrykus B 3: nur Übertretungen).

d) Eine Verwarnung verspricht **gegen Hw** oder J, die zZ des Urteils schon über 18 Jahre alt sind, **nur** unter bes. günstigen Umständen Erfolg, weil sie auf die Mentalität der J abgestimmt ist (Dallinger-Lackner N 77, Potrykus B 6 je zu § 105). Ähnl. gilt bei **Soldaten.**

2a) Der Ausspruch ist nur die Verhängung und bedarf des **Vollz.** Dieser ist **erst nach Rechtskraft** mögl. Bei allseitigem Rechtsmittelverzicht ist die Verwarnung grds. im Anschluß an die Verh. zu erteilen. Oft wird aber das Urteil erst später rechtskräftig, da auf Verwarnung meist im vereinfachten JVerf. in Abwesenheit des JStA erkannt wird [vgl § 78 A 5a (3)]. Dann ist eine nachdrückl. Zurechtweisung aE der Sitzung und eine entspr. gefaßte schriftl. Verwarnung u. Bezug auf die Zurechtweisung in entspr. äußerer Form noch das beste. Denn das ist erz. wirksamer als der bes. Verwarnungstermin, zu dem der J wegen derselben Tat zum 2. Mal ggf von weit außerhalb unter Versäumung seiner Arbeit vor Ger. erscheinen muß (Angemessenheit!). Der Grundsatz, daß die Verwarnung nur mündl. erteilt werden soll (§ 85 RL IV 1, Dallinger-Lackner N 10, Jagusch A 4, Potrykus B 5), muß hier zurücktreten.

b) Ob der säumige J **zum Verwarnungstermin vorgeführt** werden darf, ist bestr. (ja mR Jagusch A 4, nein Dallinger-Lackner N 8, Potrykus B 7).

3) Zur **Urteilsfassung** vgl § 54 A 2b.

§ 15

Auferlegung besonderer Pflichten

1) Hw J: § 105 I; s. § 15 A 1b. — 2) ErwG: § 104 I 1. — 3) Sold: § 112a Z 3, § 15 A 6.

(1) Als besondere Pflichten kann der Richter dem Jugendlichen auferlegen,

1. den Schaden wiedergutzumachen,

2. sich persönlich bei dem Verletzten zu entschuldigen oder

3. einen Geldbetrag zugunsten einer gemeinnützigen Einrichtung zu zahlen.

(2) Der Richter soll die Zahlung eines Geldbetrages nur anordnen, wenn

1. der Jugendliche eine leichte Verfehlung begangen hat und anzunehmen ist, daß er den Geldbetrag aus Mitteln zahlt, über die er selbständig verfügen darf, oder

2. dem Jugendlichen der Gewinn, den er aus der Tat erlangt, oder das Entgelt, das er für sie erhalten hat, entzogen werden soll.

(3) Bei schuldhafter Nichterfüllung von besonderen Pflichten gilt § 11 Abs. 2 entsprechend.

Richtlinien zu § 15:

1. Der Auflage, den Schaden wiedergutzumachen, wird in der Regel ein besonderer erzieherischer Wert zukommen. Es empfiehlt sich deshalb, von dieser Auflage in allen geeigneten Fällen Gebrauch zu machen. Die Wiedergutmachung des Schadens kann auch in Arbeitsleistungen für den Geschädigten bestehen (vgl hierzu Nr. 4 der Richtlinien zu § 10).
2. Der Auflage, sich persönlich bei dem Verletzten zu entschuldigen, soll der Jugendliche nach Möglichkeit in Gegenwart des Richters im Anschluß an die Hauptverhandlung nachkommen.
3. Wird die Zahlung eines Geldbetrages auferlegt, so empfiehlt es sich aus erzieherischen Gründen, die Anordnung zugunsten einer gemeinnützigen Einrichtung zu treffen, die der Betreuung der gefährdeten oder straffälligen Jugend dient.
4. Der Geldbetrag, dessen Zahlung auferlegt wird, soll den wirtschaftlichen Verhältnissen des Jugendlichen angepaßt sein; er darf nicht so bemessen werden, daß durch die Erfüllung der Auflage die in erster Linie gebotene Wiedergutmachung des Schadens in Frage gestellt wird.
5. Über die Bedeutung der besonderen Pflichten und die Folgen schuldhafter Nichterfüllung soll der Richter den Jugendlichen belehren. Die Belehrung wird in der Niederschrift über die Hauptverhandlung vermerkt oder sonst aktenkundig gemacht.
6. Wegen der Folgen schuldhafter Nichterfüllung von besonderen Pflichten wird auf die Nrn. 3 und 4 der Richtlinien zu § 11 hingewiesen. Geldleistungen, die nach § 15 Abs. 1 Nrn. 1 und 3 auferlegt worden sind, können nicht zwangsweise beigetrieben werden.

1 a) Es gibt **nur die drei** in I genannten bes. Pflichten. Sie fördern die Erz. durch echte, tatbezogene Sühneleistungen. Ähnl. Aufl. sind oft als Weisungen mögl., wenn sie die bes. Voraussetzungen des § 10 erfüllen (s. § 10 A 1a, b, d). Die begriffl. scharfe Grenze zwischen bes. Pflichten u. Weisungen ist in der Praxis durchaus flüssig (Jagusch A 3, vgl auch § 9 A4b).

b) Schadenswiedergutmachung und Geldaufl. ist ohne Rücksicht auf das **Alter zZ des Urteils,** also auch bei **Hw-Taten** (§ 105) angebracht, zumal Ältere meist mehr Mittel zu ihrer Verfügung haben. Die Entschuldigung dagegen ist bei dieser Gruppe meist verfehlt (Dallinger-Lackner § 105 N 78).

2 a) (1) **Schadenswiedergutmachung** kann durch eine Geldaufl. oder durch Naturalrestitution oder durch Arbeitsleistung im Wert des Schadens (beachte Versicherungsschutz § 10 RL 4!) erreicht werden (RL 1). Sie sollte grds angeordnet werden, notfalls unter Aufstellung eines Ratenplanes oder nur als Teilleistung, und in allen Einzelheiten im Urteil festgelegt werden, rglm in Verbindung mit anderen Maßnahmen (§ 8). Allein ist sie nur selten und nur gegenüber unverdorbenen, aufgeschlossenen Tätern geeignet (Dallinger-Lackner N 6). (2) Hierher gehört wohl auch die Zahlung bestimmter **Verf.Auslagen,** etwa Sachverständigen-Gebühren uä [Potrykus § 45 B 2; BGH 9/365ff steht nicht entgegen; vgl § 10 A 2b (2)].

b) Muß der J nicht genau die Leistung erbringen, die er **zivilrechtlich** schuldet, erlischt der Ersatzanspruch des Verletzten nur, wenn dieser die Leistung an Erfüllungs Statt annimmt (§§ 363f BGB). Der Ri. sollte eine entspr. Erklärung zu Protokoll nehmen.

3) Die **Entschuldigung** kommt nur in Betracht, wenn der J dazu bereit ist. Eine Weigerung läßt oft wichtige Schlüsse zu. Vgl RL 2.

4a) Geldaufl. als Buße haben nur Sinn, wenn der J sie aus eigenen Mitteln (Lohn, Taschengeld; II Z 1) unter Opfern aufbringt und wenn er sie als echte Sühne (deshalb RL 3) anerkennt. Der Eindruck, mit Geld sei alles gutzumachen, muß vermieden werden. Diese Aufl. ist grds nur zur Ahndung kleinerer Delikte geeignet (II Z 1). Über die Höhe RL 4.

b) Geldaufl. kann **auch Verfallswirkung** haben (II Z 2). Wo der Täter noch Vorteile aus der Tat hat und diese nicht an einen Geschädigten abgeführt werden können, sollte sie stets ohne Rücksicht auf die sonstigen Vermögensverhältnisse des Täters neben anderen Maßnahmen angeordnet werden.

5a) Bes. Pflichten können **nicht nachträgl. geändert** (a. als BewAufl.) und **nicht** unmittelbar **erzwungen** werden (keine Erhöhung oder Beitreibung einer Geldaufl.; vgl RL 6 S 2). Wurde der Täter entspr. belehrt, kann **nach schuldhafter Verletzung JA gem. § 11 II** verhängt werden (s. dort A 2; vgl RL 5, 6). — Dadurch, daß der JRi. von der Verhängung des JA absieht, kann er im Notfalle die **Aufl. gegenstandslos** machen (Potrykus B 4, Dallinger-Lackner N 17). Bei überholten Aufl. ist es aus Erz.Gründen besser, dem J mitzuteilen, daß der JRi. nicht mehr auf der Erfüllung besteht.

b) Die **Überwachung** erfolgt wie bei einer Weisung grds durch die JGH (§ 10 A 4). Die JGH sollte deshalb auch hier gehört werden (Potrykus B 7).

6a) Bei **Soldaten** soll vor der Auferlegung bes. Pflichten der nächste Disziplinar-Vorgesetzte gehört werden (§ 112d, s. dort), weil die Besonderheiten des Wehrdienstes berücksichtigt werden sollen (§ 112a Z 3 S 1). Grds werden gegen Soldaten nur Geldaufl. zur Wiedergutmachung, Buße oder mit Verfallswirkung und — ausnahmsweise (s. A 1b) — die Entschuldigung in Betracht kommen. Doch müssen auch die Zahlungsaufl. dem Wehrsold angepaßt sein (Potrykus NJW 57/815). Wiedergutmachung durch Arbeit ist für Soldaten kaum mögl.

b) § 112a Z 3 S 2 sieht die **Anpassung bereits auferlegter bes. Pflichten an den Wehrdienst** vor. Dies gilt aber nur für bes. Pflichten, die durch BewAufl. angeordnet sind und gem. § 23 S 3 abgeändert werden können. Sonst kann die Anpassung wohl nur dadurch geschehen, daß der JRi. bei Zuwiderhandlungen davon absieht, JA zu verhängen und das dem J bereits vorher mitteilt (o. A 5). Die Ersetzung einer bes. Pflicht durch eine andere oder durch eine Weisung dürfte auch hier nicht mögl. sein, weil der GesGeber dies bei den bes. Pflichten bewußt und wegen ihres Ahndungscharakters mR

ausgeschlossen hat (a. bei den als Bew. Auflage auferlegten bes. Pflichten, da bei ihnen der Sühnezweck zurücktritt; vgl § 23 S 1 mit § 10 I S 1). Die gegenteilige Auffassung von Potrykus (NJW 57/815) führt wegen des Sühnecharakters der bes. Pflichten zu ganz erhebl. Schwierigkeiten bei der Frage, welche Maßnahmen als Ersatz der anzupassenden bes. Pflichten zulässig sind.

§ 16

Jugendarrest

1) **Hw — J:** § 105 I; s. § 16 A 2e. — 2) **ErwG:** § 104 I 1. — 3) **Sold!** § 112a A 2c.

(1) Der Jugendarrest ist Freizeitarrest, Kurzarrest oder Dauerarrest.

(2) Der Freizeitarrest wird für die wöchentliche Freizeit des Jugendlichen verhängt und auf mindestens eine Freizeit und höchstens vier Freizeiten bemessen.

(3) Der Kurzarrest wird statt des Freizeitarrestes verhängt, wenn der zusammenhängende Vollzug aus Gründen der Erziehung zweckmäßig erscheint und weder die Ausbildung noch die Arbeit des Jugendlichen beeinträchtigt werden. Dabei stehen zwei Tage Kurzarrest einer Freizeit gleich. Die Gesamtdauer des Kurzarrestes darf aber sechs Tage nicht überschreiten.

(4) Der Dauerarrest beträgt mindestens eine Woche und höchstens vier Wochen. Er wird nach vollen Tagen oder Wochen bemessen.

Richtlinien zu § 16:

1. Der Jugendarrest ist ein geeignetes Zuchtmittel bei nicht allzu schweren Verfehlungen gutgearteter Jugendlicher, die durch eine kurze, strenge Freiheitsentziehung, den damit verbundenen Zwang zur Selbstbesinnung und die Betreuung während des Arrestes noch erzieherisch beeinflußt werden können.
2. Für Jugendliche, die verwahrlost oder geistig so zurückgeblieben sind, daß sie den Sinn des Jugendarrestes nicht begreifen, erscheint dieses Zuchtmittel nicht geeignet.
3. Jugendarrest unterschiedslos gegen Jugendliche zu verhängen, die zum erstenmal vor dem Richter stehen, entspricht nicht dem Sinn dieses Zuchtmittels.
4. Besonders sorgfältiger Prüfung bedarf die Frage, ob gegen einen Jugendlichen, der bereits Jugendarrest verbüßt hat, bei einer neuen Verfehlung nochmals Jugendarrest verhängt werden soll. Zwar kann die Aufeinanderfolge von Freizeitarrest und Dauerarrest sinnvoll sein. Es wird aber in der Regel nutzlos sein, gegen einen Jugendlichen, der bereits Dauerarrest verbüßt hat und nach kurzer Zeit wieder eine Straftat begeht, nochmals Jugendarrest zu verhängen. Wenn in einem solchen Falle eine Jugendstrafe nicht gerechtfertigt ist, so empfiehlt es sich, andere Maßnahmen anzuordnen, die eine länger dauernde erzieherische Einwirkung ermöglichen.
5. Mit der Anordnung der Fürsorgeerziehung darf Jugendarrest nicht verbunden werden (§ 8 Abs. 1 Satz 2).
6. Wöchentliche Freizeit ist die Zeit von der Beendigung der Arbeit am Ende der Woche bis zum Beginn der Arbeit in der nächsten Woche. Wird der Jugendliche an

Sonntagen beschäftigt, so tritt an die Stelle dieser Freizeit die entsprechende Freizeit während der Woche. Der Freizeitarrest kann auch an einem Feiertag vollstreckt werden, jedoch nicht über die regelmäßige Dauer der wöchentlichen Freizeit hinaus.

7. Wird auf Jugendarrest erkannt, so darf die Fassung des Urteils nicht den unrichtigen Eindruck erwecken, als sei der Jugendarrest eine Strafe. Es muß daher vermieden werden, im Zusammenhang mit Jugendarrest von Strafe oder Bestrafung zu sprechen.

8. Wenn zu befürchten ist, daß der Jugendliche wegen der Verurteilung zu Jugendarrest aus einem Lehr- oder Arbeitsverhältnis entlassen wird, empfiehlt es sich, daß der Richter oder auf seine Veranlassung ein Vertreter der Jugendgerichtshilfe mit dem Lehrherrn oder Arbeitgeber in Verbindung tritt, um ihn über das Wesen und den Erziehungszweck des Jugendarrestes aufzuklären. Dies gilt entsprechend für den Fall, daß einem Schüler wegen der Verurteilung zu Jugendarrest von seiten der Schule Nachteile drohen.

1) Der **JA ist** ein kurzfristiger Freiheitsentzug mit sühnendem (zB RG 75/279, 281f) und erz. (RL 1; § 90 I) Charakter (Dallinger-Lackner N 3), aber **keine Str.** (RL 7,§ 13 III). Er hat alle Sofortwirkungen der Str. und stellt eine harte Zurechtweisung dar, die zur Besinnung führen soll, erstrebt aber keine volle Sühne (Dallinger-Lackner N 4); auch sollen den Täter keine Neben- oder Fernwirkungen treffen (RL 8; § 13 III). Der JA ist nach den Bedürfnissen der Erz. ausgestaltet. In seiner Einmaligkeit, Kürze und Härte (vgl. A zu § 90) ist er ein eindringlicher **Ordnungsruf,** häufig verbunden mit einer Schockwirkung; er darf deshalb auch nicht zur Bew. ausgesetzt werden (§ 87 I).

2) Der **Anwendungsbereich** ist kleiner, als die Praxis meint (vgl § 5 A 3c).

a) Für leichte Verfehlungen ist er zu hart, für ganz schwere zu kurz (vgl RL 1).

b) Entscheidend aber ist die **Täterpersönlichkeit.** JA gegen Kriminelle, Verwahrloste oder geistig erhebl. Zurückgebliebene ist sinnlos (RL 1, 2; s. auch **Einf. II 2a** (1) aE). Er kommt deshalb bei FE-Zöglingen meist nicht in Betracht (Potrykus NJW 55/245). Dagegen ist er am Platz, wenn gutgeartete, einsichtige J mit Ehrgefühl aus Unachtsamkeit, Übermut, j. Trotz, j. Abenteuerlust, j. Wissensdurst (Technik) gefehlt haben, auch bei Verführung, Gelegenheitsdelikten und Kurzschlußhandlungen (Dallinger-Lackner N 24ff nach Peters); eine vorübergehende Trotzhaltung schadet nicht.

c) JA darf deshalb **nicht schematisch** verhängt werden, wenn der Täter erstmals vor Ger. steht (RL 3). **Mehrmalige Verhängung** von JA in kurzer Zeit ist selten gerechtfertigt (vgl RL 4).

d) Bei unüberwindl. **Zweifeln,** ob der Täter durch JA ansprechbar ist, wird JA zu verhängen sein, „um den möglicherweise zum Erfolg führenden Vollz. nicht zu versäumen" (Dallinger-Lackner N 17), ggf neben der Aussetzung der Verhängung der JStr. nach § 27 (s. § 8 A 2c).

e) Wie die Erfahrung zeigt, hat der JA gerade bei geeignetem (o. A 2b) **Hw** bes. Erfolge aufzuweisen. Dagegen ist Vorsicht geboten, wenn der Täter inzwischen **volljährig** geworden ist und JA als unangemessen empfindet (Dallinger-Lackner N 79, 80, Potrykus B 6 je zu § 105). Wegen JA gegen **Soldaten** s. § 112a A 2c.

3a) **Freizeit-Arrest** (II) dauert im Regelfall (vgl RL 6) von Samstag 15^{00} bis Montag 6^{00}. JA an 3 oder 4 Freizeiten sollte nur ausnahmsweise festgesetzt werden (Gewöhnung!).

b) **Kurzarrest** (III) tritt nur an Stelle des Freizeitarrestes. Die Umwandlung ist entspr. zu begründen. Sie sollte nicht zu selten vorgenommen werden, wo das Ges. die Möglichkeit bietet (Arbeitslosigkeit, Urlaub), weil Kurzarrest rglm rascher und nachhaltiger wirkt. Die Dauer ergibt sich aus der Umrechnung gem. III S 2, 3; 3 oder 5 Tage sind aber mögl. (Dallinger-Lackner N 13); auch können 6 Tage Kurzarrest an Stelle von JA an 4 Freizeiten treten (Dallinger-Lackner aaO; aA Potrykus B 7: 6 Tage und 1 Freizeit), Bei **Änderung der Verhältnisse** kann die Umwandlung zwar nachträgl. erfolgen (§ 86), aber nicht mehr rückgängig gemacht werden.

c) Das Höchstmaß des **Dauerarrestes** (IV) beträgt 4 Wochen (nicht 1 Monat!).

4) Über **Koppelung** vgl § 8. Die verschiedenen Formen des JA (II—IV) sind grds nicht zu koppeln; niemals dürfen in einem Urteil insgesamt mehr als 28 Tage JA verhängt werden (s. aber § 11 A 2c).

5) Über **Vollstr.** u. **Vollz.** vgl §§ 86f, 90; wegen der Urteilsfassung vgl RL 7 und § 54 A 2b, 4a.

Vierter Abschnitt

Die Jugendstrafe

§ 17

Form und Voraussetzungen

1) **Hw—J:** § 105 I; s. § 17 A 2. — **2) ErwG:** § 104 I 1. — **3) Sold!** § 112a A 3a; § 17 A 2a(3).

(1) Die Jugendstrafe ist Freiheitsentzug in einer Jugendstrafanstalt.

(2) Der Richter verhängt Jugendstrafe, wenn wegen der schädlichen Neigungen des Jugendlichen, die in der Tat hervorgetreten sind, Erziehungsmaßregeln oder Zuchtmittel zur Erziehung nicht ausreichen oder wenn wegen der Schwere der Schuld Strafe erforderlich ist.

Richtlinien zu § 17:

1. Die Jugendstrafe ist eine selbständige, unabhängig von dem Erwachsenenstrafrecht ausgestaltete Freiheitsstrafe. Sie ist in erster Linie Erziehungsstrafe. Die Jugendstrafe darf deshalb mit der Gefängnisstrafe nicht gleichgesetzt werden; die Anwendung gleichartiger Grundsätze bei der Strafzumessung würde zu unrichtigen Ergebnissen führen.

2. In der Regel wird es sich empfehlen, daß der Richter in der mündlichen Urteilsbegründung das Wesen der Jugendstrafe und ihre Verschiedenheit von der Gefängnisstrafe in geeigneter Weise darlegt. Dies ist vor allem dann angezeigt, wenn Jugendliche und Erwachsene gemeinsam abgeurteilt werden (§ 103).

1a) JStr. ist die einzige kriminelle Str. des JGG. Sie ist auf die Bedürfnisse des J zugeschnitten und gegenüber den Str. des allgR **eigenständig** (aliud) (RL 1; BGH 10/100, 103). Zwar enthält sie alle Elemente des allg. Strafbegriffs (Vergeltung, Sühne, Abschreckung, Besserung, Schutz der Allgemeinheit, Ehrenrührigkeit), jedoch mit völlig anderer Betonung. Der **Besserungszweck** spielt die **überragende Rolle,** der Vergeltungszweck ist von untergeordneter Bedeutung, der Abschreckungszweck (dazu BGH JR 54/149 u. BGH bei Herlan GA 55/364; OLG Oldenburg NdsRpfl 55/58; s. A 2, § 18 A 3c) bedeutungslos, falls sich nicht der Täter der bes. Wirkung seiner Tat auf die Allgemeinheit bewußt war.

b) Die JStr. muß stets **auf den Erz.Zweck abgestellt** sein (RL 1). Sie darf bei Gefahr schwerer Erz.Schäden nicht verhängt werden. Andererseits darf ihre Höhe aus Erz.-Gründen das Maß der Schuld überschreiten (vgl § 18 II). Nur muß sich Notwendigkeit und Berechtigung der JStr. auch aus der Schuld (Einzeltat = und Lebensführungs-Schuld) ableiten lassen (Dallinger-Lackner N 6). Selbst bei allg. Verwahrlosten rechtfertigen nur bes. schwere Übertretungen (Einzeltatschuld!) die Verhängung der JStr. (Dallinger-Lackner N 7, 24; vgl Potrykus B 4a Abs. 2).

c) Die **JStr. ist VorStr.** im Sinne der Rückfallvorschriften, nicht dagegen VorStr. im Sinne einer Voraussetzung zur Verurteilung als gefährl. Gewohnheitsverbrecher (§ 20a I S 2 StGB), da sie weder Zuchthaus- noch GefängnisStr. ist (Dallinger-Lackner N 36).

2) JStr. kann **nur** (BGH JR 54/149) **unter den bes. Voraussetzungen des II,** nämlich beim Vorliegen schädl. Neigungen (a) oder bei bes. schwerer Schuld (b) verhängt werden. **Dann aber muß** sie verhängt werden und zwar auch dann, wenn der Täter inzwischen erwachsen ist (wegen des Vollz. s. § 92 II, III). Für **Hw** (§ 105) gelten hinsichtl. der Voraussetzungen keine Besonderheiten (Dallinger-Lackner N 82, Potrykus B 6 je zu § 105).

a) Die schädl. Neigungen (1) müssen in der Tat hervorgetreten (2) und anders nicht zu bekämpfen sein (3). (1) **Schädl. Neigungen** sind erhebl. Anlage- oder Erz.Mängel, die ohne längere Gesamterz. des Täters die Gefahr von Störungen der GemeinschaftsO durch weitere Straftaten begründen (BGH 11/169); die Gefahr nur sittl. anstößigen Verhaltens genügt nicht (BGH EJF C I 22). Der Täter muß sich „daran gewöhnt haben (Neigung), aus einer in seiner Persönlichkeit wurzelnden falschen Trieb- oder Willensrichtung zu handeln“ (Dallinger-Lackner N 20). Gelegenheits- u. Konfliktskriminalität scheidet also aus (BGH 11/169, s. § 19 RL 1 S 2; vgl aber u. b)). Die schädl. Neigungen brauchen aber erst im Verlaufe der zur Aburteilung stehenden mehreren Taten durch Verführung — und — oder — Gewöhnung geweckt worden sein (BGH 11/169). Die Verwahrlosung kann auch auf körperl. Gebrechen oder irgendwelchen Umwelteinflüssen beruhen (Dallinger-Lackner N 20). Bei unverschuldeten schädl. Neigungen liegt die Schuld in ungenügender Selbsterz.; doch ist hier § 3 bes. sorgfältig zu prüfen; bei fehlender Verantwortlichkeit ist meist FE notwendig. (2) Die **Tat** muß **Ausfluß der schädl. Neigungen** sein (Bettelbetrug des Landstreichers, nicht Gelegenheitsdiebstahl des Strichjungen). (3) **Ob andere** zulässige (nicht zB rglm FE bei Hw) **Maßnahmen** des JGG zur Bekämpfung nicht **ausreichen,** kann nur nach eingehender Persönlichkeitserforschung (§ 43) entschieden und nur bei entspr. Gewicht der Tat begründet werden (Dallinger-Lackner N 24; Potrykus B 4a aE meint, diese Voraussetzung sei rglm gegeben, wenn (1) u. (2) vorlägen). Geeignete andere Maßnahmen sind oft FE oder bei Soldaten ErzHilfe durch den Disziplinarvorgesetzten (§ 112b; s. § 112a A 3a). (4) **Beispiele:** Gewohnheitsdiebe u. -betrüger, aktive Bandenmitglieder, Strichjungen, Straßendirnen, berufsmäßige Landstreicher, gewalttätige Sittlichkeitsverbrecher bei einschlägigen Delikten. (5) Wegen unbehebbarer **Zweifel** über das Vorliegen dieser Voraussetzungen vgl §§ 27—30.

b) Ob die Schuld bes. **schwer** ist, entscheidet das **Sühnebedürfnis,** das sich aus der Stärke des verbrecherischen Willens und dem verschuldeten Erfolg ergibt. Es kommt nur schwerste Kriminalität in Betracht, also nicht einmal alle nach ErwR mit Zuchthaus bedrohte Taten (bedenkl. RG 77/102). Deshalb scheiden grds Fahrlässigkeitstaten auch bei schwerstem Erfolg (a. wohl nur bei Wiederholung oder bes. schwerer bewußter Fahrlässigkeit) aus (Dallinger-Lackner N 29, Potrykus B 4b), ggf auch Taten an der Grenze der Altersreife (Dallinger-Lackner N 28), oder Taten eines nicht erziehbaren, der sofortigen Behandlung bedürftigen Geisteskranken (BGH bei Herlan GA 55/364). — Wegen des lebendigen Bewußtseins der J von Schuld und Sühne wäre in diesen Fällen das Unterlassen der Verhängung einer JStr. auch erz. bedenkl. (Potrykus B 3).

3) Wegen **Strafhöhe,** Strafbemessung vgl §§ 18f, wegen **StrAzBew.** vgl §§ 20—26, wegen der **Urteilsfassung** vgl § 54 A 2a, 4a, wegen **Vollz.** vgl §§ 91, 92, wegen **StReg.** und Beseitigung des Strafmakels vgl §§ 94—101.

§ 18

Dauer der Jugendstrafe

1) Hw — J: § 105 I, II; s. § 18 A 2b, § 105 A 3a (1). — **2) ErwG:** § 104 I 1.

(1) Das Mindestmaß der Jugendstrafe beträgt sechs Monate, das Höchstmaß fünf Jahre. Handelt es sich bei der Tat um ein Verbrechen, für das nach dem allgemeinen Strafrecht eine Höchststrafe von mehr als zehn Jahren Zuchthaus angedroht ist, so ist das Höchstmaß zehn Jahre. Die Strafrahmen des allgemeinen Strafrechts gelten nicht.

(2) Die Jugendstrafe ist so zu bemessen, daß die erforderliche erzieherische Einwirkung möglich ist.

Richtlinien zu § 18:

1. Das gesetzliche Mindestmaß der Jugendstrafe beruht auf der Erkenntnis, daß in einem Zeitraum von weniger als sechs Monaten eine wirksame erzieherische Einwirkung auf den verurteilten Jugendlichen im allgemeinen nicht möglich ist.

2. Der Umstand, daß Jugendstrafe von weniger als sechs Monaten nicht ausgesprochen werden kann, darf nicht dazu führen, daß Jugendarrest in Fällen verhängt wird, in denen dieses Zuchtmittel nicht angebracht ist (vgl. die Nrn. 1 bis 4 der Richtlinien zu § 16). Ist weder Jugendstrafe noch Jugendarrest gerechtfertigt, so kann der Richter mehrere Maßnahmen miteinander verbinden (§ 8) und vor allem Weisungen erteilen, die eine länger dauernde erzieherische Einwirkung ermöglichen (vgl. § 10 und die Richtlinien dazu).
3. § 18 Abs. 2 enthält eine zwingende Strafzumessungsregel für alle Fälle, in denen Jugendstrafe verhängt wird.
4. Wegen der Anrechnung von Untersuchungshaft auf Jugendstrafe wird auf § 52 Abs. 2 und die Richtlinien dazu hingewiesen.

1a) Das **Mindestmaß von 6 Monaten** soll eine erz. Einwirkung ermöglichen (RL 1), andererseits auch den JRi. dazu zwingen, JStr. nur als letztes Mittel (§§ 5 II, 17 II) zu verhängen, sonst aber möglichst durch länger wirksame Weisungen und andere Maßnahmen den erz. Erfolg zu erreichen (RL 2, vgl Dallinger-Lackner N 5, Potrykus B 3).

b) Das Mindestmaß darf nur gem. § 116 I und zur Befolgung des Verschlechterungsverbotes (vgl § 55 A 4g) **unterschritten** werden. Mildernde Umstände, Versuch, Beihilfe uä berechtigen dagegen nicht zur Unterschreitung des Mindestmaßes (Potrykus NJW 56/656).

2) Das **Höchstmaß** ist ebenso absolut.

a) Im **Regelfall** beträgt es **5 Jahre** (bei unbestJStr. 4 Jahre: § 19 II), und beruht auf der Erkenntnis, daß Anstaltserz. nur bis 4 oder 5 Jahre Erfolg verspricht.

b) Das Höchstmaß ist **erhöht auf 10 Jahre** (1) bei Hw wegen des größeren Gewichts des Sühnegedankens (§ 105 II) und (2) bei den durch I S 2 umschriebenen Fällen schwerster Kriminalität J wegen des dann überwiegenden Sühnegedankens (vgl § 17 A 2b). Es kommt hier auf die Strafrahmen des allgR an; die Höchst-Str. von mehr als 10 Jahren Zuchthaus ist dem allg. Strafrahmen ohne Rücksicht auf mildernde Umstände zu entnehmen (BGH 8/78, 79f).

c) Der **JRi.** als EinzelRi. darf JStr. **nur bis zu 1 Jahr** verhängen (§ 39 II).

3) **Mindest- u. Höchstmaß bestimmen den Strafrahmen** der J Verfehlung. Der Strafrahmen des allgR ist ohne Bedeutung (s. Einf. II 2a, vgl aber u. A 3d!). Wegen der Abweichungen in der Zumessung sollte Sinn und Zweck der JStr. stets bes. erläutert werden (§ 17 RL 2).

a) Bei der **Strafbemessung** hat der **Erz.Zweck Vorrang** (II, RL 3), auch wenn JStr. nur wegen der Schwere der Schuld verwirkt ist. J mit schlechter Anlage bedürfen längerer Einwirkung als J aus ungünstiger Umgebung (Dallinger-Lackner N 12). Auch bei diesen reichen 6 Monate oft nicht aus. Die zur Erz. erforderl. Zeit genau zu bestimmen, ist kaum mögl. Es muß deshalb bei der Festsetzung berücksichtigt werden, daß eine zu kurz bemessene JStr. später nicht mehr verlängert werden kann, auch wenn der erz. Erfolg noch nicht erreicht ist, also alle bisherigen Bemühungen in Verf. und StrVollz. sinnlos waren (Dallinger-Lackner § 91 N 9), während umgekehrt eine zu lang bemessene JStr. unschwer (§§ 88f) auf die angemessene Höhe zurückgeführt werden kann [vgl auch § 88 A 2c (2) (d)]. — Auch die unbestJStr. (§ 19) ist häufiger veranlaßt als sie verhängt wird (s. § 19 A 2a).

b) Der **Sühnegedanke** ist oft ganz anders zu berücksichtigen als im ErwR, da sich die Schuld sich entwickelnder J anders darstellt als die Erw. bei gleichen Taten (Einf. I 1; II 2a). Im JR dürfen im Gegensatz zum ErwR **auch Tatbestandsmerkmale strafschärfend** berücksichtigt werden, zB daß ein Mensch getötet wurde, weil diese Tatbestandsmerkmale im eigenständigen Strafrahmen des JGG noch nicht straferhöhend wirken (BHG bei Herlan GA 56/346).

c) Eine Erhöhung der Str. zur **Abschreckung Dritter** ist nicht zulässig (BGH JR 54/149 u. bei Herlan GA 56/346; Jagusch A 3 aE); ob Ausnahmen bei bes. Häufung bestimmter Taten in einem Ger.Bezirk gerechtfertigt sind, ist zw. (ja: Dallinger-Lackner N 13); doch wird man mindestens verlangen müssen, daß der Täter die bes. Umstände und die Wirkung seiner Tat auf die Allgemeinheit gekannt hat.

d) (1) Wegen des Vorrangs des Erz.Gedankens darf die **JStr. höher** sein **als** die **GefängnisStr.** eines Erw. für eine gleiche Tat. Bes. Darlegung der Erz.Gesichtspunkte bedarf es, wo diese dazu führen, daß die **JStr. höher ist als die HöchstStr. des allgR** für diese Tat (BGH MDR 55/372), oder allg., wo die JStr. zur Erreichung des Erz.Zweckes wesentl. höher sein muß als die dem Maß der Schuld angemessene Str. (zB bei JStr. für eine bes. schwerwiegende Übertretung). (2) Dies gilt jedoch **nur, wo** die **JStr. Erz.-Str.** ist. Steht ausnahmsweise fest, daß der Täter unerziehbar ist, wird die JStr. nach allg. Grundsätzen als reine SchuldStr. im Rahmen der Str. des ErwR festgesetzt; unbestJStr. scheidet aus (§ 19 RL 2 S 2, RG DJ 42/381). Auch für die JStr. von mehr als 5 Jahren gilt ähnl., weil auch hier der Sühnegedanke überwiegt und das erz. Moment zurücktritt (s. o. A 2a, b, § 105 A 3a).

e) Allg. zu beachten ist, daß Freiheitsentzug J wegen ihres **größeren Freiheitsdranges** meist härter trifft als Erw. (Potrykus B 8).

§ 19

Jugendstrafe von unbestimmter Dauer[1])

1) Hw — J: § 105 I; s. § 19 A 2b. — **2) ErwG:** § 104 I 1.

(1) Der Richter verhängt Jugendstrafe von unbestimmter Dauer, wenn wegen der schädlichen Neigungen des Jugendlichen, die in der Tat hervorgetreten sind, eine Jugendstrafe von höchstens vier Jahren geboten ist und sich nicht voraussehen läßt, welche Zeit erforderlich ist, um den Jugendlichen durch den Strafvollzug zu einem rechtschaffenen Lebenswandel zu erziehen.

(2) Das Höchstmaß der Jugendstrafe von unbestimmter Dauer beträgt vier Jahre. Der Richter kann ein geringeres Höchstmaß bestimmen oder das Mindestmaß (§ 18

---

[1]) **Literatur:** Heinen: MDR 54/264; Holzschuh: JWohl 50/81ff, 102ff; Müller: RdJ 56 H 5.

Abs. 1) erhöhen. Der Unterschied zwischen dem Mindest- und dem Höchstmaß soll nicht weniger als zwei Jahre betragen.

(3) Die Jugendstrafe von unbestimmter Dauer wird nach den für das Vollstreckungsverfahren geltenden Vorschriften (§ 89 Abs. 3 und 4) in eine bestimmte Jugendstrafe umgewandelt, sobald der Jugendliche aus dem Strafvollzug entlassen wird.

Richtlinien zu § 19:

1. Die Anwendung der Jugendstrafe von unbestimmter Dauer erfordert die Feststellung, daß die Straftat aus schädlichen Neigungen des Jugendlichen erwachsen ist. Sie ist daher ausgeschlossen, wenn der Jugendliche nur der Verführung des Augenblicks erlegen ist oder die Verfehlung in einer Konfliktslage begangen hat (Gelegenheits- oder Konfliktstaten). In diesen Fällen darf auch dann nicht auf eine Jugendstrafe von unbestimmter Dauer erkannt werden, wenn die Verfehlung besonders schwer ist.
2. Für die Verhängung einer Jugendstrafe von unbestimmter Dauer bedarf es nicht der Feststellung, daß der Jugendliche erziehbar ist. Von der unbestimmten Verurteilung darf beim Vorliegen der sonstigen Voraussetzungen nur dann abgesehen werden, wenn feststeht, daß der Jugendliche unerziehbar ist. Diese Feststellung wird aber in der Hauptverhandlung in aller Regel noch nicht getroffen werden können.
3. Um bei dem Jugendlichen keine falschen Vorstellungen über die Dauer der Strafe aufkommen zu lassen, empfiehlt es sich, in den Urteilsspruch das Mindest- und das Höchstmaß der Strafe auch dann aufzunehmen, wenn es dem gesetzlichen entspricht.
4. Um der Erziehungsarbeit in der Jugendstrafanstalt einen ausreichenden Spielraum zu geben, wird der Staatsanwalt ein geringeres Höchstmaß als vier Jahre nur beantragen, wenn die Persönlichkeit des Jugendlichen die Erwartung begründet, daß das Erziehungsziel der unbestimmten Jugendstrafe in einer kürzeren Zeit erreicht sein wird.
5. Bei der Belehrung über das Wesen der unbestimmten Jugendstrafe wird dem Jugendlichen klarzumachen sein, daß die Dauer der Freiheitsentziehung von seiner charakterlichen Festigung abhängt. Es darf ihm nicht in Aussicht gestellt werden, daß er bei guter Führung nach Verbüßung des Mindestmaßes der Jugendstrafe entlassen wird.
6. Wird ein Fürsorgezögling zu einer Jugendstrafe von unbestimmter Dauer verurteilt, so ist darauf hinzuwirken, daß die Fürsorgeerziehung nach § 72 Abs. 2 des Reichsgesetzes für Jugendwohlfahrt aufgehoben wird.

1) UnbestJStr. muß verhängt werden, **wenn**

a) schädl. Neigungen zur Verhängung von JStr. zwingen (vgl § 17 A 2a). Das ist nicht der Fall, wo JStr. allein wegen der Schwere der Schuld (§ 17 A 2b) verhängt wird (vgl RL 1),

b) (1) **JStr. von höchstens 4 Jahren geboten** ist. Höhere JStr. ist nur aus dem Sühnegedanken gerechtfertigt (vgl § 18 A 2), während die unbestJStr. der Verwirklichung des Erz.Gedankens (§ 18 II) dient,

(2) für die Tat eine HöchstStr. von **mindestens 2 Jahren 6 Monaten** (§ 18 I S 1, § 19 II S 3) unter Berücksichtigung des Erz.-Gedankens auch nach dem Sühnegedanken **noch vertretbar** ist (Dallinger-Lackner N 6, Jagusch A 4), was bei Übertretung nie der Fall sein wird (Potrykus B 3a, aA Holzschuh JWohl 50/82).

c) der Täter nicht voll durchschaubar und Art und Stärke seiner schädl. Neigungen und damit die für eine erfolgreiche Erz. notwendige Zeit **nicht hinreichend feststellbar** ist (Jagusch A 4, vgl RG DJ 42/381). Das kann erst nach umfassender Persönlichkeitserforschung (vgl § 43) angenommen werden; s. a. A 2a; vgl § 18 A 3a.

d) Über Nicht-Erziehbare vgl § 18 A 3d (2); die **Erz.Fähigkeit** muß **nicht festgestellt** werden (RL 2). Über Maßnahmen des StrVollz., wenn sich der Täter dort als unerziehbar erweist vgl § 89 A 1a, § 92 A 2b.

2a) Die Voraussetzungen des § 19 sind **öfter** gegeben, **als** die **Praxis** annimmt. Selbst wenn man mit der Feststellung, die zur Erz. notwendige Zeit lasse sich voraussehen, nicht zu ängstl. ist (s. § 18 A 3a), wird auch eine nur annähernde Voraussage in einer Vielzahl von Fällen nicht mögl. sein (Dallinger-Lackner N 12, 13, Jagusch A 4). Die Rückfallstatistik zeigt, daß die — doch meist in schwereren Fällen verhängte — **unbestJStr.** wesentl. bessere **Erfolge** hat als die bestimmte JStr. Jene sollte grds bei erhebl. Straftaten verwahrloster J angewendet werden, die für FE nicht mehr geeignet sind (Dallinger-Lackner N 20, vgl RL 6), auch wenn sie erstmals vor Ger. stehen (Potrykus B 3b). UnbestJStr. zur rechten Zeit hat schon oft ein Abgleiten in das Gewohnheitsverbrechertum verhindert (Dallinger-Lackner N 20).

b) UnbestJStr. kann auch verhängt werden, wenn nicht feststeht, ob der Täter zZ der Tat J oder Hw war und die Voraussetzungen des § 105 nicht gegeben sind [§ 1 A 2c (2)]. — Gerade bei **Hw** (§ 105) sind große Erfolge festzustellen. Ist der Täter allerdings inzwischen **erwachsen,** sind oft die erz. Voraussetzungen (A 1c, 2a) nicht mehr gegeben.

c) Der **JRi.** darf unbestJStr. **nicht** verhängen (§ 39 II).

3a) Das **gesetzl. Mindest- u. Höchstmaß** beträgt 6 Monate bzw. 4 Jahre. Abweichungen sind mögl. (1) Das Mindestmaß ist zu erhöhen, wenn eine ausreichende Sühne nur bei einer höheren MindestStr. gewährleistet ist oder wenn feststeht, daß 6 Monate zur Umerziehung keinesfalls ausreichen (Dallinger-Lackner N 15). Eine Erhöhung wird relativ oft geboten sein; die übl. Festsetzung eines keinesfalls genügenden Mindestmaßes führt in den J Strafanstalten zu Resignation, Mißtrauen und anderen Schwierigkeiten. (2) Das Höchstmaß ist herabzusetzen, wenn 4 Jahre JStr. mit dem Sühnegedanken nicht vereinbart werden könnten [vgl A 1b (2)] oder wenn ausnahmsweise feststehen sollte, daß zur Erz. keinesfalls 4 Jahre notwendig sind. Hier ist Vorsicht geboten (RL 4).

b) (1) Die **Spanne** soll **auch bei Abänderung mindestens 2 Jahre** betragen; andernfalls ist der Charakter der nur relativ bestimmten Str. (RahmenStr.) nicht mehr gewahrt, die erz. Vorteile sind gefährdet. Ausnahmen können zB bei Einheitsstrafenbildung (§ 31) unvermeidbar sein (Dallinger-Lackner N 17). — (2) Die **Abweichung**

ist **nur dann Rev.Grund,** wenn ohne Grund die vorgesehene Spanne nicht eingehalten ist oder wenn die Spanne so klein ist, daß die Str. bereits den Charakter einer bestimmten Str. hat (OLG Hamm NJW 57/193).

4a) Verbindungen mit ErzM oder ZuchtM sind rglm **unzweckmäßig** (vgl. auch RL 6). **StrAzBew.** ist **nicht** mögl.

b) Über Urteilsformel und **-begründung** vgl RL 3 u. 5 u. § 54 A 2a, 4a, über **Umwandlung** der unbestJStr. in eine bestimmte JStr. (III) vgl § 89 A 2c, über **Anrechnung der UHaft** vgl § 52 A 4.

Fünfter Abschnitt
Aussetzung der Jugendstrafe zur Bewährung

§ 20
Zweck der Aussetzung

1) Hw — J: § 105 I. — **2) ErwG:** § 104 I 1.

Der Richter kann die Vollstreckung einer bestimmten Jugendstrafe von nicht mehr als einem Jahr aussetzen, damit der Jugendliche durch gute Führung während einer Bewährungszeit Straferlaß erlangen kann.

Anmerkungen und Richtlinien hierzu siehe nach § 21.

§ 21
Voraussetzungen

1) Hw — J: § 105 I. — **2) ErwG:** § 104 I 1.

Der Richter darf die Vollstreckung der Jugendstrafe nur aussetzen, wenn die Persönlichkeit des Jugendlichen und sein Vorleben in Verbindung mit seinem Verhalten nach der Tat oder einer günstigen Veränderung seiner Lebensumstände erwarten lassen, daß er infolge der Aussetzung und unter der erzieherischen Einwirkung in der Bewährungszeit künftig einen rechtschaffenen Lebenswandel führen wird. Der Richter soll auch berücksichtigen, ob der Vollzug der Jugendstrafe eine Erziehungsmaßregel gefährden würde.

Richtlinien zu §§ 20 und 21:

1. Die Entscheidung darüber, ob eine bestimmte Jugendstrafe von nicht mehr als einem Jahr zur Bewährung auszusetzen ist, kann nur nach sorgfältiger Erforschung der Persönlichkeit und der Lebensverhältnisse des Jugendlichen getroffen werden. Die Aussetzung der Jugendstrafe setzt also eine gründliche Prüfung des Einzelfalles voraus. Verfehlt wäre es z. B., die Maßnahme unterschiedslos auf Erstbestrafte anzuwenden.
2. Für den Erfolg der Aussetzung der Jugendstrafe zur Bewährung ist es von Bedeutung, ob der Jugendliche fähig und willens ist, sich zu bessern. Sein Einverständnis

mit der Maßnahme ist zwar nicht vorgeschrieben; eine Aussetzung ohne dieses Einverständnis ist aber nur sinnvoll, wenn erwartet werden kann, daß der Jugendliche in der Bewährungszeit zu einer bejahenden Einstellung kommt.

3. Aus erzieherischen Gründen empfiehlt es sich, dem Jugendlichen bewußt zu machen, daß die Jugendstrafe im Vertrauen auf seine Fähigkeit und seinen Willen, sich zu bewähren, ausgesetzt wird und daß ihm daraus eine besondere Verpflichtung zum Wohlverhalten erwächst.
4. Wegen der Anordnung der beschränkten Auskunft aus dem Strafregister wird auf § 96 Abs. 2 hingewiesen.

1a) (1) Das geltende Recht bietet **drei Möglichkeiten,** die Verhängung oder den Vollz. einer Str. durch erz. Behandlung in Freiheit abzuwenden, näml. (a) gem. §§ 45, 47 durch eine formlos angeordnete Bew.Zeit, nach deren Erfolg das Verf. eingestellt wird (§§ 45, 47 je A 4), (b) gem. §§ 27ff durch Schuldfeststellung u. Strafausspruch erst bei Nichtbewährung, (c) gem. §§ 20ff durch Ausspruch einer Str. unter gleichzeitiger Aussetzung der Vollstr. zur Bew. (2) Alle Maßnahmen wollen den Täter vor den oft **unguten Wirkungen bes. kürzerer Str.** bewahren (Potrykus § 20 Vorb. 1), wenn seine **Resozialisierung in der Freiheit** erwartet werden kann. Durch die Besserung zeigt der Täter einmal, daß seine schädl. Neigungen kleiner als befürchtet waren, mindestens daß sie ohne Strafvollz. beseitigt werden konnten. Zugleich verdient er sich durch gute Führung den Straferlaß, sühnt also auch seine Tat durch seine Bemühungen um gute Führung. (3) Die genannten Maßnahmen sind **für Kriminelle u.** (grds) **für Verwahrloste nicht geeignet,** sondern nur für Täter mit einem guten Kern, die vorwiegend durch ungünstige Umwelteinflüsse gefährdet sind. Diese dürfen aber nach neueren Erkenntnissen nicht sich selbst überlassen bleiben. **Der Ri. muß** vielmehr mit Hilfe von Aufl. und Helfern **dem Täter bei der Resozialisierung helfen,** da das „Damoklesschwert" der drohenden Str. gerade bei den neuen Eindrücken leicht zugängl. J allein nicht genügt.

b) Trotz StrAzBew. bleibt die verhängte JStr. echte JStr.; ein Unterschied besteht nur in der Vollstr.[1]). Diese im ErwR und JR übereinstimmende Konstruktion des Ges. führt zu erhebl. praktischen Schwierigkeiten, weil eine zur Bew. ausgesetzte Str. nach ihrem Wesen u. ihrem Ziel etwas anderes ist als die zu vollstreckende Str.[2]). — Auch die ausgesetzte Str. ist eine Maßnahme im Strafensystem, **keine Gnade** (BGH NJW 54/39, 40f). Nach Ablehnung der StrAzBew. durch das Ger. kann die Gnadenbehörde einen entspr. Gnadenerweis gewähren.

c) Die AO der StrAzBew. widerspricht nicht der Verhängung von JStr., weil die Frage des § 17 II auch dahin gestellt werden kann, ob JStr. mit StrAzBew. notwendig ist (Dallinger-Lackner § 20 N 8). Zwar soll dabei schwer zu begründen sein, warum andere Maßnahmen, bes. FE, nicht ausreichen (Potrykus § 20 B 4); doch fehlt hier häufig ein Erz.Bedürfnis [§ 9 A 4a; vgl u. A 2b (2)] für FE, bes. wenn die JStr. wegen der Schwere der Schuld verhängt würde.

---

[1]) Vgl §§ 57, 26 II Nr 1 JGG, 23 I StGB, 263 IV StPO; Dallinger-Lackner § 20 N2, Kleinknecht-Müller § 331 StPO A 4a, Bruns GA 56/200—202; vgl auch BGH 7/180, 184.

[2]) Vgl Jagusch JZ 53/688, Maassen MDR 54/1; vgl insgesamt Dallinger-Lackner § 20 N 1, 2, Jagusch § 20 A 3.

2) Voraussetzungen für StrAzBew. sind eine JStr. bis zu 1 Jahr (a) u. eine günstige Prognose für den Täter (b).

a) Ob **JStr. von höchstens 1 Jahr** verhängt ist, ist nach der Höhe der erkannten Str. zu beurteilen; die Höhe des — zB nach Anrechnung von UHaft — zu verbüßenden Teiles ist ohne Bedeutung (BGH 5/377f); ohne Einfluß ist auch, wenn eine früher verhängte JStr. noch nicht erledigt ist [s. § 31 A 5b (7)]. Bei unbestJStr. und bei JA gibt es keine StrAzBew., s. auch u. c!

b) (1) Ob eine **günstige Prognose** (dazu Schnitzerling RdJ 57/353) gerechtfertigt ist, kann nur eine umfassende Persönlichkeitserforschung (§ 43) ergeben (RL 1). In ihrem Rahmen (Dallinger-Lackner § 21 N 2; Potrykus § 20 B 3) ist das Vorleben (Vorstr.!) und — als Indiz für die Stellung des Täters zur Tat — das Verhalten nach der Tat (Reue, Wiedergutmachung, Änderung bisheriger Gewohnheiten) zu würdigen. Auch die Umweltverhältnisse, unter denen der Täter sich bewähren soll (Elternhaus, Freunde, JVerbände, Arbeit, BewH), oder Krankheiten sind zu beachten (BGH 10/287f); wichtig ist, ob der J aus der ungünstigen Umgebung herausgekommen ist, die die Tat ausgelöst hat. Günstige Veränderungen können auch durch Bew.Aufl. erst vom Ger. oder anderweitig herbeigeführt werden (Dallinger-Lackner § 21 N 4; vgl BGH 8/182, 185f). (2) **Die Erwartung (nicht bloß die Hoffnung)** künftig rechtschaffenen Lebenswandels muß gegeben sein. Sie kann **zB** bei ungefestigten J begründet sein, wenn die Tat überwiegend auf ungünstigen Umwelteinflüssen (Not, schlechtes Beispiel, Verführung) beruht, bei Pubertätstaten (aus Trotz, Protest gegen die Gesellschaft, Streben nach Geltung, plötzl. hervorbrechendem Geschlechtstrieb, sexueller Neugier), oder bei persönlichkeitsfremden Kurzschlußhandlungen aus starken, außergewöhnl. Reizeinflüssen. Die Erwartung ist auch bei Erstbestraften oft nicht gerechtfertigt (RL 1 S 3); sie fehlt rglm bei krimineller Gefährdung u. fortgeschrittener Verwahrlosung, wenn nicht ausnahmsweise die Fehlentwicklung überwiegend auf ungünstigen Umwelteinflüssen beruht, nun aber günstige Verhältnisse bestehen. — Vgl auch o. A 1a(3) u. § 43 A 2 u. insgesamt Loesch, Quadt, Faust BewH 55/135, 169, 185 sowie Dallinger-Lackner § 21 N 5—12.

c) Eine **im Nachverf.** verhängte JStr. darf **nicht ausgesetzt** werden (§ 30 I S 2).

3a) Liegen diese Voraussetzungen vor, darf der Ri. die **StrAzBew. nur bei ausreichenden Gründen verweigern** (BGH GA 58/305), etwa weil der Täter ernstl. mit einer Bew.Zeit u. -Aufsicht nicht einverstanden ist (RL 2; vgl auch RL 3 u. §§ 26 II Nr 2, 60 III), weil die Aussetzung im **Einzelfall** aus ganz bestimmten Gründen der Öffentlichk. oder dem Verletzten gegenüber oder bei VorStr. im Interesse der Autorität der RechtsO nicht zu vertreten wäre u. wesentl. Erz.Interessen nicht entgegenstehen. Wo der Sühnegedanke gegen, der Erz.Zweck für eine StrAzBew. sprechen, muß nach dem Gewicht im Einzelfall entschieden werden (BGH 10/233, 234). (Dallinger-Lackner § 20 N 11f; Potrykus § 20 B 5.) Die grds Versagung der StrAzBew. bei bestimmten Delikten ist ungesetzl. (BGH 6/298, 300).

b) Andererseits sollte eine **JStr. nach Möglichk. zur Bew. ausgesetzt** werden, **wenn** der Vollz. der JStr. eine bereits angeordnete erfolgversprechende **ErzM gefährden**

würde. In der Regel rechtfertigen Weisungen u. Schutzaufsicht die Aussetzung nicht, wohl aber FE, wenn sie erst gerade anläuft oder schon gute Erfolge gezeigt hat, nicht aber, wenn die Taten während der FE begangen sind. Zweckmäßig wird bei FE-Zöglingen der Heimleiter zum ehrenamtl. BewH bestellt und die Aufl. erteilt, daß der J dessen AO nachzukommen hat (Dallinger-Lackner § 21 N 13f; Einheitlichk. der Erz.!). Vgl aber § 23 A 2b (1) aE!

4a) Es kann immer **nur die ganze Str. ausgesetzt** werden (vgl BGH 6/163 für Erw.). Doch hindert die Anrechnung von UHaft (BGH 6/391) oder vorher verbüßter JA oder JStr. im Fall des § 31 II (Dallinger-Lackner § 31 N 42) die StrAzBew. nicht. Nach Vollstr. eines Teils ist bedingte Entlassung mögl. (§ 88).

b) StrAzBew. wird im Anschluß an die Verh. durch Urteil oder nachträgl. durch Beschl. **angeordnet** (§ 57; vgl dazu und wegen der prozessualen Fragen bei §§ 57 u. 59 I).

c) Mit der AO der StrAzBew. sollen spürbare **Aufl.** angeordnet werden (§ 23); gleichzeitig muß ein **BewH** bestellt werden (§ 24). Weiter ordnet der JRi. die **beschränkte Auskunft** aus dem StReg. an (§ 96 II).

d) Wegen der **Urteilsfassung** vgl § 54 A 2a, wegen der -begründung RL 3, § 54 A 4a.

§ 22

Bewährungszeit

1) **Hw — J:** § 105 I. — 2) ErwG: § 104 I 1, V 1; s. § 58 A 4.

(1) Der Richter setzt die Bewährungszeit auf mindestens zwei und höchstens drei Jahre fest. Er kann sie nachträglich bis auf ein Jahr verkürzen oder vor ihrem Ablauf, wenn der Jugendliche Bewährungsauflagen schuldhaft nicht nachkommt, bis auf vier Jahre verlängern. Die Bewährungszeit beginnt mit der Rechtskraft der Entscheidung über die Aussetzung der Jugendstrafe.

(2) Während der Bewährungszeit ruht die Verjährung der Vollstreckung der Jugendstrafe.

1a) Das Ges. konnt nur eine bestimmte **Bew.Zeit zwischen 2 u. 3 Jahren.** Wegen der Unsicherheit aller Voraussagen u. der engen Voraussetzungen für eine Verlängerung (A 2b) wird die Bew.Zeit nur in Ausnahmefällen auf die Mindestdauer von 2 Jahren festgesetzt werden können.

b) Die **Bew.Zeit beginnt** mit der Rechtskraft des Urteils oder Beschl., die die StrAzBew. anordnen (§ 57). Der **Endtermin** wird am besten durch ein Datum festgelegt. Andernfalls ist das Ende nach § 188 BGB zu berechnen.

2a) **Verkürzung** auf ein Jahr ist nach pflichtgem. Ermessen mögl., etwa bei unerwartet günstiger Entwicklung und rascher Resozialisierung.

b) **Verlängerung** auf vier Jahre ist nur innerhalb der Bew.Zeit mögl. und nur nach schuldhafter Verletzung von Bew.Aufl.

3) Wegen der **prozessualen Fragen** vgl §§ 58, 59 II.

4a) Wegen Vollstr.Verjährung vgl § 4 A 2! Ihr **Ruhen** (II) bedeutet, daß nur die Bew.-Zeit ausgeklammert wird. Die Vollstr.Verjährungsfrist verlängert sich also um die tatsächl. Bew.Zeit.

b) Die Prüfung u. Entscheidung gem. § 26 führt zu **keiner Unterbrechung,** da es sich um Aufgaben des erkennenden Ger., nicht um solche eines Vollstr.Organs handelt (Dallinger-Lackner N 19, aA Potrykus B 3).

§ 23

Bewährungsauflagen

1) Hw—J: § 105 I; s. § 10 A 1c (2) und § 15 A 1b. — **2)** ErwG: § 104 I 1, V 1; s. § 58 A 4. **3) Sold!** § 23 A 2b (2).

Der Richter soll für die Dauer der Bewährungszeit die Lebensführung des Jugendlichen durch Auflagen beeinflussen, die eine umfassende erzieherische Einwirkung gewährleisten. Zu diesem Zweck soll er dem Jugendlichen Weisungen erteilen (§ 10) oder besondere Pflichten auferlegen (§ 15). Diese Anordnungen kann er auch nachträglich treffen, ändern oder aufheben.

Richtlinien zu § 23:

1. Eine günstige erzieherische Einwirkung ist nur von solchen Bewährungsauflagen zu erwarten, die der Persönlichkeit des Jugendlichen und seinen Lebensverhältnissen angepaßt sind. Wegen des Inhalts der Bewährungsauflagen wird auf die Nr. 2 der Richtlinien zu § 10 und die Nrn. 1 bis 4 der Richtlinien zu § 15 hingewiesen.
2. Für die nachträgliche Änderung von Bewährungsauflagen gelten die Nrn. 1 und 2 der Richtlinien zu § 11 entsprechend.
3. Die Bewährungsauflagen werden in einem Bewährungsplan zusammengestellt, der dem Jugendlichen auszuhändigen ist (§ 60).

1) Der J soll in der Bew.Zeit intensiv erzogen (vgl Meng BewH 54/69) und muß deshalb — bis auf ganz wenige Ausnahmen — **einschneidenden** („die Lebensführung beeinflussenden") **Aufl.** unterworfen werden, die seiner Persönlichk. und seinen Lebensverhältnissen entsprechen (RL 1). Die StrAzBew. sollte in ihrer Wirkung rglm nicht wesentl. hinter dem Str.Vollz. zurückbleiben (Potrykus B 1).

2a) Als **Aufl.** sind **nur Weisungen** (§ 10) **und bes. Pflichten** (§ 15) vorgesehen. Grds gilt das dort Gesagte, bes. die Warnung vor jedem Schema, auch hier (vgl RL 1 S 2). Die Maßnahmen haben jedoch als Bew.Aufl. durch die Drohung des Widerrufs ein größeres Gewicht; sie haben oft auch dort Erfolgsaussichten, wo Weisungen und bes. Pflichten ohne den Druck der StrAzBew. nicht mehr am Platze wären (Dallinger-Lackner N 4).

b) (1) Die Aufl. sind **auf die Mitwirkung des BewH** (§ 24) **abzustellen.** Zu spezielle Aufl. würden seine Tätigkeit ungünstig einengen (Dallinger-Lackner § 24 N 31; vgl § 25 RL 2 S 2). Oft genügt die Weisung, den AO des BewH generell oder im Hinblick auf ein bestimmtes Gebiet (Arbeit, Freizeit, Geld) nachzukommen (vgl auch § 21 A 3b aE). Mißgriffe des BewH kann der Ri. gem. § 25 S 1 ausgleichen (Dallinger-Lackner N 5). Die Bedenken von Pentz gegen diese Bew. Aufl. (NJW 58/1768) greifen jedenfalls für das JR nicht durch, wie ein Vergleich mit § 112b und § 10 RL 3 zeigt (vgl. auch § 10 I Z 2: auch bei „Heimweisungen" muß sich der J der Heimordnung und den AO des Heimleiters unterwerfen); es ist nur notwendig, daß der BewH alle AO, die verbindlich sein sollen, eindeutig und bestimmt, möglichst schriftl. trifft und so eine klare Grenze zu unverbindl. Ratschlägen zieht. (2) Bei **Soldaten** gilt für die Auswahl der Aufl. das § 10 A 1c (3) und § 15 A 6 Gesagte (wegen Abänderung s. § 11 A 1a, b (2) je aE) gem. §§ 112a Z 3, 112b (vgl dort A 4a). Nach § 112d soll vorher der nächste Disziplinar-Vorgesetzte gehört werden.

c) Die Aufl. im einzelnen können **nur für die Bew.Zeit** getroffen werden, sich innerhalb dieser aber auch auf einen kleineren Zeitraum erstrecken oder sich in einem einmaligen Tun erschöpfen.

3a) Die Aufl. können **nachträgl. geändert oder aufgehoben** werden, auch soweit sie bes. Pflichten sind. Es gilt das bei § 11 Gesagte (RL 2).

b) Sie können **sogar erst nachträgl. getroffen** werden, was dann zweckmäßig ist, wenn noch Ermittlungen über die günstigste Möglichk. der Beeinflussung geführt werden müssen.

4a) Die **Überwachung** obliegt nicht der JGH, sondern dem BewH (§ 24 I); wegen der **Folgen der Zuwiderhandlung** s. § 26 A 1c.

b) Über **prozessuale Fragen u. Bew.Plan** s. RL 3 und §§ 58—60.

§ 24

Bewährungsaufsicht und Bewährungshilfe[1])

1) Hw — J: § 105 I. — **2)** ErwG: § 104 I, V 1; s. § 58 A 4. — **3) Sold!** A 5.

(1) Die Lebensführung des Jugendlichen während der Bewährungszeit und die Erfüllung der richterlichen Auflagen überwacht ein hauptamtlicher Bewährungshelfer, der unter der Aufsicht des Richters steht und diesem verantwortlich ist.

(2) Der Richter kann auch einen ehrenamtlichen Bewährungshelfer bestellen, wenn dies aus Gründen der Erziehung zweckmäßig erscheint oder wenn in dem Bezirk des Jugendgerichts ein hauptamtlicher Helfer nicht angestellt worden ist.

(3) Der Bewährungshelfer soll dem Jugendlichen während der Bewährungszeit helfend und betreuend zur Seite stehen, seine Erziehung fördern und möglichst mit dem Erziehungsberechtigten und dem gesetzlichen Vertreter vertrauensvoll zusammenwirken. Er hat bei der Ausübung seines Amtes das Recht auf Zutritt zu dem Jugendlichen. Er kann von dem Erziehungsberechtigten, dem gesetzlichen Vertreter, der Schule, dem Lehrherrn oder dem sonstigen Leiter der Berufsausbildung Auskunft über die Lebensführung des Jugendlichen verlangen.

Anmerkungen und Richtlinien hierzu siehe nach § 25.

[1] Siehe Seite 50.

§ 25

Pflichten des Bewährungshelfers[1])

1) Hw — J: § 105 I. — 2) ErwG: § 104 I 1. — 3) Sold! A 5.

Der Bewährungshelfer führt die Bewährungsaufsicht nach den Anweisungen des Richters durch. Er berichtet über die Lebensführung des Jugendlichen in Zeitabständen, die der Richter bestimmt. Erhebliche Zuwiderhandlungen des Jugendlichen gegen Bewährungsauflagen teilt er dem Richter mit.

Richtlinien zu §§ 24 und 25:

1. Bewährungsaufsicht und Bewährungshilfe folgen aus derselben richterlichen Maßnahme und ergänzen sich. Von der Persönlichkeit und den Lebensverhältnissen des Jugendlichen und von deren Entwicklung wird es abhängen, ob die eine oder die andere Seite im Vordergrund steht.
2. Da der Bewährungshelfer unter der Aufsicht des Richters steht, ihm verantwortlich ist und nach seinen Anweisungen handelt, ist eine enge persönliche Zusammenarbeit des Richters mit dem Bewährungshelfer unerläßlich. Es empfiehlt sich jedoch, dem Bewährungshelfer weitgehende Selbständigkeit einzuräumen.
3. Der Richter unterstützt den Bewährungshelfer in dem Bemühen, ein persönliches, auf Vertrauen beruhendes Verhältnis zu dem Jugendlichen zu gewinnen.
4. Der Richter wird darauf hinwirken, daß ihm der Bewährungshelfer nicht nur erhebliche Zuwiderhandlungen des Jugendlichen gegen Bewährungsauflagen (§ 25 Satz 3), sondern auch alles Wesentliche mitteilt, was ihm über das Vorleben des Jugendlichen, seine Lebensverhältnisse und seine Führung bekannt wird. Gegenüber anderen Personen und Stellen wird der Bewährungshelfer Verschwiegenheit wahren, um das für die Erziehungsarbeit notwendige Vertrauensverhältnis zwischen ihm und dem Jugendlichen nicht zu beeinträchtigen. Die Entscheidung darüber, ob Mitteilungen über den Jugendlichen belastende Umstände an andere Stellen, vor allem an die Strafverfolgungsbehörden, weiterzugeben sind, wird sich der Richter vorbehalten.

---

[1]) **Literatur:** Brocher: Die seelische Situation des Probanden, BewH 57—58/143; Carspecken: Die JGH u. die BewH, Konkurrenz oder Ergänzung, Zbl 54/163; Erber: Das Erstgespräch, BewH 56/119; Erber: Die Arbeitsmethoden der BewH, BewH 57—58/239; Faust: BewH aus der Sicht des JPsychiaters, BewH 54—55/185; Loesch: Resozialisierung durch BewH, BewH 55/99; Loesch: BewH als Mittel zur Ausschaltung der Verbrechensursachen, BewH 55—56/239; Loesch: Bew. u. BewH aus der Sicht des JRi., BewH 54—55/135; Middendorf-Schnitzerling-Jung: Praktische BewH (Grundriß u. Leitfaden); Obstfeld: Die BewH bei J u. Hw in der Sicht des hauptamtl. BewH, BewH 54/22; Pentz: Rechtsfragen aus dem Gebiet der BewH, BewH 57/250; Quadt: Der BewH, BewH 55—56/159; Quadt: Die Bedeutung der Auswahl bei der AO der Bew.Aufsicht, BewH 54—55/169; Reiser: BewH bei Rückfälligen? BewH 55/109; Schnitzerling: Rechtsfragen um die BewH, RdJ 57 H 20; Schnitzerling: Die unterschiedl. Stellung des BewH im J u. ErwR, Zbl 57/297; Schnitzerling: Die rechtl. Stellung des hauptamtl. BewH im Verhältnis zum j. u. hw. Probanden, RdJ 57 H 17; Schnitzerling: Der BewH im militärischen Bereich, BewH 57/95; Zimmermann: Die Einschaltung ehrenamtl. BewH in der JGerichtsbark., Zbl 55/277.

5. Um die Entwicklung des Jugendlichen während der Bewährungszeit beobachten und notwendige Maßnahmen treffen zu können, wird der Richter dem Bewährungshelfer zur Pflicht machen, ihm in anfangs kürzeren, später längeren Zeitabständen über seine Tätigkeit und über die Führung des Jugendlichen schriftlich zu berichten und ihm von besonderen Vorfällen sofort Mitteilung zu machen.

6. Vor Bestellung eines ehrenamtlichen Bewährungshelfers soll seine Eignung für die Betreuung des Jugendlichen sorgfältig geprüft und seine Einwilligung eingeholt werden.

1) Verhältnis des BewH **zum Ri.** (§ 25).

a) (1) Mit der AO der StrAzBew. übernimmt der **Ri. die Verantwortung** für ihr Gelingen. Er entscheidet, wie sein Versuch durchgeführt und ob er ggf abgebrochen wird. Dabei **unterstützt ihn der BewH.** Dieser untersteht bezügl. seiner ganzen Arbeit (Hilfe u. Aufsicht: Dallinger-Lackner § 24 N 29) der Fachaufsicht des Ri. (§ 24 I aE, RL 2 S 1); die Dienstaufsicht liegt bei der Anstellungsbehörde (s. § 113). Die Tätigkeit des BewH erhält durch die Aufl., ggf durch bes. Anweisungen des Ri. (§ 25 S 1), die Richtung. Herr des AussetzungsVerf. ist also der Ri. Er sollte jedoch grds den BewH möglichst frei arbeiten lassen (RL 2 S 2, Dallinger-Lackner § 24 N 31, vgl § 23 A 2b). — (2) Nur ein **enges, unbürokratisches Vertrauensverhältnis** kann zum Erfolg führen; ständiger persönl. Kontakt durch offene Gespräche ist unentbehrl. Der Ri. soll bzw. muß (§ 58 I S 2; Dallinger-Lackner § 24 N 30) den BewH vor der Erteilung und Abänderung von Aufl., vor Verlängerung u. Verkürzung der Bew.Zeit und vor der Abschlußentsch. hören, er soll ihn bei seiner ganzen Tätigkeit unterstützen (RL 3). Der BewH soll den Ri. möglichst eingehend unterrichten (A 1b).

b) Durch die **Berichtstätigk.** (§ 25 S 2, 3; RL 5) des BewH wird der Ri. stets auf dem laufenden gehalten und von bes. Vorkommnissen (§ 25 S 3) sofort unterrichtet. Das Hauptgewicht (Dallinger-Lackner § 25 N 5) liegt bei der Mitt. der Tatsachen (Familienverhältnisse, Arbeit, Schule, Freundschaften, Freizeitgestaltung, Verhältnis zur Tat, wirtschaftl. Verhältnisse, Pläne, Verhältnis des J zum BewH ua; vgl RL 4 S 1); daneben ist eine daraus abgeleitete Beurteilung des Täters und seiner Situation zu geben; weiter müssen die Folgerungen, die der BewH daraus zieht, und seine Absichten angegeben werden. — Soweit der Ri. das Ermittlungsergebnis für seine Entsch. benutzen will, darf dies nur nach den Vorschriften der StPO geschehen; der BewH wird deshalb im Bericht zweckmäßig Beweismittel angeben. Der **erste Bericht** muß umfassend sein; spätere können sich auf die Mitt. von Änderungen beschränken. Der **Schlußbericht** (§ 26 RL 1) muß sich zur Frage des Straferlasses oder des Widerrufes äußern. Verstöße ohne Bedeutung muß der BewH nicht melden (A 2c); eine Meldung an die StVerfolgungsbehörde ist nie Sache des BewH (RL 4 S 3). — Vgl auch § 38 A 5 b, c u. FN 2.

2) Verhältnis des BewH **zum Verurteilten.**

a) Es ist ein menschliches, unbürokratisches, das auf **Vertrauen und Achtung** aufgebaut sein muß (RL 3); Verschwiegenheit des BewH gegen Dritte (A 3c) ist eine wesentl. **Voraussetzung.**

b) Eine wirksame **Hilfe** (§ 24 III S 1) ist nur mögl., wenn der BewH sich eingehend mit der Person des J vertraut gemacht hat, also weiß, was not tut. Seine Tätigk. darf sich aber nicht auf Arbeitsvermittlung ua beschränken, er soll vor allem auch den J in schwierigeren Fragen **beraten,** ihn zur Fortbildung **anregen** und so an der Gestaltung des Lebens des J mitwirken.

c) Zugleich (vgl RL 1) hat der BewH den J zu **beaufsichtigen** (§ 24 I; s. § 23 A 4a), um entspr. berichten zu können (vgl o. 1b). Doch ist es dem BewH erlaubt, kleinere Verstöße selbst zu bereinigen und von einem Bericht an den Ri. abzusehen, bes. wenn der J selbst den Verstoß gemeldet hat; das muß die Ausnahme bleiben, kann dann aber zu einer Stärkung des Vertrauens führen (Dallinger-Lackner § 25 N 9).

3) Verhältnis des BewH **zu Dritten.**

a) Ein gutes Verhältnis **zu ErzBer. und gesVertr.** ist wünschenswert, da die Erz. einheitl. sein soll; der BewH muß sich darum bemühen. Bei unverständigen ErzBer. wird eine Zusammenarbeit manchmal nicht mögl. sein (§ 24 III S 1); eine Entfernung des J aus seiner häusl. Umgebung kann dann zweckmäßig sein.

b) Ebenso notwendig ist eine gute Zusammenarbeit **mit Behörden** (JAmt — s. Lubkowitz BewH 55, 56/237 —; Arbeitsamt; Wohnungsamt; auch Strafanstalt — s. Conrad BewH 57/89 —; u. Strafanstaltsfürsorge — s. Wehr BewH 55, 56/261), die zur Amtshilfe verpflichtet sind (Art. 35 GG), mit Wohlfahrts-**Organisationen, Heimen,** aufgeschlossenen **Firmen** ua, da nur dann die Möglichk. gegeben ist, dem J zu helfen (A 2b).

c) Doch soll der BewH möglichst **unauffällig auftreten und allen Dritten gegenüber schweigen,** um das Vertrauen des J nicht zu enttäuschen (RL 4 S 2). Das gilt auch gegenüber den Eltern; doch wird der BewH hier ggf versuchen, den J selbst zur Mitt. an seine Eltern zu bewegen. Gegenüber höheren Rechtsgütern muß allerdings die Schweigepflicht zurücktreten. Der BewH hat deshalb auch **kein Zeugnisverweigerungsrecht,** bedarf **jedoch** der **Aussagegenehmigung** nach den beamtenrechtl. Vorschriften; soweit mögl. wird der verständige Ri. den BewH nicht als Zeugen beiziehen. Die Meldung belastender Momente an die Stverfolgungsbehörde ist Sache des Ri. (RL 4 S 3).

d) Zutritt zum J kann der BewH jedem Dritten gegenüber mit polizeil. Hilfe **erzwingen** (§ 24 III S 2; Dallinger-Lackner § 24 N 19, Potrykus § 24 B 6), sollte es aber grds nicht. Ist der J in UHaft, darf der BewH ihn wie der Verteidiger besuchen (§ 93 III). Weiter hat er gegenüber Erziehern u. Ausbildern ein **Auskunftsrecht** über die Lebensführung (§ 24 III S 3), das dadurch erzwungen werden kann, daß der Ri. bei Auskunftsverweigerung selbst vernimmt (Dallinger-Lackner § 24 N 20, Jagusch § 24 A 3; aA Potrykus § 24 B 6, der § 33 FGG anwenden will). — Beide Rechte darf der BewH nur ausüben, soweit die Bew.Aufsicht das erfordert.

4a) Die schwierige Aufgabe eines **BewH** können auch gut ausgebildete, erfahrene Sozialpfleger von hoher Intelligenz, großem Idealismus, lebendiger Aktivität, echter Hilfsbereitschaft, bes. Kontaktfähigk. und zugleich bestimmtem, achtunggebietendem wie vertrauenerweckendem Auftreten, von Festigk. u. Geduld nur dann lösen, wenn sie nicht überlastet sind (höchstens 40—50 Fälle gleichzeitig). Der BewH darf nicht bürokratisch arbeiten; sein Büro ist zweckmäßig nicht in Dienstgebäuden. Seine Zuständigk. richtet sich grds nach der Geschäftsverteilung. Versagt der BewH, führt die StrAzBew. oft zum Mißerfolg.

b) Wegen dieser Bedeutung des BewH und der hohen persönl. Voraussetzungen sollte ein **ehrenamtl. BewH** (§ 24 II, RL 6) nur aufgestellt werden, wenn erz.befähigte, gefestigte Persönlichkeiten vorhanden sind, die den J gut kennen und auf ihn Einfluß haben (Geistl., Verwandte), bes. der Heimleiter bei FE-Zöglingen (Potrykus NJW 55/245, Heinen BewH 55, 56/235, s. § 21 A 3b aE). Auch wo der amtl. BewH zu bekannt ist und sein Einsatz den J ins Gerede bringen könnte, sollte der Einsatz eines ehrenamtl. BewH erwogen werden (Dallinger-Lackner § 24 N 25). Der ehrenamtl. BewH hat alle Rechte u. Pflichten. Eine Verpflichtung zur Übernahme dieses Amtes besteht nicht.

5a) Bei Soldaten hat der BewH, der nicht Soldat ist, gem. § 112a Z 5 nur geringe Befugnisse. Er muß sich praktisch auf die zivilen Maßnahmen (Schadenswiedergutmachung, Vorbereitung für die Zeit nach dem Wehrdienst) beschränken, kann aber kaum Einfluß auf Haltung u. Lebensführung des Soldaten nehmen (Potrykus NJW 57/814, 817). Es wird sich deshalb oft die Bestellung eines Soldaten zum ehrenamtl. BewH nach Anhörung des nächsten Disziplinarvorgesetzten des J oder Hw (§ 112d; s. dort) empfehlen; hier muß die Auswahl bes. sorgfältig getroffen werden, da der Ri. keine Anweisungen geben kann (§ 112a Z 4 S 2). — Vgl ähnl. Potrykus NJW 57/814, 817. — UU kann neben der zivilen BewH auch die Erz.Aufsicht gem. § 112a Z 2, 112b IV angeordnet werden, ggf als BewAufl. (§ 23; § 112b A 4a, c). Diese Verbindung ist aber nur dort aussichtsreich, wo BewH u. Disziplinarvorgesetzter aufgeschlossene Menschen sind, die gut zusammenarbeiten.

b) Die Überbetonung militärischer Interessen zum Nachteil einer wirksamen BewH u. -Aufsicht wird oft zur Versagung der Strafaussetzung zwingen, weil unter diesen Umständen die Erwartung rechtschaffenen Lebenswandels oft nicht begründet sein wird (vgl Dallinger-Lackner § 24 N 26).

§ 26

Erlaß der Jugendstrafe; Widerruf der Aussetzung

1) Hw — J: § 105 I. — **2)** ErwG: § 104 I 1, V 1; s. § 58 A 4.

(1) Hat der Jugendliche sich bewährt, so wird die Jugendstrafe nach Ablauf der Bewährungszeit erlassen.

(2) Der Richter widerruft, falls andere Maßnahmen nicht ausreichen, die Aussetzung der Jugendstrafe, wenn

1. Umstände bekannt werden, die bei Würdigung des Wesens der Aussetzung zu ihrer Versagung geführt hätten,

2. der Jugendliche, der das sechzehnte Lebensjahr vollendet hat, sich weigert, die Erfüllung der Bewährungsauflagen zu versprechen (§ 60 Abs. 3),

3. der Jugendliche Bewährungsauflagen schuldhaft nicht nachkommt oder

4. sich auf andere Weise zeigt, daß das in ihn gesetzte Vertrauen nicht gerechtfertigt war.

(3) Leistungen, die der Jugendliche auf Grund von Auflagen erbracht hat, werden nicht zurückerstattet.

Richtlinien zu § 26:

1. Nach Ablauf der Bewährungszeit legt der Bewährungshelfer dem Richter einen Schlußbericht vor. Vor der Entscheidung über den Erlaß der Jugendstrafe sind auch der Staatsanwalt und der Jugendliche zu hören (§ 58 Abs. 1).
2. Wird die Jugendstrafe nach Ablauf der Bewährungszeit erlassen, so erklärt der Richter zugleich den Strafmakel als beseitigt (§ 96 Abs. 3).
3. Falls der Widerruf der Aussetzung in Betracht kommt, kann der Richter vorläufige Maßnahmen treffen, um sich der Person des Jugendlichen zu versichern (§ 61).

1a) Der **Widerruf** ist **bis zum Erlaß** der JStr. (A 2) jederzeit nach Vorliegen der Voraussetzungen (A 1b) mögl., also auch nach Ablauf der Bew.Zeit[1]), wobei ein nach Ablauf der Bew.Zeit liegendes Verhalten außer Betracht bleibt. Doch sollen die Ermittlungen schon im Hinblick auf § 22 I S 2 frühzeitig eingeleitet werden; auch die Entsch. über Widerruf oder Erlaß muß im Erz.Interesse bald ergehen

b) Die **Widerrufsvoraussetzungen** in II Z 1—4 sind **abschließend** (Dallinger-Lackner N 2, Jagusch A 4; aA Potrykus B 4) (1) **Z 1** setzt kein Verschulden voraus, trifft aber nur bei wesentl., das Gesamtbild beeinflussenden Umständen (auch VorStr.) zu, die das letzte erkennende Ger nicht gekannt hat (vgl BGH 7/64), aber berücksichtigen hätte dürfen oder müssen [s. A 1b (5)]. (2) Die Altersgrenze der **Z 2** bezieht sich auf den Zeitpunkt der Weigerung (3) **Z 3** entspricht § 11 II und setzt Verschulden voraus (4) Auch **Z 4** betrifft nur vom Täter zu vertretende Umstände, da ein unverschuldetes Handeln Vertrauen nicht enttäuschen kann; auch bei neuen Straftaten kommt es auf Art u. Umfang an; schlechter Lebenswandel genügt, auch wenn er nicht strafbar ist. — (5) **Z 4** betrifft Ereignisse nach, **Z 1** Tatsachen u. Ereignisse vor der Entsch. über die Aussetzung (Dallinger-Lackner N 15).

c) (1) Wo diese Voraussetzungen vorliegen, **widerruft** der JRi. **nur, wenn** andere Maßnahmen wie zB Ermahnung, Änderung der Aufl. (§ 23 S 3), AO an den BewH (§ 25 S 1), ggf ein Wechsel des BewH, Verlängerung der Bew.Zeit (§ 22 I S 2), Ver-

[1]) Dallinger-Lackner N 21, Potrykus B 1; für das allgR KG JR 58/189 u. — zusammenfassend — Weigelt DAR 58/158; aA Jagusch A 3; doch schreibt das Ges. keinen früheren Zeitpunkt vor; § 22 I S 2 betrifft nur die Verlängerung der Bew.Zeit, eine entspr. Anwendung würde zu einer nicht gerechtfertigten Verkürzung der Bew.Zeit führen, da zB auch ein Verbrechen, das in den letzten Tagen der Bew.Zeit begangen ist, nach der Gegenmeinung praktisch nicht mehr zum Widerruf führen könnte. Von der hier vertretenen Meinung geht auch RL 1 aus, weil andernfalls der Schlußbericht nach Ablauf der Bew.Zeit sinnlos wäre.

hängung von JA gem. §§ 11 II, 15 III nach entspr. Belehrung[2]), Anregung an VormRi., FE anzuordnen, uä nicht ausreichen. Für diese Entsch. ist der Widerrufsgrund nach Gewicht u. Ursache an dem Persönlichkeitsbild des Täters zu messen. Es gelten die Grundsätze des § 5 **(Subsidiarität des Widerrufs).** (2) Bei zu erwartendem Widerruf kann sich der JRi. der **Person des J versichern** (RL 3, § 61). (3) Im Rahmen der Bew.Aufl. erbrachte Leistungen werden nach Widerruf nicht zurückerstattet (III).

d) Die **sof. Beschw.** gegen den Widerruf (§ 59 III) hat keine aufschiebende Wirkung (§§ 311 I, 307 StPO). Die Vollstr kann deshalb vom VollstrL. (§§ 84, 85) — ausnahmsweise — noch **vor Rechtskraft** eingeleitet werden (Dallinger-Lackner § 82 Vorb 17).

2) Wo nicht widerrufen wird und kein Grund zur Verlängerung der Bew.Zeit besteht, ist nach den Abschlußermittlungen (RL 1) die **Str.** unanfechtbar (§ 59 IV) und konstitutiv **zu erlassen; der Strafmakel muß als beseitigt erklärt werden** (RL 2; § 96 III). Der Erlaß tritt mit Verkündung oder Zustellung ein (Dallinger-Lackner N 30).

3) Verf: § 58; **Anfechtung:** § 59 III, IV.

Sechster Abschnitt
Aussetzung der Verhängung der Jugendstrafe[1])

§ 27
Voraussetzungen

1) Hw—J: § 105 I; s. § 27 A 1c, 2b (4). — **2) ErwG:** § 104 I 1.

Kann nach Erschöpfung der Ermittlungsmöglichkeiten nicht mit Sicherheit beurteilt werden, ob in der Straftat eines Jugendlichen schädliche Neigungen von einem Umfang hervorgetreten sind, daß eine Jugendstrafe erforderlich ist, so kann der Richter die Schuld des Jugendlichen feststellen, die Entscheidung über die Verhängung der Jugendstrafe aber für eine von ihm zu bestimmende Bewährungszeit aussetzen.

Richtlinien zu § 27:

1. Die Aussetzung der Verhängung der Jugendstrafe ist nicht zulässig, wenn wegen der Schwere der Schuld auf Jugendstrafe erkannt werden muß (vgl § 17 Abs 2)
2. Wegen der beschränkten Auskunftspflicht über den einen Schuldspruch betreffenden Strafregistervermerk wird auf § 96 Abs. 1 hingewiesen.

1a) Die **bedingte Verurteilung** (vgl § 21 A 1a) erspart dem Täter jeden Strafmakel und ist ein bes. Anlaß zu guter Führung, da der Täter über die Folgen eines Versagens im Ungewissen ist, was die Hemmungen steigert (vgl FE, unbestJStr.). Sie kann der StrAzBew. nicht gleichgestellt werden, da bei ihr gerade keine JStr. verhängt wird (BGH 9/160ff).

[2]) Überzeugend Dallinger-Lackner N 20; ebenso Jagusch § 23 A 3; aA Potrykus B 3; doch ist die Verhängung von JA auch in diesen Fällen oft erz.günstig, das Ges. steht nicht entgegen.

[1]) **Literatur.** Potrykus: Über die bedingte Verurteilung nach §§ 27ff JGG, MDR 54/456.

b) Sie führt zu einer **Zweiteilung des Verf.** hinsichtl. **Schuld- u. Str.Frage** (angelsächsisch; ähnl. das zivilrechtl. Grund- u. Betragsurteil). Da sie nur bei ungenügendem Beweisergebnis mögl. ist (A 2), ähnelt sie einer Aussetzung zu weiteren Ermittlungen, jedoch mit der Besonderheit, daß der abgeschlossene Schuldkomplex in Rechtskraft erwächst und daß die weiteren Ermittlungen nicht sofort mögl. sind (A 2a (2), (3) u. § 30 A 2).

c) Die **Rechtskraft umfaßt** nur den Schuldspruch selbst und die ihn unmittelbar tragenden Feststellungen, bei Hw auch die Entsch. nach § 105 [s. § 30 A 1b, c (1)]. An alle weiteren Feststellungen besteht keine Bindung im Nachverf , weil diese ja nur die Voraussetzungen des § 27, also die bestehende Unsicherheit dartun sollen (Jagusch § 30 A 3a). Eine Bindung an sie widerspräche der materiellen Gerechtigk. und wäre auch deshalb nicht tragbar, weil der J keine Möglichk. hat, diese den Schuldspruch nicht tragenden Feststellungen anzugreifen (Dallinger-Lackner § 30 N 14). Ob die Straffrage ganz offen bleibt und nachträgl. noch jede Maßnahme des JGG angeordnet oder ob auch hier jedenfalls insoweit eine Bindung besteht, als nur noch auf JStr. erkannt werden kann, ist bestr. (vgl § 30 A 1c).

2a) Der isolierte Schuldspruch mit dem Vorbehalt weiterer Maßnahmen ist nur unter folgenden **Voraussetzungen** mögl., näml. (1) daß der Täter schuldig ist, (2) daß eingehende Persönlichkeitsermittlungen im allg. vorgeschriebenen Umfang (Dallinger-Lackner N 7) geführt sind (vgl § 43), (3) daß dennoch nicht geklärt werden konnte, ob der Umfang der schädl. Neigungen schon zur Verhängung einer JStr. zwingt. Verschiedenes muß für JStr. sprechen, anderes für andere Maßnahmen des JGG; es muß also (a) Art oder (b) Umfang der schädl. Neigungen oder (c) die erz. Ansprechbark. des Täters fragl. sein (Jagusch A 3). Das wird bei schwer durchschaubaren J nicht selten der Fall sein.

b) Die **bedingte Verurteilung scheidet** also **aus,** (1) wenn schon die Schwere der Schuld eine JStr. erfordert (RL 1), (2) bei Bagatell-Delikten, die die Verhängung einer JStr. nie rechtfertigen (§ 17 A 1b), (3) bei anderen als den unter a) genannten Unklarheiten; hier sind Zweifel zugunsten des Täters zu beheben. (4) Ist der Täter zZ der Aburteilung schon erwachsen, sind die Voraussetzungen grds nicht mehr gegeben, weil dann die Entwicklung meist zu einem gewissen Abschluß gekommen ist.

c) Ob eine **Amnestie** der Anwendung des § 27 entgegensteht (so BGH 9/104ff; vgl § 15 II StrFrG 1954), ist zw.; die Ansicht des BGH zwingt den Ri. zu einer Feststellung, die er an sich (vgl § 27) nicht treffen kann.

3a) Nur wenn die festumrissenen **Voraussetzungen** vorliegen, **kann u. muß** die **Aussetzung** angeordnet werden. Andere, zB erz. Gründe berechtigen dazu nicht. Wegen dieser festumrissenen Voraussetzungen kann von einem Ausnahmecharakter der Vorschrift nicht die Rede sein (Dallinger-Lackner N 12; aA Potrykus B 2).

b) (1) Der Schuldspruch unterliegt ohne weiteres der **beschränkten Auskunft** (RL 2, § 96 I). (2) Eine **Anrechnung der UHaft** ist nur im Nachverf. (§ 30) mögl., wenn auf JStr. erkannt wird (Potrykus NJW 56/635). (3) Dagegen können mit dem Schuldspruch alle Maßnahmen des JGG gekoppelt werden (§ 8 A 2c); bes. gut kann die **Verbindung** mit JA (Grethlein NJW57/1462) oder länger dauernden Weisungen [§ 30 A1c (2)] sein.

c) Der **JRi.** sollte die AO **nur** treffen, wenn sich ausnahmsweise sicher voraussehen läßt, daß bei einem Nachverf. JStr. nicht über ein Jahr oder unbestJStr. verhängt wird; andernfalls ist Abgabe vor Eröffnung des HauptVerf. [s. § 41 A 2a (1), A 3d] an das JSchöffG geboten, um zu vermeiden, daß ein anderes Ger. die Entsch. nach § 30 trifft (vgl § 62 A 2d) (Potrykus NJW 56/655f). Die Voraussetzungen einer Verweisung nach § 270 StPO liegen dagegen nur selten vor (§ 41 A 4 aE).

4) Verf: § 62 I; **Urteilsfassung u. Begründung:** § 54 A 2d, 4a; **Rechtsmittel:** § 55 A 2a, 3.

§ 28

Bewährungszeit

1) Hw — J: § 105 I. — **2)** ErwH: § 104 I 1, V 2; s. § 62 A 2d (2).

Die Bewährungszeit beträgt mindestens ein Jahr und höchstens zwei Jahre. Sie kann nachträglich bis auf das Mindestmaß verkürzt oder vor ihrem Ablauf bis auf das Höchstmaß verlängert werden. Sie beginnt mit der Rechtskraft des Urteils, in dem die Schuld des Jugendlichen festgestellt wird.

1a) Die Bew.Zeit muß hier immer **zwischen 1 u. 2 Jahren** liegen. Die Dauer richtet sich nach der Zeit, die voraussichtl. zur Erkenntnis des Täters (§ 27 A 1b, 2a) notwendig ist. Solange die Unklarheit besteht, kann eine kürzere Bew.Zeit vor ihrem Ablauf ohne weitere Gründe bis zur Höchstgrenze von 2 Jahren verlängert werden.

b) Im übrigen gilt das bei § 22 Gesagte (bes. A 1b, 2a) entspr.

2) Die **Strafverfolgungsverjährung** ruht in der Bew.Zeit (§ 69 I StGB).

3) Wegen **verfahrensrechtl. Fragen** vgl §§ 62 IV, 63 II, 58 I, II 1, 59 II, V. Eine Übertragung nachträgl. Entsch. oder gar des Verf. als Ganzes ist also nicht mögl. (s. § 62 A 2d).

§ 29

Bewährungsaufsicht

1) Hw—J: § 105 I; s. § 10 A 1c (2) u. § 15 A 1b. — **2)** ErwG: § 104 I 1, V 2; s. § 62 A 2d (2). — **3)** **Sold!** § 23 A 2b (2), § 25 A 5.

Der Jugendliche wird für die Dauer der Bewährungszeit unter Bewährungsaufsicht gestellt. Die §§ 23 bis 25 sind anzuwenden.

1) Der Unterschied zur StrAzBew. liegt darin, daß Aufl., Bew.Aufsicht u. BewH auch **darauf zugeschnitten** werden müssen, den **Täter zu erkennen** (§ 28 A 1a). **Daneben** darf aber nichts unversucht bleiben, den **Täter** günstig **zu beeinflussen,** zu einem rechtschaffenen Leben zu erz. (Potrykus B 1) und damit die Tat zu sühnen (ähnl. wie bei der StrAzBew.). Jagusch (§ 30 A 3c) betont in wenig jgem. Weise zu sehr den Ermittlungsgedanken.

2a) Die Folgen eines **Verstoßes gegen Aufl.** sind an sich die gleichen wie bei StrAz-Bew. (§ 26 A 1c); doch berechtigt dieser im Gegensatz zu § 26 II Z 3 nicht zur Verhängung von JStr. (vgl § 30 A 4b).

b) Im übrigen gilt das bei den §§ 23, 24, 25 Gesagte entspr.

3) Wegen der **verfahrensrechtl. Fragen** vgl § 28 A 3 u. § 64.

§ 30

Verhängung der Jugendstrafe; Tilgung des Schuldspruchs

1) **Hw—J:** § 105 I; s. § 30 A 1c (1). — 2) **ErwG:** § 104 I 1, V 2.

(1) Stellt sich vor allem durch schlechte Führung des Jugendlichen während der Bewährungszeit heraus, daß die in dem Schuldspruch mißbilligte Tat auf schädliche Neigungen von einem Umfang zurückzuführen ist, daß eine Jugendstrafe erforderlich ist, so erkennt der Richter auf die Strafe, die er im Zeitpunkt des Schuldspruchs bei sicherer Beurteilung der schädlichen Neigungen des Jugendlichen ausgesprochen hätte. Eine Aussetzung dieser Strafe nach § 20 ist unzulässig.

(2) Liegen die Voraussetzungen des Absatzes 1 nach Ablauf der Bewährungszeit nicht vor, so wird der Schuldspruch getilgt.

1a) Im **Nachverf.** sind **nur 3 Entsch.** mögl.: Weitere Aussetzung der Verhängung (A 2), Tilgung des Schuldspruchs (A 3) u. Verhängung der JStr. (A 4).

b) Gegenstand der Entsch. ist die Tat, deretwegen der J nach § 27 schuldig gesprochen wurde. (1) **Eine Bindung an das Urteil nach § 27** besteht nur hinsichtl. des Schuldspruchs und der ihn unmittelbar tragenden Feststellungen (§ 27 A 1c). Im Nachverf. darf hier ebensowenig eine Nachprüfung einsetzen wie im Verf. über eine auf das Strafmaß beschränkte Ber. Eine **Bindung fehlt** nur dort, wo die im Schuldspruch bezeichnete Rechtsnorm keine strafrechtl. Folgen haben kann (Beihilfe, Versuch zur Übertretung; Ordnungswidrigk.), Prozeßvoraussetzungen fehlen oder Prozeßhindernisse gegeben sind (Verjährung, Strafantrag, ne bis in idem, Fehlen der JG-Zuständigk.). Das Verf. ist dann einzustellen (§§ 260 I, 206a StPO) (vgl insgesamt Dallinger-Lackner N 11—13 mit Nachweisen). (2) Das **Persönlichkeitsbild** des J ist dagegen selbständig und **ohne jede Bindung zu beurteilen** (Jagusch A 3a).

c) (1) Als **Unrechtsreaktion** kann auf Grund des Schuldspruchs **nur JStr.** verhängt werden, weil nur deren Verhängung im Urteil nach § 27 vorbehalten ist. Bei Hw findet deshalb im Nachverf. keine Prüfung nach § 105 mehr statt (Dallinger-Lackner § 105 N 83, Potrykus § 30 B 2, NJW 56/655 gegen NJW 55/246). Bei der Ausnahme der Trennung von Schuld- u. Straffrage kann diese nur für die JStr. geregelte spätere Verhängung auf Grund eines früheren Urteils im Interesse der Rechtssicherheit nicht auf ErzM oder ZuchtM ausgedehnt werden. Es ist deshalb auch nicht mögl., zugleich mit der AO der Tilgung ErzM oder ZuchtM zu verhängen[1]). Die Tat ist — ähnl. wie bei

---

[1]) Dallinger-Lackner N 9 mit eingehenden Nachweisen über die Absichten des Ges.Gebers; aA Jagusch A 3c, Potrykus B 1c, NJW 55/246, OLG Schleswig NJW 58/34.

StrAzBew. — mit dem erfolgreichen Abschluß der Bew.Zeit gesühnt (vgl § 21 A 1a (2) aE u. § 29 A 1). (2) Wo erz. Einwirkungen länger als 2 Jahre nötig sind, können im Wege der **Koppelung** (§ 8) neben der Entsch. nach § 27 entspr. Weisungen angeordnet oder andere Maßnahmen des JGG getroffen werden. Die AO muß dann allerdings im Urteil (§ 5), nicht im Bew.Beschl. (§§ 29, 23), getroffen werden, weil im Bew.-Beschl. festgelegte Bew.Aufl. mit Ablauf der Bew.Zeit erlöschen (vgl § 23 A 2c).

2) Ergibt eine zur Festsetzung der JStr. in der Bew.Zeit anberaumte Verh. nicht die Voraussetzungen für die Verhängung von JStr. (A 4a, b), so muß die Entsch. über die **Verhängung weiterhin ausgesetzt** bleiben (§ 62 III), falls nicht die Bew.Zeit inzwischen — uU durch Verkürzung — abgelaufen ist. Die Tilgung des Schuldspruchs vor Ablauf der Bew.Zeit oder die AO von ErzM oder ZuchtM (vgl A 1c) ist nicht mögl. Konnte der Täter näml. trotz eingehender Persönlichkeitserforschung in der Verh. nach § 27 nicht erkannt werden, ist eine Beobachtung während der Bew.-Zeit, also mindestens 1 Jahr (eine längere Bew.Zeit kann verkürzt werden: § 28 S 2) erforderl., um zu sicheren Ergebnissen zu kommen und Trugschlüsse zu vermeiden. Das hat das Ges. in §§ 30 II, 62 III hinreichend deutl. zum Ausdruck gebracht (Dallinger-Lackner N 17, aA Jagusch A 3c, Potrykus B 2c, OLG Schleswig NJW 58/34).

3) Ist während der Bew.Zeit keine Str. ausgesprochen worden und ergibt sich auch bei den Schlußermittlungen und auf Grund der in der ganzen Bew.Zeit gesammelten Erfahrungen keine Notwendigk. für die Verhängung von JStr. (A 4a, b), so muß der **Schuldspruch getilgt** werden (durch Urteil oder Beschl.: § 62 I, II). Die Entsch. soll möglichst rasch ergehen (Dallinger-Lackner N 19).

4a) Auf **JStr.** kann **im Nachverf. durch Urteil** (§ 62 I S 1; vgl § 62 A 2) erkannt werden, **sobald** der Schuldspruch rechtskräftig ist (Dallinger-Lackner § 62 N 13) und sich herausstellt, daß zZ der Entsch. nach § 27 schädl. Neigungen von einem die Verhängung von JStr. erfordernden Umfang vorgelegen haben. Dies ist während der ganzen Bew. Zeit **bis zur Tilgung** des Schuldspruchs (vgl § 26 A 1a) mögl.

b) Der Verstoß gegen Bew.Aufl. genügt ebensowenig wie allg. schlechte Führung oder neue strafbare Handlungen (vgl dazu BGH 9/160, 162; § 31 A 5). Solche Vorkommnisse können vielmehr nur als Indiz dafür gewertet werden, daß die Voraussetzungen für den Erlaß einer JStr. bereits im Verf. nach § 27 vorgelegen haben. In gleicher Richtung können auch andere Umstände gewertet werden, auch wenn sie schon vor der Entsch. nach § 27 lagen. **Alle** ermittelten **Umstände** dürfen (vgl. § 26 II Z 1) also **nur zur Erkenntnis der Täterpersönlichk.**, bes. des Umfangs der schädl. Neigungen und der Möglichk. der erz. Beeinflussung, herangezogen werden. Deshalb ist auch die JStr. so zu bemessen, wie sie bei der Entsch. nach § 27 bei sicherer Erkenntnis der Täterpersönlichk. bemessen worden wäre; das **Verhalten in der Bew.Zeit** kann **nie** zur **Strafschärfung** führen. Nur darf hier die **JStr. nie zur Bew. ausgesetzt** werden.

c) Es kann **nur JStr.,** jedoch in jedem Umfang **verhängt** werden (vgl auch A 1c). Die Erkenntnis der Täterpersönlichk. führt häufig zur Verhängung von unbestJStr.

(§ 27: „nicht mit Sicherheit beurteilt", § 19: „nicht voraussehen"); über das Verf. in diesem Falle, wenn der JRi. (§ 39) die Entsch. nach § 27 getroffen hat, s. § 62 A 2 d.

d) Vor dem Schuldspruch (§ 27) verbüßte **UHaft** kann gem. § 52 angerechnet werden (Potrykus NJW 56/655), ebenso in der Bew. Zeit erlittene UHaft [§ 62 A 2 b (2)].

5) Verfahrensrechtl. Fragen § 62, **Anfechtung** § 63, **Urteilsfassung** § 54 A 2 d, 4 a.

Siebenter Abschnitt
Mehrere Straftaten

§ 31

Mehrere Straftaten eines Jugendlichen

1) **Hw — J:** § 105 I. — 2) **ErwG:** § 104 I 1.

(1) Auch wenn ein Jugendlicher mehrere Straftaten begangen hat, setzt der Richter nur einheitlich Erziehungsmaßregeln, Zuchtmittel oder eine Jugendstrafe fest. Soweit es dieses Gesetz zuläßt (§ 8), können ungleichartige Erziehungsmaßregeln und Zuchtmittel nebeneinander angeordnet oder Maßnahmen mit der Strafe verbunden werden. Die gesetzlichen Höchstgrenzen des Jugendarrestes und der Jugendstrafe dürfen nicht überschritten werden.

(2) Ist gegen den Jugendlichen wegen eines Teils der Straftaten bereits rechtskräftig die Schuld festgestellt oder eine Erziehungsmaßregel, ein Zuchtmittel oder eine Jugendstrafe festgesetzt worden, aber noch nicht vollständig ausgeführt, verbüßt oder sonst erledigt, so wird unter Einbeziehung des Urteils in gleicher Weise nur einheitlich auf Maßnahmen oder Jugendstrafe erkannt. Die Anrechnung bereits verbüßten Jugendarrestes steht im Ermessen des Richters, wenn er auf Jugendstrafe erkennt.

(3) Ist es aus erzieherischen Gründen zweckmäßig, so kann der Richter davon absehen, schon abgeurteilte Straftaten in die neue Entscheidung einzubeziehen. Dabei kann er Erziehungsmaßregeln und Zuchtmittel für erledigt erklären, wenn er auf Jugendstrafe erkennt.

Richtlinien zu § 31:

1. Ein rechtskräftiges Urteil wird im Gegensatz zu § 79 StGB auch einbezogen, wenn die weitere Straftat nach seiner Verkündung begangen worden ist.
2. Ist durch das frühere Urteil Jugendstrafe verhängt und die Vollstreckung nach § 20 zur Bewährung ausgesetzt worden, so bedarf es zur Einbeziehung nicht des Widerrufs der Aussetzung. Das gleiche gilt, wenn nach §§ 88, 89 während der Vollstreckung einer Jugendstrafe Entlassung zur Bewährung angeordnet worden ist. Ist in dem früheren Urteil nach § 27 lediglich die Schuld festgestellt worden, so wird durch die Einbeziehung dieses Urteils auch das ihm zugrunde liegende Verfahren erledigt.
3. Bei der neuen Entscheidung ist von den tatsächlichen Feststellungen und dem Schuldspruch des einzubeziehenden rechtskräftigen Urteils auszugehen. Es wird

jedoch insoweit erneut Beweis zu erheben sein, als dies für die Gesamtbeurteilung des Angeklagten, insbesondere im Hinblick auf die Festsetzung einer neuen Maßnahme oder Jugendstrafe, erforderlich ist.

4. Ist wegen der neuen Straftat eine Verschärfung des früheren Urteils nicht angemessen, so verfährt der Staatsanwalt in der Regel nach § 154 StPO. Dies gilt auch, wenn es ausreicht, die Aussetzung einer Jugendstrafe zur Bewährung (§ 26) oder eine Entlassung zur Bewährung (§§ 88, 89) zu widerrufen oder ein nach Schuldspruch ausgesetztes Verfahren fortzusetzen (§ 30).

5. Eine in dem einbezogenen Urteil angerechnete Untersuchungshaft wird ebenso wie ein wegen einer Untersuchungshaft nicht vollstreckter Jugendarrest in der entsprechenden Höhe auch in der neuen Entscheidung zu berücksichtigen sein.

1) § 31 regelt nur die bes. Folgen der Tatmehrheit im JR. Ob Tatmehrheit oder Tateinheit, ob eine fortgesetzte Handlung, eine natürl. Handlungseinheit oder ein Dauerdelikt vorliegt, bestimmt das allg R. Trotz gleicher materieller Folgen (A 2 u. 3) muß die Frage der Konkurrenz, bes. aus verfahrensrechtl. Gründen [vgl § 55 A 1c (2) (3)], auch im JR beantwortet werden (Dallinger-Lackner N 4, Jagusch A 4a).

2) Wo eine Handlung vorliegt (**Tateinheit, fortgesetzte Handlung, natürl. Handlungseinheit, Dauerdelikt**), ist auf **nur eine Unrechtsfolge** zu erkennen, die allerdings gem. § 8 aus mehreren Maßnahmen bestehen kann. Über den Strafrahmen vgl A 3 aE.

3) Auch bei mehreren Handlungen kennt das JR **nur eine Unrechtsfolge**, gleich wie wenn nur eine Handlung vorläge. Das gilt **ausnahmslos, wenn** alle Taten **in einem Verf.** abgeurteilt werden. Als Täter- u. Erz.StrR hat das JR weniger die Ahndung der mehreren Taten als die erz. Beeinflussung des einen Täters im Auge; diese aber kann nur einheitl. sein (Grundsatz der Wirkungseinheit, Einheitsprinzip). Es stehen alle Maßnahmen (§§ 6, 7; 9—30) u. alle Verbindungsmöglichkeiten (§ 8) des JGG zur Verfügung. — **Der Strafrahmen** ist der gleiche wie bei einer Tat; auch die Höchstgrenzen der einzelnen Maßnahmen (zB 4 Wochen bei JA) sind zu beachten; gilt für eine der mehreren Taten der erhöhte Strafrahmen der §§ 18 I S 2, 105 II, so ist dieser für alle einheitl. zu ahndenden Taten maßgebend. — Wegen der Auswirkungen vgl A 4d, bes. (2), (3).

4) Das erz. gebotene Prinzip der **EinheitsStr.** (besser: einheitl. Maßnahme) **gilt grds** (Ausnahme: A 5) **auch,** wenn mehrere Taten eines J **in verschiedenen Verf.** abgeurteilt werden.

a) Auch wenn die Voraussetzungen des ErwR für die Bildung einer GesamtStr. nicht vorliegen (RL 1), wird die frühere Entsch. in das neue Urteil einbezogen, wenn **vier Voraussetzungen** vorliegen. **(1)** Die **frühere Entsch.** muß **rechtskräftig** sein (sonst § 66; s. dort A 1a (3), b). **(2)** Die Maßnahmen der früheren Entsch. dürfen **noch nicht vollständig ausgeführt,** verbüßt oder erledigt sein; die Einbeziehung ist zB nicht mögl., wenn Gebote oder bes. Pflichten erfüllt sind, wenn die Zeit abgelaufen ist, für die ein Verbot ausgesprochen ist, wenn eine Weisung oder eine bes. Pflicht nicht mehr erfüllt werden kann (Tod des Beleidigten vor Entschuldigung, schwere

Kinderlähmung des Verurteilten vor Erfüllung der Arbeitsaufl.), wenn die Verwarnung vollzogen ist (§ 14 A 2a), wenn die FE oder Schutzaufsicht beendet ist (§§ 72f, 59 JWG), wenn JA restlos verbüßt ist (RG DJ 43/157), von seiner Vollstr. abgesehen wird (87 III) oder wenn 1 Jahr seit Rechtskraft seiner Verhängung abgelaufen ist (§ 87 IV), wenn bei Aussetzung der Verhängung der JStr. die Entsch. im Nachverf. (§ 30) rechtskräftig ist (die auf JStr. lautende Nachentsch. ist nach allg. Gesichtspunkten einbeziehbar), wenn eine JStr. ganz verbüßt ist oder wenn Vollstr.Verjährung (§ 4 A 2), Straferlaß, Gnadenerweis oder Amnestie der Vollstr. entgegensteht. — Ist ein Teil der Maßnahmen erledigt, werden nur die übrigen einbezogen. **(3)** Aus dem früheren Urteil müssen noch **ErzM, ZuchtM, JStr.** oder die Aussetzung der Verhängung der JStr. **übrig** geblieben sein **und** solche Maßnahmen müssen **auch wegen der neuen Tat** zu verhängen sein. Sind nur noch NebenStr.,-Folgen, Maßregeln der Sicherung u. Besserung aus dem alten Urteil übrig oder sind im neuen Verf. nur solche zu treffen, unterbleibt die Einbeziehung, weil mit diesen keine spezifisch erz. Zwecke verfolgt werden (Dallinger-Lackner N 11). — Wegen Einbeziehung von ErwStr. s. § 32 A 2. **(4)** Die Einbeziehung darf **nicht erz. unzweckmäßig** sein (III, A 5).

b) Die **Einbeziehung besteht darin,** daß der Gesamtkomplex einheitl. bewertet und Unrechtsfolgen wie bei gleichzeitiger Aburteilung ausgesprochen werden. (1) Der Schuldausspruch des einbezogenen Urteils und die ihn tragenden Feststellungen sind bindend (BGH GA 53/83, Dallinger-Lackner N 25, Jagusch A 4b aa); es gilt das bei § 30A 1b Ausgeführte. Dagegen ist die **Bindung** durch die Rechtskraft hinsichtl. der Straffrage nur beschränkt. Die dazu getroffenen Feststellungen unterliegen der freien Beweiswürdigung (Jagusch A 4b bb), eine Wiederholung der früheren Beweisaufnahme ist jedoch ausgeschlossen. Denn die alten Taten werden nicht neu abgeurteilt, andererseits soll eine etwaige bessere Erkenntnis der Täterpersönlichk. nicht unbeachtet bleiben (Dallinger-Lackner N 26; vgl RL 3). (2) Die Rechtskraft führt auch dazu, daß die neuen Maßnahmen **nicht milder** (s. § 55 A 4) sein dürfen als die des früheren Urteils (zB kein JA, wenn früher JStr. verhängt war). Eine Ausnahme gilt für ErzM, da es bei ihnen nur auf das Erz.Bedürfnis ankommt (Dallinger-Lackner N 29f, Jagusch A 4b bb). (3) JStr. oder JA des früheren Urteils werden **ganz einbezogen,** auch wenn schon ein Teil verbüßt ist; die unbestJStr. ist bei Umwandlung (§ 89 III, IV) in der vollen Höhe der UmwandlungsStr. (s. § 89 A 2c) einzubeziehen. Die verbüßten Teile werden (zweckmäßig) ausdrückl. voll angerechnet, ebenso im früheren Urteil bereits angerechnete UHaft (RL 5). Ein zum Teil verbüßter JA aus dem früheren Urteil kann angerechnet werden, wenn auf JStr. erkannt wird (II S 2). (4) Die AO der StrAzBew. (§ 20), der Aussetzung der Verhängung der JStr. (§ 27) u. der Entlassung zur Bew. werden dabei hinfällig (RL 2). (5) Früher angeordnete Maßregeln der Sicherung u. Besserung, NebenStr. u. -Folgen müssen in den Einheitsstrafspruch ebenfalls aufgenommen werden. (6) Kosten: § 74 RL 2 S 2, 3; 3 S 4.

c) Mit der Einbeziehung fallen die Rechtsfolgen der einbezogenen Entsch. weg, als wäre diese Entsch. nicht ergangen. Es **gilt nur noch die neue Entsch.** Die nicht ausdrückl. aufrechterhaltenen ErzM u. ZuchtM des früheren Urteils werden zB gegenstandslos, ob sie verbüßt sind oder nicht.

d) **Weitergehende Folgen als die der Vereinheitlichung** aller gegen diesen Täter getroffenen Maßnahmen **hat** die Bildung einer **Einheitsstrafe nicht.** (1) So liegt zB Rückfall vor, wenn eine JStr. teilweise verbüßt ist, der Rest in eine neue JStr. einbezogen ist, die wegen einer nach der Teilverbüßung der ersten Str. begangenen Tat verhängt ist, und der Täter nach Verbüßung der EinheitsStr. wieder straffällig wird[1]). (2) Weiter hindert die EinheitsStr. auch nicht die Teilanfechtung des Schuldspruchs [s. § 55 A 1c (2)]; (3) sie ändert auch nichts daran, daß Verfahrensverstöße vom Rev.Ger. nur auf ausdrückl. Rüge beachtet werden (s. § 55 A 1d). — Die **einheitl. Ahndung betrifft nur die Straffrage** und beeinflußt nicht den Prozeßgegenstand (ausführl. Dallinger-Lackner N 15—22 vor § 55).

5a) **Die Bildung der EinheitsStr. kann unterbleiben, wenn** dies **erz. zweckmäßig** ist und die Taten Gegenstand **mehrerer Verf.** sind. Ein Zwang zur Verbindung besteht nicht (BGH 10/100, 101).

b) Eine **EinheitsStr.** sollte **zB** in folgenden Fällen **nicht** gebildet werden: (1) wenn die übriggebliebenen Maßnahmen der früheren Urteile gegen die Reaktion des neuen Urteils ohne Bedeutung sind; die früheren Maßnahmen können für erledigt erklärt werden; (2) wenn die neuen Taten keine wesentl. selbständige Bedeutung haben; hier ist Einstellung nach § 154 StPO zu erwägen, gegebenenfalls mit Widerruf einer StrAzBew. oder einer Entlassung zur Bew. (§§ 88 V, 89 II) oder unter Einleitung des NachVerf. nach § 30 (RL 4); auch die Abänderung von Bew.Aufl. kommt in Betracht oder die Verlängerung der Bew.Zeit (Dallinger-Lackner N 48); (3) wenn die neue Tat eine auf einer ganz anderen Ebene liegende Gelegenheitstat oder ein aus einer bes. Situation entsprungener Rückfall in die an sich schon überwundene frühere Haltung ist. Hier ist der Ausspruch einer neuen Maßnahme zu empfehlen, die neben die alte tritt, aber auf sie abzustimmen ist (vgl Potrykus NJW 56/654f, auch Grethlein NJW 57/1462); (4) wenn die Einbeziehung zu einer unverhältnismäßig langen JStr. zwingen würde, etwa wenn das frühere Urteil auf unbestJStr. lautet und noch ein nach § 89 III festgesetzter Strafrest besteht; hier sollte eine neue selbständige Str. neben den Strafrest treten; (5) wenn die neue Maßnahme den Vollz. der früheren nicht hindert, bes. wenn eine Bew. uU nach anfängl. Schwierigkeiten erfolgreich angelaufen ist; (6) wenn eine Ergänzung der früheren Maßnahmen geboten ist, die im Wege des § 31 II wegen des Koppelungsverbotes (§ 8) nicht mögl. ist; zB wenn bei StrAzBew. der Fall o. (2) nicht vorliegt, andererseits auch eine Erhöhung der JStr. nicht gut wäre, während die AO von JA oder FE neben der bisherigen JStr. mit StrAzBew. eine wirksame Beeinflussung des Täters

[1]) BGH 7/300, Grethlein NJW 54/1591, Dallinger-Lackner N 35, Jagusch A 4b bb gegen die frühere allgM, zB OLG Hamm NJW 52/1028 = JZ 52/630 = JR 52/411, Potrykus DRiZ 53/106, von der auch noch der Ges.Geber des JGG ausgegangen ist (schriftl. Bericht des Ausschusses für Rechtswesen u. Verfassungsrecht über den Entwurf eines Ges. zur Änderung des RJGG vom 5. 6. 1953 S 7 bei Dallinger-Lackner N 1).

verspricht (vgl bes. Grethlein NJW 57/1462, auch Dallinger-Lackner N 49); (7) wenn eine EinheitsStr. wegen der Höhe nicht mehr zur Bew. ausgesetzt werden könnte, obwohl StrAzBew. aus bes. Gründen noch zu vertreten ist. Erfolgt keine Einbeziehung, kann näml. die neue JStr. ebenfalls zur Bew. ausgesetzt werden, auch wenn die Summe beiderJStr. 1 Jahr übersteigt, da § 20 nur für jede Str. einzeln gilt (Potrykus NJW 56/654f).

6a) Das Einheitsprinzip gilt **für Urteil u. jrichterl. Verfügg.**, wenn bei dieser auch häufig nach III zu verfahren sein dürfte. **Nicht** gilt es für Maßnahmen **nach §§ 45, 47.**

b) Das **Einheitsprinzip** gilt **auch bei** mehreren Zuwiderhandlungen gegen Weisungen oder bes. Pflichten (§§ 11 II, 15 III, 75 III), jedoch — wegen der Besonderheit dieser Reaktion als Ahndung eines Einzelverstoßes, nicht des Gesamtverhaltens — nicht im Verhältnis dieser Zuwiderhandlungen zu Straftaten (Dallinger-Lackner N 55, aA Potrykus § 11 A 8).

c) Die EinheitsStr. kann **auch nachträgl.** gebildet werden (§ 66).

7) Urteilsfassung: § 54 A 2f. Bedeutung im **Rechtsmittel- und Wiederaufnahmeverf.**: § 55 A 1c (2), 5a (1). **Zuständigk.**: § 41 A 7. **Taten in verschiedenen Altersstufen:** § 32 A 1. **Amnestie:** Dallinger-Lackner § 2 N 13.

§ 32

Mehrere Straftaten in verschiedenen Alters- und Reifestufen

1) Hw — J: § 105 I. — **2) ErwG:** § 104 I 1.

Für mehrere Straftaten, die gleichzeitig abgeurteilt werden und auf die teils Jugendstrafrecht und teils allgemeines Strafrecht anzuwenden wäre, gilt einheitlich das Jugendstrafrecht, wenn das Schwergewicht bei den Straftaten liegt, die nach Jugendstrafrecht zu beurteilen wären. Ist dies nicht der Fall, so ist einheitlich das allgemeine Strafrecht anzuwenden.

1a) Diese Vorschrift gilt **bei Tatmehrheit.** Sie wird erst angewendet, **wenn** feststeht, daß ein **Teil der Taten nach JR,** ein **anderer nach ErwR** abzuurteilen wäre. Das ist nicht der Fall, wenn die Taten mit 17 u. 19 Jahren begangen wurden, für die späteren Taten aber die Voraussetzungen des § 105 I vorliegen, oder wenn die Taten mit 20 u. 22 Jahren begangen wurden, für keine Tat aber § 105 I zutrifft. Im ersten Fall sind alle Taten nach JR, im zweiten alle nach ErwR abzuurteilen. Bei Zweifeln über das Alter: § 1 A 2c.

b) Folge des Zusammentreffens von Taten, die getrennt teils nach JR und teils nach ErwR abzuurteilen wären, ist, daß **für alle Taten einheitl. entweder JR oder ErwR** angewendet wird. Kommt JR zur Anwendung, ist eine EinheitsStr. (§ 31) zu bilden. Andernfalls sind für alle Taten — also auch für die vor Vollendung des 18. Lebensjahr begangenen — EinzelStr. des ErwR auszuwerfen und im Rahmen der §§ 74ff StGB ggf eine GesamtStr. zu bilden (BGH bei Herlan GA 54/309).

Wo keine GesamtStr. zu bilden ist (Geld- oder HaftStr.), wird also auch für eine JStraftat eine Geld- oder HaftStr. ausgesprochen. Die Lage ist so, als wären im ersten Fall alle Taten JTaten, im zweiten Fall nur Erw.Taten. Jedoch ist bei der Straffrage im ersten Fall zu berücksichtigen, daß die Persönlichkeitsentwicklung bereits fortgeschritten ist [vgl § 1 A 2a (2)]; im zweiten Fall ist das j. Alter bei den früheren Taten zu beachten.

c) Ob ErwR oder JR anzuwenden ist, entscheidet das **Schwergewicht**[1]) der Taten, wobei bei Zweifeln nach dem klaren Wortlaut des Ges. ErwR gilt (Dallinger-Lackner N 11; aA Potrykus B 4). Das Schwergewicht liegt bei den Taten, deren Unrechtsgehalt nach der äußeren und inneren Tatseite die größere Bedeutung für die Persönlichkeitsentwicklung des Täters und für die Allgemeinheit zukommt. Voraussetzungen der Entsch. sind eine Gesamtwürdigung der Täterpersönlichk. und die Aufklärung der Tatwurzeln (BGH 6/6, 7). Zahl und äußere Schwere der Taten sind höchstens Anzeichen (BGH JR 54/271: Mord u. Mordversuch als J, drei Raubtaten als Erw.: ErwR); wichtiger ist, ob die Taten persönlichkeitsentsprechend oder -fremd sind (wofür Verführung oder Gelegenheit zur Tat bedeutsam sind), ob die späteren Taten aus den früheren entstanden sind (BGH 6/6, 7, OLG Bremen JZ 51/310), ob sie eine Entwicklung eingeleitet haben oder das Ergebnis einer inzwischen abgeschlossenen Altersentwicklung sind (Dallinger-Lackner N 8). Zu beachten ist, daß der Weg zum Verbrechen grds schwerer ist als die Fortsetzung (OLG Bremen MDR 51/569, Potrykus B 4). Für die Abschätzung des Schwergewichts ist deshalb auch vom Zeitpunkt des Urteils auszugehen (Dallinger-Lackner N 9, Jagusch A 2, OLG Bremen MDR 51/569; aA Potrykus B 4: Zeit der Tat).

2a) Das Ges. verlangt weiter **gleichzeitige Aburteilung.** Der BGH [10/100, 103; a. jedoch BGH LM § 32 JGG Nr 4 unter II 2 bei Teilanfechtung u. Teilaufhebung; vgl § 55 A 1 c (3) (a)] und wohl auch Potrykus (B 2) halten deshalb und, weil JStr. und Gefängnis wesensverschieden sind (§ 17 A 1), eine Zusammenfassung von rechtskräftigen Urteilen, deren eines JR, deren anderes ErwR angewendet hat, nicht für zulässig. Bedenkt man aber, daß eine dem Täter günstige Zusammenfassung mehrerer rechtskräftiger ErwStr. nach §§ 79 StGB, 460 StPO und mehrerer rechtskräftiger j.richterl. Maßnahmen darüber hinaus nach §§ 31, 66 mögl. ist, daß weiter eine GefängnisStr. in einer JStr. Anstalt u. eine JStr. im Gefängnis vollstreckt werden kann (§§ 92 II, 114), so wäre zB das Nebeneinander von unverkürzter Gefängnis- u. JStr., die uU hintereinander in der gleichen Strafanstalt verbüßt werden, eine durch nichts gerechtfertigte unbillige Härte. Überdies ist es erz. wenig sinnvoll, wenn zB JA nach einer GefängnisStr. verbüßt wird (Scheunemann UJ 52/413). Deshalb muß **§ 32 über seinen Wortlaut hinaus** in einer dem Täter günstigen entspr. Anwendung **auch** gelten, **wenn** die Voraussetzungen des **§ 79 StGB** gegeben sind[2]).

---

[1]) **Literatur:** Potrykus: Zur Frage der Bestimmung des Schwergewichts nach § 32 JGG (aus der Rechtsprechung) RdJ 56 H 6.

[2]) OLG Koblenz GA 54/281, Dallinger-Lackner N 4, Potrykus § 31 B 16, Lackner GA 55/40, zweifelnd Jagusch A 4. Der von mir (NJW 54/1397) unternommene Versuch, Unbilligkeiten durch eine entspr. Anwendung der §§ 74ff StGB zu vermeiden, führt zu einer — wohl unzulässigen — Vermischung der verschiedenen Systeme des J- u. ErwR.

b) Zur Vermeidung von Schwierigk. sollten Verf. mit Taten, die in verschiedenen Altersstufen begangen sind, **grds verbunden** werden (vgl zur Verbindung allg. § 103 A 1); ein Zwang dazu besteht jedoch nicht (BGH 10/100, 101f).

3) Das o. A 1 Gesagte gilt **entspr. für Dauerdelikte u. fortgesetzte Handlungen** (BGH 6/6, 7; allgM). Bei der Prüfung, wo das Schwergewicht liegt, kommt dem Umstand, daß der (Gesamt-) Vorsatz noch im Geltungsbereich des JR gefaßt worden ist, oft bes. Bedeutung zu (BGH aaO).

ZWEITES HAUPTSTÜCK

Jugendgerichtsverfassung und Jugendstrafverfahren

Vorbemerkung

1) Auch für das Ger.Verfassungs- u. Verfahrensrecht kommt es auf **das Alter zZ der Tat** an (s. § 33 A 2a; a. die Stellung des ErzBer. u. gesVertr. § 67 A 5a).

2) Das **allgR** gilt nur **ergänzend.** Es kommt in Betracht

a) für **Verbindung** (§§ 2ff, 13, 237 StPO, 17 RiStV; vgl §§ 31f; 103, 109, 112 JGG),

b) für **Voruntersuchung** (§§ 178ff StPO); die StrK-Entsch. (§ 73 I GVG) trifft die JK. Für den URi. im JVerf. gilt § 37 JGG. Auch für das erstinstanzl. Verf. der JK nach § 41 I Z 1 findet VU nur im Rahmen des § 178 II StPO statt, weil § 178 StPO nur auf die Art des Ger., nicht auf die ihm zugewiesenen Verf. abstellt (zw.; aA Dallinger-Lackner Vorb. 10).

3) Vgl auch die Einf., bes. II 2b u. c.

Erster Abschnitt

Jugendgerichtsverfassung[1])

§ 33

Jugendgerichte

1) Hw: § 107; s. § 33 A 1d (1). — **2) ErwG:** § 104 A 1b.

(1) Über Verfehlungen Jugendlicher entscheiden die Jugendgerichte.

(2) Jugendgerichte sind der Amtsrichter als Jugendrichter, das Schöffengericht (Jugendschöffengericht) und die Strafkammer (Jugendkammer).

(3) In der Hauptverhandlung ist das Jugendschöffengericht mit dem Jugendrichter als Vorsitzendem und zwei Jugendschöffen, die Jugendkammer mit drei Richtern einschließlich des Vorsitzenden und zwei Jugendschöffen besetzt. Als Jugendschöffen sollen zu jeder Hauptverhandlung ein Mann und eine Frau herangezogen werden.

---

[1]) **Literatur:** Hinrichsen: Für u. wider des BezirksJG UJ 56/304; auch Dallinger-Lackner N 32—39, Potrykus B 9, 10.

(4) Die Landesjustizverwaltung kann einen Amtsrichter zum Jugendrichter für den Bezirk mehrerer Amtsgerichte bestellen (Bezirksjugendrichter). Sie kann auch bei einem Amtsgericht ein gemeinsames Jugendschöffengericht für den Bezirk mehrerer Amtsgerichte einrichten.

1a) (1) **Die JG sind** Teile der ordentl. Gerichtsbark., wie II zeigt. Sie sind jedoch **Ger. für bes. Sachgebiete** (Art. 101 II GG) mit bes. Aufbau (A 1b), bes. Zuständigk. (§§ 39ff) und einem eigenständigen Verf. (Dallinger-Lackner N 5) — s. Einf. II 2c. Der BGH nennt sie „Ger. bes. Art innerhalb der ordentl. Gerichtsbark." (7/26, 28; 8/349; 353ff). Durch die Mitwirkung jugendpsychologisch bes. geschulter Ri. und StA sowie in der Erz. bes. erfahrener Schöff. und durch die bes. Gestaltung des Verf. soll die richtige Beurteilung der j. u. hw. Täter und deren Taten ermöglicht werden; dadurch erhält der j. oder hw. Mörder zB vor der JK den gleichen, ja einen besseren Rechtsschutz als der wegen Mordes angeklagte Erw. vor dem SchwG. Der J oder Hw ist deshalb auch „grds. beschwert, wenn er vor ein ErwG statt vor ein JG kommt" (BGH 9/399, 403).

(2) Diese **Sonderstellung** haben die JG aber **nur, wenn J oder Hw** angeklagt sind. „Vom Erw. her gesehen sind die JG nicht so sehr Ger. anderer Art. Daß jugendpsychologisch bes. geschulte Richter oder Laienrichter mitwirken, ist für den Erw. nicht, jedenfalls nicht von erheblicher Bedeutung" (BGH 9/399, 403). Für ihn ist der JRi. eben ein AmtsRi., das JSchöffG ein SchöffG und die JK nichts anderes als eine gewöhnl. StrK. Der Erw. ist deshalb durch eine Entsch. des JG nur dann beschwert, wenn dieses JG nach seiner Besetzung einem ErwG entspricht, dessen Zuständigk. zur Aburteilung dieser Tat nicht ausreicht (OLG Oldenburg NJW 57/1329 = MDR 57/566; s. u. A 3a (2); vgl auch §§ 103 A 3c, 121 A 2 a (2) (a) u. 108 II, III).

b) JG werden **nur am Amts- u. Landger.** gebildet. Rev.Ger. ist also auch in JSachen ein allg. Ger. Über das Verhältnis des JG zu BGH, OLG u. Staatsschutzkammern als erstinstanzl. Ger. s. bei §§ 39—41. (1) Es gibt den **JRi.** als EinzelRi., das **JSchöffG u. die JK**. Ein erweitertes SchöffG, eine kleine StrK oder ein SchwG gibt es bei den JG — auch gegen Hw — nicht, auch nicht im JSchutzVerf. [§ 121 A 2a (2) (a), (4)]. (2) III regelt die **Besetzung** in der Hauptverh., außerhalb entscheidet beim AG der JRi., beim LG die JK mit drei BerufsRi. (§§ 30 II, 76 I GVG). Das alles gilt auch im JSchutzVerf. [§ 121 A 2a (1), (4)]. (3) Als **Schöffen** können 2 Männer, 2 Frauen oder 1 Mann u. 1 Frau mitwirken. Letzteres ist das vom Ges. mit Recht Gewünschte. Um das zu verwirklichen, werden die Haupt- u. Hilfsschöffen getrennt nach Geschlecht ausgelost; die Listen müssen getrennt geführt werden [§ 35 V, A 2b (6)].

c) (1) **BezirksJG**[1]) (IV) sind nur in Großstädten mit mehreren Ger. wünschenswert. Auf dem flachen Lande sollte jedes AG seinen JRi. haben, zumal dieser in bes. Maße Erz.Ri. ist. Es ist auch mögl., nur einen Teil der jrichterl. Aufgaben zu konzentrieren und etwa Verf. nach §§ 45, 75 bei jedem Ger. zu belassen. Die Bildung von HaftGer. nach § 58 I GVG gilt für J u. Hw nur, wenn dies ausdrückl. klargestellt ist (Dallinger-Lackner N 36). Der Bezirks JRi. ist mangels ausdrückl. Beschränkung

JRi. für den ganzen Bezirk im Umfang des § 34 (s. dort A 1a), also auch im Vorverf. (Bach, Potrykus je DRiZ 54/190). (2) Dagegen ist die Bildung von **BezirksJSchöffG**[1]) wünschenswert und vertretbar, da sie über Taten von größerem Gewicht entscheiden müssen und die örtl. Gegebenheiten meist eine weniger bedeutsame Rolle spielen. Es gilt § 58 II, III GVG.

d) (1) Die JG sind **gegen Hw** im gleichen Umfang wie gegen J zuständig. Wenn auch eine Geschäftsverteilung zwischen den verschiedenen Kammern oder Referaten durch Aufteilung nach J u. Hw nicht unzulässig sein dürfte (so aber Becker JR 53/411, 413), so widerspräche sie doch dem Sinn des Ges. und wäre überaus unzweckmäßig, weil der JRi. genügend Erfahrungen für die Reife-Beurteilungen beider Altersgruppen nur gewinnen kann, wenn er für J u. Hw zugleich zuständig ist (Dallinger-Lackner N 8, Potrykus B 2 je zu § 107; vgl § 36 RL 2 S 2 für JStA). (2) Gleiches gilt für die BezirksJG u. die BezirksJSchöffG (Dallinger-Lackner § 107 N 9).

2a) Das **JG entscheidet** (I) über alle Verfehlungen (§ 1 A 1a), bei denen der Täter zZ der Tat schon 14, aber noch nicht 21 Jahre alt war (BGH 6/354 für Hw), oder wenn darüber Zweifel bestehen (BGH 5/366, 370; Dallinger-Lackner N 13). Wegen mehrerer Taten, fortgesetzter Handlung oder Dauerdelikt aus der Zeit vor u. nach Vollendung des 21. Lebensjahres s. § 102 Vorb. 1b.

b) Ausnahmen sind nach §§ 103, 112 sowie gem. §§ 102 S 1, 112 gegeben. § 102 ist nur bezügl. der Staatschutzkammer (§ 74a GVG) eine Ausnahmevorschrift; im übrigen ergibt sich aus § 33 II, daß JG nur auf der Ebene der AG u. LG gebildet werden. Über das anzuwendende Recht s. § 104, 112 S 2.

c) JG sind **gegen Erw.** auch als JSchutzGer. (§§ 26, 74b GVG; vgl bei § 121), ggf bei Verbindung (§ 103) zuständig.

3a) (1) Im Verf. gegen J oder Hw. ist — abgesehen von den bes. Ausnahmen (A 2b) — **Verf.Voraussetzung, daß das Verf. vor dem JG durchgeführt wird** [funktionelle Zuständigkeit: ObLG 54/152; s. o. A 1a (1)]. Daraus folgt:

(a) Ist das **ErwG** angegangen, kann es nur die Zurücknahme der Anklage anregen (§ 156 StPO); notfalls muß es die **Eröffnung des Verf.** wegen funktioneller Unzuständigk. **ablehnen.** Verweisung nach § 209 StPO ist ausgeschlossen. Bei negativem Kompetenzkonflikt gilt § 19 StPO entspr.

(b) Wird die Unzuständigk. erst später bemerkt, muß das **Verf.** unter gleichzeitigem Ausspruch der Unzuständigk. gem. §§ 206a, 260 III StPO **eingestellt** werden. Eine Verweisung ist nicht mögl., weil die §§ 209, 269, 270 StPO nur die sachl. Zuständigk. behandeln und diese bei der zwischen ErwG und JG bestehenden funktionellen Zuständigk.Grenze nicht gelten[2]). Das SchwG kann also zB nicht an die JK verweisen, wenn sich herausstellt, daß (die) Straftaten schon vor Vollendung des 21. Lebensjahres begangen wurden (Lackner GA 56/382; aA OLG Frankfurt NJW

---

[2]) BGH 8/349, 353ff; Dallinger-Lackner N 19f, Kleinknecht-Müller § 1 StPO Vorb. 4c; vgl BGH 7/26, 28; aA Potrykus B 3: Verweisung, jedoch nicht an Ger. niedererer O.

56/1211). **Auch die StrK als Ber.Ger.** kann nicht an den zuständigen JRi. verweisen, wenn zunächst der (Erw-)EinzelRi. entschieden hat; auch sie muß einstellen (Dallinger-Lackner N 23; aA OLG Schleswig SchlHA 58/117).

(c) Das **Rev.Ger.** hat den Mangel der funktionellen Zuständigk. **von Amts wegen** ohne bes. Rüge zu beachten (BGH 7/26, 28; 10/64; 10/74, 76f; ObLG 55/53f). Da diese stRspr. nicht unbestritten ist, wird der Verteidiger die Rüge stets ausdrückl. erheben; diese muß auf § 338 Z 4 StPO gestützt werden (BGH 8/349, 353; 10/75; Dallinger-Lackner N 24), nicht auf § 338 Z 1 StPO (so aber Potrykus B 3), da das Ger. schon richtig besetzt, aber eben funktionell unzuständig war. — Das Rev.Ger. braucht nicht einzustellen, da es dem JG wie dem ErwG in gleicher Weise übergeordnet ist. **Es verweist** vielmehr an das zuständige Ger. (BGH 10/100, 103), wozu es bei Zweifeln über Alter oder Tatzeit eigene Ermittlungen anstellen muß (BGH NJW 57/1370).

(d) Auch wenn das Verf. vor einem zunächst unzuständigen Ger. geführt wurde, hat dessen Urteil doch dann Bestand, wenn das Ger. — etwa durch Änderung des Sachverhalts oä. in der Verh. — **zZ des Urteils zuständig** war (BGH 10/64f). Ist das Verf. durch eine unzulässige Verweisung [o. A 3a (1), (2)] an das zuständige Ger. gelangt, wird dieser Mangel vom Rev.Ger. nur auf Rüge beachtet (OLG Braunschweig EJF C I 19).

(2) Ob das oben (1) Gesagte auch im umgekehrten Fall gilt — wenn also ein **Erw.** ohne rechtfertigenden Grund (o. A 2c) **vor einem JG** verhandelt und abgeurteilt wird —, ist **umstritten.** (a) Das OLG Hamm (VorlageBeschl. NJW 58/1704) bejaht: das Rev.Ger. müsse auch hier den Zuständigk.Mangel stets ohne Rüge von Amts wegen beachten. Dagegen will das OLG Oldenburg (NJW 57/1329 = MDR 57/566) das nur dann gelten lassen, wenn der Erw. dadurch beschwert ist; andernfalls dürfe das Rev.Ger. nur auf Grund einer Rüge eingreifen. — Der BGH hat diese Frage zunächst dahingestellt sein lassen (7/26, 28). Später (BGH 10/74ff) hat er ein Urteil aufgehoben, durch das ein Erw. wegen einer SchwG-Tat von der JK abgeurteilt worden war. Der BGH hat seine Entsch. darauf gestützt, daß hier ein Mangel der sachl. Zuständigk. vorliege, weil die JK — für den Erw. — gegenüber dem SchwG ein Ger. niedererer Ordnung sei. Hieraus und aus dem o. A 1a (2) Dargestellten zeichnet sich folgende Lösung des Problems ab: (b) Ist ein **JG gegen einen Erw.** tätig geworden, das nach seiner Besetzung einem ErwG entspricht, **dessen Zuständigk.** für diese Tat **nicht ausreichen** würde, liegt ein **Mangel sachl.** (nicht funktioneller) **Zuständigk.** vor (s. BGH aaO). Dieser Mangel ist nach allg. Grundsätzen auch vom Rev. Ger. von Amts wegen zu beachten (BGH, OLG Oldenburg, im Ergebnis auch OLG Hamm, je aaO); als Mangel sachl. Zuständigk. rechtfertigt er im Zwischen- und Hauptverf. die Verweisung [also a. als o. A 3a (1) — (3)]. — (c) Hat dagegen der JRi. nur an Stelle des an sich zuständigen (Erw-)EinzelRi., das **JSchöffG statt des (Erw-) SchöffG** oder die JK, nicht die StrK entschieden, liegt kein Mangel der sachl. Zuständigk. vor, weil das zuständige AG oder LG mit der vorgeschriebenen Zahl von BerufsRi. und LaienRi. entschieden hat; im Hinblick auf das o. A 1a (2) Gesagte kann hier auch nicht von einem Mangel der funktionellen Zuständigk. gesprochen werden.

Vielmehr hat nur die falsche Abteilung oder falsche Kammer entschieden (vgl RG JW 38/42, allerdings für J vor ErwG u. damit irrig). Diese **Überschreitung des Geschäftsverteilungsplanes** darf aber das Rev.Ger. nach allg. Grundsätzen auch nach Rüge jedenfalls so lange nicht beachten, als es sich dabei nur um ein Versehen oder einen Irrtum handelt (RG 36/321; BGH 11/106, hM); im vorausgehenden Verf. käme demnach nicht Verweisung, sondern eine einfache interne Abgabe in Betracht [vgl für JK zu Staatsschutzkammer am gleichen LG ebenso § 41 A 3b (2)].

b) Mit Rücksicht darauf, daß JG auch gegen Erw. (§§ 26, 74b GVG, 103) und ErwG auch gegen J (§§ 102f) entscheiden dürfen, ist die rechtskräftige **Entsch. eines nicht zuständigen Ger. nicht nichtig**[3]).

c) Untersuchungshandlungen des unzuständigen Ri. sind **voll gültig** (§ 20 StPO entspr.).

d) Über die Folgen der Anwendung des materiellen JR auf Erw. u. umgekehrt vgl § 1 A 2d.

4) Verwaltungsbehörden können wegen Verfehlungen von J (§ 33 I) oder Hw (§ 107) **nicht** tätig werden (Dallinger-Lackner N 7; § 107 N 7), also auch nicht Strafbescheide erlassen (§ 79 RL 3; Dallinger-Lackner N 38, Potrykus B 6a je zu § 109); etwas anderes gilt bei Ordnungswidrigkeiten (§ 1 A 1a (1): „Bußgeldbescheid“).

§ 34

Aufgaben des Jugendrichters

1) Hw: § 107. — **2) ErwG:** § 104 A 1b.

(1) Dem Jugendrichter liegen alle Aufgaben ob, die ein Amtsrichter im Strafverfahren hat.

(2) Der Jugendrichter soll nach Möglichkeit zugleich auch Vormundschaftsrichter sein. Ist dies nicht durchführbar, so sollen ihm für die Minderjährigen über vierzehn Jahren die vormundschaftsrichterlichen Erziehungsaufgaben übertragen werden. Aus besonderen Gründen, namentlich wenn der Jugendrichter für den Bezirk mehrerer Amtsgerichte bestellt ist, kann hiervon abgewichen werden.

(3) Vormundschaftsrichterliche Erziehungsaufgaben sind

1. **die Unterstützung der Eltern, des Vormundes und des Pflegers durch Anwendung geeigneter Zuchtmittel (§ 1631 Abs. 2** Satz 2[1]**), §§ 1686**[1]**), 1800, 1915 des Bürgerlichen Gesetzbuchs),**
2. **die Maßnahmen zur Abwendung einer Gefährdung des Minderjährigen (§§ 1666, 1838, 1915 des Bürgerlichen Gesetzbuchs),**
3. **die Entscheidungen, die die Schutzaufsicht und die Fürsorgeerziehung betreffen.**

---

[3]) Dallinger-Lackner N 21, Saarstedt A LM § 338 Z 4 StPO Nr 2; vgl BGH bei Herlan GA 54/308, OLG Hamburg NJW 52/1150 = JZ 52/436: s. auch § 338 Z 1, 4 StPO u. § 1 A 2d; aA Potrykus B 3, NJW 53/93: grds nichtig.

[1]) Gegenstandslos durch Änderg. d. BGB durch d. GleichberechtigungsGes. 1957.

Richtlinien zu § 34:

1. Zu den Aufgaben des Jugendrichters gehört nach § 34 Abs. 1 auch die Erledigung der Rechtshilfeersuchen in Jugendsachen. Es empfiehlt sich, ihm bei der Geschäftsverteilung auch die Erledigung der Rechtshilfe in sonstigen Strafsachen zu übertragen, wenn um Vernehmung eines Minderjährigen ersucht wird.

2. Wird der Amtsrichter als Jugendrichter oder Vollstreckungsleiter mit einem Jugendlichen oder Heranwachsenden befaßt, für den ein anderes Amtsgericht als Vormundschaftsgericht zuständig ist, so kann es angebracht sein, daß das Gericht des Jugendrichters oder Vollstreckungsleiters gemäß § 46 des Reichsgesetzes über die Angelegenheiten der freiwilligen Gerichtsbarkeit die Aufgaben des Vormundschaftsrichters übernimmt. Die übernommenen vormundschaftsrichterlichen Aufgaben kann der Jugendrichter nach der gleichen Vorschrift wieder abgegen.

3. Werden nach Einleitung eines Strafverfahrens vormundschaftsrichterliche Maßnahmen für einen Jugendlichen oder Heranwachsenden erforderlich, gegen den Anklage vor einem anderen Gericht erhoben ist oder erhoben werden soll, so wird der Vormundschaftsrichter prüfen, ob sich die Abgabe der vormundschaftsrichterlichen Aufgaben an den Jugendrichter empfiehlt, der bereits mit dem Jugendlichen oder Heranwachsenden befaßt ist oder demnächst befaßt werden wird.

1) Die Vorschrift gilt nur **für das AG** (über LG u. A 2).

a) I bindet das Präsidium bei der Geschäftsverteilung. (1) **Der JRi. ist** EinzelRi. (§§ 33 II, 39) u. Vorsitzender des JSchöffG (§§ 33 III, 40). Er trifft wie der ARi. im allg. Strafverf. alle außerhalb der Hauptverh. anfallenden Entsch. (§ 30 II GVG), einschließl. der des Vollstr.Leiters (§ 82 I), nimmt die richterl. Handlungen im vorbereitenden Verf. vor (§§ 162, 165f StPO) und ist im JVerf. RechtshilfeRi. (RL 1 S 1, § 157 GVG). Er entscheidet auch in Haftsachen vor Anklageerhebung (§ 125 StPO) [über die bes. HaftGer. vgl § 33 A 1c (1)]. (2) Das alles gilt **auch für JSchutzverf.,** sobald der StA Anklage vor einem JG erhoben hat; denn damit ist die Zuständigk. des JG begründet (aA Dallinger-Lackner N 8).

b) II enthält für die Geschäftsverteilung **noch weitere** — nicht bindende, aber beherzigenswerte — **Vorschläge.** (1) Vor allem soll der JRi. auch VormRi. sein. Das entspricht seiner Aufgabe als Erz.Ri., die er vor allem als EinzelRi. hat, und dient der Einheitlichk. der Erz.; § 42 I Z 1, II u. § 46 FGG (bes. I S 2) geben Gelegenheit, alle anhängigen Verf. auch örtl. in eine Hand zu bringen (vgl auch RL 2, 3; Mitt.Pflichten: § 70 JGG, 31 MiStra). Auch der BezirksJRi. u. der JRi. als Vorsitzender des BezirksJSchöffG sollte in seinem AG Bezirk VormRi. sein. — Wo diese Verbindung nicht mögl. ist, sollen wenigstens die vormundschaftsrichterl. Erz.Aufgaben (III) für J u. Hw dem JRi. übertragen werden, notfalls sogar beschränkt auf nur einige der in III aufgeführten Aufgaben (Dallinger-Lackner N 18). — Auch die Vernehmung Minderjähriger bei Rechtshilfe in allg. Strafsachen sollte dem JRi. übertragen werden. (2) Wegen der zwischen Täter- u. Tatstrafrecht, J u. ErwR bestehenden Unterschiede (vgl Einf.) sollte der JRi. möglichst nicht zugleich Erw.StrafRi. sein (Potrykus § 18 B 7); ebenso ist eine Referatsteilung durch die Trennung J:Hw zu vermeiden (vgl § 33 A 1d (1), § 36 RL 2 S 2).

2) Die Verbindung JG-VormG ist **für das LG** nicht vorgeschrieben, doch im Wege der Geschäftsverteilung mögl. Bei kleineren LG ist die Zivilkammer, die über die Beschw. gegen die Entsch. des VormRi. entscheidet, oft besser zur JK geeignet als die allg. StrK (vgl o. 1b).

§ 35

Jugendschöffen[1])

1) Hw: § 107. — **2) ErwG:** § 104 A 1b.

(1) Die Schöffen der Jugendgerichte (Jugendschöffen) werden auf Vorschlag des Jugendwohlfahrtsausschusses für die Dauer von zwei Geschäftsjahren von dem in § 40 des Gerichtsverfassungsgesetzes vorgesehenen Ausschuß gewählt. Dieser soll eine gleiche Anzahl von Männern und Frauen wählen.

(2) Der Jugendwohlfahrtsausschuß soll ebensoviele Männer wie Frauen und mindestens die doppelte Anzahl von Personen vorschlagen, die als Jugendschöffen und -hilfsschöffen benötigt werden. Die Vorgeschlagenen sollen erzieherisch befähigt und in der Jugenderziehung erfahren sein.

(3) Die Vorschlagliste des Jugendwohlfahrtsausschusses gilt als Vorschlagsliste im Sinne des § 36 des Gerichtsverfassungsgesetzes. Für die Aufnahme in die Liste ist die Zustimmung von zwei Dritteln der stimmberechtigten Mitglieder erforderlich. Die Vorschlagsliste ist im Jugendamt eine Woche lang zu jedermanns Einsicht aufzulegen. Der Zeitpunkt der Auflegung ist vorher öffentlich bekanntzumachen.

(4) Bei der Entscheidung über Einsprüche gegen die Vorschlagsliste des Jugendwohlfahrtsausschusses und bei der Wahl der Jugendschöffen und -hilfsschöffen führt der Jugendrichter den Vorsitz in dem Schöffenwahlausschuß.

(5) Die Jugendschöffen werden in besondere für Männer und Frauen getrennt zu führende Schöffenlisten aufgenommen.

1) Die **JSchöff.** üben während der Hauptverh. das **Richteramt in vollem Umfang** aus (§ 30 I GVG).

2a) Für das Amt und die Wahl der JSchöff. gilt **grds** das **GVG** (§§ 31—58, 77 GVG; vgl dort).

b) Für die **Wahl** gelten jedoch einige **Besonderheiten**, die sich aus dem Ges. ergeben und keiner Erläuterung bedürfen. Bemerkt sei nur folgendes (1) Erz.befähigte und in der JErz. erfahrene Leute (II S 2) sind in allen Volkskreisen zu finden (Eltern, Lehrherrn, freie Mitarbeiter der J- u. Wohlfahrtsorganisationen). (2) In entspr. Anwendung des § 33 Nr 2 GVG genügt es, wenn die JSchöff. 1 Jahr im Bezirk des JWohlfahrtsausschusses und zZ der Wahl im Bezirk des zu besetzenden AG wohnen (aA Dallinger-Lackner N 9, der auch dafür die Jahresfrist fordert).

---

[1]) **Literatur:** Heinen: Auswahl und Aufgaben der JSchöff. Zbl 54/163.

(3) Die Zusammensetzung des J Wohlfahrtsausschusses ist in § 9a JWG geregelt; er ist bei der Wahl nicht weisungsgebunden. (4) Sind für einen AGBezirk mehrere JÄmter zuständig, gelten die §§ 43 I, 58 II GVG entspr. (Dallinger-Lackner N 11). Der BezirksJRi. führt, falls seine Zuständigk. nicht beschränkt ist [§ 33 A 1c (1)], in allen Wahlausschüssen seines Bezirkes den Vorsitz (Dallinger-Lackner N 20; aA Heinen Zbl 54/165), da nur er für diesen Bezirk JRi. ist. (5) Bei der Einreichung der Vorschlagsliste (II) hat der Leiter der zuständigen Verwaltungsbehörde die Art der öffentl. Bekanntmachung (III S 4), die Tage, in denen die Liste öffentl. aufgelegen hat (III S 3) und die Tatsache der $^2/_3$ Mehrheit (III S 2) zu bescheinigen. (6) Es sind 4 JSchöff.Listen zu führen (V), näml. die Haupt- u. Hilfsschöffenlisten, je getrennt für Männer u. Frauen; entspr. erfolgt die Auslosung. BGH 6/117ff[2]), 10/384[3]) u. 10/252[4]) gelten jeweils nur entweder (a) für die Männer-Haupt- u. Hilfsliste oder (b) für die Frauen-Haupt- u. Hilfsliste. (7) Werden J Schöff. gewählt, die nicht vom JWohlfahrtsausschuß vorgeschlagen wurden, ist die Wahl ungültig. Sie dürfen wie JSchöff., die die gesetzl. Voraussetzungen nicht erfüllen, nicht in der Sitzung mitwirken. Jede Mitwirkung ist ein absoluter Rev.Grund gem. § 338 Z 1 StPO[5]).

§ 36

Jugendstaatsanwalt

1): Hw: § 107; vgl. § 36 RL 2 S 2. — **2)** ~~ErwG~~: § 36 A 2a, § 104 A 1b; vgl aber § 103 A 3b (2).

Für Verfahren, die zur Zuständigkeit der Jugendgerichte gehören, werden Jugendstaatsanwälte bestellt.

Richtlinien zu § 36:

1. Bei den mit mehreren Staatsanwälten besetzten Staatanwaltschaften überträgt der Leiter einem oder, wenn der Geschäftsanfall es erfordert, mehreren Staatsanwälten die Geschäfte des Jugendstaatsanwalts.
2. Der Jugendstaatsanwalt bearbeitet grundsätzlich sämtliche Verfahren, die zur Zuständigkeit der Jugendgerichte gehören, sowie die Jugendschutzsachen (§§26, 74b GVG). Ist die Staatsanwaltschaft mit mehreren Jugendstaatsanwälten besetzt, so soll jeder von ihnen die Strafsachen gegen Heranwachsende im gleichen Umfang wie diejenigen gegen Jugendliche bearbeiten. Werden mehrere Strafsachen verbunden, von denen ein Teil nach den Vorschriften des allgemeinen Verfahrensrecht durchzuführen ist, so ist dem Jugendstaatsanwalt die Bearbeitung zu übertragen, wenn das Schwergewicht bei dem Verfahren liegt, das zur Zuständigkeit der

---

[2]) Ersatz eines weggefallenen Hauptgeschworenen durch den ersten der Hilfsgeschworenen, der stets an Stelle des Weggefallenen einzuteilen u. in der Hilfsgeschworenenliste zu streichen ist.

[3]) Ersatz für eine Sitzung

[4]) Ersetzung eines dauernd weggefallenen Schöffen.

[5]) Dallinger-Lackner N 25; Potrykus B 2 hält zwar die Wahl nicht für ungültig, doch den Rev.Grund auch für gegeben; doch darf es gar nicht zur Verh. eines unzulässig besetzten Ger. kommen.

Jugendgerichte gehört. Ist hiernach der Jugendstaatsanwalt zur Behandlung nicht berufen, so hat ihn der zuständige Staatsanwalt über den Fortgang des Verfahrens zu unterrichten.

3. Der Sachbearbeiter soll nach Möglichkeit die Anklage auch in der Hauptverhandlung vertreten, sofern er nicht im vereinfachten Jugendverfahren von der Teilnahme an der mündlichen Verhandlung absieht (§ 78 Abs. 2).

1a) Die bes. **Bedeutung des StA in JVerf.** liegt darin, daß er nicht nur die bes. Persönlichkeitsforschung (§ 43) leiten (BGH 6/326, 328) und sich dazu häufig persönl. in die Ermittlungen einschalten muß (vgl § 43, bes. RL 1, 5, § 44), sondern auch entscheidenden Einfluß auf das Verf. selbst dadurch nimmt, daß er — von der Anklagepflicht weithin befreit — zu entscheiden hat, ob es überhaupt zu einem StrVerf. kommt, und daß er bei Anklageerhebung dem Verf. durch die Wahl der Verfahrensart [Einf. II 2c (1)] eine bestimmte Richtung gibt. Weiter hat er bei der Wahl des örtl. zuständigen Ger. viele Möglichk. (§ 42). Diese Entsch. erfordern Fingerspitzengefühl und Wendigk. — Durch seinen Überblick über die JKriminalität im ganzen LGBezirk weiß der JStA am besten, was not tut; er kann durch seine Anträge u. Anregungen die Rechtsprechung bes. weniger erfahrener JRi. an kleinen Ger. günstig beeinflussen. Er ist, wie im allgR, stets zu hören (§ 33 StPO).

b) Aus all diesen Gründen erscheint die an sich zulässige Übertragung (GVG §§ 142 I Nr 3, II, 145 II) der Geschäfte des JStA auf **Amtsanwälte** oder gar auf **örtl. Sitzungsvertreter** (vgl RL 3) bedenkl., zumal es in JSachen nicht angeht, Übertretungen und kleinere Vergehen iS des allgR schlechthin als Bagatell-Sachen zu behandeln, da sie ein durchaus beachtenswertes Symptom beginnender Kriminalität sein können[1]).

c) Es entspricht auch wenig der Bedeutung des JStA, wenn die hM (Dallinger-Lackner N 8, Potrykus B 3) empfiehlt, daß er in der Sitzung keine bestimmten **Anträge** stellt. Hinsichtl. der Schuldfrage ist das sicher nicht notwendig. Aber auch bei der Frage der Auswahl der angemessenen Reaktion oder der Strafbemessung soll der JStA seine Meinung äußern, zumal er JKriminalität u. Rechtsprechung im LGBezirk besser als das JG übersieht; ob dies in Form eines Vorschlages oder eines Antrages geschieht, ist erz. wohl ohne Bedeutung. Bei entspr. enger und längerer Zusammenarbeit zwischen JRi. u. JStA ergeben sich aus der Stellung eines bestimmten Antrags erfahrungsgemäß keine Schwierigk. — Für den **Schlußvortrag** gilt § 46, der die Fassung der Anklageschrift behandelt, entspr.; der Täter wird hierbei oft direkt angesprochen werden.

2a) (1) Der **JStA** wird in **allen Verf.** tätig, **für die das JG zuständig** ist; er bearbeitet die JSchutzsachen, wenn Anklage zum JG in Betracht kommt (vgl Wortlaut des § 36); in den Verf. nach § 102 wird er nur tätig, wenn das Verf. gem. § 102 S 2 dem JSchöffG zugewiesen ist (ab Zuweisung: § 102 RL 1). Werden Verfehlungen J oder-

[1]) Potrykus B 1, Zbl 53/70; abweichend Dallinger-Lackner N 14, die keine Bedenken gegen eine Zuweisung an Amtsanwälte im Rahmen der RL 3 zu § 23 RJGG nach Vorprüfung durch den JStA haben; bei Vorprüfung bedeutet aber die Abgabe einfacher Sachen keine wesentl. Entlastung, stellt vielmehr insgesamt durch die doppelte Prüfung einen gewissen Leerlauf dar.

Hw gem. § 103 durch ErwG geahndet, muß der ErwStA den JStA unterrichten (RL 2 S 4). Über die Geschäfte des JStA u. die **Geschäftsverteilung** im Einzelnen vgl auch die RL. (2) Neben den JVerf. können dem JStA auch noch andere Geschäfte zugewiesen werden [zB § 103 A 3b (2); vgl aber § 34 A 1b (2)].

b) Für die örtl. Zuständigkeit des JStA gilt § 42. (§ 143 GVG, Dallinger-Lackner § 42 N 2, Grethlein UJ 55/307). Über die örtl. Zuständigk. muß also möglichst frühzeitig entschieden werden. Wird im Wege der Abgabe oder später bei der Vollstr. ein anderes Ger. zuständig, ändert sich damit auch die Zuständigk. des JStA (§ 143 GVG; aA LG Kiel SchlHA 56/274).

§ 37

Auswahl der Jugendrichter und Jugendstaatsanwälte

1) Hw: § 107. — **2) ErwG:** § 104 A 1b.

Die Richter bei den Jugendgerichten und die Jugendstaatsanwälte sollen erzieherisch befähigt und in der Jugenderziehung erfahren sein.

Richtlinien zu § 37:

1. Bei der Auswahl der Richter bei den Jugendgerichten und der Jugendstaatsanwälte ist in besonderem Maße auf Eignung und Neigung Rücksicht zu nehmen. Die Jugendkammer soll nach Möglichkeit mit bewährten früheren Jugend- und Vormundschaftsrichtern besetzt werden.
2. In der Jugendstrafrechtspflege sind besondere Erfahrungen notwendig, die regelmäßig erst im Laufe längerer Zeit erworben werden können. Ein häufiger Wechsel der Richter bei den Jugendgerichten und der Jugendstaatsanwälte muß daher nach Möglichkeit vermieden werden.
3. Für die Tätigkeit der Richter bei den Jugendgerichten und der Jugendstaatsanwälte sind Kenntnisse auf den Gebieten der Pädagogik, der Jugendpsychologie, der Jugendpsychiatrie, der Kriminalbiologie und der Soziologie von besonderem Nutzen.
4. Den Richtern bei den Jugendgerichten und den Jugendstaatsanwälten wird empfohlen, mit Vereinigungen und Einrichtungen, die der Jugendhilfe dienen, Fühlung zu halten.

1) Der **JRi.** hat von allen SpruchRi. wohl den **größten Spielraum** in der Auswahl der zu ergreifenden Maßregeln (vgl Einf., bes. II 2a) und in der Gestaltung des Verf. (vgl Einf., bes. II 2c). So kann jeder Täter in der ihm gemäßen Art angepackt werden. Mit der Größe des Spielraums wächst aber auch die Gefahr, daneben zu greifen. Die **Verantwortung** des JRi. wird noch dadurch erhöht, daß die Erkenntnis der sich entwickelnden Persönlichk. bes. schwer ist (Dallinger-Lackner N 2) und daß die Maßnahmen des Ri. einen noch weithin formbaren Täter treffen und damit — oft entscheidenden — Einfluß auf dessen weiteres Leben haben (vgl BGH 8/349, 354f; 9/399, 402). — Gleiches gilt für den JStA (§ 36 A 1a).

2a) Nur die besten Ri. und StA werden diesen Anforderungen gewachsen sein (vgl Dallinger-Lackner N 2, auch Weinkauff DRiZ 51/85). Sie müssen Liebe zur Sache (RL 1 S 1), große Erfahrung (RL 2) und ein gutes Wissen über die bes. Probleme der Entwicklungszeit (RL 3) mitbringen. Sie müssen weiter ausgeglichene Persönlichk. sein, die erz. befähigt sind u. die Täter ansprechen. Die Auswahl ist für das JR von entscheidender Bedeutung (vgl Dallinger-Lackner N 2, BGH 9/399, 402). Die Meinung des BGH (8/349, 354), daß diese Gedanken Gemeingut seien, dürfte — leider — zu optimistisch sein.

b) Daneben müssen sie mit der JArbeit verbunden bleiben (RL 4) und ständig an ihrer **Fortbildung** arbeiten (Dallinger-Lackner N 7). Die Justizverwaltung soll durch Kurse, Tagungen und Büchereimittel ihrerseits die Gelegenheit zur Fortbildung geben wie sie auch durch entspr. Pensenberechnung nicht nur die Fortbildung, sondern auch eine unbürokratische, menschlich aufgeschlossene Behandlung der „kleinen Fälle" (vgl dazu § 36 A 1b) ermöglichen soll (vgl auch § 44 A 3).

3) Das alles gilt **auch für** die Mitglieder der **JK** (vgl RL 1 S 2).

4) § 37 ist jedoch trotz seiner großen Bedeutung bloße **Ordnungsvorschrift**; seine Verletzung begründet die Rev. nicht (BGH MDR 58/356).

5a) Wegen der Verbindung des Amtes des JRi. u. JStA mit anderen Referaten vgl § 34 A 1b u. § 36 A 2a (2).

b) JSchöff.: § 35; JStrafvollz.Beamte: § 91 IV; Verteidiger: § 68 A 1a; JAmt: § 9c II, III JWG.

§ 38

Jugendgerichtshilfe

1) **Hw:** § 107; s. § 38 A 8. — **2) ErwG:** § 104 I 2, III, A 2.

(1) Die Jugendgerichtshilfe wird von den Jugendämtern im Zusammenwirken mit den Vereinigungen für Jugendhilfe ausgeübt.

(2) Die Vertreter der Jugendgerichtshilfe bringen die erzieherischen, sozialen und fürsorgerischen Gesichtspunkte im Verfahren vor den Jugendgerichten zur Geltung. Sie unterstützen zu diesem Zweck die beteiligten Behörden durch Erforschung der Persönlichkeit, der Entwicklung und der Umwelt des Beschuldigten und äußern sich zu den Maßnahmen, die zu ergreifen sind. Soweit nicht ein Bewährungshelfer dazu berufen ist, wachen sie darüber, daß der Jugendliche Weisungen und besonderen Pflichten nachkommt. Erhebliche Zuwiderhandlungen teilen sie dem Richter mit. Während der Bewährungszeit arbeiten sie eng mit dem Bewährungshelfer zusammen. Sie übernehmen und überwachen die Schutzaufsicht. Während des Vollzugs bleiben sie mit dem Jugendlichen in Verbindung und nehmen sich seiner Wiedereingliederung in die Gemeinschaft an.

(3) Im gesamten Verfahren gegen einen Jugendlichen ist die Jugendgerichtshilfe heranzuziehen. Dies soll so früh wie möglich geschehen. Bei Übertretungen kann von

der Heranziehung der Jugendgerichtshilfe abgesehen werden, wenn ihre Mitwirkung für die sachgemäße Durchführung des Verfahrens entbehrlich ist. Vor der Erteilung von Weisungen (§ 10) sind die Vertreter der Jugendgerichtshilfe stets zu hören.

Richtlinien zu § 38:

1. Der Staatsanwalt und der Richter wirken darauf hin, daß der Bericht, in dem die Jugendgerichtshilfe ihre Erhebungen niederlegt, ein klares Bild von der Persönlichkeit, der Entwicklung und der Umwelt des Beschuldigten gibt und sich auch über etwa vorliegende Verfehlungen des Jugendlichen im strafunmündigen Alter ausspricht.
2. Es empfiehlt sich, darauf hinzuwirken, daß an der Hauptverhandlung der Fürsorger teilnimmt, der die Ermittlungen für den Bericht der Jugendgerichtshilfe angestellt hat.
3. Die in dem Bericht der Jugendgerichtshilfe erwähnten Tatsachen darf der Richter nur dann seiner Entscheidung zugrunde legen, wenn ihre Richtigkeit nach den Vorschriften über die Beweisaufnahme festgestellt ist (wegen der Verlesung dieser Berichte vgl. §§ 250ff., insbesondere § 251 Abs. 2 und 3 und § 256 Abs. 1 StPO).

1) Ohne gute JGH könnten die JG ihre Aufgaben nicht erfüllen. Durch die Aufklärung u. den Vortrag der erz., sozialen u. fürsorgerischen Gesichtspunkte (A 5) schafft die JGH die Voraussetzungen für die richtige Anwendung des JGG als Täter-StrR (Einf. II 2b u. § 43 A 1b, c). Weiter bereitet die JGH durch Unterstützung und Betreuung, Beratung und Leitung des J (A 7), aber auch durch seine Überwachung und durch Zusammenarbeit mit der BewH (A 6) den Boden für den Erfolg der vom JG getroffenen Maßnahmen. Die JGH ist gleichzeitig Hilfe für das Ger. und Hilfe für den Täter (Dallinger-Lackner N 5). Für diese Aufgabe ist die JGH als bes. Institution geschaffen (A 2), die als **Prozeßhilfeorgan eigener Art** eine bedeutsame Rechtsstellung im Verf. gegen J oder Hw hat (A 3); auf ihre Mitwirkung kann nur in Ausnahmefällen verzichtet werden (A 4).

2 a) Die JGH ist Pflichtaufgabe (§ 3 Z 5 JWG) **des JAmtes** (§ 9ff JWG). Es wirkt mit den Vereinigungen der (freien, privaten) JHilfe (§§ 6, 9a lit.b JWG) zusammen (I). Diese haben damit ein Recht auf Beteiligung und Mitwirkung. Das JAmt kann im Rahmen des § 11 JWG die Geschäfte der JGH auf die freien Vereinigungen widerrufl. übertragen, behält aber auch dann die Verantwortung für eine sachgemäße Erledigung; eine Pflicht zur Übertragung einzelner Aufgaben besteht nicht mehr (hM; aA nur Riedel UJ 50/261 u. früher AV DJ 41/1054). — Bei asozialen Familien, Fällen schwerer Kriminalität und wenn Widerstand zu erwarten ist, ist eine Übertragung nicht gerechtfertigt, weil die JGH hoheitl. Befugnisse und auch die größere Autorität hat.

b) Örtl. zuständig ist in entspr. Anwendung des § 143 GVG (entgegen § 7 I JWG) das JAmt des Ger.Bezirkes (Becker NJW 54/335, 337, Dallinger-Lackner N 12; aA Potrykus B 1 u. NJW 54/823), da nur so die notwendige enge Zusammenarbeit zwischen JGH, JG u. JStA gewährleistet ist. Das gem. § 7 I JWG zuständige JAmt wird grds im Wege der Amtshilfe (§ 5 JWG) gehört werden müssen.

3 a) **Die JGH** muß immer (Ausnahme: A 4) **so bald als mögl.** und für das ganze Verf. **eingeschaltet** werden (III S 1, 2). Sie soll möglichst weitgehend herangezogen werden, auch wenn das nicht ausdrückl. vorgeschrieben ist (zB bei der Änderung von Weisungen, § 11 RL 2 S 2). Dabei müssen **JGH, JG u. JStA** möglichst **eng** und vertrauensvoll **zusammenarbeiten.** Mündl. Besprechungen sind notwendig. Nur so kann die JGH ihre wichtige Aufgabe voll erfüllen, ohne daß das Verf. über Gebühr verzögert wird (vgl § 43 A 5 eingehend).

b) Um die Mitwirkung der **JGH** sicherzustellen, hat sie **im Verf.** bestimmte **Rechte.** Die JGH darf mit dem Verhafteten mündl. u. schriftl. verkehren (§§ 93 III JGG, 148 StPO), kann in der Hauptverh., deren Zeit und Ort ihr mitzuteilen sind (§ 50 III), anwesend sein (§ 48 II) und das Wort ergreifen (§ 50 III). Sie soll möglichst schnell von der Tat unterrichtet werden (§ 43 RL 5 S 3); auch sonst hat sie das Recht auf laufende Mitt. (§ 70 JGG, Nr 32 MiStra).

c) (1) Die JGH hat jedoch **nicht das Recht,** Fragen oder Beweisanträge zu stellen und Rechtsmittel einzulegen; sie hat mangels einer entspr. Vorschrift auch keinen Anspruch auf **Akteneinsicht** (aA Potrykus B 6); doch ist eine großzügige Handhabung geboten (Dallinger-Lackner N 56; vgl § 43 RL 7 S 2). (2) Es ist auch nicht Sache der JGH, j. Zeugen über die Bedeutung des Zeugnisverweigerungsrechts zu belehren (BGH 9/195, 197), wenn sich auch der Vorsitzende durch sie unterstützen lassen darf (Potrykus NJW 57/1137).

d) Wird die **JGH nicht herangezogen,** obgleich ihre Mitwirkung vorgeschrieben ist, liegt allein darin ein Verf.Verstoß (§§ 38 III, 50 III), auf dem das Urteil beruhen kann (OLG Hamburg Zbl 58/56, GA 58/57); meist wird dadurch zugleich die Aufklärungspflicht (§§ 244 II StPO, 43 JGG; vgl dort A 1 d) verletzt (BGH EJF C I 7). Dieser Verstoß kann auch in der Nichtanhörung in der Sitzung liegen, selbst wenn die JGH nicht ums Wort gebeten hat.

4 a) Die **JGH muß** dann **nicht eingeschaltet** werden, **wenn** nur eine **Übertretung** vorliegt **und** die Mitwirkung der **JGH entbehrl.** ist (III S 3). Sollen jedoch Weisungen erteilt werden (III S 4; vgl § 10 A 4) oder hat eine Übertretung[1]) kriminellen Gehalt, (zB §§ 361 I Z 3, 6; 370 Z 5 StGB), ist die Einschaltung der JGH geboten.

b) (1) Dagegen können das jrichterl. Verfügg.Verf. und das jrichterl. Erz.Verf. stets ohne Einschaltung der JGH durchgeführt werden (§ 75 I S 3, § 45 A 3 a, aber A 5 a, RL 6 S 3), solange nur eine Übertretung Gegenstand der Verf. ist. Gleiches gilt an sich für das vereinfachte JVerf. zur Vereinfachung u. Beschleunigung (§ 78 III); doch sollte die JGH hier grds eingeschaltet werden (vgl § 78 A 5 a (4), § 43 A 5 b). (2) Am Strafbefehlsverf. der Hw ist die JGH wie am normalen Verf. beteiligt, nicht dagegen bei Erlaß einer gerichtl. Str.Verfügg. (III S 3, § 75 I S 3 entspr.).

5 a) (1) Als **Ermittlungshilfe** (II S 2) wirkt die JGH entscheidend **bei** der durch § 43 gebotenen **Erforschung der Persönlichk.,** der Anlagen, der Entwicklung und der

---

[1]) Im Gegensatz zu den meisten Verkehrsübertretungen u. zu Verletzungen strafrechtl. Vorschriften mehr verwaltungsrechtl. Inhalts.

Umwelt des Täters mit. (Umfang der Ermittlungen: § 43 A 2, 3, 4). Sie hat dabei die Wahrheit ohne Rücksicht auf die Folgen für den Täter zu ermitteln und die ermittelten Tatsachen streng objektiv vorzutragen (A 5b). J Ri. u. JStA sind dadurch nicht gehindert, auch eigene Ermittlungen zur Persönlichkeitserforschung durchzuführen (§ 43 A 4b). (2) Im Gegensatz zur Polizei, die durch die Aufklärung der Tat die Grundlagen für den Schuldspruch legt, schafft die JGH durch die Erforschung der Täterpersönlichk. die Voraussetzungen für die Wahl der richtigen Unrechtsreaktion. Die Aufklärung der Tat ist also nicht Sache der JGH, sondern der Polizei. Die JGH ist keine Strafverfolgungsbehörde und nicht über den allg. Rahmen (§138 StGB) hinaus zu Strafanzeigen verpflichtet. Sie ist auch nicht Verteidiger des J. Sie muß sich möglichst jeder Äußerung zur Schuldfrage enthalten. Nur im Rahmen der Folgerungen aus den zur Person ermittelten Tatsachen kann sie vorsichtig Stellung nehmen, ob die Tat in das allg. Persönlichkeitsbild des Täters paßt.

b) (1) Der **Bericht** der JGH hat alle ermittelten **Tatsachen streng objektiv** aufzuführen[2]). Dabei sind die Beweismittel zu bezeichnen, ggf ist anzugeben, daß der JGH Beweismittel (zB „zwei gutbeleumundete Zeugen“, „1 Brief“) bekannt sind [vgl u. A 5c (2)]. Auch sind Umstände anzugeben, die für die Glaubwürdigk. von Bedeutung sind (Verwandtschaft, Freundschaft, Feindschaft uä). — JStA u. JRi. wirken auf die Ergänzung des Berichtes hin, wenn er Lücken enthält und kein klares Bild des Täters gibt. — (2) Die JGH **regt** psychiatrische oder psychologische **Untersuchungen** (auch nach § 73) **an**, wenn sie auf Tatsachen gestoßen ist, die Zweifel über Reife (§ 3), Entwicklung (§ 105), Umfang der schädl. Neigungen (§ 17 II) oder über die allg.strafrechtl. Verantwortlichk. (§§ 51, 55 StGB) begründen (§ 43 A 4c). — (3) **Auch Maßnahmen** nach §§ 71, 45 kann die JGH **anregen**, zur Frage der Zweckmäßigk. bestimmter Weisungen (§ 10) oder bes. Pflichten (§ 15) **Stellung nehmen** oder sich zur Frage äußern, ob FE oder JStr. (mit oder ohne StrAzBew.) geboten ist. Ebenso steht es ihr frei, aus den ermittelten Tatsachen **Schlüsse** auf die Persönlichk. des Täters zu ziehen. Doch sollen solche Ausführungen schon äußerlich getrennt werden von den Tatsachenfeststellungen, die das Kernstück des Berichts sind und bleiben müssen. Die JGH sollte dabei Zurückhaltung üben, da sie hier auf das Gebiet des JRi. übergreift. In diesem Rahmen und mit Bedacht (gem. II S 1, 2) abgegebene Anregungen und Schlußfolgerungen aber werden dem Ri. stets willkommen sein.

c) (1) Der **Ermittlungsbericht** der JGH ist **Bestandteil der Akten** und damit dem Verteidiger zugängl. (über dessen Pflichten s. § 68 A 1b, 2 u. Lüttger NJW 51/744ff). —

[2]) Ein oft brauchbares **Schema** bringt Nesselmüller UJ 55/187, anknüpfend an Hinrichsen UJ 54/494: I Familien- u. Lebensverhältnisse (Eltern [Stief-E.]; Geschwister [Halb-G.]; Familiengeschichte; derzeitige Situation) — II Entwicklung des Beschuldigten (im vorschulpflichtigen Alter; während der Schulzeit; im Berufsleben; Verhalten in der Freizeit) — III Persönl. Eindruck vom Beschuldigten (frühere Erfahrungen; Rücksprache jetzt; Auskünfte von Lehrherrn, Schule uä) — IV Beweggründe für die Straftat (Notsituation; äußere Einflüsse; anlagebedingt; Stellungnahme des Täters zur Tat) — V Vorschlag für Urteilsfindung (bei J § 3; bei Hw § 105; ErzM, ZuchtM oder JStr.; Bew.?; auch zum ErwR). — Ggf Vorschlag für weitere Ermittlungen: Sachverständiger, §44 oä; s. A 5b (2). — (S. bes. § 43 A 2b).

(2) **Zum Urteil** darf **nur** verwendet werden, was **Gegenstand der Verh. war** (§ 261 StPO; Art. 103 I GG; vgl Schnitzerling JWohl 57/187). Vom Ermittlungsbericht und auch vom mündl. Vortrag der JGH darf nur das festgestellt werden, was nach Vorhalt zugestanden oder was durch Beweismittel **nach den Vorschriften der StPO** [(a)—(c)] **bewiesen** ist. — Bei Verwertung des Berichts im Urteil wird im Zweifel angenommen, daß die Feststellung ordnungsgemäß im Wege des Vorhalts getroffen wurde (Dallinger-Lackner N 25, vgl BGH NJW 58/559). — (a) Der **Vertreter der JGH** kann auch als **Zeuge** vernommen werden und zwar auch als „Zeuge vom Hörensagen“ über die Angaben von Gewährspersonen; in diesem Falle ist aber § 244 II StPO zu beachten (BGH 6/209, 210). Die Vernehmung über Angaben von Personen, die in der Verh. von ihrem Zeugnisverweigerungsrecht Gebrauch gemacht haben, ist dann unzulässig, wenn die Angaben in dem anhängigen StrVerf. (BGH 1/373ff), aber zulässig, wenn die Angaben in einem anderen (Zivil-, FGG-) Verf. oder sonst bei einer Betreuung, einem Gespräch usw gemacht worden sind (BGH 1/373, 376). Der Vertreter der JGH hat kein Zeugnisverweigerungsrecht; doch sollte seine Vernehmung möglichst vermieden, ggf entspr. taktvoll geführt werden, weil sonst die Arbeit der JGH über Gebühr erschwert werden könnte (vgl auch § 51 I, II); ggf (§ 54 StPO) ist eine Aussagegenehmigung erforderl. — (b) **Urkunden** wie Schülerbogen, Zeugnisse uä (nicht aber Leumundszeugnisse) können verlesen werden (vgl §§ 249ff, 256 I StPO); doch kann die Aufklärungspflicht zu einer Vernehmung des Ausstellers zwingen. (c) Der Tatsachenteil des **Ermittlungsberichts** kann **nur verlesen** werden, **wenn** die Voraussetzungen des § 251 II StPO beim Ermittler vorliegen; liegen sie beim Gewährsmann vor, ist der Ermittler zu vernehmen.

6) Daneben übt die **JGH** auch die Schutzaufsicht aus (II S 6; vgl § 12 A 2) und überwacht die Befolgung der Weisungen u. der bes. Pflichten (II S 3, vgl § 10 A 4, § 15 A 5b), auch wenn sie vor der Erteilung nicht gehört wurde; denn ein solcher Verf.Verstoß kann die rechtskräftige gerichtl. AO nicht unbeachtlich machen (Dallinger-Lackner N 35; aA Potrykus B 8). Die JGH muß dem JRi. nur von schwereren Verstößen des J berichten (II S 4) und kann bei leichteren selbst ermahnen oä. Die JGH tritt jedoch hinter die BewH zurück, wenn eine solche besteht (II S 3). Während der Bew.Zeit unterstützt sie die BewH auf allen Gebieten nach besten Kräften (II S 5; s. § 25 A 3b). Auch wenn die BewH dem JAmt übertragen ist, sollten JGH u. BewH doch von verschiedenen Personen durchgeführt werden.

7) Endlich obliegt der **JGH** auch die **erz. Betreuung** der Täter **sowie** die **Fürsorge** für diese, um deren Wiedereingliederung in die Gemeinschaft zu fördern. Dazu muß sie den Kontakt mit dem Verurteilten möglichst auch während der Zeit der Str.Verbüßung aufrecht erhalten (II S 7). Im übrigen gilt das § 25 A 2b für die BewH Gesagte hier entspr.

8) Die **JGH** wirkt in gleicher Weise **auch im Verf. gegen Hw** mit, soweit nicht die allg. Ausnahmen (A 4) gelten.

a) Auf ihre Ermittlungstätigk. (A 5) über Persönlichk., Entwicklung u. Umwelt kann auch dann nicht verzichtet werden, wenn der Täter inzwischen erw.

oder allgR anzuwenden ist (BGH 6/354: Rev.Grund). Denn die nach § 105 zu treffende Entsch. kann — von seltenen Ausnahmen abgesehen (BGH 6/326, 329; s. § 105 A 2e) — nur nach eingehenden, grds der JGH übertragenen Ermittlungen getroffen werden (Dallinger-Lackner § 107 N 15); auch bei Anwendung allgR kann der Bericht der JGH für die Ermessensentsch. nach § 106 große Bedeutung haben.

b) Dagegen tritt bei Hw, bei denen die Voraussetzungen des § 105 nicht gegeben sind, die erz. Betreuung (A 6, 7) zurück; sie unterbleibt rglm ganz, wenn der Täter inzwischen erw. geworden ist (Dallinger-Lackner § 107 N 16). Die fürsorgerische Betreuung kann jedoch auch hier noch nützlich sein.

Zweiter Abschnitt
Zuständigkeit

§ 39
Sachliche Zuständigkeit des Jugendrichters

1) Hw — J: § 108 I, A 1; sonstige Hw s. § 108 II, A 1. — **2)** ErwG: A 1b.

(1) Der Jugendrichter ist zuständig für Verfehlungen Jugendlicher, wenn nur Erziehungsmaßregeln, Zuchtmittel oder nach diesem Gesetz zulässige Nebenstrafen und Nebenfolgen zu erwarten sind und der Staatsanwalt Anklage beim Einzelrichter erhebt.

(2) Der Jugendrichter darf auf Jugendstrafe von mehr als einem Jahr oder von unbestimmter Dauer nicht erkennen.

Anmerkungen und Richtlinien hierzu siehe nach § 41.

§ 40
Sachliche Zuständigkeit des Jugendschöffengerichts

1) Hw — J: § 108 I, A 1; sonstige Hw s. § 108 I—III, A 1. — **2)** Abs. I ErwG: A 1b. — Abs. II—IV ErwG: A 1b.

(1) Das Jugendschöffengericht ist zuständig für alle Verfehlungen, die nicht zur Zuständigkeit eines anderen Jugendgerichts gehören.

(2) Das Jugendschöffengericht kann bis zur Eröffnung des Hauptverfahrens von Amts wegen die Entscheidung der Jugendkammer darüber herbeiführen, ob sie eine Sache wegen ihres besonderen Umfangs übernehmen will.

(3) Vor Erlaß des Übernahmebeschlusses fordert der Vorsitzende der Jugendkammer den Angeschuldigten auf, sich innerhalb einer zu bestimmenden Frist zu erklären, ob er die Vornahme einzelner Beweiserhebungen vor der Hauptverhandlung oder eine Voruntersuchung (§ 178 der Strafprozeßordnung) beantragen will.

(4) Der Beschluß, durch den die Jugendkammer die Sache übernimmt oder die Übernahme ablehnt, ist nicht anfechtbar. Der Übernahmebeschluß ist mit dem Eröffnungsbeschluß zu verbinden.

Anmerkungen und Richtlinien hierzu siehe nach § 41.

§ 41

Sachliche Zuständigkeit der Jugendkammer

1) Hw — J: § 108 I, A 1; sonstige Hw s. § 41 RL 3, § 108 III, A 1. — **2) ErwG:** A 1b

(1) Die Jugendkammer ist als erkennendes Gericht des ersten Rechtszuges zuständig in Sachen,

1. die nach den allgemeinen Vorschriften zur Zuständigkeit des Schwurgerichts gehören und

2. die sie nach Vorlage durch das Jugendschöffengericht wegen ihres besonderen Umfangs übernimmt (§ 40 Abs. 2).

(2) Die Jugendkammer ist außerdem zuständig für die Verhandlung und Entscheidung über das Rechtsmittel der Berufung gegen die Urteile des Jugendrichters und des Jugendschöffengerichts. Sie trifft auch die in § 73 Abs. 1 des Gerichtsverfassungsgesetzes bezeichneten Entscheidungen.

Richtlinien zu §§ 39 bis 41:

1. In Jugendschutzsachen sind neben den für allgemeine Strafsachen zuständigen Gerichten auch die Jugendgerichte zuständig (§§ 26, 74b GVG).
2. Die Entscheidung der Jugendkammer nach § 40 Abs. 2 kann nicht der Staatsanwalt oder der Angeschuldigte, sondern nur der Vorsitzende des Jugendschöffengerichts herbeiführen. Für die Übernahme werden namentlich Strafsachen in Betracht kommen, die wegen der großen Anzahl von Beschuldigten oder Zeugen von einem Berufsrichter allein nicht sachgemäß erledigt werden können.
3. Im Verfahren gegen Heranwachsende ist die Jugendkammer auch zuständig, wenn Zuchthausstrafe von mehr als zwei Jahren oder Sicherungsverwahrung zu erwarten ist (§ 108 Abs. 3).

1a) Die **JG haben** in Verf. gegen J eine **andere sachl. Zuständigk.** als die ErwG. Diese bes. Zuständigk. besteht auch für Verf. gegen Hw, auf die JR anzuwenden ist. Dagegen gilt für die sachl. Zuständigk. auch bei Hw allgR, wenn sie nach ErwR abzuurteilen sind (s. RL 3 u. § 108 A 1). Auch im JSchutzVerf. gilt die sachl. Zuständigk. des allgR [§ 121 A 2a (2) (a)].

b) (1) Die §§ 39 u. 40 I gelten **vor dem ErwG** insofern entspr., als der Erw. EinzelRi. u. das Erw.SchöffG die hier gezogenen Grenzen nicht überschreiten dürfen. Dagegen hat die (allg.) StrK nie die SchwG-Zuständigk. des § 41 I Z 1; die §§ 41 I Z 2, II, 40 II—IV gelten nur für das Verf. vor JG (Dallinger-Lackner § 104 N 7,

32; vgl § 103 A 3c). (2) Die Zuständigk. des BGH, des ObLG, der OLG u. der Staatsschutzkammern als Ger. 1. Instanz bestimmt sich nur nach allgR (§§ 102 S 1, 33 II).

c) Die **funktionelle Zuständigk.** ist im JR — mangels abweichender Regelung — die gleiche **wie im allgR** (§ 2), so der Instanzenzug (A 6), die Zuständigk. im VorVerf. und für Rechtshilfe [§ 34 A 1a (1)] sowie bei VU (§ 73 I GVG; s. § 33 Vorb. 2b). § 41 II ist an sich überflüssig (Dallinger-Lackner § 41 N 12), ebenso insoweit § 34 I.

2a) (1) Die **Anklage** wird **zum JRi.** (§ 39 I) erhoben, wenn nur ErzM (§ 9), ZuchtM (§ 13) oder nach § 6 zulässige NebenStr. u. -Folgen zu erwarten sind; also nicht, wenn JStr. (auch deren Aussetzung zur Bew.) oder die Aussetzung der Verhängung der JStr., Unterbringung in einer Heil- oder Pflegeanstalt oder Führerscheinentzug in Betracht kommt; schon bei Zweifeln ist der JRi. nicht zuständig (Dallinger-Lackner § 39 N 4, 5, Potrykus NJW 57/1135; Konkrete Betrachtungsweise). (2) Ist an sich die Zuständigk. des JRi. gegeben, liegt es doch noch im Ermessen des JStA (Ausnahme: A 5d!), ob das Verf. vor den JRi. oder vor das JSchöffG kommt. Bei Taten von größerem Gewicht (fahrlässige Tötung) oder größerem Umfang (gleichgeschlechtl. Unzucht in einem Heim) oder Aufsehen in der Öffentlichk. sollte stets zum JSchöffG angeklagt werden. Sonst aber — und zwar auch bei Verbrechen — verdient das schnellere Verf. vor dem JRi. auch deshalb den Vorzug, weil hier die Einheit JRi.—VormRi. [§ 34 A 1b (1)] meist gewahrt ist (Dallinger-Lackner § 39 N 5, Potrykus § 39 B 5).

b) Zur JK kann nur wegen der in § 80 GVG aufgezählten Delikte (SchwG-Sachen) angeklagt werden (§ 41 I Z 1). Wegen des SicherungsVerf. (§§ 429a ff) s. A 2d (2).

c) Der **BGH**, das ObLG, das OLG oder die Staatsschutzkammer des LG am Sitz des OLG sind für die in §§ 134 I, 74a GVG aufgezählten Delikte zuständig.

d) (1) **Zum JSchöffG** (§ 40 I) ist die Anklage in allen übrigen Verf. zu erheben, also wo kein Delikt nach §§ 80, 134 I, 74a I GVG vorliegt (A 1b, c), aber der Entzug der Fahrerlaubnis, die Unterbringung in einer Heil- oder Pflegeanstalt, die Verhängung einer JStr. gleich welcher Höhe[1]) oder die Aussetzung der Verhängung einer JStr. in Betracht kommt [A 2a (1)], sowie immer dann, wenn der JStA nicht vor dem JRi. anklagt [A 2a (2)]. (2) Das JSchöffG ist auch zur Durchführung des Sicherungsverf. (§§ 429a ff StPO) berufen. Die abschließende Regelung der sachl. Zuständigk. durch das JGG ist auch für das Sicherungsverf. sinnvoll, da der JRi. als Vorsitzender des JSchöffG eine bes. Erfahrung in der Auswahl von Maßnahmen hat, die zur Abwendung der bes. bei J unerwünschten (§ 7 A 1a) Unterbringung in einer Heil- oder Pflegeanstalt ausreichen können[2]).

[1]) Dallinger-Lackner § 40 N 2; aA Potrykus § 40 B 1, der durch Anwendung des § 16 I StGB in Verbindung wohl mit § 24 GVG 5 Jahre JStr. für die Grenze hält; doch gelten diese Vorschriften wegen der erschöpfenden Regelung der sachl. Zuständigk. in §§ 39—41 u. der JStr. in §§ 17 ff gem. § 2 für die JG nicht.

[2]) OLG Oldenburg NJW 58/1200, OLG Karlsruhe JZ 57/31 = EJF C I 9, LG Waldshut NJW 56/1488 zust. A Potrykus, Dallinger-Lackner § 40 N 4, Löwe-Rosenberg § 429b StPO A 7 aE; aA OLG Hamm JMBl NRW 55/116, früher Grethlein UJ 56/34.

e) Durch **Sachzusammenhang** (§ 3 StPO; s. § 103 FN 1) kann auch ein höheres Ger. zuständig werden.

3) Hält das angegangene **Ger. sich für sachl. nicht zuständig**, teilt es zweckmäßig dem StA seine Bedenken mit, der dann die Anklage zurücknehmen (§ 156 StPO) und sie beim zuständigen Ger. erheben kann, ggf nach Einfügung des wesentl. Ergebnisses der Ermittlungen (§ 200 II StPO). Beharrt der StA auf seinem Standpunkt, ist zu unterscheiden:

a) Der JRi. (auch als Vorsitzender des JSchöffG) hält die Zuständigk. der JK oder eines höheren Ger. für gegeben; es ist gem. § 209 III StPO zu verfahren (Dallinger-Lackner § 40 N 5, Kleinknecht-Müller § 209 StPO A 7d) und zwar auch gegenüber der einem anderen LG angehörenden Staatsschutzkammer (§ 74a III GVG, Dallinger-Lackner § 40 N 5, aA Kleinknecht-Müller § 209 StPO A 4d).

b) Die JK hält für zuständig (1) den BGH; es gilt § 209 II StPO, (2) die Staatsschutzkammer; gehört diese zum gleichen LG, ist abzugeben; andernfalls muß die JK die Eröffnung des Verf. wegen Unzuständigk. ablehnen (hM zB Dallinger-Lackner § 41 N 9; aA Potrykus § 41 B 3: § 209 II StPO entspr.), (3) das JSchöffG oder den JRi.; sie eröffnet vor dem JSchöffG; zu einer Eröffnung vor dem JRi. fehlt der Antrag des StA (A 2a (2); § 39 I letzter HS).

c) Der JRi. als Vorsitzender des JSchöffG hält den JRi. allein für zuständig; er muß das Verf. vor dem JSchöffG eröffnen, da der JRi. nur bei entspr. Antrag des StA zuständig ist (A 2a (2); § 39 I letzter HS).

d) Der als EinzelRi. angegangene **JRi.** hält das JSchöffG für zuständig; er muß die Eröffnung des Hauptverf. stets[3]) ablehnen, wenn er nicht selbst Vorsitzender des JSchöffG ist und selbst vor diesem eröffnen kann. Bei dieser Zuständigkeitsprüfung im Zwischen-Verf. ist nur I, nicht II des § 39 in Betracht zu ziehen (allgM zB Dallinger-Lackner § 39 N 7).

4) Ist das Hauptverf. eröffnet, kann nicht ohne Hauptverh. verwiesen werden (BGH 6/109, 113). In der Verh. kommt nur Verweisung nach § 270 StPO in Betracht, wenn die Zuständigk. nicht ausreicht.

a) Die JK kann nur an den BGH abgegeben oder bei Zuständigk. der Staatsschutzkammer gem. § 206a StPO einstellen; ob wenigstens dann, wenn die Staatsschutzkammer am gleichen LG besteht, eine einfache Abgabe mögl. ist, ist zw. [wohl ja; vgl A 3b (2)]. In allen anderen Fällen muß die JK selbst entscheiden (§ 269 StPO).

---

[3]) Das ist unbestritten, wenn an dem AG des angegangenen JRi. kein JSchöffG besteht (Dallinger-Lackner § 39 N 7, Potrykus § 39 B 2). Ist am gleichen AG ein JSchöffG u. der angegangene JRi. nicht dessen Vorsitzender, wollen Dallinger-Lackner § 39 N 7 (nach Kleinknecht-Müller § 209 StPO A 7) eine Eröffnung durch den zur Übernahme bereiten Vorsitzenden des JSchöffG zulassen (aA — wie hier — Potrykus § 39 B 2, NJW 54/823); die für das allgR zutreffende Ansicht Dallinger-Lackners paßt für das JR nicht, da § 39 JRi. u. JSchöffG fest gegeneinander abgrenzt — im Gegensatz zum allgR, wo EinzelRi. u. SchöffG „das AG" mit dessen voller Strafgewalt (hM: ObLG 51/452, Löwe-Rosenberg § 25 GVG A 5b) sind.

b) Das JSchöffG hat alle Maßnahmen des JGG zur Verfügung (A 2d). Eine Verweisung ist nur mögl., wenn sich herausstellt, daß ein in §§ 74a, 80, 134 GVG aufgeführtes Delikt vorliegt; hier ist Verweisung gem. § 270 geboten, selbst wenn die JK vorher die nach § 40 II angetragene Übernahme abgelehnt hat (OLG Celle MDR 57/117, Rpfl 57/16, EJF C I 20, Zbl 57/246) und zwar auch gegenüber der Staatsschutzkammer (vgl A 3a).

c) Der JRi. muß unter den gleichen Umständen verweisen wie das JSchöffG, aber auch dann, wenn sein Strafbann nicht ausreicht. Er darf die in § 39 I u. II genannten Maßnahmen treffen sowie die Schuld gem. § 27 feststellen (vgl aber § 27 A 3c), aber weder JStr. von über 1 Jahr oder von unbestimmter Dauer verhängen noch die Unterbringung in einer Heil- oder Pflegeanstalt oder die Entziehung der Fahrerlaubnis anordnen[4]). Eine Verweisung ist nur zulässig, wenn auch der durch § 39 II erweiterte Strafbann nicht ausreicht (Dallinger-Lackner § 39 N 14, aA Potrykus § 39 B 4).

5) Daneben sieht das Ges. noch verschiedene **bes. Übertragungsmöglichkeiten** vor.

a) Vom JSchöffG zur JK gem. §§ 40 II, 41 I Z 2. Ob der JRi. als Vorsitzender des JSchöffG vorlegt (RL 2 S 1) und ob die Kammer übernimmt, liegt in ihrem sachl. nicht nachprüfbaren Ermessen (§ 40 IV S 1). Die Vorlage ist erst nach Einreichung der Anklageschrift an das JSchöffG und nur bis zur Eröffnung des Hauptverf. mögl. Der Übernahmebeschl. muß mit dem Eröffnungsbeschl. verbunden werden (§ 40 IV S 2). Abgabegrund ist nur der bes. Umfang des Verf., der die Kraft eines Ri. übersteigt (zB Banden), nicht aber rechtl. Schwierigk. oder das bes. Aufsehen, das die Tat erregt hat (RL 2 S 2). § 40 III gibt dem Angeschuldigten dabei bes. Schutz als Ausgleich für den Verlust einer Tatsacheninstanz.

b) Von der **Staatsschutzkammer zum JSchöffG** gem. § 102 S 2 (s. dort).

c) Nach ErwR gem. §§ 134a GVG.

d) Durch das Rev.Ger. gem. § 354 III StPO, und zwar auch auf den JRi., wenn die StA zu ihm nicht angeklagt hat, also an sich eine Zuständigkeitsvoraussetzung fehlt (Dallinger-Lackner § 39 N 11, BGH bei Dallinger MDR 53/273 für das allgR).

6a) Die **JK** tritt als **Berufungs- u. Beschwerdeinstanz** an die Stelle der großen und kleinen StrK des allgR. § 41 zählt also die Geschäfte der JK nicht erschöpfend auf.

b) Der **sonstige Instanzenzug** ist wie im ErwR.

7) Zur **Einheitsstrafenbildung** (§ 31) ist jedes Ger. im Rahmen seines Strafbannes berufen, auch wenn die früheren Verf. wegen in §§ 74a, 80, 134 GVG aufgeführter

---

[4]) Potrykus § 39 B 1, 4, NJW 57/1135; aA für die Maßnahmen der Sicherung u. Besserung Dallinger-Lackner § 39 N 4, 14. Diese gehen auch für das JR von einem einheitl., durch § 39 beschränkten **Strafbann des AG** aus; einen solchen **gibt es** aber im Gegensatz zum allgR (hM, zB ObLG 51/452, Löwe-Rosenberg § 25 GVG A 5b) **im JR nicht.** Im Gegensatz zu § 24 GVG kennt das JGG keinen amtgerichtl. Strafbann, sondern nur einen bes. Strafbann des JRi. (§ 39 I), der aus Gründen der Zweckmäßigk. für die Hauptverh. erweitert ist (§ 39 II).

Delikte anhängig waren. Denn diese Sonderzuständigk. betrifft nur die Aburteilung der Taten selbst; diese ist aber bei der Einbeziehung schon erfolgt. Etwas anderes gilt nur, wenn ein Schuldspruch (§ 27) einbezogen wird; denn hier wird in soweit die Tat hinsichtl. der Straffrage abgeurteilt (Dallinger-Lackner § 40 N 2).

§ 42

Örtliche Zuständigkeit

1) **Hw:** § 108 I, A 2. — **2) ErwG:** § 104 A 1b.

(1) Neben dem Richter, der nach dem allgemeinen Verfahrensrecht zuständig ist, sind zuständig

1. der Richter, dem die vormundschaftsrichterlichen Erziehungsaufgaben für den Beschuldigten obliegen,

2. der Richter, in dessen Bezirk sich der auf freiem Fuß befindliche Beschuldigte zur Zeit der Erhebung der Anklage aufhält,

3. solange der Beschuldigte eine Jugendstrafe noch nicht vollständig verbüßt hat, der Richter, dem die Aufgaben des Vollstreckungsleiters obliegen.

(2) Der Staatsanwalt soll die Anklage nach Möglichkeit vor dem Richter erheben, dem die vormundschaftsrichterlichen Erziehungsaufgaben obliegen, solange aber der Beschuldigte eine Jugendstrafe noch nicht vollständig verbüßt hat, vor dem Richter, dem die Aufgaben des Vollstreckungsleiters obliegen.

(3) Wechselt der Angeklagte seinen Aufenthalt, so kann der Richter das Verfahren mit Zustimmung des Staatsanwalts an den Richter abgeben, in dessen Bezirk sich der Angeklagte aufhält. Hat der Richter, an den das Verfahren abgegeben worden ist, gegen die Übernahme Bedenken, so entscheidet das gemeinschaftliche obere Gericht.

Richtlinien zu § 42:

1. Bei Verfehlungen von geringem Unrechtsgehalt, bei denen vormundschaftsrichterliche Maßnahmen nicht erforderlich sind, stellt der Staatsanwalt seinen Antrag in der Regel bei dem Jugendrichter, in dessen Bezirk sich der auf freiem Fuß befindliche Beschuldigte zur Zeit der Erhebung der Anklage aufhält (§ 42 Abs. 1 Nr. 2) oder in dessen Bezirk der Beschuldigte ergriffen worden ist (§ 9 StPO).
2. Wird die Anklage im Falle des § 42 Abs. 1 Nr. 3 nicht vor dem danach zuständigen Richter erhoben, so übersendet der Staatsanwalt dem Vollstreckungsleiter eine Abschrift der Anklage und teilt ihm den Ausgang des Verfahrens mit.

1a) (1) Auch für das JG gelten die **allg. Gerichtsstände** (§§ 7ff StPO). **Daneben** treten im Verf. vor dem JG (nicht vor dem ErwG: §§ 104, 112) noch die **drei bes. Gerichtsstände** des Abs. I, die deshalb von bes. Bedeutung sind, weil sie die persönl. Bindungen des Täters berücksichtigen und damit die Belange des JR als Täterstrafrecht wahren (vgl Grethlein NJW 57/1370 A; UJ 55/303). Die bes. Gerichtsstände haben grds Vorrang vor den allg. (II, RL 1). (2) Die Gerichtsstände des JGG gelten **auch für JSchöffG u. JK** 1. Instanz, weil die für sie maßgebl. Gesichtspunkte — wenn auch etwas eingeschränkt — für alle Ger. gelten, in deren Bezirk der Täter sich aufhält oder die vormundschaftsrichterl. Erz.Aufgaben und die Aufgaben des VollstrL wahrzunehmen sind (Dallinger-Lackner N 4, Grethlein UJ 55/303, aA hinsichtl. I Z 3 Potrykus B 5 u. NJW 54/823).

b) Umgekehrt werden sie **nicht** dadurch **beseitigt,** daß **nach allgR** auf amtsgerichtl. Ebene bestimmte Verf. beim Amtsger. am Sitz des LG konzentriert werden (bestr.)[1]) oder daß für bes. Delikte im allgR ausschließl. Sondergerichtsstände geschaffen sind (bestr.)[1]).

c) Die bes. Gerichtsstände gelten gem. § 143 GVG **auch für den JStA** (Dallinger-Lackner N 2, Grethlein UJ 55/307).

2a) Der Gerichtsstand der vormundschaftsrichterl. Zuständigk. (vgl A 1 u. § 34) besteht ohne Rücksicht darauf, ob beim VormG. schon ein Verf. anhängig war oder ist, ob der JRi. zugleich VormRi. ist, ob ihm nur die vormundschaftsrichterl. Erz. Aufgaben übertragen sind oder ob er in Vormundschaftssachen überhaupt nicht tätig wird. Dieser Gerichtsstand besteht nicht mehr, wenn der Täter zZ der Anklageerhebung schon volljährig ist (s. § 108 A 2). — Die Zuständigk. des VormG ergibt sich aus §§ 36, 43, 46 FGG; die Tätigk. eines an sich nicht zuständigen VormRi. zur Behebung eines augenblickl. Notstandes (§ 44 FGG) begründet keine JGG-Zuständigk.

b) Der Gerichtsstand des freiwilligen Aufenthaltes setzt nicht einen gewöhnl. Aufenthalt oder einen Aufenthalt von langer Dauer voraus; doch ist bei ganz kurzem Aufenthalt eine Anklage zu dem AufenthaltsortGer. unzweckmäßig. Nur auf freiem Fuß muß sich der Beschuldigte befinden. Das ist nicht der Fall bei Str.Gefangenen, UHäftlingen und bei allen, denen die Freiheit auf Grund von Vorschriften des Str.- u. StrVerf.Rechts entzogen worden ist (§§ 112ff, 127, 126a StPO, 42b StGB, 61, 71 II, 73 JGG). Dagegen sind die Insassen von FE Anstalten „auf freiem Fuß“ iS dieser Bestimmung. Das ist für die im Wege der freiwilligen Erz.Hilfe dort Untergebrachten allg. anerkannt. Es gilt auch für die unter FE Stehenden (bestr.)[2]), auch

[1]) LG Traunstein NJW 57/1003, Grethlein NJW 57/1370 A; **aA** aber **BGH** 10/323, 326f u. LG Paderborn NJW 57/722 für § 476a AbgO u. BGH 11/116 für § 3 III Binnenschiffahrts-Verfahrensgesetz. — Die Gegenmeinung legt dem Umstand zu wenig Gewicht bei, daß § 42 die wichtigen Grundsätze der Entsch.Nähe und der Einheit von JRi. u. VormRi. zur Geltung bringt und daß dieser Sondervorschrift gegenüber eine sie verwässernde Norm des allgR gem. § 2 keine Geltung haben kann.

[2]) Becker u. Dünnhaupt NJW 54/336 u. 1775, Grethlein DRiZ 55/111, Hinrichsen RdJ 55/100; **aA BGH** NJW 54/1775 beiläufig, Dallinger-Lackner N 10, Potrykus B 3 u. NJW 54/823. — Aber die Art der Freiheitsbeschränkung ist hier nicht anders als die der freiwillig Untergebrachten; die FE ist in beiden Fällen nicht gegen den J, sondern in seinem Interesse angeordnet, bei FE zwar vom Ger., doch nur in Ergänzung der elterl. Gewalt, die versagt hat („Obervormundschaft“). Überdies kann sich der **J nie aufhalten, wo er will,** da der gesVertr. den Aufenthalt bestimmt (vgl A 2b aE!). Auch der Soldat, ja jeder Beamte, kann seinen Aufenthalt nicht frei bestimmen. Durch deren Versetzung hätte die Verwaltung ebenso wie durch Verlegung eines Fürsorgezöglings die Möglichk., den Täter vor einen bestimmten Ri. zu bringen, ohne daß sich mindestens der Wehrpflichtige wie der FE-Zögling dem entziehen könnte. Entscheidend kann vielmehr nur sein, daß die Str.Verfolgungsbehörde

wenn die FE im StrVerf. angeordnet ist, weil die FE auch dann auf Grund des JWG, nicht auf Grund der StrGes. angeordnet ist. Ebenso wie der Aufenthalt in der FE-Anstalt begründet auch der in der Kaserne (s. FN 2) die Zuständigk. nach Z 2. Gleiches gilt für den Heimaufenthalt auf Grund einer Weisung des JRi. (Dallinger-Lackner N 9, Grethlein DRiZ 55/112 FN 12).

c) Der **Gerichtsstand des VollstrL** besteht nur bei JStr., die entweder gerade verbüßt wird oder für deren Rest Entlassung zur Bew. angeordnet ist, wenn die Bew. noch läuft; nicht genügt JA-Vollz. oder StrAzBew. für eine JStr. Ist die Vollstr. gem. § 85 III widerrufl. abgegeben, ist die Zuständigk. bei dem abgebenden (zw.) und dem übernehmenden Ger. gegeben (Dallinger-Lackner N 14). — Diese Zuständigk. endet mit der vollständigen Verbüßung oder Erlaß der JStr., auch bei endgültiger Entlassung nach § 89 IV.

3a) Die Auswahl trifft der StA, ohne daß Ger. oder J einen Einfluß haben (Löwe-Rosenberg § 12 StPO A 5). Der StA soll dem Gerichtsstand des VollstrL den Vorrang geben, sonst dem der vormundschaftsgerichtl. Zuständigk. (II). Es können aber überwiegende Interessen entgegenstehen, so daß bei kleiner Kriminalität, die es nicht rechtfertigt, den Täter aus seiner Umgebung herauszureißen, der Gerichtsstand des Aufenthalts (RL 1), bei größeren Verkehrsdelikten mit zu erwartendem Augenschein und vielen Zeugen der Gerichtsstand des Tatortes vorzuziehen sind (Dallinger-Lackner N 18, 21, Grethlein UJ 55/307, Potrykus NJW 56/656).

b) Das **Ger. lehnt die Eröffnung ab**, wenn bei ihm keiner der vielen Gerichtsstände für nur eine der im Verf. verbundenen Taten gegeben ist (Löwe-Rosenberg § 12 StPO A 6); der **Täter** kann die Unzuständigk. **nur gem. § 16 StPO** geltend machen.

c) Kommt das Verf. nicht zum Ger. des VormRi., **kann Abgabe des vormundschaftsgerichtl. Verf.** angezeigt sein (§ 46 FGG, bes. I S 2 u. § 34 RL 2). — Wegen der Mitt.Pflicht vgl RL 2, § 70 u. MiStra 31.

4a) (1) **Das Ger. kann** nach (BGH 10/391ff) Eröffnung des Hauptverf. stets[3]) das Verf. **an das Ger. des Aufenthaltsorts abgeben**[4]), wenn der Angeklagte seinen Aufenthaltsort — sei es auch unfreiwillig (Str.Haft, UHaft uä)[5]) — zu einem Zeitpunkt geändert hat, in dem eine Klagezurücknahme nicht mehr mögl. war; nicht nötig ist, daß er zu diesem Zeitpunkt sich noch im Bezirk des abgebenden Ger. aufgehalten hat (BGH 10/323, 325); bei früherem Aufenthaltswechsel kann nach

---

die Zuständigk. des Ger. nicht beeinflussen kann. — Daraus, daß die Befreiung eines FE-Zöglings gem. § 122b StGB strafbar ist, läßt sich für diese Zuständigkeitsfrage wegen der unterschiedl. Interessenlage nichts ableiten, zumal § 235 StGB den sogar mit schwererer Str. bedroht, der eine minderjährige Person dem ErzBer. entzieht.

[3]) hM, zB BGH 10/323, 325, OLG Frankfurt NJW 56/521; aA nur Pentz NJW 54/1351 u. DRiZ 57/33: nur wenn zum Ger. des Aufenthaltsortes oder Wohnsitzes angeklagt ist. Diese oft hinderl. Beschränkung erscheint willkürl. und ohne Grundlage im Ges.

[4]) Vgl insgesamt Lackner, Die Abgabe des Verf. nach dem JGG, GA 56/379; Schnitzerling, Die Abgabe d. JGVerf. bei einem Aufenthaltswechsel d. Angeklagten, DRiZ 58/315.

[5]) hM zB BGH NJW 54/1775, Dallinger-Lackner N 26 a; aA Pentz u. Dünnhaupt NJW 54/1351 u. 1775.

§ 12 II StPO verfahren werden[6]), der nicht voraussetzt, daß schon mehrere Ger· die Untersuchung eröffnet haben (allgM, zB Dallinger-Lackner N 26aE). — Eine Abgabe bei nur kurzfristigem Aufenthaltswechsel ist unzweckmäßig. (2) Ob das RechtsmittelGer. nicht nach III abgeben kann, weil — so BGH 10/177, 178f — seine Zuständigk. nicht aus den §§ 7ff StPO, 42 JGG abgeleitet ist, sondern sich aus dem Instanzenzug ergibt, ist mindestens zw. (Jagusch A zu BGH bei LM § 42 JGG 2). Im Nachverf. nach § 30 ist eine Abgabe nicht mehr mögl. [s. § 62 A 2d (1)]. (3) Die Abgabe ist an die Zustimmung des StA und die Bereitschaft des Ri. am Aufenthaltsort zur Übernahme gebunden; lehnt dieser die Übernahme ab, kann das gemeinschaftl. obere Ger. (JK, OLG, ObLG, BGH) angerufen werden. Erst mit der Übernahme oder der die Übernahme anordnenden Entsch. des OberGer. wird das Verf. beim übernehmenden Ger. anhängig (4) Wegen Widerruf u. Weiterübertragung s. § 58 A 3c (2).

b) Weitere Übertragungsmöglichk. (1) in späteren Verf.Abschnitten: §§ 58 II S 2, 3; 88 V S 3; 89 II; § 65 I S 2, 3; (2) bei UHaft § 72 V.

Dritter Abschnitt
Jugendstrafverfahren

Erster Unterabschnitt
Das Vorverfahren

§ 43
Umfang der Ermittlungen

1) Hw: § 109 I S 1; § 43 RL 12, A 1b aE. — **2)** ErwG: RL 12; § 104 I 3, III, A 2. — **3) Sold!** § 112d, § 43 A 4a (1) (b), A 4b (1), § 112d A 2.

(1) Nach Einleitung des Verfahrens sollen so bald wie möglich die Lebens- und Familienverhältnisse, der Werdegang, das bisherige Verhalten des Beschuldigten und alle übrigen Umstände ermittelt werden, die zur Beurteilung seiner seelischen, geistigen und charakterlichen Eigenart dienen können. Der Erziehungsberechtigte und der gesetzliche Vertreter, die Schule und der Lehrherr oder der sonstige Leiter der Berufsausbildung sollen, soweit möglich, gehört werden. Die Anhörung des Lehrherrn oder Ausbildungsleiters unterbleibt, wenn der Jugendliche davon unerwünschte Nachteile, namentlich den Verlust seines Arbeitsplatzes, zu besorgen hätte. § 38 Abs. 3 ist zu beachten.

(2) Bei Fürsorgezöglingen erhält die Fürsorgeerziehungsbehörde Gelegenheit zur Äußerung.

---

[6]) Dallinger-Lackner N 26; aA Pentz NJW 54/1351: § 42 III entspr.; aA auch OLG München NJW 58/1056: § 42 III gelte unmittelbar; doch steht dem nicht nur der Wortlaut, sondern auch der Grundsatz der Bindung an den von der StA gewählten Gerichtsstand entgegen, der eine Abänderung nur bei nachträgl. Veränderung des Aufenthalts oder nach § 12 II StPO zuläßt; diese Möglichkeiten genügen, um alle praktischen Bedürfnisse zu befriedigen.

(3) Soweit erforderlich, ist eine Untersuchung des Beschuldigten, namentlich zur Feststellung seines Entwicklungsstandes oder anderer für das Verfahren wesentlicher Eigenschaften herbeizuführen. Nach Möglichkeit soll ein zur kriminalbiologischen Untersuchung von Jugendlichen befähigter Sachverständiger mit der Durchführung der Anordnung beauftragt werden.

Richtlinien zu § 43:

1. Die Ermittlungen des Staatsanwalts erstrecken sich auch auf die Umstände, die für die Aussetzung der Jugendstrafe zur Bewährung und für die Aussetzung der Verhängung der Jugendstrafe bedeutsam sein können. Nr. 15 RiStV gilt entsprechend.

2. Zur Persönlichkeitserforschung sollen Akten über Vorstrafen, vormundschaftsrichterliche Akten sowie Personalakten von Vollzugsanstalten und Erziehungsheimen beigezogen werden. Wichtige Aufschlüsse über die Persönlichkeit des Jugendlichen können auch Aufzeichnungen der Schule geben.

3. Befindet sich der Jugendliche in Untersuchungshaft, so fordert der Staatsanwalt oder der Richter in der Regel von der Vollzugsanstalt einen Bericht über die von ihr vorgenommene Persönlichkeitserforschung, über das Verhalten des Jugendlichen in der Anstalt und über seine besonderen Eigenarten an (Nr. 79 UVollzO).

4. Steht der Beschuldigte unter Schutz- oder Bewährungsaufsicht, so soll auch der Helfer gehört werden.

5. Die Vornahme aller gebotenen Ermittlungen darf die schnelle Durchführung des Jugendstrafverfahrens nicht beeinträchtigen. Die Maßnahmen und Strafen des Jugendstrafrechts sind nur dann voll wirksam, wenn das Urteil der Tat auf dem Fuße folgt. Der Staatsanwalt wirkt deshalb darauf hin, daß die Polizei das Jugendamt verständigt, sobald der Stand der Ermittlungen dies erlaubt, und daß das Jugendamt seine Erhebungen mit größter Beschleunigung durchführt. In geeigneten Fällen kann ein mündlicher oder fernmündlicher Bericht — dem schriftlichen Bericht vorausgehend oder statt eines solchen — angefordert werden, dessen Inhalt der Staatsanwalt oder der Richter in den Akten vermerkt.

6. Ist das Jugendamt bereits von der Polizei verständigt, so teilt der Staatsanwalt dem Jugendamt sobald wie möglich — in der Regel fernmündlich — mit, ob und bei welchem Gericht er Anklage erheben oder Antrag im vereinfachten Jugendverfahren (§ 76) stellen wird. Soll das Verfahren durchgeführt werden, so wird das Jugendamt im allgemeinen dem Gericht unmittelbar berichten und dem Staatsanwalt eine Abschrift des Berichts übersenden. Erwägt der Staatsanwalt, nach § 45 von der Verfolgung abzusehen, hält er aber noch eine Äußerung des Jugendamtes für erforderlich, so ersucht er das Jugendamt, ihm zu berichten. In anderen geeigneten Fällen, namentlich wenn der Staatsanwalt wegen nicht erwiesener Schuld das Verfahren einstellen will, benachrichtigt er das Jugendamt, daß und weshalb sich der Bericht erübrigt.

7. Ist das Jugendamt von der Polizei noch nicht verständigt, so ersucht der Staatsanwalt das Jugendamt um Bericht. Hierbei wird er in der Regel davon absehen, dem Jugendamt die Akten zu übersenden, jedoch gegebenenfalls Akteneinsicht anregen.
8. Der Richter wird im allgemeinen den Eingang des Berichts des Jugendamtes nicht abwarten, sondern über die Eröffnung des Hauptverfahrens beschließen und Termin zur Hauptverhandlung auch dann anberaumen, wenn der Bericht noch nicht vorliegt. Von Ort und Zeit der Hauptverhandlung ist das Jugendamt zu benachrichtigen (§ 50 Abs. 3).
9. Befindet sich der Jugendliche als Fürsorgezögling in Heimerziehung, so ist in der Regel außer der Fürsorgeerziehungsbehörde auch der Leiter des Erziehungsheims unmittelbar um Äußerung zu ersuchen.
10. Die Untersuchung des Jugendlichen durch einen Sachverständigen kann — außer zur Feststellung des Entwicklungsstandes — namentlich veranlaßt sein,
   a) wenn Grund zu der Annahme besteht, daß die Verfehlung mit einer Geistes- oder Gemütskrankheit des Jugendlichen zusammenhängt,
   b) wenn der Jugendliche durch seelische, geistige oder körperliche Besonderheiten auffällt oder
   c) wenn der Jugendliche ohne erkennbare Ursachen erheblich verwahrlost ist.
11. Die Untersuchung wird dem Sachverständigen mitunter Veranlassung geben, die Unterbringung des Jugendlichen zur Beobachtung nach § 73 anzuregen.
12. § 43 gilt auch im Verfahren gegen Jugendliche vor den für allgemeine Strafsachen zuständigen Gerichten und im Verfahren gegen Heranwachsende (§ 104 Abs. 1 Nr. 3, § 109 Abs. 1 Satz 1; vgl. jedoch § 104 Abs. 3, § 112).

1a) Die Vorschrift befaßt sich nur mit den **Ermittlungen zur Persönlichkeit** des Täters (A 2) und wird durch § 44 ergänzt. Die Führung der übrigen Ermittlungen zum Tathergang richtet sich nach den allg. Vorschriften (§ 2). Bes. zu beachten sind die RiStV 3—5 (vgl A 5a!).

b) Die sorgfältige Persönlichkeitsermittlung ist die entscheidende **Voraussetzung für eine erfolgreiche Anwendung des JGG**. Nur wenn die Persönlichk. nach Anlage, Entwicklung u. allg. wie tatauslösenden Umwelteinflüssen eingehend erforscht ist, kann in einem vorwiegend nach erz. Gesichtspunkten ausgerichteten Täterstrafrecht, wie es das JGG ist, das rechte Erz.Mittel, die richtige Unrechtsfolge bestimmt werden (Einf. II 2a, b; auch § 3 A 1b) und kann auch das Verf. den bes. Erfordernissen dieses Täters und dieser Tat angepaßt werden (Einfl. II 2c) (vgl BGH NJW 51/769, 770 für das noch vorwiegend tatbezogene ErwR). Deshalb ist diese Persönlichkeitserforschung neben der Aufklärung des Sachverhalts eine bes. Verf.Aufgabe **von überragender Bedeutung**, da es im JR weniger auf das Geschehene ankommt als darauf, wie dieser Täter in seiner weiteren Entwicklung beeinflußt werden kann (Dallinger-Lackner N 6). Wegen dieser Bedeutung gilt § 43 **auch gegen Hw** (§ 109 I S 1), selbst wenn der Täter inzwischen **volljährig** geworden ist, u. grds auch in den Verf. der **ErwG** gegen J oder Hw (vgl RL 12 u. § 104 A 2a).

c) Organ der Persönlichkeitsforschung ist die JGH (vgl § 38 II S 2 und u. A 4, sowie § 38 A 5). Die Überwachung ist Sache des JStA (BGH 6/326, 328, RL 1, 5 S 3; vgl auch A 5), ebenso die laufende Unterrichtung der JGH (RL 5 S 3, 6, 7).

d) § 43 ist nur eine Soll-Vorschrift; sie bezieht sich zunächst auf das VorVerf. Ein Verstoß ist an sich kein Rev.Grund (BGH 6/326, 328). Doch verletzt das Ger. grds seine **Aufklärungspflicht** (§ 244 II StPO), wenn es ein Urteil ohne gründl. Persönlichkeitserforschung spricht, bes. also wenn es nicht prüft, ob die in § 43 vorgesehenen Maßnahmen nicht eine bessere Aufklärung des Persönlichkeitsbildes ermöglichen und damit für eine gerechte Urteilsfindung notwendig sind (Umfang s. A 3). Nur in der Verletzung der Aufklärungspflicht liegt ein Rev.Grund (BGH 6/326, 329). Damit das Ger. dieser Pflicht genügen kann, müssen JGH und JStA (A 4) im VorVerf. gem. § 43 ermitteln (insgesamt Dallinger-Lackner 7—11; vgl auch BGH MDR 54/694).

2a) Zu ermitteln sind alle Umstände, die zur Beurteilung der seelischen, geistigen u. charakterl. Eigenart dienen (I S 1), bes. auch Entwicklungsstand u. Reife. Es muß dadurch die Tat sowie die innere und äußere Lage, der sie entsprungen ist, in ihren wesentl. Zügen dargestellt und aus den seelischen Zuständen und Beweggründen erklärt werden können. Das ist eine kriminologische Aufgabe. Wegen Einzelheiten muß auf das Fachschrifttum verwiesen werden (vgl Einf. IV u. ausführl. bei Dallinger-Lackner N 15—17). Wichtig ist, daß die Persönlichk. und ihre Umwelt als Ganzes erfaßt wird; die Zweige der Kriminologie müssen dazu zusammenwirken; auch bei Analysen darf die **Ganzheitsbetrachtung** nicht vergessen werden (Dallinger-Lackner N 6, 18, 19).

b) Im einzelnen sind bes. von Bedeutung (1) Anlagen [Kriminalität, Trunksucht, Gewerbeunzucht in der Familie — vgl auch A 2b (6)], (2) Umwelt, bes. (a) Familie (unehel. Abstammung, Scheidung, Getrenntleben, Tod eines Elternteils; Berufstätigk., Lebenswandel, ggf Vergnügungssucht, Krankheiten der Eltern, wirtschaftl. Lage; Nestwärme, Einzelkind, jüngstes Kind, Schlüsselkind, Heimkind, Großelternkind; Verhältnisse zu Geschwistern u. anderen Verwandten), (b) sonstige Umwelt (Ernährung, Kleidung, Wohnung, Taschengeld, Beruf oder Arbeitslosigk., Freizeitgestaltung wie Lesen, Film, Sport, Tanzen uä, Nachbarschaft, Freundeskreis, Jugendverbände, Vereine, religiöse u. politische Einstellung, Gebräuche u. Sitten der Heimat), (3) Entwicklung (Kinderkrankheiten, Unfälle, Schulbildung, Berufsausbildung, Prüfungen, etwaige Verzögerungen, Säumnisse, Interesselosigkeit), (4) bisheriges Verhalten auch vor der Strafmündigk. (VorStr. oder Maßnahmen des VormRi., Erfolge in Schule u. Lehre, Verhalten zu Freunden, in Heimen, Verwendung des Einkommens, Freizeitgestaltung, Umgang, Verhältnis zum anderen Geschlecht, Rauchen u. Trinken, Interesse am politischen, wirtschaftl. u. sozialen Geschehen, Beeinflußbark. u. erz. Ansprechbark.), (5) Pläne (Berufsziel, Heiratsabsichten, Ehrgeiz im Sport uä). (6) Daneben sind Verstand, Begabung, Wille, Gemüt,

Gefühls- u. Triebleben, Charakter, Temperament, Wertvorstellungen, Einstellung zu Natur u. Technik allg. sowie bes. auffällige körperl. Erscheinungsformen von Bedeutung.

c) Bei der Wertung der einzelnen Tatsachen können **die Gut- u. Schlechtpunktsysteme** wertvolle Anhaltspunkte u. Kontrollen sein. Allein und mechanisch angewandt müssen sie allerdings zu Fehlbeurteilungen führen, weil ihnen die Gesamtschau fehlt. Schlechtpunktsysteme allein sind für die JArbeit nur bedingt brauchbar, da jede Erz.Arbeit beim Positiven ansetzen muß[1]).

3a) Der **Umfang der Ermittlungen** ist verschieden und wird von der Aufklärungspflicht (§ 244 II StPO; s. A 1 d) bestimmt; er ist auch von der Bedeutung der Sache abhängig (§ 73 RL 1, A 2b). Der bloße Eindruck in der Verh., der nur die körperl., höchstens auch die geistige, nicht aber die sittliche Entwicklung erkennen läßt, genügt niemals (ObLG DAR 56/19 für § 105). Die Anhörungen nach I S 2, 3 u. RL 9 sind grds vorzunehmen. In Bagatellfällen genügen polizeil. Ermittlungen (vgl § 38 III S 3). Sonst genügen in einfach gelagerten Fällen Ermittlungen der JGH (A 4a) allein; bei größeren Schwierigk. ist ein Sachverständiger (A 4c) zuzuziehen; in dem dazwischen liegenden Bereich kann die Einschaltung des JStA oder JRi. (A 4b) die erforderl. Aufklärung bringen. — Das alles gilt auch für Hw [s. aber A 3b (2)].

b) (1) Handelt es sich **zB** eindeutig um leichte Oberflächen- oder Gelegenheits-Kriminalität, genügt es, wenn das Bild des Täters skizziert wird. Wo aber schwerere Taten vorliegen, die in der Persönlichk. verwurzelt sind, hilft nur eine ganz eingehende Ermittlung. Nur so können die Voraussetzungen für FE oder JStr. dargetan oder abgelehnt oder die Voraussetzungen für StrAzBew. festgestellt werden (RL 1). Bes. sorgfältig muß ermittelt werden, wenn die Tat nicht zur bisherigen Lebensführung des J paßt oder wenn der J ohne ersichtl. Grund verwahrlost ist; hier finden sich oft tieferliegende, bisher nicht erkannte Ursachen (Dallinger-Lackner N 7). (2) Wo genügend Anhaltspunkte (also nicht nur der Eindruck) dafür vorliegen, daß die Tat eines Hw nach ErwR abzuurteilen ist und dabei § 106 nicht in Betracht kommt, können die Ermittlungen nach § 43 ganz unterbleiben (BGH 6/326, 329: Taten mit 19 u. 20 Jahren, seit 3 Jahren verheiratet, ordentl. Ehe, gesicherte Lebensgrundlage, 1 Kind, als Unrecht leicht erkennbare Taten).

4a) Die Ermittlungen betreibt grds die JGH (A 1c). (1)(a) Diese spricht mit ErzBer., gesVertr. (vgl § 50 II, 67), Lehrer, Lehrherrn oder sonstigem Ausbildungsleiter. Gem. § 43 I S 3 u. entspr. § 70 S 1 unterbleibt die Anhörung der letztgenannten, wenn unerwünschte Nachteile entstehen. Erz.Ber. u. gesVertr. haben eine stärkere Stellung, doch sind ihre weitgehenden Befugnisse in bes. Fällen auch beschränkbar (§§ 51 II, 67 IV). — (b) Weiter hört die JGH den J und seine Umgebung (§ 43 I S 3 gilt entspr.) und unterrichtet sich ggf bei FE-Behörde und -Heim (II, RL 9)

[1]) Dallinger-Lackner N 19; vgl Mezger S 230, Middendorf Zbl 56/194, Hinrichsen UJ 54/494 u. als Schlechtpunktsystem für die Rückfallprognose bei J Meyer DRiZ 57/294.

sowie bei Bew.- oder Schutzhelfer (RL 4). Bei Soldaten ist rglm der nächste Disziplinarvorgesetzte zu hören (§ 112d A 2 aE). Weiter sollte der J grds angehalten werden, einen Lebenslauf zu schreiben, der dem Ger. vorgelegt wird, weil daraus zu ersehen sein kann, welche Ereignisse den J bes. beeindruckt haben. — (2) Daneben greift die JGH auf frühere Feststellungen u. Beobachtungen auch aus früheren Verf. und aus Verf. gegen andere Täter zurück. (3) Die JGH sollte ihren **Bericht** grds beim JStA einreichen (bestr., s. A 5b). Näheres über den Bericht u. die Verwertung der Ermittlungen der JGH § 38 A 5b, c, FN 2.

b) (1) **Daneben kann** der **JStA**, ggf auch der **JRi.** selbst Berichte der Schule (I S 2, 3), der FE-Behörde, des FE-Heimleiters (II, RL 9), des Bew.- oder Schutzhelfers (RL 4), bei Soldaten auch des Disziplinarvorgesetzten (§ 112d A 2 aE) sowie Schulakten, -aufzeichnungen uä **erholen.** (2) An Hand des StReg. u. der Erz.Kartei **erholt** der JStA **frühere Akten** und zieht auch die Akten des VormRi., der Vollz.Anstalten u. Erz.Heime, ggf auch die Scheidungsakten der Eltern des J bei (vgl RL 2); weiter erholt er den Bericht der UHaft-Anstalt, eines Heims oä, wenn der J dort untergebracht ist (RL 3). (3) Von wesentl. Bedeutung kann auch die **Vernehmung** des J durch den JStA oder JRi. sein (§ 44; s. dort).

c) Ist dadurch keine genügende (vgl A 3) Klärung zu erzielen, muß eine **Untersuchung**[2]) **durch einen** zur kriminalbiologischen Untersuchung J befähigten **Sachverständigen**[3]) angeordnet werden (III). — (1) Ein erfahrener JRi. wird einen Sachverständigen weniger oft heranziehen müssen als ein JRi., der sich noch einarbeiten muß oder gar ein ErwG. Außer in den in RL 10 sowie § 10 RL 8 genannten Fällen ist ein Sachverständiger einzuschalten, wenn noch zu klären ist, ob die Verfehlung eine Episode (Pubertät, Gelegenheit) oder ein Symptom (Anlage, Verwahrlosung) ist, und wenn die Tat nach dem bisherigen Verhalten nicht verständl. ist. — (2) Wie im allgR sind auch diese Sachverständigen nur **Gehilfen des Ri.,** der die Verantwortung trägt und sich selbst eine Meinung bilden muß (BGH 7/238). Auskünfte, die der Sachverständige von dritter Seite erhalten hat, können durch ihn nicht in den Prozeß eingeführt werden. Bestreitet der Angeklagte, ist über solche Tatsachen bes. Beweis zu erheben, falls sie für das Urteil bedeutsam sind (BGH 9/292). (3) Die **Untersuchung** soll **möglichst ambulant** erfolgen. Wo das nicht genügt (vgl RL 11), muß die Unterbringung zur Beobachtung (§ 73; s. dort) angeordnet werden, falls nicht die Untersuchung gelegentl. einer aus anderen Gründen angeordneten UHaft oder einstweiligen Unterbringung in einem Erz.Heim mögl. wird. (4) Die richterl. angeordnete Untersuchung nach § 43 III kann durch Vorführung **erzwungen** werden (Argument aus § 73). Die AO umfaßt jedoch nicht die Befugnis, jede körperl. Untersuchung vorzunehmen; dafür gelten §§ 81a, b StPO. — Unabhängig davon gilt § 246a StPO, wenn mit Unterbringung in einer Heil- oder Pflegeanstalt zu rechnen ist.

[2]) Vgl Illchmann-Christ, Gerichtsärztl. Probleme des neuen JGG, Zbl 55/69.

[3]) JPsychologen, JPsychiater, die oft bei Erz.Beratungsstellen tätig sind; am besten dürfte ein mit den psychologischen Untersuchungsmethoden vertrauter JPsychiater geeignet sein; Helbig NJW 57/1665; **entscheidend ist aber die Persönlichk.**

5a) Diese weitgehende Ermittlungspflicht könnte zu einer **Verzögerung** des Verf. führen. Das **muß** aber aus erz. Gründen **vermieden werden.** Bes. bei der kleineren und mittleren Kriminalität ist auch die beste Maßnahme erz. weniger wirksam, wenn sie der Tat nicht auf dem Fuße folgt (RL 5 S 2). Das JVerf. kann jedoch in angemessener Zeit durchgeführt werden, wenn die Tatbestandsermittlung schnell betrieben (s. RiStV 3—5) und möglichst gleichzeitig (I S 1, § 38 III S 2) die Persönlichkeitserforschung rasch durchgeführt wird. Deshalb soll die JGH schon von der Polizei verständigt werden (RL 5 S 3), doch nur bei hinreichendem Verdacht. Um die Nachteile unnötiger Bloßstellung zu vermeiden, kann das JAmt zunächst nur im Rahmen seiner allg. fürsorgerischen Tätigk. auftreten. Kann der Schuldnachweis nicht geführt werden, muß die JGH sofort unterrichtet werden (RL 6 S 4).

b) Unter der notwendigen Beschleunigung darf aber die **Sorgfalt** des Verf. **nicht leiden** (A 1b). Denn eine richtige Maßnahme nach etwas längerer Zeit ist noch besser als eine schnelle, aber falsche Maßnahme. Schon die Entsch. des JStA, welche Verf.Art zu wählen und zu welchem Ger. anzuklagen ist (Einf. II 2c (1), § 36 A 1a, § 109 II), ja ob überhaupt ein Verf. durchzuführen ist (§§ 3, 45), hängt von dem Ergebnis der Persönlichkeitserforschung ab, also davon, ob der J die Altersreife hat (§ 3), ob der Hw altersgemäß entwickelt ist (§ 105), ob die Tat anlage- oder gelegenheitsbedingt ist, ob sie auf Verwahrlosung u. schädl. Neigungen beruht ua. Es ist deshalb im Regelfall (a. nach § 76 I im Hinblick auf Rücknahmemöglichk. u. § 77) nicht zu billigen, wenn der JStA noch vor Eingang auch nur eines mündl. Zwischenberichts der JGH (RL 5 S 4) anklagt, der JRi. so das Verf. eröffnet (aA Dallinger-Lackner N 14, Potrykus Vorb. 2; RL 6, 8), zumal die Ermittlungen nach § 43 Aufgabe des StA, nicht des Ger. sind (BGH 6/326, 328). Eine untragbare Verzögerung tritt dabei nicht ein, wenn die Ermittlungen nur im notwendigen Umfang (A 3) geführt, JGH, Polizei u. JStA rasch und konzentriert arbeiten und der Ri. kurzfristig die Termine anberaumt.

§ 44

Vernehmung des Beschuldigten

1) Hw : § 109 RL 6; aber § 44 RL 1 S 2. — **2)** ErwG: RL 1 S 2; § 104 II.

Ist Jugendstrafe zu erwarten, so soll der Staatsanwalt oder der Vorsitzende des Jugendgerichts den Beschuldigten vernehmen, ehe die Anklage erhoben wird.

Richtlinien zu § 44:

1. Die Vernehmung dient vor allem dem Zweck, vor der Hauptverhandlung, in der der Jugendliche sich vielfach nicht unbefangen gibt, ein persönliches Bild von ihm zu erhalten und dadurch auch die Prüfung der strafrechtlichen Verantwortlichkeit (§ 3) zu erleichtern. Eine solche Vernehmung kann auch im Verfahren gegen Jugendliche vor den für allgemeine Strafsachen zuständigen Gerichten angezeigt sein, obwohl sie dort nicht vorgeschrieben ist (§ 104); das gleiche gilt im Hinblick auf § 105 auch im Verfahren gegen Heranwachsende (§ 109). Die Vernehmung

kann die Grundlage für die Entschließung bilden, ob die Untersuchung des Jugendlichen nach § 43 Abs. 3 oder § 73 Abs. 1 angezeigt ist.

2. Bei der Vernehmung wird der Staatsanwalt oder der Richter die in Nr. 19 RiStV dargelegten Grundsätze und, wenn Schulkinder vernommen werden, etwa hierfür ergangene Bestimmungen beachten. Wie die Vernehmung aktenkundig gemacht und ob ein Protokollführer zugezogen werden soll, steht im Ermessen des Vernehmenden.

1a) Die „Vernehmung“ dient der Persönlichkeitserforschung durch den persönl. Eindruck (RL 1 S 1, 3). Sie ist am besten zwanglos und ohne Protokollführer und StA durchzuführen, weil sich der J so am besten aufschließt; das Ergebnis sollte der Vernehmende anschließend in einer Aktenfeststellung niederlegen (vgl RL 2).

b) Die Vernehmung **kann zugleich der Ermittlung des Sachverhalts** dienen und dabei die polizeil. Vernehmung ersetzen (was oft wünschenswert ist; vgl RiStV 19) oder ergänzen. Für die richterl. Vernehmung gelten dann die §§ 133ff, 162, 166, 168, 169 I, 187, 188, 192 II StPO; 34 I JGG; hier muß also ein Protokollführer zugezogen werden (vgl auch RiStV 33f). Wo der Sachverhalt bereits ermittelt ist, sollte sich die Vernehmung auf die Persönlichkeitserforschung beschränken (A 1a).

c) Über das Recht des ErzBer. u. des gesVertr. s. § 67, A 2d.

2a) Ob der JStA oder JRi. vernimmt, hängt vom Einzelfall ab. Eine Regel, daß grds der JRi. vernehmen sollte (so Potrykus B 3), besteht nicht. Der JStA ist Herr des VorVerf.; ein persönl. Eindruck kann für seine Entsch. (§ 36 A 1a, § 43 A 5b) oft wesentl. sein (Dallinger-Lackner N 7). Andererseits unterbricht die richterl. Vernehmung die Verjährung (§ 68 StGB).

b) Einen Antrag des JStA auf Vernehmung nach § 44 kann der **JRi.** nicht ablehnen (§§ 162 StPO, 158 GVG). Zuständig ist der Vorsitzende des Ger., zu dem Anklage erhoben werden soll.

3) § 44 ist eine **Sollvorschrift.** Da die Aufschließung des J oft zeitraubend ist, bleibt § 44 bei der Überlastung der JRi. und JStA leider häufig unbeachtet (Becker JR 54/46). Das aber kann wegen ungenügender Persönlichkeitserforschung (§§ 244 II StPO, 43 JGG) zur Aufhebung des Urteils führen.

§ 45

Absehen von der Verfolgung

1) ~~**Hw**~~ : § 109 RL 6; § 45 RL 8; vgl § 109 A 2b (1). — **2) ErwG:** § 104 I 4, § 45 RL 8.

(1) Hält der Staatsanwalt eine Ahndung durch Urteil für entbehrlich, so kann er bei dem Jugendrichter anregen, dem geständigen Beschuldigten eine Arbeitsauflage zu machen, ihm besondere Pflichten aufzuerlegen, die Teilnahme an einem polizeilichen Verkehrsunterricht anzuordnen oder eine Ermahnung auszusprechen. § 11 Abs. 2 und § 15 Abs. 3 sind nicht anzuwenden. Entspricht der Jugendrichter der Anregung, so hat der Staatsanwalt von der Verfolgung abzusehen.

(2) Der Staatsanwalt kann ohne Zustimmung des Richters von der Verfolgung absehen, wenn

1. eine erzieherische Maßnahme, die eine Ahndung durch den Richter entbehrlich macht, bereits angeordnet ist oder

2. die Voraussetzung des § 153 der Strafprozeßordnung vorliegen.

Richtlinien zu § 45:

1. Wegen der Erteilung von Arbeitsauflagen und der Auferlegung besonderer Pflichten wird auf die Richtlinien zu §§ 10 und 15 hingewiesen.
2. Aus erzieherischen Gründen empfiehlt es sich, die Ermahnung nach Möglichkeit mündlich zu erteilen und sie mit einer der anderen in Abs. 1 bezeichneten Maßnahmen zu verbinden.
3. Kommt der Jugendliche Weisungen oder besonderen Pflichten nicht nach, so darf Jugendarrest nicht verhängt werden (§ 45 Abs. 1 Satz 2). Der Staatsanwalt prüft daher, ob das Verfahren aufzunehmen und durchzuführen ist.
4. Die erzieherische Maßnahme, die eine Ahndung durch den Richter entbehrlich macht, braucht nicht von einem Gericht angeordnet zu sein; sie kann z. B. auch von dem Erziehungsberechtigten, dem Jugendamt, der Schule oder dem Lehrherrn ausgehen.
5. Nach § 153 Abs. 1 und 2 StPO wird der Staatsanwalt nur in seltenen Ausnahme fällen verfahren, da das Absehen von der Verfolgung ohne jede Maßnahme gegen den Jugendlichen nachteilige erzieherische Wirkungen hervorrufen kann.
6. In Zweifelsfällen gibt der Staatsanwalt dem Jugendrichter Gelegenheit zur Äußerung, bevor er von der Verfolgung absieht.
7. Ist der Jugendliche mangels Reife strafrechtlich nicht verantwortlich (§ 3), so stellt der Staatsanwalt das Verfahren ein und benachrichtigt den Vormundschaftsrichter.
8. § 45 gilt auch im Verfahren gegen Jugendliche vor den für allgemeine Strafsachen zuständigen Gerichten (§ 104 Abs. 1 Nr. 4), aber nicht im Verfahren gegen Heranwachsende (§ 109).

1a) (1) **Wie im allgR** stellt der StA das Verf. ein, wenn die Tat nicht strafbar oder nicht nachzuweisen ist oder wenn eine Prozeßvoraussetzung fehlt (**§ 170 II StPO**). Gleiches gilt, wenn die Altersreife fehlt (§ 3) oder nicht nachweisbar ist (RL 7; § 3 A 3a, b). Wird eingestellt, weil die Altersreife nicht festzustellen ist, können vormundschaftsrichterl. ErzMaßnahmen beim JRi. beantragt werden (§ 3 S 2, A 5a). (2) Leichtfertig erhobene Anklagen (s. RiStV 88) sind erz. bes. gefährl. (3) Wird das Verf. aus diesen Gründen eingestellt, kann der Verletzte das Klageerzwingungsverf. betreiben[1]).

[1]) Pentz NJW 58/819; unklar Dallinger-Lackner N 37; aA Potrykus B 2, Löwe-Rosenberg § 172 StPO A 5 aE: gegen J soll es überhaupt kein Klageerzwingungsverf. geben. Doch ist das Legalitätsprinzip nur gelockert, nicht aufgehoben (s. A 1c). Stellt der StA nur deshalb

b) (1) **Weiter** kann der StA wie im allgR unter den bes. Voraussetzungen der §§ 153—154c, 376 StPO von der Verfolgung absehen (**Opportunitätsprinzip**). Die §§ 153 u. 376 StPO sind allerdings für das JR durch die §§ 45 II 2, 80 I 2 abgewandelt. Die übrigen StPO-Vorschriften aber werden **durch § 45 nicht ausgeschaltet.** Es gibt immer wieder Fälle, bei denen die Voraussetzungen des § 45 nicht vorliegen oder wenigstens zw. sind, während eine Einstellungsmöglichk. der StPO unzweideutig gegeben ist. Da § 45 den Verfolgungszwang weiter auflockert, kann aus ihm keine Einschränkung der allg. Einstellungsmöglichk. abgeleitet werden (so wohl auch Dallinger-Lackner N 6 u. § 31 RL 4 für § 154 StPO; aA wohl Löwe-Rosenberg § 154 StPO A 14, Schwarz § 154 StPO A 1). (2) Das Klageerzwingungsverf. ist hier durch § 172 II S 3 StPO ausgeschlossen.

c) Gegenüber J (RL 8; Alter: zZ der Tat) ist aber das **Legalitätsprinzip** (§ 152 II StPO nicht nur durch das Opportunitätsprinzip (A 1b) aufgelockert, sondern **durch** das **Subsidiaritätsprinzip**, durch den Vorrang des ErzGedankens sogar bei Verbrechen, **durchbrochen.** Es wäre zB erz. verfehlt, wenn wegen einer Bagatelle gegen einen J eine ordentl. Verh. durchgeführt würde. § 45 ist deshalb für das JR keine Ausnahmevorschrift, sondern der Ausdruck des allg. Gedankens, daß — wie im Verhältnis ErzM, ZuchtM, JStr. — nur dort ein aufgelockertes (§ 76) oder förml. GerVerf. durchgeführt werden soll, wo ein formloses ErzVerf. nicht genügt. § 45 begegnet damit einer Entwertung der Ger.Verh. und des Urteils. Deshalb muß die Möglichk., von der Verfolgung abzusehen, in jeder Lage des Verf. (§ 47 A 1c) geprüft werden (vgl Dallinger-Lackner N 7, Potrykus B 4). Sie wird grds nur bei leichteren, erstmaligen Verfehlungen gegeben sein; bei Verfehlungen mit kriminellem Gehalt (leichte Diebstähle, auch Mundraub zB) wird ein Absehen nach § 45 nur zu vertreten sein, wenn RL 2 genau beachtet wird. — Insgesamt kann man nicht — wie Potrykus B 2 — von einer Anklagefreiheit sprechen, da auch das Verf. nach § 45 an bestimmte Voraussetzungen gebunden ist (Pentz NJW 58/819). Wegen Anfechtung s. A 5a.

Bevor der StA nach § 45 verfährt, muß er **zunächst prüfen, ob** nach **§ 170 II StPO** (A 1a) oder nach einem **AmnestieGes.** einzustellen ist. Doch ist ein Absehen nach § 45 II auch ohne Klärung der noch zw. Schuldfrage mögl., wenn auch bei Bejahung der Schuldfrage nur ein Absehen nach § 45 II in Betracht käme, weil entweder ausreichende erz. Maßnahmen bereits von dritter Seite getroffen oder aber keinerlei Maßnahmen erforderl. sind[1a]).

d) Für alle Fälle (A 1a, b, c) gelten für die **Benachrichtigung** und Mitt. die §§ 170 II S 2, 171 StPO, 67 II, 70 JGG; Nr. 70, 71 RiStV, 10, 11, 31, 32, 35 MiStra, 2 I e, II AO Erz.Kartei.

---

das Verf. ein, weil er die Tat nicht für strafbar oder nachweisbar hält, ist kein Grund ersichtl., warum diese Entsch. im JR nicht nachprüfbar sein soll. Ganz deutl. wird dies dann, wenn die Voraussetzungen des § 45 u. der in A 1b genannten Vorschriften eindeutig nicht vorliegen, zB bei Mord.

1a) Dallinger-Lackner N 17; aA wohl Potrykus B 1 u. Pentz NJW 58/819, die stets eine Klärung der Schuldfrage zu fordern scheinen; das wäre in den genannten Fällen aber ein sinnloser Arbeitsaufwand u. ggf auch erz. bedenkl.

2) Wo das Eingreifen des Ger. überhaupt entbehrt werden kann, verfährt der JStA entspr. dem Subsidiaritätsprinzip gem. **II.**

a) Der StA kann von der Verfolgung jeder Übertretung und jedes Vergehens unter den Voraussetzungen des **§ 153 StPO** absehen, also wenn die Schuld gering ist, die Folgen der Tat unbedeutend sind und an der Verfolgung der Tat kein öffentl. Interesse besteht. Weiter dürfen erz. Maßnahmen nicht erforderl. sein. Letzteres ist nur selten der Fall, etwa wenn eine bes. leichte Tat so lange zurückliegt, daß der Täter keine Beziehungen mehr zu ihr hat, uU auch bei einem nur leicht schuldhaften Verbotsirrtum, einer Konfliktssituation oder wenn der Täter die Grenze der strafrechtl. Verantwortlichk. (§ 3) gerade überschritten hatte (vgl Kümmerlin DJ 43/558). Auch in diesen Fällen wird meist wenigstens eine Ermahnung (vgl A 2b u. A 3a) angebracht sein (RL 5). Wegen der übrigen Voraussetzungen kann auf die Erläuterungswerke zur StPO verwiesen werden. — Auch bei Vergehen ist die **Zustimmung des Ri. nicht erforderl.,** wie sich aus den ersten Worten des II und daraus ergibt, daß die Zustimmung des Ri. in § 153 II das Legalitätsprinzip sichern soll, dieses aber gerade durch § 45 durchbrochen ist (A 1c); der Hinweis auf § 153 StPO (ohne Anführung eines bestimmten Abs.) sollte nur der Befugnis des StA, von der Verfolgung ohne Zustimmung des Ri. abzusehen, einen festen Rahmen geben (ebenso Dallinger-Lackner N 9, 15, s. a. § 109 RL 6 unter „§ 45"; aA Potrykus B 8, NJW 54/822, Pentz NJW 54/1352); doch verdient gerade hier RL 6 Beachtung.

b) Der StA kann von der Verfolgung jeden Deliktes (auch eines Verbrechens) **absehen, wenn** eine **ausreichende erz. Maßnahme** bereits angeordnet ist. Er kann diese Voraussetzungen selbst schaffen (vgl BGH 8/182, 185f für StrAzBew. bei behördl. Maßnahmen), indem er solche Maßnahmen anregt (Dallinger-Lackner N 12, 13) oder eine solche zB in Gestalt einer Ermahnung [vgl A 3a (4)], Belehrung oä selbst ergreift (Dallinger-Lackner N 14, Potrykus B 4). Die Erz.Maßnahme kann zB vom VormRi., ErzBer., Lehrmeister, Schutz- oder Bew.Helfer, JAmt oder auch von der Schule getroffen worden sein (RL 4). Auch eine Ermahnung oder Belehrung durch die Polizei (vgl § 22 StVG u. § 75 A 6b) oder die JGH im Ermittlungsverf. gehört hierher, falls sie den J beeindruckt hat (Dallinger-Lackner N 14, Potrykus B 4).

3a) Ist die **Einschaltung des Ger.** erforderl., so ist doch häufig noch eine Ahndung durch **Urteil entbehrl.** Der StA regt in diesem Fall die entspr. **erz. Maßnahmen** beim Ri. an. Es kommen dabei — allein oder nebeneinander (§ 8) — nur in Betracht: (1) Arbeitsaufl. [§ 10 I Z 4, RL 1, 4; A 2a (2)] — (2) Teilnahme an einem polizeil. Verkehrsunterricht (§ 10 Z 7) — (3) Auferlegung bes. Pflichten (§ 15; s. RL u. A dazu), also auch Schadenswiedergutmachung durch Zahlung bestimmter Verf. Auslagen [s. § 15 A 2a (2)] — (4) Ermahnung (vgl § 14 RL 1 S 2, 3; A 1 — wegen der Form s. RL 2). — Die JGH muß hier vor der AO der Arbeitsaufl. oder des Verkehrsunterrichts (also einer Weisung) wegen einer Übertretung nicht gehört werden (§ 75 I S 3 entspr., Dallinger-Lackner N 25; s. aber A 5a). Die Weisungen können gem. § 11 I geändert werden, aber unter Beschränkung auf die zwei in § 45 genannten. Über Ungehorsam s. A 3d (2) (b).

b) **Voraussetzung** für diese erz. Maßnahmen des Ri. ist ein **glaubhaftes Geständnis.** Dessen Vorliegen u. die Zweckmäßigk. der Maßnahme hat der Ri. zu prüfen.

c) **Der Ri. kann** dem Vorschlag des StA ganz **entsprechen oder** er kann ihn **ablehnen.** Er kann **auch eine andere zulässige Maßnahme** [A 3a (1)—(4)] **treffen.** Solche Abweichungen sollten grds im Einvernehmen mit dem StA erfolgen; durch seine Zustimmung ändert der StA seinen Antrag, so daß der Ri. mit der AO dem — geänderten — Vorschlag entspricht. Der Ri. kann aber auch ohne Zustimmung des StA, ja gegen dessen Willen eine andere zulässige Maßnahme treffen[2]).

d) (1) **Entspricht der Ri. dem Vorschlag** des StA (s. A 3c) **u. erfüllt der J die AO,** muß der StA von der Verfolgung absehen. Es liegt ein echtes **Verf.Hindernis** vor **(bestr.)**[3]). Eine Anklage oder einen Antrag nach § 76 müßte das Ger. deshalb auch dann zurückweisen (§ 204 StPO), wenn der StA zwar zunächst eingestellt, das Verf. später aber wieder aufgenommen hätte, ohne daß ein rechtfertigender Grund (§ 47 III entspr.; Dallinger-Lackner N 30; vgl § 47 A 5d) gegeben wäre. Deshalb bleibt der an sich zulässigen Dienstaufsichtsbeschwerde gegen die Einstellung rglm der Erfolg versagt, wenn nicht die Voraussetzungen des § 47 III vorliegen. Auch ein Auskunftsverweigerungsrecht nach § 55 StPO ist deshalb nur gegeben, wo die Voraussetzungen des § 47 III vorliegen (vgl aber BGH 10/104, 106f). (2) (a) **Entspricht der Ri. dem Vorschlag des StA nicht,** dh trifft er keine oder eine vom StA nicht beantragte Maßnahme, **oder** (b) **erfüllt der J** die im Einvernehmen mit dem StA vom Ri. erlassene **AO nicht,** ist der StA frei[4]). Der StA kann also anklagen, wenn die Voraussetzungen (noch) gegeben sind (Verjährung!) oder aus einem anderen Grunde das Verf. einstellen. Bereits erbrachte Leistungen sind in einem späteren Urteil anzurechnen (Dallinger-Lackner N 30), soweit sie nicht zurückerstattet werden können (Potrykus B 6; vgl auch BGH NJW 51/894). — Dagegen kann wegen des Ungehorsams des J kein JA verhängt werden [§ 11 A 2b (2)].

4) § 45 bietet auch die Möglichk., ein Verf. noch **im VorVerf. zur Bew. auszusetzen** (s. § 21 A 1a). Oft wird sich erst aus dem Verhalten nach der Tat, der Möglichk. oder dem Erfolg von Maßnahmen nach II Z 1 sicher beurteilen lassen, ob ein Einschreiten des Ger. erforderl. ist (Dallinger-Lackner N 31; aA Potrykus B 10). Nach Möglichk. sollte der StA aber ein solches Verf. dem Ri. überlassen (vgl § 47 A 4).

---

[2]) Dallinger-Lackner N 24, Pentz NJW 54/1352, aA Potrykus B 6; aber das Ges. ordnet keine Bindung des Ri. an.

[3]) Dallinger-Lackner N 28, vgl auch Fränkel bei LM § 45 JGG Nr 1; **aA BGH** 10/104, 106f, Potrykus B 6, Pentz NJW 54/1352; diese nehmen an, daß kein Verbrauch der Str.Klage eintrete und eine vom StA — gegen die gesetzl. Vorschriften — erhobene Anklage zulässig sei. Diese Meinung kann nicht gebilligt werden, da man kaum annehmen kann, daß der Ges. Geber die Nichtbeachtung dieses gesetzl. Verbotes zulassen wollte; eine Anfechtung ist näml. durch § 55 I praktisch ausgeschlossen.

[4]) Dallinger-Lackner N 28, Potrykus B 6; aA Pentz NJW 54/1352: Der StA sei auch gebunden, wenn der JRi. eine andere Maßnahme getroffen habe. Doch ist der StA Herr des VorVerf. u. kann deshalb nicht durch eine von ihm nicht gebilligte Maßnahme gebunden werden.

5a) Die Entsch. nach § 45 **trifft der StA rglm auf Grund des Berichtes der JGH**, ggf unter Anhörung des ErzBer. u. des gesVertr. Ein Mitwirken des Ri. ist nur im Falle des I (A 3) vorgeschrieben; doch sollte seine Stellungnahme in allen nicht ganz bedeutungslosen Fällen eingeholt werden (RL 6). Der StA ist aber nur im Falle des I gebunden [A 3d(1)]; sonst kann er auch bei Zustimmung des Ri. zur Einstellung wie in den Fällen des allgR (A 1b) noch anklagen, sogar noch nach Einstellung (Dallinger-Lackner N 4, 18). — Die Entsch. des StA nach § 45 ist nur mit Dienstaufsichtsbeschwerde, nicht im Klageerzwingungsverf. anzufechten (allgM; vgl § 172 II S 3 StPO), es sei denn, der StA habe die ihm durch § 45 gesetzten Grenzen überschritten (Pentz NJW 58/819); beim Absehen nach I versagt rglm auch diese Beschwerde [vgl A 3d (1)].

b) Eine nach § 45 getroffene Maßnahme kann **nicht zu einer EinheitsStr.** einbezogen werden (§ 31 A 6a).

§ 46

Wesentliches Ergebnis der Ermittlungen

1) Hw: § 109 RL 6; aber § 46 RL 4. — **2)** ErwG: RL 4.

Der Staatsanwalt soll das wesentliche Ergebnis der Ermittlungen in der Anklageschrift (§ 200 Abs. 2 der Strafprozeßordnung) so darstellen, daß die Kenntnisnahme durch den Beschuldigten möglichst keine Nachteile für seine Erziehung verursacht.

Richtlinien zu § 46:

1. Ausführungen über mangelhafte Erziehung des Jugendlichen durch die Eltern, Einzelheiten über Sittlichkeitsdelikte oder über kriminelle Methoden und ähnliche Angaben nimmt der Staatsanwalt nicht in die Anklageschrift auf.
2. Auf eine dem Jugendlichen verständliche Fassung der Anklageschrift legt der Staatsanwalt besonderes Gewicht. Im übrigen ist Nr. 89 RiStV zu beachten.
3. Wegen des Antrags im vereinfachten Jugendverfahren wird auf § 76 und die Richtlinien dazu hingewiesen.
4. Wenn auch § 46 im Verfahren gegen Jugendliche vor den für allgemeine Strafsachen zuständigen Gerichten und im Verfahren gegen Heranwachsende nicht unmittelbar gilt (§§ 104, 109), so wird doch sein Grundgedanke auch dort zu beachten sein.

1a) Die Anklageschrift hat die Tat unter Hervorhebung ihrer ges. Merkmale nicht nur durch Angabe des **Gesetzeswortlautes** und des Ortes und der Zeit der Tat, sondern auch durch Angabe konkreter **Tatumstände** individualisierend zu schildern (§ 200 I StPO, BGH NJW 54/360; vgl auch BGH 5/226, 227 u. 10/137, 139ff). Das gilt auch für das JGG. RL 1 gilt nur in diesem Rahmen; doch sind erz. Gesichtspunkte bei der Fassung auch hier zu beachten.

b) Unter den **Strafgesetzen** ist bei J stets § 3 als Schuldvoraussetzung zu nennen; bei Hw, gegen die JR zur Anwendung kommen wird, § 105; die näheren Einzelheiten der Begründung gehören in das wesentl. Ermittlungsergebnis (Dallinger-Lackner N 4, Kleinknecht-Müller A 3i zu § 200 StPO; aA Löwe-Rosenberg A 6, 10 zu § 200 StPO: zur Tatbezeichnung).

2a) Das wesentl. Ergebnis der Ermittlungen braucht nur (vgl aber RiStV 91 I) bei Anklagen zum JSchöffG und zu höheren Ger. aufgenommen zu werden (§§ 200 II S 2, 33 II, 39 JGG). Es dient dem rechtsstaatl. Schutz des Angeklagten, indem es die wesentl. Einzelheiten des Beweisstoffes aufdeckt, der im geheimen VorVerf. gesammelt wurde, ihm dadurch erst die Möglichk. zu Anträgen nach § 201 StPO gibt und eine wirksam vorbereitete (§ 219 StPO) Verteidigung gestattet.

b) Bei dieser Bedeutung hat das wesentl. Ergebnis der Ermittlungen seinen festen Platz auch im JR. Bei **geschickter Fassung** (vgl auch RL 1) der Anklageschrift (s. RL 3) werden sich aus der Mitt. an den J (A 4) rglm keine erz. Nachteile ergeben. Bei unlösbarem Konflikt aber geht der rechtsstaatl. Schutz (A 2a) erz. Bedenken vor.

3) Es ist selbstverständl., daß gerade im JVerf. die Anklageschrift **klar u. verständl.** sein muß (RL 2; vgl auch RiStV 89). Zur Auswahl der Beweismittel s. RiStV 90.

4) Die Anklageschrift ist dem J, seinem ErzBer. u. seinem gesVertr. in vollem Umfang **zuzustellen** (§§ 201 StPO, 67 II JGG, RiStV 93 I) und dem Verteidiger in Abschrift zuzusenden (RiStV 93 III); vgl auch die MiStra, bes. 10—13, 31—35.

Zweiter Unterabschnitt

Das Hauptverfahren

§ 47

Einstellung des Verfahrens durch den Richter

1) Hw: § 109 RL 6, § 47 RL 2; vgl § 109 A 2b (1). — **2) ErwG:** RL 2; § 104 I 4.

(1) Ist die Anklage eingereicht, so kann der Richter das Verfahren einstellen, wenn

1. er eine Ahndung für entbehrlich hält und gegen den geständigen Angeklagten eine in § 45 Abs. 1 bezeichnete Maßnahme anordnet,

2. die Voraussetzungen des § 45 Abs. 2 vorliegen oder

3. der Angeklagte mangels Reife strafrechtlich nicht verantwortlich ist.

(2) Die Einstellung bedarf der Zustimmung des Staatsanwalts. Der Einstellungsbeschluß kann auch in der Hauptverhandlung ergehen. Er wird mit Gründen versehen und ist nicht anfechtbar. Die Gründe werden dem Angeklagten nicht mitgeteilt, soweit davon Nachteile für die Erziehung zu befürchten sind.

(3) Wegen derselben Tat kann nur auf Grund neuer Tatsachen oder Beweismittel von neuem Anklage erhoben werden.

Richtlinien zu § 47:

1. Im vereinfachten Jugendverfahren bedarf es der Zustimmung des Staatsanwalts zu der Einstellung des Verfahrens nach § 47 Abs. 2 Satz 1 in der mündlichen Verhandlung nicht, wenn der Staatsanwalt an dieser nicht teilnimmt (§ 78 Abs. 2 Satz 2).
2. § 47 gilt auch im Verfahren gegen Jugendliche vor den für allgemeine Strafsachen zuständigen Gerichten (§ 104 Abs. 1 Nr. 4), jedoch nicht im Verfahren gegen Heranwachsende (§ 109).

1) Ist die Anklage gegen einen J (zZ der Tat; s. RL 2) erhoben oder Antrag nach § 76 gestellt (§ 76 I 2), gilt — solange nicht die Klage zulässig zurückgenommen (§ 156 StPO) ist — folgendes:

a) Wie im allgR ist **zunächst** (§ 45 A 1 c 2. Abs. entspr.) **zu prüfen, ob** „der Angeschuldigte einer strafbaren Handlung **hinreichend verdächtig erscheint**" (§ 203 StPO). Das Hauptverf. wird nicht eröffnet, wenn eine Verurteilung nicht zu erwarten ist; es gilt dasselbe wie für die Einstellung des Vorverf. durch den StA [s. § 45 A 1a (1), (2)] (Dallinger-Lackner N 6, 7) (Legalitätsprinzip).

b) Daneben kann das Ger. das Verf. **gem. §§ 153a II, 154 II, 154b IV StPO einstellen** (s. § 45 A 1b) (Opportunitätsprinzip). § 153 III StPO ist in § 47 völlig aufgegangen, § 383 II StPO durch § 80 I gegenstandslos.

c) Das erz. bedingte Subsidiaritätsprinzip führt dazu, daß jedes Ger. (s. RL 2) das Verf. bis zur Rechtskraft (§ 153 III StPO entspr.) **unter den Voraussetzungen des § 45 einstellt,** wo das formlose ErzVerf. genügt (vgl § 45 A 1c). Diese Einstellung ist also noch im Rev.Verf. u. auch dann mögl., wenn kein die Anfechtung rechtfertigender Grund zur Abänderung der Entsch. zwingt (Dallinger-Lackner N 9), ebenso im jrichterl. Verfügungsverf. (§ 75 II) selbst nach Einspruch (§ 75 A 5b).

2) Wegen der **Voraussetzungen** des § 45 wird auf dessen A 2 u. 3a, b verwiesen. Es gilt hier das gleiche.

a) Die Einstellung ohne jede Reaktion (§ 45 II Z 2) empfiehlt sich hier noch weniger (vgl § 45 A 2a; Kümmerlin DJ 43/558).

b) Die **erz. Maßnahmen** (§ 45 II Z 1, A 2b) können vor oder nach der Anklage-Erhebung liegen.

c) Die AO von Maßnahmen (§ 45 I, A 3a) setzt auch hier ein Geständnis voraus (§ 45 A 3b). Kommt der J den Aufl. nach, muß der JRi. einstellen; der JStA kann seine Zustimmung nicht verweigern (Dallinger-Lackner N 15). Wegen der Folgen des Ungehorsams gilt § 45 A 3d(2). Wegen der Rechtskraft der Einstellung s. u. A 5d.

3) Weiter kann **nach Eröffnung des Hauptverf.** in gleicher Weise **eingestellt** werden, **wenn** sich inzwischen (s. A 1a) herausgestellt hat, **daß die Altersreife** (§ 3 — nicht die Zurechnungsfähigk. nach §§ 51, 55 StGB) **fehlt** oder nicht nachweisbar ist [s. § 45 A 1a (1)]. Dies ermöglicht es, erz. ungünstige Freisprüche zu vermeiden. Grds sollte hier aber die Tat als solche festgestellt (s. § 3 A 3a, FN 1) und nach § 3 S 2 verfahren werden, bes. wenn die Einstellung erst in der Verh. erfolgt (§ 3 RL 3 u. A 5); wegen der Begründung s. § 54 A 3d aE.

4) Die Frage, ob eingestellt werden kann, läßt sich oft erst auf Grund der weiteren Entwicklung u. des weiteren Verhaltens klären. § 47 bietet die Grundlage für eine **Einstellung zur Bew. im Zwischenverf. und auch im Hauptverf.** vor dem Urteil (vgl Clostermann DJ 38/827f; s. § 21 A 1a). So sollte stets verfahren werden, wenn Maßnahmen nach § 45 I getroffen sind, um ihre Erfüllung überwachen u. mittelbar erzwingen zu können (Dallinger-Lackner N 19, 20, Pentz NJW 54/1352; Peters UJ 50/89; vgl u. A 5d).

5a) Das Ger. (A 1c) bedarf zu dieser Einstellung der **Zustimmung des StA** (II S1). Wo die Zustimmung nicht erteilt wird, muß im förml. Verf. so entschieden werden, als gäbe es § 47 nicht. Die Zustimmung des JStA ist jedoch in der Verh. des vereinfachten JVerf. nicht erforderl., wenn der JStA an der Verh. nicht teilnimmt (RL 1; § 78 II S 2); hier kann also auch bei Verf. wegen eines Vergehens ohne jede Reaktion und ohne Zustimmung des JStA eingestellt werden (§§ 47 I Z 2, 45 II Z 2; vgl § 45 A 2a).

b) (1) Die **Entsch.** ergeht, auch in der Verh., **durch Beschl.** Dieser muß zur Feststellung des Umfangs der Rechtskraft (vgl A 5d) **begründet** werden (II S 2). Die Gründe werden aber dem Angeklagten nicht mitgeteilt, wenn zu befürchten ist (dh die nicht zu entfernt liegende Möglichk. besteht), daß dies für die Erz. nachteilig ist (II S 3, vgl § 51 RL 1). — (2) Der Beschl. **ist nicht anfechtbar** (II S 2); doch ist Beschw. (§ 304 StPO) zulässig, wenn Maßnahmen verhängt sind, die nicht in § 45 I genannt sind; denn das wäre ein unerlaubter — weil in dieser Form vom Ges. nicht zugelassener — Eingriff. (3) Jeder Beschl. nach § 47 muß eine **Kosten**entsch. enthalten, auch wenn Ger. Gebühren nicht anfallen (§ 464 StPO, Potrykus NJW 57/1136); es gilt § 467 I StPO (s. a. bei § 74).

c) Mitt.: s. § 70, MiStra 10, 11, 31, 32, 35, AO Erz.Kartei Nr 2 Id, e, II.

d) Der Beschl. ist der **beschränkten Rechtskraft** fähig wie der Beschl., durch den die Eröffnung des Verf. abgelehnt wird (III; § 211 StPO). Die neuen Tatsachen u. Beweismittel müssen gegenüber den Gründen des Einstellungsbeschl. erhebl. sein; es genügt aber, wenn sie nur für das Ger. neu sind (BGH 7/64, 66 für § 211 StPO). — Allg. schlechte Führung nach der Tat ist keine solche Tatsache, auch nicht die Nichterfüllung der auferlegten Weisungen oder bes. Pflichten (Dallinger-Lackner N 27, Pentz NJW 54/1352; aA Potrykus B 5), weil dadurch das Bild der Tat an sich nicht verändert wird. Nur darauf, nicht auf die Einschätzung des Täters kommt es aber hier an, wie der Vergleich mit § 211 StPO zeigt. Unzuträglichk. entstehen nicht, wenn nach A 4 verfahren wird. Liegen die Voraussetzungen des III vor, kann das schon eingestellte Verf. nicht fortgesetzt werden; es muß vielmehr erneut angeklagt werden. — Wegen weiterer Einzelheiten kann auf die Erläuterungsbücher der StPO bei § 211 verwiesen werden.

e) Eine nach § 47 getroffene Maßnahme kann **nicht** in eine **EinheitsStr.** einbezogen werden (§ 31 A 6a).

§ 48

Nichtöffentlichkeit

1) Hw: § 109 I S 2, RL 1, 6; § 48 A 1c. — 2) ErwG: § 104 II; § 48 RL 3, A 1c.

(1) Die Verhandlung vor dem erkennenden Gericht einschließlich der Verkündung der Entscheidungen ist nicht öffentlich.

(2) Neben den am Verfahren Beteiligten ist dem Verletzten, den Beamten der Kriminalpolizei und, falls der Angeklagte unter Schutz- oder Bewährungsaufsicht steht, dem Helfer die Anwesenheit gestattet. Andere Personen kann der Vorsitzende aus besonderen Gründen, namentlich zu Ausbildungszwecken, zulassen.

(3) Sind in dem Verfahren auch Heranwachsende oder Erwachsene angeklagt, so ist die Verhandlung öffentlich. Die Öffentlichkeit kann ausgeschlossen werden, wenn dies im Interesse der Erziehung jugendlicher Angeklagter geboten ist.

Richtlinien zu § 48:

1. Die Anwesenheit einer größeren Zahl von Personen in der Hauptverhandlung ist aus erzieherischen Gründen unerwünscht. Insbesondere soll bei dem Jugendlichen nicht der Eindruck entstehen, daß er Mittelpunkt des allgemeinen Interesses sei. Auch kann durch die Zulassung unbeteiligter Personen das Fortkommen des Jugendlichen unnötig erschwert werden. Manche Jugendliche werden durch die Anwesenheit eines größeren Personenkreises eingeschüchtert und halten mit ihren Angaben in der Verhandlung zurück. Daher wird besonders sorgfältig zu prüfen sein, ob Personen, die keine Recht auf Anwesenheit haben, zur Verhandlung zugelassen werden sollen.
2. Referendaren, die bei Justizbehörden beschäftigt sind, sowie Polizeibeamten und Sozialarbeitern, die in der Ausbildung stehen, kann die Teilnahme an der Verhandlung im allgemeinen großzügig gestattet werden. Dagegen empfiehlt es sich aus den in Nr. 1 angegebenen Gründen nicht, Schulklassen oder anderen größeren Personengruppen die Teilnahme an der Verhandlung zu erlauben. Entschließt sich der Vorsitzende, die Presse in der Hauptverhandlung zuzulassen, so wirkt er darauf hin, daß in den Presseberichten der Name des Jugendlichen nicht genannt, sein Lichtbild nicht veröffentlicht und nach Möglichkeit auch jede andere Angabe vermieden wird, die auf die Person des Jugendlichen hindeutet. Nr. 112 Abs. 2 Satz 3 RiStV gilt sinngemäß.
3. Sind in dem Verfahren auch Heranwachsende oder Erwachsene angeklagt und liegt das Schwergewicht bei dem Verfahren gegen die Jugendlichen (§ 103 Abs. 2), so beantragt der Staatsanwalt aus den unter Nr. 1 angegebenen Gründen den Ausschluß der Öffentlichkeit.
4. Aus erzieherischen Gründen muß nach Möglichkeit vermieden werden, daß die Jugendlichen und Heranwachsenden mit erwachsenen Angeklagten in Berührung kommen. Hierauf wird bei der Bestimmung des Sitzungstages und bei der Auswahl des Sitzungssaales Rücksicht zu nehmen sein.

1a) Der bedeutsame Grundsatz der **Öffentlichk.** von Verh. u. Urteilsverkündung (§§ 169, 173 GVG), dessen Verletzung sogar absoluter Rev.Grund ist (§ 338 Z 6 StPO), gilt im Interesse der Erz. (vgl RL 1) **nicht, wo nur J** (Alter zZ der Tat) **vor JG** abgeurteilt werden.

b) Die **allg. Grundsätze** über die **Öffentlichk.** gelten auch vor dem JG, wenn nur gegen Erw im JSchutzVerf. (BGH MDR 55/246) — oder wenn gegen Hw u. Erw. zugleich verhandelt wird (vgl § 109 I S 2 u. § 48 III).

c) (1) Sonst kann die **Öffentlichk.** über die Möglichk. des allgR hinaus nach dem Ermessen des Ger. aus den bes. jrechtl. Gesichtspunkten heraus **ausgeschlossen** werden, also (a) wenn ein J durch das ErwG abgeurteilt wird (§§ 104 II, 48 I)[1]), (b) wenn gegen Hw (§ 109 I S 2) oder (c) wenn gegen J u. Hw, gegen J u. Erw. oder gegen J, Hw u. Erw. verhandelt wird (III S 2), gleichgültig, ob vor dem J oder ErwG (§ 104 II)[1]). — Die letztgenannte Möglichk. (c) besteht nur so lange, als ein J am Verf. beteiligt ist, also zB nicht im Rechtsmittelverf. eines Erw. oder von Hw oder Erw., wenn gegen alle J rechtskräftig entschieden ist (Dallinger-Lackner N 28); sind nur noch Hw vorhanden, gilt (b). (2) In den Fällen (1) (b), (c) verlangt das Ges., daß der im Ermessen des Ger. liegende („kann") Ausschluß der Öffentlichk. **im Interesse der Erz.** geboten ist. Dieses erz. Notwendigk. gibt auch im Fall (1) (a) im Rahmen des Ermessens den Ausschlag. RL 1, 3 enthalten die wesentl. Gesichtspunkte für diese Entsch. Eine einschränkende Auslegung wäre verfehlt (Dallinger-Lackner N 26).

2) Ist die **Öffentlichk. kraft Ges. ausgeschlossen** (I; o. A 1a), sind die §§ 169—174 GVG (über § 175 GVG s. A 2b (1)(b), (2) je aE u. A 4) nicht anwendbar. **Es gilt** folgendes:

a) Die Öffentlichk. ist für Verh. u. Urteilsverkündung in allen Rechtszügen ausgeschlossen und zwar auch dann, wenn der J inzwischen 18 oder auch 21 Jahre alt geworden ist. Ein Verstoß ist nur ein relativer Rev.Grund (§ 337 StPO, allgM; § 338 Z 6 StPO gilt nur bei unberechtigtem Ausschluß der Öffentlichk.), der zur Aufhebung des Urteils führt, wenn nicht ausgeschlossen werden kann, daß das Urteil auf diesem Verstoß beruht (Dallinger-Lackner N 7), etwa weil der J durch die vielen Zuhörer eingeschüchtert wurde (RL 1 S 4).

b) (1) **Zur Anwesenheit berechtigt** (II S 1) sind (a) alle am Verf. Beteiligten, also ErzBer. u. gesVertr., Vertreter der JGH, Verteidiger, Beistand; nicht aber zB Zeugen; geschiedene Mutter, wenn dem Vater allein das Sorgerecht zusteht [s. aber u. (2)]; Ehemann (s. aber § 149 StPO); (b) der Verletzte, dh wer in seinen durch die verletzte Str.Vorschrift rechtl. geschützten Interessen beeinträchtigt ist (Dallinger-Lackner N 9, enger Potrykus B 6a), auch der Gefährdete (vgl BGH 10/372f für § 61 Z 2 StPO), auch dessen Vertreter; (c) der Helfer, wenn der Angeklagte unter Bew.- oder Schutzaufsicht steht; Beamte der Kriminalpolizei, der die Dienstaufsicht

[1]) Dallinger-Lackner § 104 N 27, § 112 N 13; aA Potrykus B 3, 104 B 3, der §§ 48, 109 I S 2 vor dem ErwG nicht für anwendbar hält; doch widerspricht diese Ansicht § 104 II, zumal erz. Gesichtspunkte für die Anwendung sprechen.

führende Ri. oder Beamte der Justizverwaltung (§ 175 III GVG). (2) Daneben kann **anderen Personen die Anwesenheit gestattet** (II S 2) werden, wenn ein bes. Grund vorliegt (vgl RL 1 S 5) wie zB bei erw. Angehörigen, Studierenden (vgl RL 2 S 1); doch sollte es sich stets nur um Einzelgenehmigungen handeln (RL 2 S 2). Für Presse u. Rundfunk gelten RL 2 S 3, 4 u. RiStV 112 II S 3. — Bei der Entsch. über die Zulassung sind auch die Gesichtspunkte zu beachten, die in den Ausschließungsgründen des allgR (§§ 171a, 172 GVG) ihren Niederschlag gefunden haben. Über die Zulassung entscheidet der Vorsitzende widerrufl., ohne daß es einer Anhörung der Verf.Beteiligten bedarf (§ 175 II S 2 GVG). (3) Der zur Anwesenheit Berechtigte (1) kann sich gegen die Nicht-Zulassung beschweren (§ 304 StPO, allgM); die grundlose (vgl A 3c aE u. A 4) Verweigerung des Zutritts kann als relativer Rev.Grund dann erfolgreich geltend gemacht werden, wenn dadurch Sachdienl. unerörtert geblieben ist. — Alle übrigen Personen haben kein Recht auf Anwesenheit und deshalb auch keinen **Rechtsbehelf,** wenn sie nicht zugelassen werden oder eine Zulassung widerrufen wird (Dallinger-Lackner N 23, Potrykus B 6b). — Gegen die Zulassung gibt es kein Rechtsmittel (Dallinger-Lackner aaO).

3) Wird die **Öffentlichk. aus jrechtl. Gründen** (A 1c) **ausgeschlossen,** gilt folgendes:

a) Die Ausschließung erfolgt nach § 174 I GVG; bes. müssen alle Beteiligten Gelegenheit zur Äußerung erhalten haben (BGH 10/119, 120); auch ist der Ausschließungsbeschl. gem. § 174 I S 3 GVG zu begründen (aA für § 174 I S 3 Dallinger-Lackner N 30f, die aber eine Begründung dringend empfehlen).

b) Die **Wirkungen** der Ausschließung sind die gleichen wie bei der gesetzl. Ausschließung nach § 48 I. Das A 2 Gesagte gilt auch hier. Denn die Ausschließung erfolgt in beiden Fällen im Interesse der Erz. Die Anwendung der auf einer ganz anderen Interessenlage beruhenden Vorschriften des GVG wäre verfehlt. Es gelten jedoch 2 Ausnahmen: (1) Die Öffentlichk. kann auch nur für einen Teil des Verf. ausgeschlossen werden (Dallinger-Lackner N 28), weil die Ausschließung nur im Einzelfall erfolgt und erz. Gesichtspunkte zB der öffentl. Urteilsverkündung nicht immer entgegenstehen müssen. Potrykus (B 8, § 109 B 2) verlangt — zu Unrecht — sogar stets die öffentl. Urteilsverkündung (s. A 3b S 1). (2) Der Ausschluß gilt nur für die jeweilige Instanz, weil jede Instanz selbständig ist und Bindungen nur dort bestehen, wo sie im Ges. ausdrückl. festgelegt sind. (3) Der Ausschluß der Öffentlichk. ohne nähere Prüfung und ohne Verh. darüber beschwert nur die mitangeklagten Hw u. Erw.; der J kann deshalb auf diese Verstöße keine Rev. gründen (BGH 10/119ff).

c) Die Möglichk., die Öffentlichk. nach dem JGG auszuschließen (§§ 48 III S 2, 109 I S 2, 104 II) hindert den **Ausschluß der Öffentlichk. nach allgR** (§§ 171b, 172 GVG) nicht. In diesen Fällen haben von den in § 48 II genannten Anwesenheitsberechtigten nur die Prozeßbeteiligten das Recht auf Anwesenheit, weil § 48 hier gar nicht zur Anwendung kommt (weitere Gründe A 4a aE). Gründe der Staatssicherheit können vor ErwG sogar zum Ausschluß Prozeßbeteiligter führen (§ 104 III).

4a) § 175 I GVG, mehr ein Ausfluß der Sitzungspolizei, gilt im JVerf. entspr. Danach können die **Anwesenheitsberechtigten** [A 2b (1)], soweit sie nicht Prozeßbeteiligte sind (hM zB Dallinger-Lackner N 14), von der Teilnahme an der Verh. **ausgeschlossen** werden. Gleiches gilt, wenn die Voraussetzungen der §§ 171b, 172 GVG gegeben sind (aA Dallinger-Lackner N 13 vgl o. A 3c); denn § 48 ist zwar Sondervorschrift, dient aber nur der Einschränkung des Grundsatzes der Öffentlichk. und kann deshalb nicht zu einer Erweiterung der Öffentlichk. gegenüber dem allgR führen.

b) Prozeßbeteiligte können jedoch nur nach §§ 176ff GVG, 51 II JGG ausgeschlossen werden.

c) Diese wie alle anderen Anwesenheitsberechtigten können auch ausgeschlossen werden, wenn sie **als Zeugen** in Betracht kommen (§§ 58 I, 243 IV StPO; vgl § 51 A 2c).

§ 49

Vereidigung von Zeugen und Sachverständigen

1) **Hw**: § 49 RL; § 109 RL 6. — **2) ErwG**: § 49 RL; § 104 A 1b (3).

(1) Im Verfahren vor dem Jugendrichter werden Zeugen nur vereidigt, wenn es der Richter wegen der ausschlaggebenden Bedeutung der Aussage oder zur Herbeiführung einer wahren Aussage für notwendig hält. Von der Vereidigung von Sachverständigen kann der Jugendrichter in jedem Falle absehen.

(2) Sind in dem Verfahren auch Heranwachsende oder Erwachsene angeklagt, so ist Absatz 1 nicht anzuwenden.

Richtlinie zu § 49:

> § 49 Abs. 1 gilt weder im Verfahren vor dem Jugendschöffengericht und der Jugendkammer noch im Verfahren gegen Jugendliche vor den für allgemeine Strafsachen zuständigen Gerichten und gegen Heranwachsende. In diesen Fällen ist nach §§ 59 bis 62 StPO zu verfahren.

1a) Zeugen sind auch im JVerf. **zu vereidigen, wenn nicht** das Ges. eine **Ausnahme** vorsieht. Es gilt das allgR (§§ 59ff StPO; RL S 2).

b) Als **weitere Ausnahme** tritt neben die des allgR (§§ 60—62 StPO) § 49 I 1, der § 62 StPO praktisch dadurch erweitert, daß die Sonderregelung für allg. Bagatell-Verf. (Privatklage- u. Übertretungsverf.) auch gilt, wenn nur gegen J (II; Alter zZ der Tat) **vor dem JRi. als EinzelRi.** (RL; BGH 8/78f) verhandelt wird, es sich also mehr um ein Erz. als um ein StrVerf. handelt. Diese Ausnahme besteht nach dem klaren Ges.Wortlaut nicht bei der JK als BerufungsGer. (aA Dallinger-Lackner N 3; vgl aber BGH aaO). Es handelt sich bei der JK mit drei BerufsRi. u. zwei Schöffen nicht mehr um ein Bagatellverf., zumal es hier grds (§§ 39, 55 I) um Freispruch oder Verhängung von JStr. geht.

c) Für § 49 I S 1 gelten die zu § 62 StPO entwickelten Grundsätze (vgl die einschl. Erläuterungsbücher). Über die Begründung vgl BGH 10/109, 111f[1]).

---

[1]) Der BGH fordert für § 62 StPO, daß bei Absehen von der Beeidigung der Beschl. wenigstens grds dahin begründet wird, daß es sich um einen Regelfall handelt oder daß trotz aus-

2) Auch für die **Beeidigung von Sachverständigen** gilt das allgR (§ 79 StPO). Nur in Verf. gegen J (II) entscheidet der JRi. (RL S 1; vgl A 1b) nach seinem pflichtgemäßen Ermessen durch Beschl. unabhängig von den Anträgen der Prozeßbeteiligten.

§ 50

Anwesenheit in der Hauptverhandlung

Abs. 1: 1) Hw: § 109 RL 6, § 50 A 1d. — **2)** ErwG: A 1d, § 104 II.
Abs. 2: 1) Hw: § 109 I S 1, § 50 RL 4. — **2)** ErwG: RL 4, § 104 I 9, III, A 2.
Abs. 3: 1) Hw: § 109 I S 1, § 50 A 3c. — **2)** ErwG: A 3c; § 104 I 2, III, A 2.

(1) Die Hauptverhandlung kann nur dann ohne den Angeklagten stattfinden, wenn dies im allgemeinen Verfahren zulässig wäre, besondere Gründe dafür vorliegen und der Staatsanwalt zustimmt.

(2) Der Vorsitzende soll auch die Ladung des Erziehungsberechtigten und des gesetzlichen Vertreters anordnen. Die Vorschriften über die Ladung, die Folgen des Ausbleibens und die Gebühren von Zeugen gelten entsprechend.

(3) Dem Vertreter der Jugendgerichtshilfe sind Ort und Zeit der Hauptverhandlung mitzuteilen. Er erhält auf Verlangen das Wort.

Richtlinien zu § 50:

1. Im Jugendstrafverfahren ist der persönliche Eindruck, den der Richter von dem Jugendlichen erhält, von entscheidender Bedeutung. Eine Hauptverhandlung in Abwesenheit des Angeklagten wird deshalb nur in Erwägung zu ziehen sein, wenn es sich um eine geringfügige Verfehlung handelt, auf Grund des Berichts der Jugendgerichtshilfe ein klares Persönlichkeitsbild vorliegt, das Erscheinen des Jugendlichen wegen weiter Entfernung mit großen Schwierigkeiten verbunden ist und gegebenenfalls eine Abtrennung des Verfahrens gegen den abwesenden Jugendlichen mit Rücksicht auf eine umfangreiche Beweisaufnahme unangebracht ist.
2. Nimmt der Staatsanwalt im vereinfachten Jugendverfahren an der mündlichen Verhandlung nicht teil, so bedarf es seiner Zustimmung zur Durchführung der Verhandlung in Abwesenheit des Angeklagten nicht (§ 78 Abs. 2 Satz 2).
3. Die Hauptverhandlung ist ein bedeutsames Ereignis im Leben und für die Erziehung des Jugendlichen. Deshalb muß größter Wert darauf gelegt werden, daß der Erziehungsberechtigte und der gesetzliche Vertreter in der Hauptverhandlung anwesend sind. Ihre Teilnahme an der Hauptverhandlung kann auch dazu führen, daß das Verfahren alsbald rechtskräftig abgeschlossen wird. Auf § 67 Abs. 5 wird hingewiesen.

---

schlaggebender Bedeutung der Aussage nach Inhalt u. Beweiswert oder trotz Unglaubwürdigk. das Ger. die Beeidigung nicht für notwendig hält. — AA ObLG 52/9: keine Begründung, da Entsch. des pflichtgem. Ermessens u. Alternativen für Rev. Ger. unterscheidbar, unter Berufung auf RG 77/332 u. BGH 1/175, 177.

4. § 50 Abs. 2 gilt auch im Verfahren gegen Jugendliche vor den für allgemeine Strafsachen zuständigen Gerichten und im Verfahren gegen Heranwachsende (§ 104 Abs. 1 Nr. 9; § 109 Abs. 1; vgl. jedoch § 104 Abs. 3, § 112).

5. Der Vertreter der Jugendgerichtshilfe tritt in der Hauptverhandlung weder als Gehilfe der Staatsanwaltschaft noch als Verteidiger oder Vertreter des Jugendlichen oder seines Erziehungsberechtigten auf, sondern nimmt die ihm nach § 38 obliegenden Aufgaben wahr. Ein Recht, an die Prozeßbeteiligten Fragen zu stellen (§ 240 StPO), hat der Vertreter der Jugendgerichtshilfe nicht.

1a) Der **angeklagte J sollte immer anwesend sein,** weil sich das Ger. nur so ein genügendes Bild von ihm machen kann (RL 1 S 1; § 43!). Bes. Schwierigk. stehen der Anwesenheit bei richtiger Handhabung der Zuständigkeitsvorschriften (§ 42) nicht entgegen; überdies kommt es bei leichten Verfehlungen gar nicht zur Verh. (§§ 45, 75).

b) Deshalb müssen bei einer **Verh. ohne ihn** nicht nur die Voraussetzungen des allgR[1]) gegeben sein, sondern darüber hinaus **bes. Gründe** (RL 1 S 2) und die **Zustimmung des JStA** (Ausnahme: RL 2) vorliegen (I). Die Verhängung von FE u. JStr. sowie die Aussetzung der Verhängung der JStr. [s. § 78 A 2a (1)] sind dann nicht zulässig (§§ 232 I, 233 I StPO, 78 I S 2 JGG entspr.; Dallinger-Lackner N 6), ausgenommen den Fall, daß der Angeklagte sich unerlaubt aus der Verh. entfernt (§ 231 StPO)[2]) (s. § 51 A 1a). Ein Urteil, das gegen den abwesenden Angeklagten ergeht, ohne daß alle Voraussetzungen vorliegen, verfällt der Rev. (§ 338 Z 5 StPO).

c) Der Angeklagte kann **jedoch zeitweilig** von der Verh. **ausgeschlossen** werden (s. § 51).

d) I gilt **nur für J vor JG**, nicht für Hw (§ 109 RL 6). **Doch** sollte das Ger. den Grundgedanken des I selbst bei der Anwendung des allgR bei der Ausübung seines Ermessens gebührend berücksichtigen (Dallinger-Lackner § 109 N 26). In Verf. gegen J vor ErwG kann und sollte stets I **entspr.** angewendet werden (§ 104 II; Dallinger-Lackner N 28, aA Potrykus B 3 je zu § 104).

2a) ErzBer. u. gesVertr. haben ein Recht auf Anwesenheit (§ 67 A 2d) und sind **wie Zeugen zu laden** und zu entschädigen; bleiben sie aus, können sie nach den Zeugenvorschriften bestraft u. vorgeführt werden (§§ 48, 51, 71 StPO). Es steht also nicht in ihrem Belieben, ob sie zur Verh. — auch im vereinfachten JVerf. (§ 78 III S 2, RL 2) — kommen. Denn ihre Anwesenheit ist für die Persönlichkeitserforschung, für die Auswahl der zu treffenden Maßnahmen wichtig, unterstreicht die Bedeutung der Verh. und kann zu dem erwünschten beschleunigten Eintritt der Rechtskraft führen (RL 3). Über eine zeitweilige Ausschließung s. § 51.

b) Ihre Ladung kann nur aus wichtigen Gründen (vgl darüber § 51 u. dort RL 2; § 67 IV) unterbleiben („soll"). Ein Verstoß kann zugleich gegen die

[1]) StPO §§ 231, 232, 233, 276ff, 411 II, 413 IV (§ 75 I S 4 JGG).

[2]) AA Dallinger-Lackner N 7 für JStr.; doch enthält § 231 StPO keine Str.Begrenzung u. ermöglicht eine Verurteilung nur, wenn die weitere Anwesenheit des Angeklagten nicht erforderl. ist, dh wenn die Aufklärung auch zur Person vollständig ist.

Sachaufklärungspflicht (Persönlichkeitserforschung!) gerichtet sein (Dallinger-Lackner N 18) oder die Verteidigung behindern (Potrykus B 2) und dann auf Rev. hin zur Aufhebung des Urteils führen; daneben kann ein Verstoß gegen II einen Wiedereinsetzungsgrund gegen die Versäumung der Rechtsmittelfrist bilden (§ 67 A 2e).

c) II gilt nach Eintritt der Volljährigk. nicht mehr, weil der Volljährige weder einen ErzBer. noch einen gesVertr. hat (s. § 67 A 5a).

3a) Der Vertreter der JGH (Zuständigk. § 38 A 2b) erhält eine **TerminsMitt.**, auch wenn nur eine Übertretung Gegenstand des Verf. ist (Dallinger-Lackner N 26). Das gilt grds auch im vereinfachten JVerf. [§ 78 RL 3 S 2 u. A 5a (4)], jedoch nicht vor dem Rev.Ger., das nur in rechtl. Hinsicht nachzuprüfen hat (überzeugend Dallinger-Lackner N 32, aA Potrykus B 4).

b) Wie oft und wann (am besten nach der Beweisaufnahme) das **Wort zu erteilen** ist, ist eine Frage der Sachleitung (§ 238 I, II StPO). Über die Stellung der JGH vgl RL 5 u. § 38 A 3, 5. Über die Folgen, wenn sie nicht eingeschaltet wird, s. § 38 A 3d.

c) III gilt auch gegenüber Volljährigen, gegen Hw (§ 109 I) u. vor dem ErwG (§§ 104 I Z 2; vgl jedoch § 104 III, A 2a, § 112).

§ 51

Zeitweilige Ausschließung von Beteiligten

1) Hw: § 109 RL 6, § 51 RL 4 S 2. — 2) ErwG: RL 4 S 1; § 104 II, RL.

(1) Der Vorsitzende soll den Angeklagten für die Dauer solcher Erörterungen von der Verhandlung ausschließen, aus denen Nachteile für die Erziehung entstehen können. Er hat ihn von dem, was in seiner Abwesenheit verhandelt worden ist, zu unterrichten, soweit es für seine Verteidigung erforderlich ist.

(2) Der Vorsitzende soll auch Angehörige, den Erziehungsberechtigten und den gesetzlichen Vertreter des Angeklagten von der Verhandlung ausschließen, soweit gegen ihre Anwesenheit Bedenken bestehen.

Richtlinien zu § 51:

1. Die Ausschließung von der Verhandlung wird sich namentlich empfehlen, wenn bei der Vernehmung eines Sachverständigen oder der Anhörung des Vertreters der Jugendgerichtshilfe oder des Erziehungsberechtigten Anlagemängel des Jugendlichen, mangelnde Erziehungsfähigkeit der Eltern, Vorstrafen der Eltern, Vererbung einer geistigen Erkrankung oder ähnliche Umstände erörtert werden. Auch während der Ausführungen des Staatsanwalts, eines Verteidigers oder eines Beistandes kann der Ausschluß des Jugendlichen aus erzieherischen Gründen angezeigt sein.
2. Angehörige, der Erziehungsberechtigte und der gesetzliche Vertreter des Jugendlichen werden besonders dann auszuschließen sein, wenn die Erörterung der persönlichen Verhältnisse des Jugendlichen auf sie verletzend wirken oder die Zusammenarbeit zwischen ihnen und den Stellen, die den Jugendlichen betreuen,

erschweren könnte. Ihre Ausschließung kann auch dann angezeigt sein, wenn zu befürchten ist, daß der Jugendliche in ihrer Anwesenheit mit der Wahrheit zurückhalten wird.

3. Der Vorsitzende wird, soweit erforderlich, dem Vertreter der Jugendgerichtshilfe, dem Sachverständigen, dem Verteidiger und dem Beistand nahelegen, von sich aus den Ausschluß anzuregen, wenn in ihren Ausführungen Umstände berührt werden sollen, die einen Ausschluß angezeigt erscheinen lassen.

4. Im Verfahren gegen Jugendliche vor den für allgemeine Strafsachen zuständigen Gerichten kann § 51 nach dem Ermessen des Gerichts angewendet werden (§ 104 Abs. 2). Im Verfahren gegen Heranwachsende gilt die Vorschrift nicht (§ 109); hier kann das Gericht den Angeklagten nur nach den allgemeinen Verfahrensvorschriften von der Verhandlung ausschließen (vgl. insbesondere § 247 StPO).

1a) **Der Angeklagte** hat das Recht und die Pflicht (§ 231 StPO), **in der ganzen Verh. anwesend** zu sein. Das Ger. darf grds (Ausnahme A 1b) **nicht anordnen oder dulden, daß der Angeklagte sich entfernt**; grds kann also weder das Ger. den Angeklagten für einen Teil der Verh. beurlauben (vgl RG 69/18f), noch kann dieser auf seine Anwesenheit verzichten (RG 42/197f). § 231 II StPO (§ 50 A 1b) trifft nur den Fall, daß sich der Angeklagte gegen den Willen des Ger. („dennoch") entfernt. Deshalb gilt § 51 auch, wenn sich der J auf einen entspr. Hinweis des Vorsitzenden „freiwillig" (?) entfernt (aA Dallinger-Lackner N 31, Potrykus B 3, vgl aber BGH 3/384, 385).

b) **Ausnahmen** nach allg R sind in §§ 247 StPO, 177 GVG enthalten. § 51 I JGG eröffnet in Verf. gegen J (RL 4) eine weitere Möglichk. nicht nur für die Beweisaufnahme, sondern für alle Ausführungen in der Sitzung einschließl. der Schlußvorträge; dagegen ist Urteilsverkündung und -begründung keine Erörterung iS des § 51 I S 1 (aA Potrykus B 2). Wegen der Gründe s. RL 1. Es kommt nicht nur auf das Thema der Erörterungen (auch Sittlichkeitsfragen) an, sondern auch auf den J selbst; ist er schon selbständig und einsichtig, wird seine Ausschließung selten in Frage kommen. Überhaupt ist **bei der Ausschließung Vorsicht** geboten, da sie in grundlegende Rechte eingreift u. Mißtrauen gegen das Ger. begründen kann (Dallinger-Lackner N 10; aA Potrykus B 4, der für häufigen Ausschluß ist). Ausschließung im Interesse der Arbeit der JGH ist nur mögl., wenn sonst Nachteile für die Erz. dieses Angeklagten entstehen könnten (Dallinger-Lackner N 9, aA Potrykus B 1).

c) **Der Ausschluß nach § 51 I erfolgt durch den Vorsitzenden** (sonst durch das Ger.; § 247 I StPO, BGH 4/364), ggf auf Anregg. (vgl RL 3). Die AO ist in allen Fällen (JGG, StPO) nach Anhörung der Prozeßbeteiligten zu verkünden, zu begründen u. in der Niederschrift zu vermerken (BGH 4/364).

d) Die Maßnahme des Vorsitzenden nach § 51 I S 1 kann beim Ger. nur mit der Begründung **angefochten** werden, sie sei gesetzl. unzulässig (§ 238 II StPO). Wegen der Bedeutung der Anwesenheit kann der Angeklagte seinen vom Vorsitzenden verfügten Ausschluß auch dann mit Rev. anfechten (absoluter Rev.Grund: § 338 Z 5 StPO), wenn er die Entsch. des Ger. nicht angerufen hat (Dallinger-Lackner N 14; vgl BGH 3/368, 370).

e) Nach der Wiederzulassung muß der Vorsitzende unverzügl. (BGH 3/384, 386) dem nach § 51 ausgeschlossenen Angeklagten in einer dem Zweck der Ausschließungsvorschrift angepaßten, für die Verteidigung genügenden (Art. 103 I GG!) Weise **unterrichten** (I S 2), also bes. alle belastenden Umstände darlegen (bei Ausschluß nach allgR ist alles Wesentl. mitzuteilen). Die Unterrichtung ist in der Niederschrift zu vermerken. Unterlassung ist Rev.Grund (§ 338 Z 8 StPO, BGH 1/346, 350), und zwar auch im JVerf., wenngleich die Anrufung des Ger. nach § 238 II StPO mögl. ist (Dallinger-Lackner N 18, Potrykus B 5). Über Ausnahmen bei fortgesetztem ungebührl. Verhalten u. bei Mitwirkung eines Verteidigers: BGH NJW 57/1326.

2a) Die Ausschließung des gesVertr., ErzBer. u. aller (vgl § 48 A 2b) **Angehörigen** (§ 52 II StGB) ist gem. II schon bei Bedenken gegen ihre Anwesenheit, also zB auch im Interesse der JGH oder aus Rücksicht gegen Zeugen mögl. (vgl dazu BGH 3/344, 345 vorletzter S u. RL 2), auch wenn der Angehörige Beistand (§§ 69 JGG, 148 StPO) ist (vgl auch § 175 I GVG u. § 48 A 4); weitere Ausschließungsgründe: A 2c u. § 48 A 4.

b) Auch hier ist die **Ausschließung die Ausnahme**; bei der AO ist aus den gleichen Gründen (A 1b) Zurückhaltung geboten. Die Ausschließung der prozeßbeteiligten Angehörigen [§ 48 A 2b (1) (a)] erfolgt wie die des Angeklagten (A 1c, d) und ist, wenn sie zu Unrecht erfolgt, (relativer) Rev.Grund; der Ausschluß anderer Angehöriger ist im nichtöffentl. JVerf. nur der Widerruf ihrer Zulassung und nicht anfechtbar [§ 48 A 2b (3)]. — Eine Unterrichtung nach Wiederzulassung über die Vorgänge in der Zeit des Ausschlusses ist nicht vorgeschrieben, aber meist zweckmäßig.

c) Auch ein **Angehöriger** kann ausgeschlossen werden, wenn er **Zeuge** ist (§§ 58 I, 243 IV StPO, BGH LM § 67 JGG Nr 1); doch kann auch das Recht der Anwesenheit stärker sein als die genannten Vorschriften (Dallinger-Lackner N 26). Es ist im Einzelfall abzuwägen; mindestens ist der Angehörige nicht als letzter Zeuge zu vernehmen (BGH 4/205, 206f). — Auch wegen **Ungebühr** (§ 177 GVG) ist die Entfernung mögl.

3) Für sonstige Personen gilt § 177 GVG (s. dort); Verteidiger, StA u. Vertreter der JGH dürfen nicht entfernt werden.

4) Die Vorschrift gilt **entspr.** für das Anwesenheitsrecht bei **Untersuchungshandlungen** außerhalb der Hauptverh. (allgM).

§ 52

Berücksichtigung von Untersuchungshaft bei Jugendarrest und Jugendstrafe

1) Hw — J: § 109 II, § 52 RL 2. — **2) ErwG:** § 104 I 5, § 52 RL 2.

(1) Wird auf Jugendarrest erkannt und ist dessen Zweck durch Untersuchungshaft oder eine andere wegen der Tat erlittene Freiheitsentziehung ganz oder teilweise erreicht,

so kann der Richter im Urteil aussprechen, daß oder wieweit der Jugendarrest nicht vollstreckt wird.

(2) Der Richter soll erlittene Untersuchungshaft auf Jugendstrafe nur anrechnen, soweit sich ihr Vollzug erzieherisch günstig ausgewirkt hat oder die Versagung der Anrechnung auch bei Berücksichtigung der Erziehungsaufgabe des Strafvollzugs eine unbillige Härte wäre.

(3) Wird auf Jugendstrafe von unbestimmter Dauer Untersuchungshaft angerechnet, so hat der Richter zugleich zu bestimmen, wieweit sich die Anrechnung auf das Mindest- und das Höchstmaß der Strafe auswirkt. Dabei ist mindestens ein Viertel der Untersuchungshaft auf das Mindestmaß anzurechnen.

Richtlinien zu § 52:

1. Als eine andere wegen der Tat erlittene Freiheitsentziehung im Sinne von § 52 Abs. 1 ist namentlich die Unterbringung in einem Heim oder einer Anstalt nach § 71 Abs. 2, § 72 Abs. 3 und § 73 anzusehen.
2. § 52 gilt auch im Verfahren gegen Jugendliche vor den für allgemeine Strafsachen zuständigen Gerichten (§ 104 Abs. 1 Nr. 5), im Verfahren gegen Heranwachsende nur, wenn der Richter Jugendstrafrecht anwendet (§ 109 Abs. 2).

1a) Berücksichtigt kann nicht nur UHaft werden, sondern auch **jede** andere wegen der Tat erlittene **Freiheitsentziehung**; zB s. RL 1, weiter Unterbringung zur Beobachtung, einstweilige Unterbringung, Haft nach vorl. Festnahme u. Vorführungshaft (§ 81 StPO: BGH 4/325, 326; §§ 126a, 127ff, 230 II StPO).

b) Die Haft muß **wegen einer Tat** erlitten sein, die **Gegenstand der Urteilsfällung ist.** Das ist der Fall, wenn die UHaft wegen der Tat angeordnet war, die zur Verurteilung führt; es genügt aber Verurteilung im gleichen Verf., wenn nur die Tat nicht erst nach Verbüßung der UHaft begangen war (RG 71/140, 142f).

c) Die **Berücksichtigung** der UHaft geschieht **nur gem. § 52.** Die Tatsache, daß UHaft verbüßt wurde, darf bei der Festsetzung des JA u. der JStr. nicht berücksichtigt werden, wie I zeigt; denn an sich bestünde zB kein Anlaß, überhaupt JA zu verhängen, wenn sein Zweck schon erreicht ist (s. A 2a; vgl Einf. II 2a, § 5 A 2, § 47 A 1c, § 45 A 1c; vgl auch BGH 7/214, 216).

d) Die Frage der Berücksichtigung muß **erkennbar geprüft** sein (BGH 3/327, 330). Wegen der Urteilsfassung bei Berücksichtigung der UHaft s. § 54 A 2g.

e) Auch das Rev.Ger. kann UHaft noch berücksichtigen (BGH LM § 60 StGB 1). **UHaft nach Erlaß des Urteils** ist stets anzurechnen, wenn das Urteil vom Angeklagten nicht mehr angefochten werden kann (§§ 61 II, 87 II JGG; 450 StPO).

2) Berücksichtigung **gegenüber JA** ist dadurch mögl., daß er ohne Rücksicht auf die UHaft verhängt, aber angeordnet wird, daß der JA ganz oder zum Teil nicht vollstreckt wird. Zur Urteilsfassung s. § 54 A 2g.

a) Voraussetzung ist, daß der **Zweck des JA** (§ 16 A 1) durch die UHaft (A 1a) ganz oder zum Teil **erreicht** ist; es kommt auf die Persönlichk., Dauer und Art (auch örtl. Vollz.Verhältnisse) der UHaft sowie die Wirkung hinsichtl. des künftigen Verhaltens an (RG 75/279, 284) (Einsicht, echte Reue, Besserungswille). Einen wichtigen Hinweis gibt der Bericht der UHaftanstalt (vgl 79 UVollzO) oder die Vernehmung des betreffenden Beamten, falls der J den Bericht nicht anerkennt (§§ 250, 256 StPO). Trotz der erz. Gestaltung der UHaft (§ 93 II) sind der erz. Einwirkung der UHaft Grenzen gesetzt (§ 72 A 1b), die nicht übersehen werden dürfen.

b) Auch wenn diese Voraussetzung gegeben ist, wird UHaft nur entspr. den allg. Grundsätzen (§ 60 StGB) berücksichtigt. Bei Beachtung des Subsidiaritätsprinzips (Einf. II 2a, § 45 A 1c) ist die Anrechnung grds veranlaßt, wenn die Voraussetzungen (A 2a) vorliegen (s. A 1c).

3a) Auf **JStr.** soll (A 3b) UHaft nur unter **2 Voraussetzungen** angerechnet werden, näml. (1) wenn sich die UHaft erz.günstig ausgewirkt hat (vgl A 2a) oder (2) wenn die Versagung der Anrechnung auch bei Berücksichtigung der erz. Belange eine unbillige Härte wäre, zB wenn die UHaft aus Gründen, die nicht in der Person des Täters liegen, außergewöhnl. lang gedauert hat.

b) Liegen diese Voraussetzungen vor oder wird über ihr Fehlen aus bes. Gründen ausnahmsweise („**soll**") hinweggesehen, gelten auch hier die allg. Grundsätze (§ 60 StGB), wobei grds die Anrechnung geboten ist (s. A 2b, vgl A 1c).

4) Bei **unbestJStr.** gilt das A 3 Gesagte. An sich kann UHaft auf die Mindest- oder Höchststrafe angerechnet werden.

a) Soweit UHaft auf die MindestStr. angerechnet wird, wirkt sich das zugleich auf die HöchstStr. aus, weil die MindestStr. nur ein Teil der HöchstStr. ist (BGH 10/21, 24) (HöchstStr. = MindestStr. + Differenz zwischen Mindest- u. HöchstStr.). So wird die auf die MindestStr. voll angerechnete UHaft im Ergebnis auch voll vom Höchstmaß abgezogen; die auf die MindestStr. angerechnete UHaft wird wie vollstreckte Str. behandelt (BGH 6/215). Die Anrechnung auf die MindestStr. allein oder zu einem größeren Teil ohne Auswirkung auf die HöchstStr. ist also nicht mögl. und wäre auch bedenkl., weil kaum begründet werden könnte, warum die Voraussetzungen des II nur beim Mindest-, nicht beim Höchstmaß vorliegen.

b) Das gilt nicht in gleichem Maße umgekehrt, weil dadurch das Mindestmaß auf eine erz. bedeutungslose Zeitspanne herabgedrückt werden könnte. Doch wäre aus obigen Gründen auch die Anrechnung auf die HöchstStr. allein problematisch. **Bei Anrechnung auf das Höchstmaß muß deshalb mindestens ¼ der anzurechnenden** — nicht der erlittenen — **UHaft auf die MindestStr. angerechnet werden**; dieser Teil wirkt sich nach dem oben a) Dargelegten auch auf die HöchstStr. aus, so daß zur bes. Anrechnung auf diese nur der Restteil der UHaft bleibt. Der zu verbüßende Teil des Höchstmaßes beträgt also Höchstmaß abzügl. der auf Mindest- u. Höchstmaß angerechneten UHaft.

c) Die ganze angerechnete UHaft wirkt sich also stets voll auf das Höchstmaß aus; die Anrechnung auf das Mindestmaß kann auf den vierten Teil (III S 2) beschränkt werden. Die **Spanne zwischen** dem bei Berücksichtigung der UHaft bleibenden **Mindest- u. Höchstmaß** kann dadurch 2 Jahre unterschreiten; wesentl. Verkürzungen der Spanne sollten aber vermieden werden (vgl § 19 A 3b).

d) Die Frage der Anrechnung der UHaft **auf unbest. JStr. ist sehr umstritten**[1]).

e) (1) **Urteilsfassung** § 54 A 2g. Bei dem Meinungsstreit ist es geboten, die Absichten des Ger. in den Urteilsgründen näher darzulegen. **Unklarheiten sind gem. § 458 StPO** (ObLG 55/1, 2; nun allgM) zu entscheiden. Im Zweifel — etwa bei Anrechnung der UHaft ohne Aufteilung — muß die UHaft voll auf das Mindestmaß angerechnet werden, was sich dann auch auf das Höchstmaß auswirkt (A 4a, vgl ObLG 55/1, 3). (2) **Zuständig zur Klärung** ist das **erkennende Ger.** (§ 462 StPO), nicht der VollstrL; einen Zuständigkeitsstreit zwischen beiden entscheidet das gemeinschaftl. obere Ger. gem. § 14 StPO (ObLG NJW 55/601). Der VollstrL hat im Verf. nicht nur ein Antragsrecht, sondern auch ein Beschw.Recht (Krauss NJW 58/49; s. § 83 A 1c).

5) Wegen der UHaft bei **EinheitsStr.** s. § 31 A 4b (3).

§ 53

Überweisung an den Vormundschaftsrichter

1) Hw — J: § 109 II, § 53 RL 3 S 2. — **2)** ErwG: § 104 IV, § 53 RL 3 S 1.

Der Richter kann dem Vormundschaftsrichter im Urteil die Auswahl und Anordnung von Erziehungsmaßregeln überlassen, wenn er nicht auf Jugendstrafe erkennt. Der Vormundschaftsrichter muß dann eine Erziehungsmaßregel anordnen, soweit sich nicht die Umstände, die für das Urteil maßgebend waren, verändert haben.

Richtlinien zu § 53:

1. Die Überweisung an den Vormundschaftsrichter kann nicht unter Beschränkung auf bestimmte Maßnahmen angeordnet werden. Hält der überweisende Richter eine bestimmte Maßnahme für angezeigt, so teilt er dies dem Vormundschaftsrichter unter Angabe der Gründe mit.

---

[1]) **Wie hier BGH** 10/21 ff (mit irreführendem Leitsatz!), im Ergebnis ähnl. ObLG 55/1, 3, Dallinger-Lackner N 17—21, Dallinger NJW 55/980f, **aA** Krauss NJW 55/579, 57/1020, der meint, die UHaft müsse aufgeteilt werden, wobei der auf das Mindestmaß treffende Teil keine Wirkung auf das Höchstmaß habe, so daß wegen III S 2 das Höchstmaß höchstens um $^{3}/_{4}$ der UHaft vermindert werden könne; aber eine schon verbüßte Str. — wie es die angerechnete UHaft ist (BGH 6/215) — kann nicht noch einmal vollstreckt werden. Ist zB das Mindestmaß von 1 Jahr wegen Anrechnung von 6 Monaten UHaft schon nach 6 Monaten Strafhaft verbüßt, kann nur noch der verbleibende Rest vollstreckt werden. Das Ges. sagt nichts anderes, wie der BGH aaO auch unter Berücksichtigung der Entstehungsgeschichte überzeugend dargelegt hat. AA auch — etwas unklar — Potrykus B 5, der in MDR 55/321, dem Ri. freie Hand bei der Verteilung lassen will, sich in NJW 57/1137 zur Auffassung von Krauss bekennt und vom BGH mehr den Leitsatz als die Gründe beachtet; ähnl. wohl auch Lackner in A zum BGH in JZ 57/314ff; sein Angriff gegen die Begründung des BGH, ebenso zwingend wie die Auswirkung der auf das Mindestmaß angerechneten UHaft auf das Höchstmaß sei die umgekehrte Auswirkung, ist nicht begründet. Denn die auf das Mindestmaß angerechnete UHaft steht der Verbüßung stets gleich, die auf das Höchstmaß angerechnete UHaft aber nur, wenn die Vollstr. der restl. Str. durchgeführt ist.

2. Will der Vormundschaftsrichter von der Anordnung von Erziehungsmaßregeln absehen, weil sich die Umstände, die für das Urteil maßgebend waren, nach der Urteilsverkündung verändert haben, so wird er sich nach Anhörung der Jugendgerichtshilfe mit dem erkennenden Richter in Verbindung setzen, um nach Möglichkeit dessen Einverständnis zu erlangen.

3. Hält der Richter im Verfahren gegen Jugendliche vor den für allgemeine Strafsachen zuständigen Gerichten Erziehungsmaßregeln für erforderlich, so hat er deren Auswahl und Anordnung dem Vormundschaftsrichter zu überlassen, selbst wenn er zugleich auf Jugendstrafe erkennt (§ 104 Abs. 4). Im Verfahren gegen Heranwachsende kann der Richter die Anordnung und Auswahl von Erziehungsmaßregeln nach § 53 dem Vormundschaftsrichter überlassen, wenn er Jugendstrafrecht anwendet (§ 109 Abs. 2).

1a) (1) **Das JG kann nach seinem Ermessen** notwendige ErzM selbst anordnen (vgl §§ 5, 8—10, 12) oder **Auswahl u. AO von ErzM dem VormRi. überlassen** (a. ErwG: muß überlassen; s. RL 3). Letzteres wird vor allem in Betracht kommen, wenn eine über den Einzelfall hinausgehende Verwahrlosung festgestellt wird, auch wenn noch weitere Ermittlungen darüber notwendig sind, welche Maßnahme angemessen ist, den größten Erfolg verspricht oder wie sie im einzelnen ausgestaltet werden soll. Auch dann, wenn die Mitglieder eines KollegialGer. (JSchöffG, JK) uneinig sind, welche ErzM die richtige ist, kann § 53 helfen. Schutzaufsicht oder FE sollte der JRi. grds nicht (§ 12 A 2a, 3a), Weisungen dagegen rglm selbst anordnen.

b) Die **Überlassung** ist nur **nicht mögl.**, wenn der JRi. zugleich auf JStr. erkennt (a. vor ErwG: RL 3); sie ist **unzweckmäßig** — doch im Hinblick auf Weisungen zulässig (s. A 1a aE) — **wenn** der J volljährig ist oder bald wird. Sie **setzt voraus**, daß eine Verfehlung nachgewiesen ist, für die der J strafrechtl. verantwortl. ist.

c) Der Ri. darf dem VormRi. nicht vorschreiben, welche Maßnahme er anzuordnen hat, sondern muß ihm die **Auswahl überlassen**. Anregungen, auch in den Urteilsgründen, sind mögl., jedoch ist Zurückhaltung angebracht (RL 1). Eine Bindung hinsichtl. der Auswahl tritt nie ein.

d) Urteilsfassung s. § 54 A 2c, 4a. Anfechtung s. § 55 A 2, bes. a.

2a) Mit der Rechtskraft des Urteils ist **das JStr.Verf. zu Ende.** Einem neuen Str.Verf. wegen dieser Tat steht die Rechtskraft entgegen (**ne bis in idem**, Art. 103 III GG; Potrykus B 5).

b) Die Auswahl u. AO der ErzM erfolgt durch den VormRi. **im Verf. der freiwilligen Gerichtsbark.** Das FGG gilt für die Zuständigk. des VormRi. (vgl § 34 II, III, RL 2, 3), für die Beweisaufnahme und für die Anfechtung der Entsch., für die also die Beschränkungen des § 55 nicht gelten (Dallinger-Lackner N 17, Potrykus B 5).

c) Der VormRi. muß ErzM des JGG (§§ 9—12, 112b; vgl aber A 3!) **anordnen.** Gegen die Nicht-AO hat das JAmt u. der JRi. das Recht der Beschw. nach § 57 I Z 9 FGG (Dallinger-Lackner N 18, Potrykus B 6). Nur wenn sich die Verhältnisse (zB Familie, Beruf) seit Erlaß des Urteils — darüber s. § 57 A 2a (2) — (Dallinger-Lackner N 15, aA Potrykus B 8: seit Rechtskraft) wesentl. geändert haben oder wenn neue — auch die Schuldfrage betreffende — wesentl. Tatsachen bekannt werden, die dem JG bei Erlaß des Urteils nicht bekannt waren (Dallinger-Lackner N 16, ähnl. Potrykus B 6), kann der VormRi. — grds im Einvernehmen mit dem JRi. (RL 2) — von der AO von ErzM absehen; das kann — ausnahmsweise — auch der Fall sein, wenn schon Verf. u. Urteil den J hinreichend beeindruckt haben. Ob die AO vormundschaftsrichterl. ErzM des bürgerl. Rechts auch zum Absehen berechtigt, ist zw. (nein: Dallinger-Lackner N 13; vgl aber § 45 II S 1, Subsidiaritätsprinzip).

d) Der **VormRi. kann auch** die von ihm getroffenen ErzM nach § 11 I **abändern**, denn auch die Änderung ist ein Teil der Auswahl, die der JRi. dem VormRi. überlassen hat[1]). **Dagegen** hat der überlassende **JRi.** (wegen ErwG s. § 65 A 2c) bei Ungehorsam gem. § 11 II **JA zu verhängen** (§ 65 u. RL dazu), weil damit ein bes. Unrecht geahndet wird (§ 11 A 2a) und der VormRi. nicht zur Ahndung und Verhängung von ZuchtM befugt ist (Dallinger-Lackner N 21, Potrykus § 11 B 4).

3) Der **VormRi.** hat **stets** die Möglichk., neben den vom JRi. oder von ihm selbst gem. § 53 angeordneten jrichterl. ErzM noch **vormundschaftsrichterl. ErzMaßnahmen des bürgerl. Rechts** zu treffen, wie er diese auch anordnen kann, wenn das JG keine ErzM für notwendig gehalten hat. ErzM (§§ 9—12) stehen ihm dann nicht zur Verfügung (Dallinger-Lackner N 14, aA Potrykus B 7 für Weisungen). Widersprechende Maßnahmen müssen unbedingt vermieden werden. Sind Maßnahmen zweckmäßig, die nur der VormRi. verhängen kann, kann der JRi. solche anregen oder — wenn er zugleich als VormRi. zuständig ist — solche selbst verhängen und nach deren AO gem. §§ 45 II Z 1, 47 I Z 2 verfahren.

§ 54

Urteilsgründe

1) Hw — J: § 109 II, § 54 RL 5. — **2) ErwG:** § 104 I 6, § 54 RL 5.

(1) Wird der Angeklagte schuldig gesprochen, so wird in den Urteilsgründen auch ausgeführt, welche Umstände für seine Bestrafung, für die angeordneten Maßnahmen, für die Überlassung ihrer Auswahl und Anordnung an den Vormundschaftsrichter oder für das Absehen von Zuchtmitteln und Strafe bestimmend waren. Dabei soll namentlich die seelische, geistige und körperliche Eigenart des Angeklagten berücksichtigt werden.

(2) Die Urteilsgründe werden dem Angeklagten nicht mitgeteilt, soweit davon Nachteile für die Erziehung zu befürchten sind.

Richtlinien zu § 54:

1. Für die Entscheidung im Jugendstrafverfahren ist die Persönlichkeit des Jugendlichen von ausschlaggebender Bedeutung. Dies muß sich auch in den Urteilsgründen

[1]) Dallinger-Lackner N 20; aA Potrykus B 8, § 65 B 1, der allerdings den VormRi. aus § 53 S 2 zur Aufhebung für berechtigt hält.

widerspiegeln, zumal diese eine wertvolle Grundlage für spätere Maßnahmen sind. Der Vorschrift, daß in den Gründen des schuldigsprechenden Urteils die seelische, geistige und körperliche Eigenart des Jugendlichen berücksichtigt werden soll, wird durch eine bloße Schilderung des Lebenslaufes nicht genügt. Das gilt namentlich für Urteile, in denen die Fürsorgeerziehung angeordnet (§ 12), Jugendstrafe von unbestimmter Dauer verhängt (§ 19), die Schuld des Jugendlichen festgestellt (§ 27) oder Jugendstrafrecht gegen Heranwachsende angewendet wird (§ 105).

2. Bei der Abfassung der Urteilsgründe wird auch zu berücksichtigen sein, daß das Urteil eine wichtige Grundlage für die Erziehungsarbeit im Vollzug bildet.
3. Die Verkündung des Urteils ist für die Erziehung von besonderer Bedeutung. Die mündliche Eröffnung der Urteilsgründe soll dem Wesen und dem Verständnis des Jugendlichen angepaßt sein. Alle nicht unbedingt gebotenen rechtlichen Ausführungen können unterbleiben. Erörterungen, die für die Erziehung des Jugendlichen nachteilig sein können, werden zu vermeiden sein.
4. Soll der Jugendliche eine Ausfertigung oder eine Abschrift des Urteils mit Gründen erhalten (etwa nach § 35 Abs. 1 Satz 2, § 316 StPO), so bestimmt der Richter, inwieweit ihm die schriftlichen Urteilsgründe mitgeteilt werden. Erhält der Jugendliche nur einen Auszug der Gründe, so wird dies auf der Ausfertigung oder der Abschrift vermerkt, die für ihn bestimmt ist.
5. § 54 gilt auch im Verfahren gegen Jugendliche vor den für allgemeine Strafsachen zuständigen Gerichten (§ 104 Abs. 1 Nr. 6), im Verfahren gegen Heranwachsende nur, wenn der Richter Jugendstrafrecht anwendet (§ 109 Abs. 2).

1a) Auch im JR gilt § 267 StPO, der durch § 54 I ergänzt wird. Die jrechtl. Besonderheiten ergeben sich zwingend daraus, daß das JR ein Erz.- und Täterstrafrecht ist, bei dem ein Urteilsspruch nur bei Beachtung des § 54 wirkl. begründet ist.

b) Nur das **Rubrum** richtet sich allein **nach allgR.**

2) Für den **Tenor** gilt folgendes:

a) Freispruch, Verhängung von **Maßregeln** der Sicherung u. Besserung, AO von **NebenStr. u. -Folgen** sowie Verurteilung zu **JStr.** einschließl. einer StrAzBew. erfolgen wie im allgR. Bei unbest JStr. ist — zweckmäßig stets (§ 19 RL 3) — anzufügen: „Das Mindestmaß beträgt ..., das Höchstmaß ...“ Bei Freispruch wegen Strafunmündigkeit kann zugleich im Urteilssatz eine Maßnahme nach § 3 S 2 angeordnet werden.

b) Bei AO von **ErzM u. ZuchtM** lautet der Urteilsspruch: „Der Angeklagte ist eines ... schuldig. (1) Ihm wird die Weisung erteilt, ...; (2) Es wird Schutzaufsicht (FE) angeordnet; (3) Er ist zu verwarnen; (4) Als bes. Pflicht wird ihm auferlegt, ...; (5) Es wird auf ... JA erkannt.“ — **Wichtig ist,** Weisungen u. bes. Pflichten sehr genau zu fassen [vgl § 11 A 2b (1)]. Weiter darf die Verwarnung nicht im Urteilssatz erteilt werden (vgl § 14 A 2a). Bei ErzM ist nicht anzuführen, daß von ZuchtM u. JStr. abgesehen wurde; denn dies ist vom Ges. vorgeschrieben, wenn ErzM ausreichen (Dallinger-Lackner § 5 N 24; aA Potrykus § 9 B 7, Kroschel S 32).

c) Wird **Auswahl u. AO der ErzM dem VormRi. überlassen**, ergeht folgendes Urteil: „Der Angeklagte ist eines . . . schuldig. Es soll bei ErzM sein Bewenden haben. Ihre Auswahl u. AO wird dem VormRi. überlassen."

d) Bei der **Aussetzung der Verhängung der JStr.** lautet das Urteil: „Der Angeklagte ist eines . . . schuldig. Die Entsch. über die Verhängung einer JStr. wird zur Bew. ausgesetzt." Die Bew.Zeit wird in einem bes. Beschl. festgesetzt (§§ 62 IV, 58 I; Dallinger-Lackner § 62 N 18, aA Potrykus § 62 B 4). Im **Nachtragsverf.** (§ 30) lautet die Entsch. entweder: „Der im Urteil vom . . . gegen den Angeklagten getroffene Schuldspruch ist zu tilgen"; oder: „Auf Grund des Urteils . . . wird der Angeklagte zu . . . JStr. verurteilt."

e) Der **Kostenausspruch** erfolgt wie im allgR. Bei Anwendung des § 74 (s. dort) kann entweder der Kostenausspruch im Urteilssatz ganz unterbleiben, wodurch die Staatskasse mangels eines Kostenschuldners keinen Ersatz erhält, was in den Gründen darzulegen ist (OLG Schleswig EJF C I 2), oder lauten: „Die Kosten trägt die Staatskasse." Letzteres ist vorzuziehen, weil sonst § 464 I StPO verletzt wird; erz. Bedenken bestehen mE nicht (Dallinger-Lackner § 74 A 17; aA Potrykus § 74 B 1, Kroschel S 34 ua). Dieser Meinungsstreit beeinflußt die Anfechtbark. der Kostenentsch. nicht (OLG Schleswig aaO).

f) Die **Einbeziehung nach § 31** erfolgt so: „Der Angeklagte wird unter Einbeziehung des Urteils . . . wegen der dort genannten Taten und wegen . . . zu . . . JStr. verurteilt" (oder bei ErzM u. ZuchtM die entspr. Fassung). Die auf Grund des einbezogenen Urteils schon verbüßte JStr. ist im Urteilsspruch ähnl. wie UHaft anzurechnen.

g) Wird **UHaft bei JA** berücksichtigt, so ist nach normalem Ausspruch [A 2b (5)] anzufügen: „Dieser JA wird mit Rücksicht auf die vom Angeklagten erlittene UHaft nicht (oder: nur noch in Höhe von . . .) vollstreckt." — Die Anrechnung von UHaft auf **JStr.** erfolgt wie im allgR, bei unbestJStr. entspr. § 52 A 4, etwa so: „3 Monate der erlittenen UHaft werden auf das Mindestmaß, weitere 3 Monate auf das Höchstmaß angerechnet"; oder: „6 Monate der erlittenen UHaft werden auf das Mindestmaß angerechnet". Es ist stets geboten, in den Urteilsgründen klarzustellen, daß die auf das Mindestmaß angerechnete UHaft sich auf das Höchstmaß auswirkt, sich also in beiden Beispielen das Höchstmaß um 6 Monate verkürzt.

h) Wo **Hw nach allgR** abgeurteilt werden, gilt nichts bes.; daß Gefängnis statt Zuchthaus verhängt wird (§ 106 I), wird im Tenor nicht erwähnt („. . . wegen Totschlags zu . . . Gefängnis"); s. § 106 A 2c.

3) Für die **Begründung** gilt zunächst § 267 StPO.

a) Zuerst ist der **Sachverhalt** nach der äußeren u. inneren Tatseite zu schildern. Zu dieser Tatschilderung gehört im JR als Erz.- u. Täterstrafrecht eine Schilderung des Täters, seiner Familie, Entwicklung u. Umwelt mit Lebenslauf sowie seiner Eigenarten, also das Ergebnis der Persönlichkeitserforschung (§ 43, s. dort) (RL 1). Diese Schilderung ist ein Teil der vom Ger. zu treffenden Feststellungen; sie gehört an den Anfang, vor die Darstellung der Tat; denn diese soll sich ja gerade aus den Feststellungen zur Person erklären, fast ableiten lassen und so zeigen, ob die Tat aus Anlage und Neigung oder nur aus bes. äußeren Umständen entsprungen ist (vgl Dallinger-Lackner N 4, 14, Potrykus B 2, 3; aA Kroschel S 131). — Es darf nur aufgenommen werden, was zur Überzeugung des Ger. entspr. den Prozeßgrundsätzen festgestellt wurde (s. § 38 A 5c); doch kann das im Rahmen der Persönlichkeitsermittlung Festgestellte auch berücksichtigt werden, soweit es nicht Gegenstand der Tat war (vgl BGH NJW 51/769).

b) Hierauf ist das **Vorbringen des Angeklagten** möglichst zusammenhängend darzustellen. Weiter sind unter Auseinandersetzung mit dem Vorbringen des Angeklagten und den Beweismitteln **die für die richterl. Überzeugung maßgebenden Gründe** darzutun.

c) Es folgt die **rechtl. Würdigung**. Bei mehreren Ges.Verletzungen ist ihr Verhältnis darzulegen (§ 31 A 1).

d) Anschließend muß festgestellt werden, daß der Täter **J oder Hw** ist, und — nur **bei J**, nicht bei Hw! — die Frage der **Strafmündigk.** erörtert werden. Bestehen keine Zweifel, genügt die kurze Feststellung, das Ger. habe nach der Entwicklung und dem Auftreten des J in der Verh. sowie nach seiner Einlassung und Verteidigung die Überzeugung gewonnen, daß er zZ der Tat die Einsichtsfähigk. in geistiger und sittl. (BGH EJF C I 3) Hinsicht und das Hemmungsvermögen besessen habe und für seine Tat verantwortl. sei (Kroschel S 131). Das Fehlen dieser Feststellung begründet die Rev. wegen eines sachl.-rechtl. Mangels oder wegen ungenügender Sachaufklärung (§ 244 II StPO). Bestehen Zweifel, ob Verstandesreife, Erkenntnisfähigk. u. Hemmungsvermögen vorliegen, oder soll die Verantwortlichk. verneint werden, ist eine eingehende Begründung erforderl. Auch im letztgenannten Fall können die Ausführungen A 1—3c nicht unterbleiben oder gekürzt werden (§ 3 FN 1). Doch ist Einstellung durch Beschl. mögl. (§ 47 I Z 3, II S 2), für den das o. Gesagte auch gilt.

4a) Endl. ist die **Strafzumessung** sorgfältig zu begründen. (1) **Bei Hw** muß zunächst eingehend erörtert werden, warum J- oder ErwR angewendet wird[1]). Ist ein Antrag auf Anwendung des JR gestellt, ist dieser entspr. § 267 II StPO in den Gründen zu verbescheiden (BGH bei Herlan GA 56/347). (2) Bei Anwendung von **ErwR** gelten für die weiteren Ausführungen die allg. Grundsätze. — (3) Bei Anwendung von **JR** ist stets darzulegen, ob, ggf warum nicht ErzM ausreichen. Bei ZuchtM ist anzugeben, daß und warum JStr. nicht geboten ist; bei JStr. auch, warum ZuchtM nicht ausreichen. Insbes. muß das Vorliegen schädl. Neigungen eingehend — und nicht nur formelhaft — begründet und angegeben werden, welcher Art diese sind. Wegen der Strafhöhe s. § 18 A 3; über unbestJStr., wo noch zu begründen ist, warum eine genaue Dauer nicht festgesetzt werden kann, s. A. zu § 19. Auch bei JA muß die gewählte Form begründet werden. — Ebenfalls begründet werden muß das Absehen von ZuchtM u. JStr. nach § 5 III, die Gründe für die Überlassung der Auswahl u. AO von ErzM an den VormRi. und die Gründe für die Aussetzung der Verhängung

[1]) BGH MDR 54/694, Dallinger-Lackner § 109 N 13, Kroschel S 132, 134, Schaffstein NJW 55/1578; vgl § 54 RL 1 S 3, 4; § 105 A 4c.

von JStr. zur Bew. (hier bes., worin die Ungewißheit besteht und welche Maßnahmen vergebl. zu ihrer Beseitigung getroffen wurden). Auch hier sind, wie im allgR, nicht alle, sondern **nur die für die Entsch. des Ger. bestimmenden Umstände** anzuführen. Hinsichtl. der Begründung einer StrAzBew., der Wertung des Prozeßverhaltens des Angeklagten gelten die Grundsätze des allgR.

b) Unterbringung in einer Heil- oder Pflegeanstalt ist bes. eingehend zu begründen (s. § 7 A 1a).

5) Abgekürzte Urteile sind zwar zulässig; jedoch gilt § 54 auch für sie. Wesentl. Verkürzungen sind dadurch nicht mögl. und sollten auch deshalb vermieden werden, weil nur eingehende Darlegungen im JG-Urteil für Vollz. u. bei späteren Straftaten eine zuverlässige, der Bedeutung entspr. Grundlagen schaffen können (RL 2). Über das Urteil nach vereinfachtem Verf. s. § 78 A 5d.

6a) Das Urteil ist **wie im allgR zu verkünden**; dabei dürfen aber Umstände nicht erörtert werden, die für die Erz. des J von Nachteil sein können (RL 3 S 4), da der J nicht entfernt werden darf (§ 51 A 1b), II aber auch für die mündl. Begründung gilt. Eine eindrucksvolle Urteilsverkündung, die dem Wesen und Verständnis des J angepaßt ist, hat großen erz. Wert (RL 3). — Daran hat sich die **Rechtsmittelbelehrung** anzuschließen, wenn nicht auf Rechtsmittel verzichtet wird (§ 35a StPO); diese Belehrung erfordert bes. Takt (vgl Dallinger-Lackner § 55 Vorb. 24, Potrykus B 4, Schnitzerling UJ 57/1).

b) Von den **schriftl. Urteilsgründen**, die alles enthalten müssen, dürfen dem Angeklagten solche Teile nicht mitgeteilt werden, die Nachteile für seine Erz. befürchten lassen. Soweit mögl. sollte hier — bes. bei Hw oder inzwischen volljährigen Tätern (Dallinger-Lackner § 109 N 13) — Zurückhaltung geübt werden und das Urteil möglichst so gefaßt werden, daß auch der Angeklagte es ganz lesen kann. Die Entsch. trifft der Vorsitzende (RL 4, Dallinger-Lackner N 25, Potrykus B 4). Die Tatsache, daß es sich nur um einen Auszug handelt, ist auf der Ausfertigung zu vermerken. — Die Erteilung nur eines Auszuges der Urteilsgründe auch an ErzBer. u. gesVertr. ist mangels entspr. Bestimmung nicht mögl. (Dallinger-Lackner N 26, aA Potrykus B 4, wenn ein erz. ungünstiger Mißbrauch zu befürchten ist).

7) Wegen **BewH, Bew.Zeit** u. **Bew.Aufl.** vgl §§ 58, 62 IV, auch 60, 64.

Dritter Unterabschnitt
Rechtsmittelverfahren

§ 55

Anfechtung von Entscheidungen

1) Hw — J: § 109 II, § 55 RL 3; vgl aber § 55 A 3b (2) (c). — **2) ErwG:** § 104 I 7, § 55 RL 3.

(1) Eine Entscheidung, in der lediglich Erziehungsmaßregeln oder Zuchtmittel angeordnet oder die Auswahl und Anordnung von Erziehungsmaßregeln dem Vormundschaftsrichter überlassen sind, kann nicht wegen des Umfangs der Maßnahmen und

nicht deshalb angefochten werden, weil andere oder weitere Erziehungsmaßregeln oder Zuchtmittel hätten angeordnet werden sollen oder weil die Auswahl und Anordnung der Erziehungsmaßregeln dem Vormundschaftsrichter überlassen worden sind. Diese Vorschrift gilt nicht, wenn die Entscheidung Fürsorgeerziehung angeordnet hat.

(2) Wer eine zulässige Berufung eingelegt hat, kann gegen das Berufungsurteil nicht mehr Revision einlegen. Hat der Angeklagte, der Erziehungsberechtigte oder der gesetzliche Vertreter eine zulässige Berufung eingelegt, so steht gegen das Berufungsurteil keinem von ihnen das Rechtsmittel der Revision zu.

Richtlinien zu § 55:

1. Aus erzieherischen Gründen ist es dringend erwünscht, daß das Jugendstrafverfahren möglichst schnell zum Abschluß gebracht wird. Bei der Einlegung von Rechtsmitteln zuungunsten des Angeklagten ist daher besondere Zurückhaltung geboten (vgl. im übrigen Nr. 130 RiStV).
2. Die Anfechtung der im Verfahren bei Aussetzung der Jugendstrafe zur Bewährung oder bei Aussetzung der Verhängung der Jugendstrafe ergehenden Entscheidungen ist in den §§ 59 und 63 geregelt. Für die Anfechtung nachträglicher Entscheidungen über Weisungen und Pflichten gilt § 65 Abs. 2. Wegen der Anfechtung von Entscheidungen im Vollstreckungsverfahren wird auf § 83 Satz 2 hingewiesen.
3. § 55 gilt auch im Verfahren gegen Jugendliche vor den für allgemeine Strafsachen zuständigen Gerichten (§ 104 Abs. 1 Nr. 7), im Verfahren gegen Heranwachsende nur, wenn der Richter Jugendstrafrecht anwendet (§ 109 Abs. 2).

1a) (1) **Auch im JR gelten grds die Vorschriften des allgR über Rechtsmittel. § 55 beschränkt jedoch** die Rechtsmittel nicht unerhebl. (A 2, 3), um das JStr.Verf. möglichst rasch abzuschließen, wie es erz. geboten ist (RL 1 S 1, § 43 RL 5 S 2). Diese sachl. wohl erwogene Rechtsmittelbeschränkung des JR verstößt nicht gegen den Gleichheitsgrundsatz (ObLG 56/163ff für II). Auch § 59 I, der bei einer auf die StrAzBew. beschränkte Anfechtung statt Ber. oder Rev. sof.Beschw. zuläßt, ist eine Rechtsmittelbeschränkung (s. dort). — Über diese gesetzl. Beschränkungen hinaus übt der JStA im Interesse des raschen Abschlusses des Verf. bes. Zurückhaltung bei der Einlegung von Rechtsmitteln (RL 1 S 2). (2) **Weitere Regelungen über Rechtsmittel** (vgl RL 2) enthalten die §§ 47 II S 3, 59, 61 II S 2 iVm § 115 StPO, 63, 65 II, 66 II S 3 iVm § 462 IV StPO, 71 II S 2 iVm § 115 StPO, 73 II, 75 II S 2, 77 I S 3, 83 S 2, 88 V S 3, 89 II, 99 III.

b) Anfechtungsberechtigt sind: (1) der **Verteidiger,** jedoch nicht gegen den ausdrückl. Willen des Angeklagten (§ 297 StPO). Diese Beschränkung gilt nicht bei ausdrückl. Auftrag der unter (2) Genannten; er wird dann als deren Beauftragter tätig; nicht der Beistand, der die Rechte des Verteidigers nur in der Hauptverh. hat (§ 69 III S 2; Dallinger-Lackner Vorb. 4; unterschiedl. Potrykus B 2 u. § 69 B 4); (2) der **gesVertr.** (§ 298 I StPO) und der **ErzBer.** (§ 67 III). (a) Beide haben bis zur Volljährigk. (s. § 67 A 5a) des J ein selbständiges Anfechtungsrecht zugunsten des Angeklagten auch gegen dessen Willen. Ein von ihnen vor der Volljährigk. eingelegtes Rechtsmittel wirkt nach Volljährigk. des Angeklagten für diesen weiter, selbst wenn er vorher auf ein eigenes Rechtsmittel verzichtet hat. Die nach Volljährigk. anfallende Rev.Begründung obliegt dem Angeklagten, auch wenn ErzBer. oder gesVertr. Rev. eingelegt hat[1]). Nach Volljährigk. können diese weder ein Rechtsmittel einlegen noch zulässig begründen. (b) Das Anfechtungsrecht besteht nur innerhalb der für den Angeklagten laufenden Fristen, allerdings ggf mit dem Recht der Wiedereinsetzung (näher § 67 A 2e), (3) der **Angeklagte stets** ohne Rücksicht auf Alter u. Geschäftsfähigk. und ohne Bindung an die Maßnahmen des ErzBer. und des gesVertr. (vgl aber A 3c).

c) **Für Rechtsmittelverzicht, Teilanfechtung** [s. (2)(3)] **und Rücknahme** [s. (1)] **eines Rechtsmittels gilt allgR.** (1) GesVertr. u. ErzBer. können jedoch das von ihnen eingelegte Rechtsmittel entspr. § 302 I S 2 StPO nur mit Zustimmung des Angeklagten **zurücknehmen**[2]). (2) Die Bildung einer **EinheitsStr.** hindert bei Tatmehrheit (vgl § 31 A 1) nicht die auf eine Tat **beschränkte Anfechtung** des Schuldspruches[3]). Doch wird stets der gesamte Strafanspruch von der Anfechtung erfaßt; eine Bindung an die rechtskräftigen Teile des Schuldspruches besteht nur hinsichtl. der Schuldfrage; hinsichtl. aller anderen Feststellungen bes. zur Straffrage ist das Ger. frei (Dallinger-Lackner Vorb. 21). Deshalb kann auch die Straffrage nur als Ganzes angegriffen werden (Dallinger-Lackner Vorb. 20); etwas anderes kann nur hinsichtl. NebenStr., Nebenfolgen, Maßregeln der Sicherung u. Besserung und der Anrechnung der UHaft gelten (vgl BGH 6/183, 7/214) sowie hinsichtl. der StrAzBew (§ 59; s. dort). — Wegen der Bindung an den rechtskräftigen Schuldspruch bei der Entsch. zur Straffrage allg. vgl BGH MDR 55/433; s. auch § 31 A 4b. (3) (a) Auch § 32 hindert nicht die **Teilanfechtung** nur der in einer bestimmten **Altersstufe** begangenen Taten. War gem § 32 eine Einheitsstrafe gebildet, so ist von der Anfechtung notwendig die Straffrage ganz umfaßt, weil hier für die einzelnen Taten nicht gesonderte Str. ausgeworfen sind; es gilt o. (2). War dagegen gem § 32 allg. Recht angewendet worden, ließe sich die Anfechtung an sich auch hinsichtl. der Straffrage beschränken (vgl. §§ 74ff StGB). Deshalb will BGH 10/100, 103 hier die Verurteilung auch hinsichtlich des Strafausspruches in Rechtskraft erwachsen lassen, soweit wegen der zugrunde liegenden Taten nicht angefochten ist, während die übrigen Taten gesondert, uU unter Nichtbeachtung des § 32 nach JR abgeurteilt werden sollen (zw. u. sehr bedenkl.; s. § 32 A 2). (b) Weiter kann die Nichtanwendung einer **Strafmilderungsvorschrift bei einem Hw** gerügt werden, ohne daß davon die Anwendung des allgR, also die nach § 105 zutreffende Entsch. berührt würde (ObLG 56/7f);

[1]) BGH 10/174ff, RG 42/342ff, Dallinger-Lackner § 67 N 26; Potrykus NJW 55/246, aber aufgegeben in § 67 B 3 (aA als hier), doch wohl überholt durch NJW 57/1136.

[2]) OLG Düsseldorf NJW 57/840, Dallinger-Lackner N 41, Löwe-Rosenberg § 302 StPO A 8; aA Kleinknecht-Müller § 298 StPO A 3a, Schwarz § 302 StPO A 1 A b; doch würde ggf der J um sein Rechtsmittel gebracht, das er im Vertrauen auf das vom ErzBer. oder gesVertr. eingelegte Rechtsmittel nicht ergriffen hat.

[3]) BGH GA 53/83, 85; Dallinger-Lackner Vorb. 17—19; aA Potrykus § 56 B 1a, der meint, es sei stets der ganze Schuld- u. Str.Ausspruch angegriffen, doch hinsichtl. der Nachprüfg. Erleichterungen zulaßt. — S. auch § 56 u. § 31 A4d.

Gleiches gilt für die Anfechtung der nach allgR gewährten StrAzBew. (OLG Frankfurt NJW 56/233, zustimmend Schnitzerling). Dagegen kann die Entsch. nach § 105 nicht gesondert von der übrigen Str.Frage angefochten werden (§ 105 A 4d).

d) Das **Rev.Ger.** prüft auch bei EinheitsStr (§§ 31f) nur im Rahmen der vorgetragenen Rügen (§§ 352, 344 StPO)[4]. Bei Zurückverweisung gilt A 1c (2), (3) entspr.

2) Abs. I gilt für jede Entsch. (Urteil, Beschl. ua), jede Instanz, jedes Rechtsmittel (Ber., Rev., Beschw.) und jeden Rechtsbehelf (A 5).

a) Voraussetzung ist, daß **nur ErzM** (ohne FE) **oder ZuchtM** (einschließl. Dauer-Arrest) ausgesprochen sind **oder gem. § 53** die Auswahl u. AO der ErzM [hier einschließl. FE[5]] dem VormRi. übertragen sind. — I beschränkt also die Rechtsmittel nicht, wenn neben diesen Maßnahmen oder allein FE oder JStr. verhängt, die Verhängung einer JStr. zur Bew. ausgesetzt ist oder Maßregeln der Sicherung u. Besserung (OLG Hamm JMBl NRW 57/36 = Rspr 57 Nr 378, Potrykus NJW 54/1350, 55/246), NebenStr. u. Nebenfolgen ausgesprochen sind; solche Entsch. können in jedem Umfang und mit jeder Begründung angefochten werden (A 2c).

b) (1) Auch dann (A 2a) ist die **Anfechtung nur unzulässig,** wenn sie mit bestimmter Begründung erfolgt, näml. **wenn Umfang oder Auswahl** der Maßnahmen (einschl. § 53) **angegriffen wird.** Solange das Rechtsmittel nicht begründet wird (Dallinger-Lackner N 21) oder die Begründung sich nicht nur auf die ausgeschlossenen „Straf"-maß-Rügen beschränkt, kann das Rechtsmittel nicht nach § 55 I unzulässig sein[6]. Eine Aufklärung dadurch, daß das Ger. den Angeklagten befragt, was er mit seiner Berufung erstrebe, kann nur dann zu einer Verwerfung des Rechtsmittels als unzulässig führen, wenn das Rechtsmittel in der Form einer teilweisen Zurücknahme auf die durch I ausgeschlossenen Beschwer-Punkte beschränkt wird (Dallinger-Lackner N 21); bei Erklärungen des Verteidigers darf § 302 II StPO nicht übersehen werden. (2) (a) Der **Schuldspruch kann stets angefochten werden, ebenso** der Freispruch (auch wegen Strafunmündigk.) durch den StA. Auch der Einwand der Gesetzwidrigk. einer Maßnahme ist immer mögl. (vgl § 10 A 1d, § 104 IV). (b) Der J kann weiter die Verneinung der Strafmündigk. (§ 3 S 1) angreifen, um die Grundlage für nach § 3 S 2 angeordneten Maßnahmen zu beseitigen; er kann hier zu diesem

---

[4]) BGH GA 53/83 zustimmend Herlan, Dallinger-Lackner Vorb. 22; aA Potrykus § 56 B 1b, der auch hier ohne Grundlage im Ges. volle Nachprüfung fordert, doch dabei Erleichterungen zuläßt.

[5]) Dallinger-Lackner N 17; aA Potrykus § 53 B 5, wenn die Urteilsgründe ergeben, daß FE in Betracht kommt. — Doch ist das im Ges. nicht vorgesehen und auch nicht notwendig, weil die AO der FE durch den VormRi. im FGG Verf. angefochten werden kann.

[6]) Eine Verwerfung als offenbar unzulässig, wenn (1) nur in I S 1 genannte Maßnahmen angeordnet sind, (2) der Angeklagte in 1. Instanz im Umfang des Schuldspruchs geständig war, (3) der Schuldspruch keinen Rechtsirrtum enthält u. (4) die Berufungsschrift keinerlei Hinweis auf zulässige Rügen enthält (so Hellmer JR 55/92, 93; ähnl. Potrykus B 5 A II b α), ist nach geltendem Recht nicht mögl. (Dallinger-Lackner N 17); denn jedes Rechtsmittel, das nicht näher begründet ist, richtet sich gegen die Entsch. als Ganzes (§ 318 S 2 StPO), also auch gegen den Schuldspruch.

Zweck auch geltend machen, daß er keine strafbare Handlung begangen habe oder daß Maßnahmen nach § 3 S 2 nicht erforderl. seien (Dallinger-Lackner N 12, ähnl. wie bei Freispruch nach § 51 I StGB u. Unterbringung nach § 42b StGB). (c) Der Hw kann stets mit der Begründung anfechten, es sei die falsche RechtsO angewandt (Frage des § 105 I). (d) Der StA hat auch dann ein Rechtsmittel, wenn er JStr. (oder mindestens Schuldspruch nach § 27), eine NebenStr. oder Nebenfolge oder eine Maßregel der Sicherung u. Besserung allein oder neben den getroffenen Maßnahmen für notwendig hält, nicht aber FE (I S 2 dient nur dem Schutz des J, Dallinger-Lackner N 15; Anregung an VormRi. ist aber mögl.: § 53 A 3).

c) Ein danach **zulässiges Rechtsmittel ergreift das Urteil in vollem Umfang.** In ihm können auch Rügen enthalten sein, die allein nicht zulässig wären[7]). Das **RechtsmittelGer. kann,** wenn das Urteil zulässig angefochten ist, **auch** ErzM, ZuchtM oder die Überweisung nach § 53 **aufheben und abändern,** weil § 55 I nur die Zulässigk. des Rechtsmittels betrifft, aber **keine Bindung des RechtsmittelGer.** bewirkt[8]). So kann auf Ber. des Angeklagten, der seinen Freispruch erstrebt, in 2. Instanz an Stelle eines Dauerarrestes des Ersturteils JA in anderer Form oder eine andere ErzM (außer FE) oder ein anderes ZuchtM (s. A 4a) angeordnet werden (BGH 10/198, 200f). Das kann notwendig sein, wenn auf Grund neu bekannt gewordener Tatsachen eine Änderung geboten ist; es wäre sinnlos und erz. gefährl., hier nur auf das Abänderungsverf. des ErstRi. zu verweisen. Das RechtsmittelGer. sollte aber gerade in diesem Punkt äußerste Zurückhaltung üben und bedenken, daß es sich vorwiegend um erz. Maßnahmen handelt, deren Notwendigk. und Umfang vom ErstGer. meist besser beurteilt werden kann als von dem später entscheidenden, mit den örtl. u. persönl. Verhältnissen weniger vertrauten OberGer. (BGH NJW 52/436 für viele).

8) II gilt nur für Urteile.

a) Deren **Anfechtung** richtet sich **grds** nach **allgR.** Zu beachten ist, daß (1) die JK auch über die Ber. gegen Urteile des JRi. als EinzelRi. entscheidet (§ 41 II S 1) und daß (2) der Ausschluß der Berufung nach § 313 StPO und der Zulässigk. der Rev. nach § 334 StPO bei Anwendung materiellen JR nur im Falle des Freispruchs (nicht auch der Einstellung) gilt, weil ErzM u. ZuchtM nicht GeldStr. gleichgestellt werden können (allgM, zB Dallinger-Lackner Vorb. 11).

[7]) KG DAR 54/189, Dallinger-Lackner N 9, aA Potrykus B 5 A II b aE, 5 B II, NJW 55/929, der meint, daß bei Verbindung nur die in I S 1 nicht genannten Maßnahmen angefochten werden könnten, die dort angeführten aber in Rechtskraft erwüchsen. Das steht nicht im Ges. und ist nicht dessen Sinn: Wenn die erstrebte Beschleunigung durch die zulässige Anfechtung schon nicht erreicht werden kann, ist es gleich, in welchem Umfang das Urteil überprüft wird.

[8]) BGH 10/198, 200f, OLG Stuttgart NJW 56/33, LG Kiel NJW 56/1166, Dallinger-Lackner N 18, 19; aA OLG Frankfurt NJW 56/32 zustimmende A Schnitzerling, Kaufmann JZ 58/9, Pentz JZ 57/49, Potrykus NJW 55/929, ablehnende A zu BGH aaO in NJW 57/998 u. Stuttgart aaO, B 5 B II. Dabei nimmt Potrykus stets diese Bindung an, während die übrigen nur dann eine Bindung bejahen, wenn der Schuldspruch nicht geändert wird. Nähere Begründung s. Text.

b) Gem. II S 1 hat aber **jeder Anfechtungsberechtigte** (A 1b, aber A 3c) **nur ein Rechtsmittel** [A 3b (2)], Ber. oder Rev. (1) Die **Rev. gegen das Ersturteil** ist im JR nicht Sprung-, sondern **WahlRev.** Ungeachtet dieser Abweichung gelten schon mit Rücksicht auf die Bedeutung dieser Wahl und deshalb, weil diese erst nach Kenntnis der schriftl. Urteilsgründe sinnvoll ausgeübt werden kann, auch hier die Grundsätze des allgR über die Ausübung des **Wahlrechts** bis zum Ablauf der Rev.Begründungsfrist[9]) und über die Behandlung der Anfechtung als Ber., wenn keine oder keine genügende (§§ 344, 337 StPO) Begründung gegeben wird[10]). Der Anfechtende **ist aber an die Wahl,** sobald er sie getroffen **hat, gebunden,** falls er nicht das Rechtsmittel nur irrtüml. falsch bezeichnet hat (§ 300 StPO). Das ist für den Übergang von Rev. zur Ber. auch im allgR die hM[11]), gilt aber im JR auch für den Übergang von Ber. zur Rev.[12]). Die gegenteilige Meinung des BGH für das allgR[13]) stützt sich darauf, daß der Übergang von Ber. zur Rev. weniger ein Wechsel des Rechtsmittels als ein Verzicht auf die 2. Tatsacheninstanz sei und die Zulassung des Überganges iS des § 335 StPO liege, weil eine Instanz gespart werde. Diese Gedanken treffen aber nur auf die Sprungrev. des allgR, nicht auf die Wahlrev. des JR zu; denn im JR hat jeder Rechtsmittelberechtigte stets nur eine Instanz; mit der Einlegung der Ber. verzichtet er auf die Rev.Instanz, mit der Einlegung der Rev. auf die zweite Tatsacheninstanz. Der gesetzl. nicht vorgesehene Übergang von einem Rechtsmittel zum anderen kann im JR also auch nicht aus Sinn u. Zweck des § 355 StPO gerechtfertigt werden (a. bei sof.Beschw. § 59 A 1b (2), FN 1). (2) (a) Jeder hat **nur ein Rechtsmittel,** auch wenn das auf seine u. des Gegners ergangene Ber. Urteil ihm nachteiliger ist als das Ersturteil[14]), selbst wenn er seine Ber. auf einzelne Punkte beschränkt hatte[15]). Deshalb soll die Rev. eines Mitangeklagten gegen das Ber.Urteil entgegen § 357 StPO dem nach JR Verurteilten nichts helfen, wenn er schon Ber. eingelegt hatte, weil § 357 StPO nur zu Gunsten des Angeklagten wirkt, der auch selbst Rev. hätte einlegen können, was ja hier wegen § 55 II nicht der Fall ist[16]); zw.

---

[9]) BGH 2/63ff, 5/338, Dallinger-Lackner N 24—26, Löwe-Rosenberg § 335 StPO A 2b.

[10]) BGH 2/63ff, Dallinger-Lackner N 27.

[11]) RG 62/426, 63/194, OLG Stuttgart NJW 57/641 = JZ 58/63, Kleinknecht-Müller A 5, Schwarz A 1b, wohl auch Löwe-Rosenberg A 2c je zu § 335 StPO; aA OLG Köln NJW 57/641 und Dallinger-Lackner N 28—31: Übergang innerhalb der Rev.Begründungsfrist ist zulässig. — Der BGH 5/338, 343f läßt die Frage offen, meint aber, daß wohl mehr für die Unzulässigk. dieses Überganges spreche.

[12]) AA Dallinger-Lackner N 29—31; sie lassen jeden Wechsel innerhalb der Rev.Begründungsfrist zu; vgl näher den folgenden Text u. FN 13.

[13]) BGH 5/338, 340ff gegen die bisher hM (vgl Löwe-Rosenberg § 335 StPO A 2c, die selbst dem BGH zustimmen), aA neuerdings OLG Stuttgart JZ 56/33 mit ablehnender A Stratenwerth; vgl bes. RG 62/426.

[14]) Deshalb kann zB der Angeklagte das schärfere Ber.Urteil nicht anfechten, wenn es nach Verh. über seine u. des StA zulässige Ber. ergangen ist. OLG Hamm NJW 55/1609, ObLG DRiZ 33 Nr 282, KG JW 33/639, Dallinger-Lackner N 32. **Vgl aber** FN 22 u. Text dazu.

[15]) Dallinger-Lackner N 33. **Vgl. aber** FN 22 u. Text dazu.

[16]) OLG Oldenburg NJW 57/1450 = EJF C I 33; zw.; vgl die Gedanken BGH NJW 58/560 mit Zitaten (§ 357 StPO bei Zurücknahme) u. OLG Celle MDR 58/444 (§ 357 StPO entspr. bei Einstellung wegen Verjährung gem. § 206a StPO).

(b) Das schließt jedoch nicht aus, daß **auch in JSachen gegen Ber.Urteile Rev.** eingelegt wird. So kann jeder Verf.Beteiligte Rev. gegen ein Ber.Urteil einlegen, das nur auf Ber. eines anderen Verf.Beteiligten (s. aber A 3c!) ergangen ist[17]), auch wenn er selbst in anderer Eigenschaft Ber. eingelegt hatte (zB Ber. als Nebenkläger, Rev. als Angeklagter)[18]). Rev. kann auch einlegen, wessen Ber. als unzulässig verworfen[19]) oder irrtüml. nicht behandelt wurde[20]), oder wer eine bloße „Anfechtung" ohne Ausübung der Wahl in der Rev.Begründungsfrist zurückgenommen hat[21]). Endlich ist Rev. auch dem Ber.Führer selbst mögl., der vom Ber.Ger. auf Grund einer gleichzeitigen Ber. des StA oder Nebenklägers wegen Taten verurteilt wurde, hinsichtl. derer er in 1. Instanz freigesprochen wurde[22]), sowie derjenige, der Rev. gewählt hatte, dessen Rev. aber als Ber. behandelt wurde, weil ein anderer Verf.Beteiligter Ber. eingelegt hat (§ 335 III StPO)[23]). (c) **Ein Hw kann** stets Rev. gegen das allgStrR anwendende Ber.Urteil einlegen, auch wenn er in 1. Instanz nach JR abgeurteilt wurde und selbst zulässig Ber. eingelegt hatte, weil § 55 II nur gilt, wenn JR angewendet ist[24]). Aber auch dann wird man Rev. zulassen müssen, wenn der Hw in 1. Instanz nach allgR, in 2. Instanz nach JR abgeurteilt wurde, da § 55 II gegen jede Verurteilung nach JR ein Rechtsmittel zuläßt, die Ber. aber nicht gerechnet werden kann, weil sie sich gegen eine Verurteilung nach ErwR gerichtet hat[25]).

c) Wenn ein **Angeklagter, ErzBer., gesVertr. oder Verteidiger** Ber. eingelegt hat, kann ein anderer der Genannten nicht mehr Rev. einlegen und umgekehrt (II S 2). Der Verteidiger übt die Rechte des Mandanten aus; legen beide verschiedene Rechtsmittel ein, gilt das zuerst eingelegte (aber § 297 StPO), weil damit die Wahlmöglichk. verbraucht ist[26]) [A 3b (1)]. Hinsichtl. der übrigen hier Genannten gilt in einem solchen Fall § 335 III StPO, alle Rechtsmittel werden als Ber. behandelt; doch hat der Rev.Führer wegen II S 2 gegen das Ber.Urteil nicht mehr die Rev.

d) Ein danach unzulässiges Rechtsmittel ist nicht nach § 346 StPO, sondern **nach § 349 StPO zurückzuweisen**[27]).

---

[17]) Potrykus B 6.

[18]) Dallinger-Lackner N 36.

[19]) Eine abw. Ansicht des Rev.Ger. über die Zulässigk. der Ber. ist für die Zulässigk. der Rev. ohne Bedeutung: Dallinger-Lackner N 35.

[20]) Dallinger-Lackner N 36.

[21]) Dallinger-Lackner N 37.

[22]) OLG Dresden, Düsseldorf JW 33/469, 976; Dallinger-Lackner N 34; aA Potrykus B 6; aber der Angeklagte hätte insoweit gegen das Urteil erster Instanz mangels Beschwer gar kein Rechtsmittel gehabt!

[23]) Dallinger-Lackner N 42, ObLG JW 33/464; andernfalls wäre das Wahlrecht verletzt; s. aber A 3c.

[24]) OLG Neustadt MDR 56/504.

[25]) AA OLG Celle NJW 56/521, Potrykus B 6.

[26]) Dallinger-Lackner N 38, die mit Recht annehmen, daß die in Unkenntnis der Lage erfolgte Rücknahme des wirksamen Rechtsmittels unwirksam ist.

[27]) Potrykus B 6; aA Dallinger-Lackner N 43; doch handelt es sich hier nicht um die Frage einer bloßen Frist- oder Formverletzung.

4) Auch in JSachen gilt das **Verschlechterungsverbot des allgR**, das sich nur auf die Straf-, nicht auf die Schuldfrage, auch nicht auf die Unterbringung in einer Heil- oder Pflegeanstalt bezieht (§§ 331, 358 II StPO). Das Verschlecherungsverbot steht auch einer Verschärfung des früheren Urteils nicht entgegen, wenn bei einer fortgesetzten Handlung ein Teil der Handlungsglieder nach dem ersten Urteil begangen ist[28]); auch kann die alte Maßnahme unverändert aufrechterhalten werden, wenn die Verurteilung wegen mehrerer Taten hinsichtl. einiger Taten keinen Bestand hat (BGH 7/86, Löwe-Rosenberg § 331 StPO A 4b); letzteres wird beim JR als Täterstrafrecht häufig gerechtfertigt sein (vgl aber § 56 RL 1).

a) Für die **Einordnung** der **ErzM** u. **ZuchtM** gilt: Am mildesten ist die Verwarnung, am schärfsten FE (vgl I S 2), gefolgt von Dauerarrest. Die Reihenfolge der übrigen ErzM u. ZuchtM muß von Fall zu Fall je nach den bes. Umständen bestimmt werden, wobei die subjektive Beschwer des Angeklagten von Bedeutung ist[29]).

b) Die **Aussetzung der Verhängung** der JStr. (§ 27) ist schwerer als alle ErzM u. ZuchtM, weil sie die Verhängung der JStr. wegen dieser Tat noch ermöglicht, aber milder als JStr. in jeder Form, weil sie noch offen läßt, ob JStr. verhängt wird[30]).

c) (1) Bei **JStr.** kommt es auf die Höhe an, bei unbestJStr. auf das Höchstmaß[31]). Eine Erhöhung der JStr. — oder Nichtanrechnung der früher angerechneten UHaft — ist nicht mögl. (Ausnahme: FN 28 u. Text dazu), selbst bei gleichzeitiger Gewährung von StrAzBew.[32]). (2) (a) Auch der bloße Wegfall der **StrAzBew.** verletzt das Verschlechterungsverbot[33]) und zwar auch dann, wenn StrAzBew. nicht ausdrückl. abgelehnt wird, also — nur — die Möglichk. nachträgl. AO der StrAzBew. gem. § 57 noch besteht, weil die Sicherheit mehr als die Möglichk. ist (Dallinger-Lackner § 59 N 4). Ein Widerruf der StrAzBew. verstößt nur dann nicht gegen das Verschlechterungs-

---

[28]) BGH 9/324, 330ff, Löwe-Rosenberg § 331 StPO A 1a; aA ObLG 55/77ff; vgl aber ObLG 57/83 m. zustimmender A Mittelbach JR 57/303.

[29]) Dallinger-Lackner Vorb. 23; aA Potrykus § 66 B 4, der auf den Dauerarrest Kurz- u. Freizeitarrest folgen läßt und in der nächsten Stufe unterschiedslos alle Weisungen u. bes. Pflichten als gleichwertig ansieht. Das ist zu schematisch u. geht an der Wirklichk. vorbei; überdies kann ein Verstoß gegen Weisungen u. bes. Pflichten mit Dauerarrest geahndet werden, also schärfer als es die ursprüngl. Verhängung von Freizeitarrest ist.

[30]) **AA BGH** 9/104, 106, der meint, die Aussetzung dürfe durch JStr. bis zu einem Jahr (woher kommt diese Grenze?) bei StrAzBew. für höchstens 2 Jahre ersetzt werden. Aber es ist doch ein erhebl. Unterschied, ob schon eine JStr. verhängt ist u. nur die Vollstr. ungewiß ist oder ob noch ungewiß ist, ob überhaupt eine JStr. verhängt wird; auch sind die Voraussetzungen für den Widerruf der StrAzBew. eher gegeben als für die nachträgl. Verhängung der JStr. (vgl §§ 26 II, 30 I, zB Nichterfüllung von Bew.Aufl.).

[31]) AllgM zB Dallinger-Lackner § 66 N 31, Protrykus B 10, § 66 B 4; vgl §§ 88, 89.

[32]) BGH JZ 56/101, Kaufmann JZ 58/297. OLG Hamm JMBlNRW 58/203 für 4½ Monate Gefängnis und 6 Monate JStr. mit SrAzBew; s. a. FN 39.

[33]) OLG Hamm NJW 57/1850, Kaufmann JZ 58/297; aA Mayer NJW 58/433 auf Grund formalistischer, sinnwidriger Auslegung der §§ 331, 358 StPO. Diese wollen jede Verschlechterung hinsichtl. des Str.Ausspruchs, zu dem auch die StrAzBew. gehört, vermeiden. BGH JZ 56/101, auf den sich Mayer aaO u. Helmer JZ 56/714 berufen, besagt in diesem Zusammenhang nichts, da dort — allerdings mit (zu) allg. Wendung — nur festgestellt ist, daß die AO der StrAzBew. bei der Beantwortung der Frage, ob nach Str.Höhe oder Anrechnung der UHaft eine Verschlechterung vorliegt, nicht zu berücksichtigen ist.

verbot, wenn der Angeklagte eine fortgesetzte Handlung nach dem angefochtenen Urteil noch fortgesetzt hat[34]) oder wenn die Voraussetzungen für einen Widerruf (§ 26 II) vorliegen[35]). (b) Keine Verschlechterung bedeutet die ausdrückl. Versagung der StrAzBew., wenn das ErstGer. darüber nicht entschieden hat und so noch eine nachträgl. Bewilligung nach § 57 mögl. gewesen wäre. Denn hier hat das ErstGer. überhaupt keine Entsch. getroffen, es ist kein Raum für das Verschlechterungsverbot (Dallinger-Lackner § 59 N 4). (3) Ob die Ersetzung einer JStr. mit StrAzBew. durch eine niederere JStr. ohne StrAzBew. gegen das Verschlechterungsverbot verstößt, ist zw.[36]). Man muß wohl auf den Einzelfall und auf die Bew.Aufl. abstellen. (4) Eine Verschlechterung hinsichtl. der Anrechnung der **UHaft** ist nur zulässig, wo in mindestens gleichem Umfang die Str. ermäßigt wird [Löwe-Rosenberg § 331 StPO A 4a; s. auch A 4c (1)].

d) (1) Auch für die **Entziehung der Fahrerlaubnis** gilt das Verschlechterungsverbot, wie grds für Maßregeln der Sicherung u. Besserung (BGH 4/157); auch eine Weisung, den Führerschein zu hinterlegen, das Fahrzeug zu hinterstellen oä [vgl § 10 A 2b (8)] darf nicht durch den Entzug der Fahrerlaubnis ersetzt werden (Dallinger-Lackner Vorb. 23, Potrykus B 10, NJW 55/931); doch kann das zweite Ger. noch die Einziehung des Führerscheins nachholen, wenn das ErstGer. die Fahrerlaubnis entzogen hat (BGH 5/168, 178). (2) Die **Unterbringung in einer Heil- oder Pflegeanstalt** darf auch **noch in 2. Instanz** ausgesprochen werden (§§ 331 II, 358 II S 2 StPO). Dagegen darf an Stelle der Unterbringung nicht auf JStr. (BGH 11/319), wohl aber auf ErzM (einschl. FE bis zur Höchstdauer der Unterbringung) u. alle ZuchtM erkannt werden (Dallinger-Lackner Vorb. 23).

e) NebenStr. dürfen nicht neu angeordnet oder verschärft werden[37]); dagegen kann auf **Nebenfolgen** ohne Str.Charakter immer erkannt werden[38]).

[34]) ObLG 57/83f; Mittelbach in zustimmender A JZ 57/303; vgl BGH 9/324.

[35]) ObLG 57/83, Potrykus B 10, NJW 55/931; Kleinknecht-Müller A 4b u. Schwarz A 1 A je zu § 331 StPO; aA OLG Hamm NJW 55/1000, da die StrAzBew. erst mit Rechtskraft beginne, also erst dann widerrufen werden könne, OLG Hamm NJW 57/1850 jedenfalls für den Fall, daß kein zwingender Widerrufsgrund vorliegt, Dallinger-Lackner § 59 N 4, weil dem RechtsmittelGer. die sachl. Zuständigk. fehle. AA auch Kaufmann JZ 58/297 unter Hinweis auf die Wiederaufnahme. — Diese Gegenargumente sind formalistisch u. erz. gefährl. Gerade ein Verstoß unmittelbar nach der Verurteilung u. der AO der StrAzBew. kann bes. deutl. zeigen, daß sich der Täter für die StrAzBew. nicht eignet; es macht aber auf den J mindestens einen merkwürdigen Eindruck, wenn ein OberGer. es trotz des Vorliegens von Widerrufsgründen bei der StrAzBew. beläßt, das ErstGer. aber alsbald die StrAzBew. widerruft. Dies ist nicht nötig, wenn man mit der wohl hM der Widerrufsvorschrift den Vorrang vor dem Verschlechterungsverbot einräumt u. die verfahrensrechtl. Bedenken durch Beachtung des Grundgedankens des § 270 StPO überwindet. — Vgl. auch BGH 9/324, 330ff.

[36]) Ja: Dallinger-Lackner § 59 N 4, Kaufmann JZ 58/300; nein: LK § 23 StGB A 4b, Mittelbach JR 55/8; vgl auch Kleinknecht-Müller § 331 StPO A 4c.

[37]) Kleinknecht-Müller § 331 StPO A 3c, Löwe-Rosenberg § 331 StPO A 4a, Potrykus NJW 55/931. — BGH 4/157 für Eidesunfähigk., RG 67/95 für Verlust der Ehrenrechte, RG JW 33/955 für Veröffentlichungsbefugnis.

[38]) Kleinknecht-Müller § 331 StPO A 3d, vgl RG 67/215, 217f für Einziehung polizeil. Art, BGH NJW 52/892; aA Löwe-Rosenberg § 331 StPO A 4a, Potrykus B 10, NJW 55/931.

f) Die **Kostenentsch.** darf zum Nachteil des Angeklagten verändert werden (BGH 5/52).

g) Es verstößt an sich nicht gegen das Verschlechterungsverbot, wenn die Verurteilung **nach ErwR statt nach JR oder umgekehrt** erfolgt (Lackner GA 55/36). Doch darf keine im Einzelfall schwerere Maßnahme getroffen werden; über das Verhältnis s. § 1 A 2c (2). — War der Hw zu einer GefängnisStr. unter 6 Monaten verurteilt, muß eine JStr. unter der Mindesthöhe (§ 18 I S 1) verhängt werden, wenn nur der Angeklagte Rechtsmittel eingelegt hat, die Voraussetzung für die Anwendung von JR vorliegen (§ 105) und auch die Voraussetzungen für die Verhängung von JStr. gegeben sind (§ 17 II)[39]).

h) Über das Verhältnis der **Str. des ErwR** untereinander u. gegenüber Maßnahmen der Sicherung u. Besserung vgl die Erläuterungswerke der StPO, zB Kleinknecht-Müller A 3, 4, Löwe-Rosenberg A 4 je zu § 331 StPO.

5a) Für die **Wiederaufnahme** eines durch rechtskräftiges **Urteil** abgeschlossenen Verf. gelten §§ 359ff StPO. (1) Eine Verurteilung iS dieser Vorschriften ist auch die Verhängung von ZuchtM u. die AO von ErzM (allgM). Für das Anfechtungsrecht (§ 365 StPO) gilt A 1b; für die Wiederaufnahme gelten neben §§ 359 Nr 5, 363 StPO die bes. jrechtl. Beschränkungen des § 55 I (s. A 2); wegen der Auswirkungen des Grundsatzes der EinheitsStr. vgl das A 1c (2), (3) Gesagte. Bei Wiederaufnahme nur wegen einzelner Taten kann die Vollstr. wegen der übrigen Taten in entspr. Anwendung des § 56 eingeleitet oder fortgesetzt werden. Wegen des Verschlechterungsverbotes (§ 373 II StPO) vgl A 4. (2) Die Wiederaufnahme hat nach JGG eine bes. Bedeutung, wenn das Urteil auf einer Einreihung in eine falsche Altersstufe beruht (vgl § 1A 2d).

b) Auch gegen Beschlüsse, durch die gem. §§ 11 II, 15 III JA verhängt worden ist, ist die Wiederaufnahme zulässig (aA LG Stuttgart NJW 57/1686). Es begründet für den Betroffenen keinen Unterschied, ob der JA gegen ihn durch Urteil oder Beschl. verhängt ist; nachdem in jedem Fall Unrecht gesühnt wird (§ 11 A 2a), müssen trotz des Ausnahmecharakters der Wiederaufnahmevorschriften im Interesse der gerade gegenüber J bes. wichtigen materiellen Gerechtigk. die §§ 359, 373a StPO, 66 OWiG entspr. auf diese Beschlüsse angewendet werden.

6) Rechtsmittelbelehrung: § 54 A 6a.

---

[39]) OLG Oldenburg NJW 56/1730, OLG Hamm JMBlNRW 58/203, Dallinger-Lackner § 105 N 67, Schnitzerling NJW 56/1385, Lackner GA 55/37, aA Potrykus B 10, NJW 55/930, 56/656, der nur ErzM u. ZuchtM zulassen will. Doch ist § 18 I S 1 abdingbar, wie § 116 I S 2 zeigt, während die Voraussetzungen für die Verhängung von JStr. ebenso wie das Verschlechterungsverbot zwingend sind. Allerdings werden oft die Voraussetzungen für die Verhängung von JStr. deshalb nicht vorliegen, weil die zulässige Str.Höhe eine erfolgreiche erz. Einwirkung nicht erwarten läßt (Potrykus NJW 56/656f).

§ 56

Teilvollstreckung einer Einheitsstrafe

1) Hw — J: § 109 II, § 56 RL 2. — **2) ErwG:** § 104 I 7, § 56 RL 2.

(1) Ist ein Angeklagter wegen mehrerer Straftaten zu einer Einheitsstrafe verurteilt worden, so kann das Rechtsmittelgericht vor der Hauptverhandlung das Urteil für einen Teil der Strafe als vollstreckbar erklären, wenn die Schuldfeststellungen bei einer oder bei mehreren Straftaten nicht beanstandet worden sind. Die Anordnung ist nur zulässig, wenn sie dem wohlverstandenen Interesse des Angeklagten entspricht. Der Teil der Strafe darf nicht über die Strafe hinausgehen, die einer Verurteilung wegen der Straftaten entspricht, bei denen die Schuldfeststellungen nicht beanstandet worden sind.

(2) Gegen den Beschluß ist sofortige Beschwerde zulässig.

Richtlinien zu § 56:

1. Von der Möglichkeit, die Teilvollstreckung einer Einheitsstrafe anzuordnen, wird nur mit Zurückhaltung Gebrauch gemacht werden können. Es ist vor allem zu bedenken, daß sich bei einem Wegfall einzelner Schuldfeststellungen ein anderes Bild von der Persönlichkeit des Jugendlichen ergeben und damit die Verhängung von Jugendstrafe überhaupt entbehrlich werden kann.
2. § 56 gilt auch im Verfahren gegen Jugendliche vor den für allgemeine Strafsachen zuständigen Gerichten (§ 104 Abs. 1 Nr. 7), im Verfahren gegen Heranwachsende nur, wenn der Richter Jugendstrafrecht anwendet (§ 109 Abs. 2).

1) Jede Anfechtung der EinheitsStrEntsch. erfaßt den ganzen Strafausspruch, während der Schuldspruch ganz oder teilweise in Rechtskraft erwachsen kann [§ 55 A 1 c (2), (3)]. Eine **TeilVollstr.** aus dem nicht rechtskräftigen Strafausspruch ist **nur ausnahmsweise** (RL 1) entgegen § 449 StPO aus erz. Gründen (Str. muß der Tat auf dem Fuße folgen, UHaft soll möglichst vermieden werden) mögl., wenn **4 Voraussetzungen** (a—d) vorliegen.

a) Mehrere in **Tatmehrheit** stehende Taten sind gem. §§ 31, 32, 66 mit **einer** (auch unbest.)[1]) **JStr.** geahndet worden (I S 1). Bei Einbeziehung früherer Entsch. ist zu beachten, daß in ihnen ausgesprochene JStr. bis zur Rechtskraft der EinheitsStr. Entsch. vollstreckbar bleibt, so daß § 56 hier meist nicht angewendet werden muß (Dallinger-Lackner N 9).

b) Der **Schuldspruch** ist hinsichtl. einer oder mehrerer (**nicht aller**) **Taten rechtskräftig** (I 1). Ist dagegen der gesamte Schuldspruch rechtskräftig, kann auch bei Teilanfechtung des Str.Ausspruches keine Teilvollstr. erfolgen[2]).

c) Die Teilvollstr. muß im wohlverstandenen **Interesse des Täters** liegen (I S 2). Das ist grds nur der Fall, wenn dadurch statt der erz. indifferenten UHaft oä die

[1]) Dallinger-Lackner N 8; aA Potrykus B 6.

[2]) Dallinger-Lackner N 11; aA Potrykus B 3; die Lage ist aber nicht anders als wenn nur eine Tat begangen wäre; § 56 berücksichtigt aber nur die Besonderheiten der EinheitsStr., setzt also Tatmehrheit voraus.

Erz.Arbeit der JStrAnstalt mit hinreichender Aussicht auf Dauer begonnen werden kann (vgl auch A 1d) oder wenn der verwahrloste Täter möglichst schnell aus seiner Umgebung weg muß. Dem Angeklagten darf aus der Teilvollstr. — objektiv betrachtet — kein Rechtsnachteil erwachsen.

d) Die Möglichk., daß durch das Rechtsmittelurteil die **JStr. wegfallen** könnte (vgl RL 1 S 2!), **darf nur** eine **theoretische** sein (Dallinger-Lackner N 6, 12), selbst wenn alle angefochtenen Schuldsprüche aufgehoben werden müßten (I S 3).

2a) Das RechtsmittelGer. entscheidet nach pflichtgem. Ermessen. Der zu vollstreckende Teil wird durch die JStr. bestimmt, die mindestens bleibt, wenn der Schuldspruch im Umfang der Anfechtung wegfällt (I S 3). Die unvermeidl. Unsicherheit (Akten-Entsch. im TäterStrR) wirkt zugunsten des Täters.

b) Die AO erfolgt durch **Beschl.**, ggf mit Rechtsmittelbelehrung (§ 35a StPO). Der Beschl. der JK kann mit **sof.Beschw.** angefochten werden (II, § 311 StPO). Gegen Entsch. höherer Ger. gibt es kein Rechtsmittel (§§ 304 IV, 310 II StPO, Dallinger-Lackner N 16, aA Potrykus B 6 hinsichtl. der weiteren Beschw.).

c) Der Beschl. ist sofort **vollstreckbar.** Das Beschw.Ger. kann die Vollstr. aber aussetzen (§ 307 StPO). Wegen der urkundl. Grundlagen der Vollstr. s. § 85 RL II 3.

d) Vom Tage des Beschl. an rechnet jede Freiheitsentziehung in diesem Verf. (bes. UHaft) als **StrHaft** (§ 450 II StPO entspr.). Sie wirkt also bei unbestJStr. auf Mindest- u. HöchstStr.[3]).

3) § 56 gilt **im Wiederaufnahmeverf.** entspr. (§ 55 A 5a).

Vierter Unterabschnitt

Verfahren bei Aussetzung der Jugendstrafe zur Bewährung

§ 57

Entscheidung über die Aussetzung

1) **Hw — J:** § 109 II. — **2) ErwG:** § 104 I 8.

(1) Die Aussetzung der Jugendstrafe zur Bewährung wird im Urteil oder, solange der Strafvollzug noch nicht begonnen hat, nachträglich durch Beschluß angeordnet. Für den nachträglichen Beschluß ist der Richter zuständig, der in der Sache im ersten Rechtszuge erkannt hat; der Staatsanwalt und der Jugendliche sind zu hören.

(2) Hat der Richter die Aussetzung im Urteil abgelehnt, so ist ihre nachträgliche Anordnung nur zulässig, wenn seit Erlaß des Urteils Umstände hervorgetreten sind, die allein oder in Verbindung mit den bereits bekannten Umständen eine Aussetzung der Jugendstrafe zur Bewährung rechtfertigen.

---

[3]) Dallinger-Lackner N 21; aA Potrykus B 6: § 52 III entspr., doch wirkt StrHaft stets auf das Mindest- u. Höchstmaß zugleich.

(3) § 260 Abs. 4 Satz 2, § 268 Abs. 4 und § 267 Abs. 3 Satz 3 der Strafprozeßordnung gelten entsprechend.

1a) Wie im allgR wird die **StrAzBew. im Urteils-Satz** angeordnet, in den Urteilsgründen abgelehnt (III; §§ 260 IV S 2, 267 III S 3 StPO).

b) Im JR kann die Entsch. **auch einem nachträgl. Beschl.Verf.** überlassen bleiben u. zwar — zweckmäßig — ausdrückl. u. begründet oder dadurch, daß das Urteil über StrAzBew. schweigt [s. A 2a (1)].

c) Ob das Ger. von dieser Möglichk. Gebrauch macht, bestimmt das **pflichtgem. Ermessen.** Angezeigt ist dieses Verf., wenn noch weitere Ermittlungen nur zur Frage der StrAzBew. oder zu den Aufl. notwendig sind (vgl § 21 RL 1, A 2b), dadurch also eine Vertagung vermieden wird, oder wenn die Gefahr besteht, daß der J das Urteil mit StrAzBew. als „halben Freispruch" ansieht und deshalb nicht die erforderl. Bereitschaft für die Bew.Zeit aufbringt, auch um das Gewicht des Urteils gegenüber JA zu betonen, der gleichzeitig gegen andere Angeklagte verhängt wird. Doch ist Zurückhaltung geboten, weil die Schöffen im Nachverf. nicht beteiligt sind, weil das Verf. mit dem Urteil noch nicht abgeschlossen ist, mitunter auch, weil der Eindruck entstehen kann, das Ger. sei nachträgl. weich geworden. Rglm soll StrAzBew. im Urteil angeordnet werden.

2a) (1) Das **nachträgl. Beschl.Verf. muß** stattfinden, **wenn** das Urteil keine Entsch. zur StrAzBew. getroffen hat, weil diese Entsch. nie unterbleiben darf (s. A 2c). — (2) Es **kann** auch stattfinden, **wenn** das Urteil StrAzBew. abgelehnt hat; dann allerdings müssen für die AO der StrAzBew. die bes. Voraussetzungen des II gegeben sein: Seit dem ablehnenden Urteil müssen dem Ger. (vgl BGH 7/64) Umstände bekannt geworden sein, die dem Ger. (allen Mitgliedern), das letztmals Tatsachen bei der Entsch. zur StrAzBew. berücksichtigen durfte, zZ des Urteilserlasses nicht bekannt waren, also bis zur Verkündung in letzter Tatsacheninstanz oder gem. § 354 I StPO. Diese Umstände müssen nunmehr die StrAzBew. zulassen, also neben den früher bekannten Umständen bedeutsam sein und nicht nur den Vorwand zu einer — unzulässigen — Korrektur bilden. Diese Beschränkung gilt auch, wenn die StrAzBew. vorher schon durch Beschl. abgelehnt wurde (Dallinger-Lackner N 29, aA Potrykus B 3).

b) Zuständig ist das Ger. des ersten Rechtszuges (auch ErwG) in der Besetzung außerhalb der Hauptverh. Es hat die noch notwendigen Beweise zu erheben und JStA, Verurteilten, ErzBer., gesVertr. u. Verteidiger — zweckmäßig mündl. — zu hören. Der **Beschl.** ist zu verkünden (möglichst mit den Bew.Aufl. u. dem Bew.Plan; vgl §§ 58, 60), sonst zuzustellen (§ 35 StPO); er muß begründet werden (§ 34 StPO) und eine Belehrung über das Recht der sof. Beschw. (§ 59 I) enthalten (35a StPO).

c) Der Beschl. kann **nur zwischen Rechtskraft** des Urteils **u. dem Beginn der Str. Vollstr.** (Aufnahme in die zuständige JStrAnstalt), er muß also rasch ergehen. Wo im Urteil keine Entsch. getroffen ist, darf die StrVollstr. erst nach Entsch. im Beschl.Verf. erfolgen [s. A 2a (1)]; bei vorheriger Vollstr. kann deshalb der Beschl. noch nach ihrem Beginn ergehen (Dallinger-Lackner N 17).

d) Bis zur Rechtskraft dieser Entsch. kann ein **Haftbefehl** gem. §§ 112ff StPO, 72 JGG erlassen werden, weil das Verf. des Ger. noch nicht abgeschlossen ist, eine vollstreckbare Entsch. noch nicht vorliegt. Die erlittene U-Haft wird entspr. §§ 61 II S 1 JGG, 450 StPO anzurechnen sein.

3a) Sachl. Grundlagen der AO der StrAzBew. sind die §§ 20f, 30 I S 2. Die AO erfordert stets (Urteil, Beschl.) **einfache Mehrheit** (III, § 263 IV StPO). Zugleich mit der Aussetzung **muß beschränkte Auskunft** aus dem StReg. **angeordnet** werden (§ 96 II S 1).

b) Über das Verhältnis zu Gnadenentsch. s. § 21 A 1b aE.

§ 58

Weitere Entscheidungen

1) **Hw — J:** § 109 II. — 2) ErwG: § 104 I 8, V 1; § 58 A 4.

(1) Entscheidungen, die infolge der Aussetzung erforderlich werden (§§ 22, 23, 26), trifft der Richter durch Beschluß. Der Staatsanwalt, der Jugendliche und der Bewährungshelfer sind zu hören. Der Beschluß ist zu begründen.

(2) Zuständig ist der Richter, der die Aussetzung angeordnet hat. Er kann die Entscheidungen ganz oder teilweise dem Jugendrichter übertragen, in dessen Bezirk sich der Jugendliche aufhält. § 42 Abs. 3 Satz 2 gilt entsprechend.

1a) Es handelt sich um (1) Festsetzung u. nachträgl. Abänderung der **Bew.Zeit** (§ 22), (2) AO, Änderung u. Aufhebung von **Bew.Aufl.** (§ 23), (3) **Widerruf** der StrAz Bew. **oder Erlaß** der JStr. nach Ablauf der Bew.Zeit (§ 26).

b) § 58 gilt **entspr.** für die Bestellung eines ehrenamtl. **BewH**[1]) und für den **Bew.Plan** (§ 60)[2]).

2a) Die Entsch. ergeht **durch Beschl.** Bew.Zeit u. Bew.Aufl. gehören also auch bei gleichzeitiger Verkündung nicht ins Urteil[3]).

b) Die Entsch. kann ohne mündl. Verh., doch stets nur nach entspr. Beweisaufnahme und nach möglichst mündl. Anhörung zu allen Punkten (Art. 103 I GG) des JStA, BewH, J, ErzBer., gesVertr. u. Verteidigers, möglichst auch der JGH ergehen (I S 2, 67 I). — Der Beschl. ist zu begründen, auch wo er nicht angefochten werden kann (I S 3 über § 34 StPO hinaus); Rechtsmittelbelehrung s. § 35a StPO u. § 54 A 6a; Anfechtung s. § 59 II—IV.

3a) Zuständig ist das Ger., das ausgesetzt hat (s. aber A 4), also auch das Ber.Ger., wenn es im Gegensatz zum ErstRi. StrAzBew. angeordnet hat, dagegen der ErstRi., wenn das Ber Ger. seine Entsch. nur bestätigt hat[4]).

---

[1]) Die Zuständigk. des hauptamtl. BewH ergibt sich aus der Geschäftsverteilung: s. § 59 A 2d.

[2]) Dallinger-Lackner § 60 N 16, Potrykus B 4; s. § 60 A 4.

[3]) Dallinger-Lackner N 3, BGH NJW 54/522 für das allgR; aA Potrykus B 1, 2.

[4]) OLG Frankfurt NJW 57/1486 = EJF C I 31, Dallinger-Lackner N 8; aA Potrykus B 2: stets der ErstRi.; vgl aber die Fassung des Abs. II u. des § 453 II S 1 StPO. Die Gegenmeinung

b) (1) Dieses Ger. kann nach pflichtgem. Ermessen die **Entsch.** (A 1) von Anfang an oder später an den JRi. des AG **übertragen,** in dessen Bezirk sich der J aufhält. Wann dieser Aufenthalt begründet wurde, ist bedeutungslos (OLG Köln NJW 55/603). Aufenthalt in einer FE-Anstalt genügt (OLG Schleswig EJF C I 26; vgl § 42 A 4a, bes. FN 5). Die JK kann auch dann übertragen, wenn der J sich in ihrem Bezirk aufhält (OLG Köln NJW 55/603), jedoch immer an den JRi., auch wenn das JSchöffG ErstGer. war (OLG Frankfurt NJW 57/1486). (2) Dabei kann es sich **auch einige Entsch. vorbehalten** (etwa den Widerruf und den StrErlaß, s. BGH 7/318, 321f); fehlt ein ausdrückl. Vorbehalt, ist alles übertragen. (3) Es ist **abzuwägen** zwischen den Vorzügen der Entsch.Nähe und der Kenntnis der Persönlichk. des J aus dem Verf. (OLG Köln aaO). Für die Übertragung müssen beachtl. Gründe vorliegen (BGH NJW 58/560 für allgR).

c) (1) Hat der angegangene JRi. **Bedenken,** das Verf. zu übernehmen, entscheidet das **übergeordnete Ger.**; nur die Abgabe der übergeordneten JK (A 3b (1) aE) und des ErwG (A 4) ist bindend. Das Verf. wird erst mit der Übernahme oder dem die Übernahme anordnenden Beschl. des OberGer. beim angegangenen Ger. **anhängig** (Dallinger-Lackner N 15). (2) Das abgebende Ger. hat bei gleichbleibenden Verhältnissen kein Widerrufsrecht. Dagegen muß es bei einer **Änderung der Verhältnisse** seine **Entsch. überprüfen und ggf** — bes. bei Wechsel des Wohn- u. Aufenthaltsortes — **abändern.** Es kann selbst das Verf. wieder übernehmen oder das Verf. einem dritten Ger. übertragen (BGH 11/80 für § 453 II 2 StPO). Der zunächst übernehmende JRi. kann nur beim abgebenden Ger. eine Änderung anregen, indem er Bedenken auf Grund der veränderten Verhältnisse erhebt [A 3c (1)]; dagegen kann er nicht selbst an ein drittes Ger. übertragen[5]).

4a) Hat ein **ErwG** die JStr. zur Bew. ausgesetzt, **muß** es die Entsch. (A 1) gem. A 3b **übertragen,** der JRi. des Aufenthaltsortes muß übernehmen (§ 104 I Z 8, V S 1; Dallinger-Lackner § 104 N 15); die Entsch. über die StrAzBew. kann hier also nicht mit der Entsch. über Bew.Zeit, Bew.Aufl. uä verbunden werden (aA wohl Potrykus § 104 B 6).

b) Für das übernehmende Ger. gilt § 58 II S 2, 3 entspr.[6]).

§ 59

Anfechtung

1) **Hw — J:** § 109 II. — **2) ErwG:** § 104 I 8.

(1) Gegen eine Entscheidung, durch die die Aussetzung der Jugendstrafe angeordnet oder abgelehnt wird, ist, wenn sie für sich allein angefochten wird, sofortige Beschwerde

hätte nach dem o. A 2a Gesagten zur Folge, daß das BerGer. die AO der Bew.Aufl. auch nicht im Anschluß an die Hauptverh. vornehmen könnte, und ist schon deshalb abzulehnen.

[5]) BGH 11/332 für § 453 II S 2 StPO mit Literaturangaben; aA Dallinger-Lackner N 12: direkte Weiterübertragung.

[6]) Dallinger-Lackner N 15, Potrykus B 6 je zu § 104; FN 5 steht nicht entgegen; denn hier soll das erkennende Ger. ja gerade keine weiteren Befugnisse mehr haben, da es vorwiegend um erz. Belange geht (vgl auch §§ 23 u. 104 IV).

zulässig. Das gleiche gilt, wenn ein Urteil nur deshalb angefochten wird, weil die Strafe nicht ausgesetzt worden ist.

(2) Gegen eine Entscheidung über die Dauer der Bewährungszeit (§ 22) oder über Bewährungsauflagen (§ 23) ist Beschwerde zulässig. Sie kann nur darauf gestützt werden, daß die Bewährungszeit nachträglich verlängert worden oder eine getroffene Anordnung gesetzwidrig ist.

(3) Gegen den Widerruf der Aussetzung der Jugendstrafe (§ 26 Abs. 2) ist sofortige Beschwerde zulässig.

(4) Der Beschluß über den Straferlaß (§ 26 Abs. 1) ist nicht anfechtbar.

(5) Wird gegen ein Urteil eine zulässige Revision und gegen eine Entscheidung, die sich auf eine in dem Urteil angeordnete Aussetzung der Jugendstarfe zur Bewährung bezieht, Beschwerde eingelegt, so ist das Revisionsgericht auch zur Entscheidung über die Beschwerde zuständig.

1a) Das **Urteil** wird **grds** (a. A 1b) mit **Ber. oder Rev.** angefochten. Jede den StrAusspruch berührende Anfechtung umfaßt die StrAzBew. als Teil der StrZumessung. Dabei kann auch das RechtsmittelGer. die Entsch. über die StrAzBew. dem nachträgl. Beschl.Verf. überlassen (§ 57 A 1b); wegen der Wirkung des Verschlechterungsverbotes insoweit s. § 55 A 4c.

b) (1) Wird das **Urteil nur hinsichtl. der StrAzBew.** (AO, Ablehnung, Nicht-Entsch.) angefochten, ist **sof.Beschw** gegeben (I), auch dann, wenn diese Entsch. nach allg. Grundsätzen (vgl BGH bei Dallinger MDR 55/394f) nicht von der übrigen StrFrage zu trennen wäre (Dallinger-Lackner N 5). (2) Eine auf die StrAzBew.Frage beschränkte Ber. oder Rev. ist nicht unzulässig, sondern gem. § 300 StPO als sof.Beschw. zu behandeln, über die das unmittelbar übergeordnete Ger. entscheidet (BGH 6/206, 208). Auch ein Übergang von Ber. u. Rev. zur sof.Beschw. ist bei Beschränkung der Anfechtung auf die Frage der StrAzBew. innerhalb der Rev. Begründungsfrist mögl.[1]). (3) Wegen des Verf. s. A 3.

c) Die sof.Beschw. tritt nur an Stelle der Ber. oder Rev. (1) Sie erweitert den Rechtsmittelzug aber nicht. Urteile der Rev Ger. sind deshalb nicht nach I anzufechten (s. auch § 304 IV StPO entspr., Dallinger-Lackner N 13), ebenso nicht Ber.Urteile für den nach § 55 II von der Rev. Ausgeschlossenen (OLG Hamm JMBl NRW 55/10, Dallinger-Lackner N 14). Auch umgekehrt kann der Beschw.Führer keine weiteren Rechtsmittel einlegen [§ 55 II entspr.; s. u. (2)]. (2) Umstritten ist, was geschieht, wenn neben der sof.Beschw. nach I durch einen anderen Verf.Beteiligten Ber. oder Rev. eingelegt wird. (a) Diese Fragen lösen sich leicht u. befriedigend, wenn man auf das Wesen der sof.Beschw. abstellt, also darauf, daß diese eine auf die StrAz Bew. beschränkte, sonst aber umfassende Anfechtung ist, die zur Vereinfachung u.

---

[1]) BGH 6/206, 207, Dallinger-Lackner N 16 für Rev., Potrykus B 1 auch für Ber. — Es ist anders als beim Übergang von der Ber. zur Rev. u. umgekehrt [§ 55 A 3b (1)], weil es sich hier um eine Frage der Rechtsmittelbeschränkung, dort um eine Änderung des Rechtsmittels selbst handelt.

Beschleunigung an Stelle der Ber. tritt. (aa) Neben einer Ber. ist über die sof. Beschw. auf Grund der Ber.Verh. durch Urteil zu entscheiden; eine gesonderte Behandlung der sof.Beschw. würde zweckwidrig zu einer Komplizierung führen, ihre Behandlung wie eine Ber. aber gewährleistet die einfachste, volle u. erschöpfende [s. o. (1) aE] Nachprüfung beider Rechtsmittel. (bb) Neben der WahlRev. muß vor der Entsch. des RevGer. die Entscheidung des Ber.Ger. über die sof. Beschw. ergehen in Anwendung des Grundgedankens des § 335 III StPO, daß die tatsächl. Nachprüfung den Vorrang hat, doch unter Beachtung des Unterschieds, daß hier das Rev.Urteil nicht durch den Beschl. des Beschw.Verf. ersetzt werden kann. Daß die Beschw.Entsch. an sich keiner Nachprüfung mehr unterliegt (§ 310 StPO), steht dem nicht entgegen; die Beschw. vertritt hier ja nur zur Vereinfachung die Ber.; mit der Rev. werden aber allg. Ber.Urteile nachgeprüft und zwar auch hinsichtl. der Frage der StrAzBew., wenn diese durch die Ber. neben anderen Punkten angegriffen würde. — Eine Behandlung der sof.Beschw. durch das Rev.Ger. geht nicht an und findet auch im Ges. keine Stütze (BGH 6/206, 208). (cc) In dem seltenen Fall [vgl § 55 II u. o. A 1c (1)], daß gegen das Ber.Urteil gleichzeitig Rev. u. sof.Beschw. eingelegt wird, steht es mangels bes. oder vergleichbarer Vorschrift im Ermessen des auch für die sof.Beschw. zuständigen Rev.Ger. (§§ 121 I Z 1b, Z 2 GVG), ob es über beide Rechtsmittel getrennt oder gleichzeitig entscheiden will.

(b) **Demgegenüber** hält die **hM** in diesen Fällen die sof.Beschw. für unwirksam (Dallinger-Lackner N 17, Potrykus B 2, 5, JZ 54/538). Abgesehen davon, daß es an jeder Berechtigung dafür fehlt, ein zulässiges Rechtsmittel nur deshalb nicht zu beachten, weil der Prozeßgegner ein anderes Rechtsmittel mit grds widerstreitendem Ziele eingelegt hat, führt diese Meinung auch zu Unzuträglichk. So erhält danach der Angeklagte auch gegen das auf Ber. des StA ergangene Urteil erneut und gegen den Sinn des § 55 II die sof.Beschw., obgleich die Beschw. seiner sof.Beschw. gegen das Ersturteil bereits gem. § 301 StPO im Ber.Urteil auch nach seiner Anregung und nach seinem Vorbringen in der sof.Beschw. überprüft wurde (Dallinger-Lackner N 17 Abs 1, Potrykus B 2, JZ 54/538). Umgekehrt können nach dieser Meinung die Beschw.Punkte trotz der gesetzl. Zulassung dieser Anfechtung bei Einlegung der WahlRev. in tatsächl. Hinsicht überhaupt nicht überprüft werden, weil das Rev.Ger. auf die Prüfung der Rechtsfragen beschränkt ist (s. BGH 6/206, 208), andererseits aber gegen das Rev.Urteil keine sof.Beschw. mehr gegeben ist (A 1c (1), Dallinger-Lackner N 17 u. b; Potrykus B 2), ein mit rechtsstaatl. Forderungen nicht vereinbares Ergebnis. Auch der Gedanke, daß über die sof.Beschw. erst nach dem Urteil des Rev.Ger. zu entscheiden wäre (Potrykus B 5), findet nicht nur im Ges. keine Stütze, sondern führt auch dazu, daß das nicht gebundene Beschw.Ger. die Entsch. des Rev.Ger. praktisch kassieren könnte und zwar auch ausschließl. aus Rechtsgründen.

2a) Auch die **nachträgl. Beschl.Entsch.** über die StrAzBew. ist mit **sof.Beschw. anfechtbar** (I). Es gilt das in A 1b (1), (3) Gesagte.

b) Weiter ist gegen den **Widerruf der Str.Aussetzung sof.Beschw.** gegeben (III).

c) (1) Mit der **einfachen Beschw.** kann stets die **Verlängerung der Bew.Zeit** (s. § 22 I S 2) angefochten werden. Dieses Rechtsmittel ist **auch gegen alle andere Entsch. über die Bew.Zeit** (AO, Verkürzung) u. über die **Bew.Aufl.** (AO, Änderung u. Aufhebung) gegeben, **wenn sie gesetzwidrig sind,** also zB die gesetzl. Grenzen der Bew.Zeit nicht beachten, andere Bew.Aufl. als zulässige Weisungen (s. § 10) oder bes. Pflichten festsetzen (II). — Eine Begründung der Beschw. ist nicht vorgeschrieben. (2) Sind die Voraussetzungen nicht gegeben, ist die Beschw. als unbegründet zurückzuweisen; andernfalls ist die gesamte angefochtene Entsch. nachzuprüfen. Die angeordneten Maßnahmen können — grds nur ausnahmsweise (vgl § 55 A 2c aE entspr. u. § 23 S 2) — durch andere ersetzt werden (§ 309 II StPO, Dallinger-Lackner N 24). Hier kommt es also nicht auf die Begründung (wie bei § 55 A 2b), sondern auf die tatsächl. Beschwer an (Dallinger-Lackner N 21).

d) Einfache Beschw. ist auch gegeben **gegen die Bestellung eines ehrenamtl. BewH** (§ 304 StPO). Der **hauptamtl. BewH** dagegen wird kraft Ges. im Rahmen der Geschäftsverteilung tätig; aus bes. Gründen ist eine Abweichung mögl. und kann durch Beschw. gefordert oder angefochten werden[2]).

e) Der **Str.Erlaß kann nicht angefochten** werden (IV).

3a) Ergänzend gelten die §§ 304ff StPO, so über die Unanfechtbark. der Beschl. der OLG u. des BGH, über die Unzulässigk. der weiteren Beschw.; über Form, Frist der Rechtsmittel und Abhilfemöglichk. durch das erkennende Ger.; über das Fehlen einer aufschiebenden Wirkung, sowie über Befugnisse u. Entsch. des Beschw.Ger.

b) Das **Verschlechterungsverbot gilt nur bei sof.Beschw. gegen Urteile** (s. § 55 A 4c). Sonst kann das Problem nur bei der Anfechtung der AO oder Veränderung der Bew. Aufl. auftreten; diese sind aber stets auch zum Nachteil abzuändern (§ 23 S 3, A 3a u. § 11 A 1b).

4) V gilt nur für die in II—IV genannten Entsch., nicht für die Frage der AO der StrAzBew. (I); er entspricht § 305a II StPO. Dies folgt nicht nur aus dem Wortlaut, sondern auch daraus, daß die im Fall des I notwendige Nachprüfung in tatsächl. Hinsicht und die Ausübung des Ermessens mit den Aufgaben des Rev.Ger. nicht vereinbar wären[3]).

§ 60

Bewährungsplan[1])

1) Hw — J: § 109 II. — **2) ErwG:** § 104 I 8.

(1) Rechtskräftig angeordnete Bewährungsauflagen stellt der Vorsitzende in einem Bewährungsplan zusammen. Er händigt ihn dem Jugendlichen aus und belehrt ihn zugleich über die Bedeutung der Aussetzung, die Bewährungszeit und die Bewährungsauflagen sowie darüber, daß er den Widerruf der Aussetzung zu erwarten habe, wenn

---

[2]) Dallinger-Lackner N 27; aA Potrykus B 3, der für die Bew. Aufsicht I, für die Auswahl des BewH II anwenden will.

[3]) BGH 6/206, 208, Dallinger-Lackner N 28, 29, Potrykus B 5 gegen JR 54/538.

[1]) Schnitzerling: Fragen um den Bew.Plan, RdJ 58 H 2.

er das in ihn gesetzte Vertrauen nicht rechtfertige, insbesondere den Bewährungsauflagen zuwiderhandle. Zugleich ist ihm aufzugeben, jeden Wechsel seines Aufenthaltes oder Arbeitsplatzes während der Bewährungszeit anzuzeigen. Auch bei nachträglichen Änderungen des Bewährungsplans ist der Jugendliche über den wesentlichen Inhalt zu belehren.

(2) Der Name des Bewährungshelfers wird in den Bewährungsplan eingetragen.

(3) Der Jugendliche soll durch seine Unterschrift bestätigen, daß er den Bewährungsplan gelesen hat, und versprechen, daß er den Bewährungsauflagen nachkommen will. Auch der Erziehungsberechtigte und der gesetzliche Vertreter sollen den Bewährungsplan unterzeichnen.

Richtlinie zu § 60:

Es empfiehlt sich, die Aushändigung des Bewährungsplans und die Belehrung des Jugendlichen in Gegenwart des Erziehungsberechtigten, des gesetzlichen Vertreters und des Bewährungshelfers vorzunehmen.

1) Der Bew.Plan ist keine gerichtl. Entsch., sondern nur eine möglichst klare, übersichtl. u. allg. verständl. **Zusammenstellung** all dessen, was der J in der Bew.Zeit wissen und beachten muß. Er kann deshalb auch **nicht angefochten** werden.

a) Einzutragen sind (I S 1, II): (1) alle Bew.Aufl., soweit sie nicht angefochten sind oder nur für kurze Zeit gelten sollen; Rechtskraft der nur mit einfacher Beschw. anfechtbaren Aufl. ist nicht notwendig (Dallinger-Lackner N 3, Potrykus B 1: Abw. Wortlaut des Ges ist Redaktionsversehen); (2) der Name des BewH.

b) Ein Bew.Plan, der seinen Zweck erfüllen soll, muß noch **weitere Angaben** enthalten: (1) genaue Anschrift, Fernsprechanschluß uä des BewH, (2) Bew.Zeit, (3) Pflichten des I S 3, soweit sie nicht als Bew.Aufl. festgelegt sind.

2a) Der Bew.Plan wird **aufgestellt, sobald Klarheit** besteht, welche Maßnahmen endgültig geboten sind [A 1a (1)]. Das ist meist erst der Fall, wenn der BewH den ersten ausführl. Bericht erstellt hat, was allerdings so bald als mögl. geschehen muß. Für die bis dahin erteilten Bew.Aufl. empfiehlt sich wegen ihres vorl. Charakters die Aufstellung eines Bew.Planes nicht.

b) Bei späteren **Änderungen** der im Bew.Plan angegebenen Pflichten oder Umstände muß der Bew.Plan neu gefaßt werden. Nur bei geringfügigen Änderungen ist eine bloße Abänderung oder Ergänzung vertretbar (Klarheit!). S. a. A 3a aE.

3a) Der **Bew.Plan** muß dem J durch den Ri. **persönl. ausgehändigt** werden; dieser muß „zugleich" — also mündl. (Dallinger-Lackner N 9; aA Potrykus B 2: nur soll) — gem. I S 2, 3 eingehend u. mit Nachdruck (s. auch A 3b) belehrt werden (s. § 21 RL 3). Dies geschieht wegen der großen Bedeutung am besten in einem bes. Termin (darüber s. RL), in dem JRi., BewH, gesVertr., ErzBer. u. J vertrauensvoll die Durchführung der Bew. besprechen u. Änderungsvorschläge erörtern können. Das Erscheinen des gesVertr. u. des ErzBer. kann hier allerdings nicht erzwungen werden. — Das alles gilt auch für nachträgl. Abänderungen; bei geringfügigen Änderungen mag schriftl. Zusendung u. Belehrung ausreichen (I S 4).

b) Im Termin soll der J die **Erfüllung der Aufl. versprechen** (III S 1); bei Weigerung kommt Widerruf in Betracht (s. § 26 II Z 2, § 21 RL 2). Weiter sollen der J, der ges Vertr. u. der ErzBer. den Bew.Plan unterschreiben; Unterschrift im Protokoll genügt nach allgM; Unterschriftsverweigerung hat an sich keine Folgen, kann aber beim J ggf nach § 26 II Z 4 berücksichtigt werden.

4) Zuständig ist der Vorsitzende des JG, das die Bew.Aufsicht gem. § 58 II führt; die Aufgaben des § 60 können also mit übertragen werden[2]). Hält sich der J nicht im Bezirk des zuständigen JRi. auf, kann der zuständige Rechtshilfe-JRi. mit der Durchführung (A 3) beauftragt werden.

§ 61

Haftbefehl

1) **Hw — J:** § 109 II. — 2) **ErwG:** § 104 I 8.

(1) Kommt ein Widerruf der Aussetzung in Betracht, so kann der Richter, um sich der Person des Jugendlichen zu versichern, vorläufige Maßnahmen treffen, notfalls einen Haftbefehl erlassen.

(2) Die auf Grund eines Haftbefehls nach Absatz 1 erlittene Haft wird auf die zu vollstreckende Jugendstrafe angerechnet. Die §§ 114 bis 114c und § 115 Satz 1 der Strafprozeßordnung gelten sinngemäß.

1) Voraussetzungen:

a) JStr. mit StrAzBew. (nicht: Aussetzung der Verhängung der JStr.);

b) Vorliegen von Tatsachen u. Verdachtsgründen, die den Widerruf der StrAz Bew. wahrscheinl. machen (etwa entspr. „hinreichendem“ Verdacht).

c) Anhaltspunkte dafür, daß sich der J der Str.Vollstr. entziehen wird („hinreichender“ Fluchtverdacht); J neigen leichter zu Flucht als Erw. in gleicher Lage.

d) Die Fluchtgefahr darf nicht formlos durch Mithilfe Dritter abwendbar sein, etwa durch bes. Überwachung durch BewH, JGH oder den zuverlässigen ErzBer.

2a) Nur Sicherungsmaßnahmen dürfen angeordnet werden[1]). Das sind zunächst Meldepflicht, AO über den Aufenthalt ua. Nur wenn durch sie der naheliegenden Fluchtgefahr nicht begegnet werden kann, darf Haftbefehl erlassen werden („notfalls“).

b) Die AO ergeht ohne mündl. Verh. durch begründeten Beschl.; gegen ihn ist einfache Beschw. gegeben, die keine aufschiebende Wirkung hat. (§§ 34, 304, 307 I StPO). Die AO wird mit dem sofort vollstreckbaren (§ 307 StPO) Widerruf hinfällig; sie ist aufzuheben, wenn feststeht, daß ein Widerruf nicht in Betracht kommt.

---

[2]) OLG Köln NJW 55/603, Dallinger-Lackner N 17; Potrykus B 2; § 58 A 1b; aA OLG Düsseldorf JMBl NRW 54/85 = Rspr 54 Nr 894.

[1]) Zu unterscheiden von den vorl. AO über die Erz. nach § 71; s. dessen Wortlaut: „bis zur Rechtskraft“. Dallinger-Lackner N 6, aA Potrykus B 1.

3a) Der **Haftbefehl** wird **wie** der **UHaftbefehl vollstreckt** (Inhalt, Eröffnung, Benachrichtigung Angehöriger, Beschw.-Belehrung, Ort u. Form des Vollz.), jedoch gibt es kein Haftprüfungsverf. Auch ein Steckbrief ist zulässig (§ 131 StPO entspr.; Potrykus B 1, aA Dallinger-Lackner N 12).

b) Jede Freiheitsentziehung auf Grund des Haftbefehls ab Ergreifung bis zur Entlassung oder bis zum Tag des Widerrufs der JStr. wird **voll** auf die Str.Zeit **angerechnet.**

c) Die **anderen Maßnahmen** (A 2a) können **nicht erzwungen,** sie müssen ggf durch Haft ersetzt werden.

Fünfter Unterabschnitt

Verfahren bei Aussetzung der Verhängung der Jugendstrafe

§ 62

Entscheidungen

1) Hw—J: §109 II. — **2)** Abs. I—III: **ErwG:** § 104 I 8; — Abs. IV :ErwG: § 104 I 8, V S. 2; § 62 A 2d (2).

(1) Entscheidungen nach den §§ 27 und 30 ergehen auf Grund einer Hauptverhandlung durch Urteil. Für die Entscheidung über die Aussetzung der Verhängung der Jugendstrafe gelten § 263 Abs. 4 und § 267 Abs. 3 der Strafprozeßordnung sinngemäß.

(2) Mit Zustimmung des Staatsanwalts kann die Tilgung des Schuldspruchs nach Ablauf der Bewährungszeit auch ohne Hauptverhandlung durch Beschluß angeordnet werden.

(3) Ergibt eine während der Bewährungszeit durchgeführte Hauptverhandlung nicht, daß eine Jugendstrafe erforderlich ist (§ 30 Abs. 1), so ergeht der Beschluß, daß die Entscheidung über die Verhängung der Strafe ausgesetzt bleibt.

(4) Für die übrigen Entscheidungen, die infolge einer Aussetzung der Verhängung der Jugendstrafe erforderlich werden, gilt § 58 Abs. 1 und Abs. 2 Satz 1 sinngemäß.

1a) Die **Entsch. nach § 27** erfolgt immer durch Urteil. Der Schuldspruch erfordert $^2/_3$, die Aussetzung der Verhängung der JStr. einfache Mehrheit. Urteilsfassung u.-Gründe s. § 54 A 2d, 4a; Anfechtung s. § 63 A 1. Vgl auch § 27 A 1 wegen der Natur dieser Entsch. u. der Rechtskraft; § 31 A 4a (2) (3) wegen der Einbeziehung.

b) Die **Nebenentsch.** (AO, Verkürzung, Verlängerung der Bew.Zeit; AO, Änderung, Aufhebung der Bew.Aufl.; weiter bezügl. BewH) ergehen durch Beschl. Verf. s. § 58 A 2; Anfechtung s. § 63 A 3; Zuständigk.: A 2d.

2a) Die **Verhängung der JStr. nach § 30 I** ist nur auf Grund einer Hauptverh. durch Urteil mögl. Grundlage des Verf. ist das rechtskräftige Urteil nach § 27, das deshalb auch in der Hauptverh. zu verlesen ist (§§ 243 II, 324 I S 2 StPO entspr.). Gegenstand des Verf. sind die Tatsachen, die die Überzeugung vom Vorliegen schädl.

Neigungen und von der Notwendigk. der Verhängung einer JStr. begründen sollen; letztere sind deshalb (mit den Beweismitteln) in einem Beschl. anzugeben und dem Angeklagten mitzuteilen (entspr. dem Eröffnungsbeschl.), da der Angeklagte nicht überrumpelt werden soll; auch dieser Beschl. ist zu verlesen (§ 243 II StPO entspr.). Das belastende Material ist rglm vor allen in den Berichten des BewH enthalten; für deren Verwertung gilt dasselbe wie für die Berichte der JGH (s. § 38 A 5c).

b) (1) Die **Verh.** wird **in der Bew.Zeit** anberaumt, **wenn** hinreichender Verdacht besteht, daß die Voraussetzungen des § 30 I gegeben sind (§ 203 StPO entspr.). Ein Antrag des JStA, die Verh. durchzuführen, kann abgelehnt werden; wegen der Anfechtung der Ablehnung s. § 63 A 2b(2). (2) Haftbefehl kann gem. §§ 112 ff StPO, 72 JGG erlassen werden, da noch kein rechtskräftiger Schuldspruch vorliegt; § 61 gilt nicht. (3) In der Verh. kann nur (a) durch Urteil JStr. angeordnet werden oder (b) durch Beschl. die Aussetzung aufrecht erhalten bleiben (s. § 30 A 1a, 2). Anfechtung: s. § 63 A 1, 2b (1).

c) **Nach Abschluß der Bew.Zeit** muß entweder JStr. ausgesprochen oder die Tilgung des Schuldspruchs angeordnet werden. (1) Grds wird durch Urteil auf Grund einer Hauptverh. entschieden. (2) Nur wenn sich keine Anhaltspunkte dafür ergeben haben, daß schädl. Neigungen vorliegen, kann mit Zustimmung des JStA die Tilgung des Schuldspruchs durch Beschl. ohne mündl. Verh. erfolgen. Eine Begründung ist nicht vorgeschrieben, aber erz. zweckmäßig.

d) (1) **Zuständig** ist das Ger., das die Verhängung der JStr. zur Bew. ausgesetzt hat (s. § 58 A 3a). Die Nebenentsch. können also nicht übertragen werden. Das Verf. kann erst recht nicht im Ganzen nach § 42 III JGG abgegeben werden, wie ein Schluß aus § 104 V S 2 ergibt[1]). Doch muß der JRi. nach § 270 StPO verweisen, wenn sich herausstellt, daß sein Strafbann nicht ausreicht[2]), etwa weil unbestJStr. geboten ist, was nicht selten vorkommt, da es sich meist um undurchsichtige J handelt. (2) Hat das **ErwG** entschieden, bleibt es nur für das Nachverf. (§ 30) zuständig; die Nebenentsch. muß es dem JRi. des Aufenthaltsortes des J übertragen (§ 104 I Z 8, V S 2).

3) Vgl auch bei §§ 27, 30.

---

[1]) BGH 8/346, Potrykus B 4 u. NJW 57/1135; aA Dallinger-Lackner N 19, Lackner GA 56/381.

[2]) Potrykus NJW 56/655; aA Pentz NJW 54/1353, der nur im (Vor)Verf. nach § 27 eine Verweisung zulassen will. — Das Verbot der Übertragung der Nebenentsch. steht dem nicht entgegen; die Verweisung ist nicht verboten, umgekehrt gebietet aber das Ges. die Verhängung der unbestJStr., wenn die Voraussetzungen vorliegen. Dieses Gebot zwingt den EinzelRi. zur Verweisung. — Auch daß das JSchöffG durch die Rechtskraft des Schuldspruchs gebunden ist, hindert eine Verweisung nicht, weil ähnl. Bindungen übergeordneter Ger. auch sonst bestehen, zB bei auf Strafmaß beschränkter Ber. Die Schwierigk. können vermieden werden, wenn die Eröffnungszuständigk. sorgfältig geprüft wird (s. § 27 A 3c).

§ 63

Anfechtung

1) **Hw — J:** § 109 II. — **2) ErwG:** § 104 I Z 8.

(1) Ein Beschluß, durch den der Schuldspruch nach Ablauf der Bewährungszeit getilgt wird (§ 62 Abs. 2) oder die Entscheidung über die Verhängung der Jugendstrafe ausgesetzt bleibt (§ 62 Abs. 3), ist nicht anfechtbar.

(2) Im übrigen gilt § 59 Abs. 2 und Abs. 5 sinngemäß.

1) Grds sind auch hier die allg. Rechtsmittel gegeben. Das **Urteil** nach § 27 ist ebenso wie die nachträgl. Festsetzung der JStr. (§ 30) unter der Beschränkung des § 55 II mit Ber. u. Rev. anfechtbar. Gleiches gilt für das Urteil, das nach Ablauf der Bew.Zeit die Tilgung anordnet.

2a) Dagegen ist der **Beschl.** nicht anfechtbar, durch den nach Ablauf der Bew.Zeit die Tilgung mit Zustimmung des JStA ohne mündl. Verh. angeordnet ist (I); durch ihn ist niemand beschwert. Fehlt dagegen die Zustimmung des JStA, hat dieser die sof.Beschw. wegen des Verf.Verstoßes (überzeugend Dallinger-Lackner N 5).

b) (1) Ebenso unanfechtbar ist der Beschl., durch den das Ger. nach Verh. in der Bew.Zeit die Verhängung der Str. ausgesetzt läßt (I). (2) Eine entspr. Anwendung dieser Ausnahme-Vorschrift auf die Ablehnung des Antrags des JStA auf Durchführung des Verf. nach § 30 I in der Bew.Zeit ist nicht mögl., zumal es hier um die Durchführung der Prüfung, dort aber um die Entsch. nach Prüfung geht. Es ist einfache Beschw. gegeben[1]).

3) Die **Nebenentsch.** (Bew.Zeit, -Aufl., -Helfer) sind wie bei StrAzBew. anzufechten. S. § 59 A 2c, d; 3. Auch hier ist das Rev.Ger. zur Entsch. über diese Beschw. berufen, wenn gegen das Urteil Rev. eingelegt ist.

§ 64

Bewährungsplan

1) **Hw — J:** § 109 II. — **2) ErwG:** § 104 I Z 8.

§ 60 gilt sinngemäß. Der Jugendliche ist über die Bedeutung der Aussetzung, die Bewährungszeit und die Bewährungsauflagen sowie darüber zu belehren, daß er die Festsetzung einer Jugendstrafe zu erwarten habe, wenn er sich während der Bewährungszeit schlecht führe.

a) Es gilt das bei § 60 A 1, 2 Dargelegte.

b) § 60 A 3 gilt mit folgenden Abweichungen: (a) Die Belehrung muß dem J vor allem klar machen, daß es von seinem künftigen Verhalten abhängt, ob er sehr

---

[1]) AA Dallinger-Lackner § 62 N 14 wegen § 305 StPO; doch geht die Ablehnung der Hauptverh. gerade nicht voraus, sondern macht sie zunächst unmögl.; vgl Schwarz § 305 StPO A 1b, Kleinknecht-Müller § 205 StPO A 5 u. § 228 A 5a u. die jeweils angeführten Entsch.

empfindl. und ohne StrAzBew. gestraft werden oder ob er ganz straffrei bleiben wird. (b) Die Weigerung, die Erfüllung der Aufl. zu versprechen, rechtfertigt nicht die Verhängung der JStr., sondern kann nur als Indiz gewertet werden.

c) Zuständig ist das Ger., das die Nebenentsch. zu treffen hat (§ 62 A 2d; vgl § 60 A 4).

Sechster Unterabschnitt
Ergänzende Entscheidungen

§ 65

Nachträgliche Entscheidungen über Weisungen und Pflichten

1) Hw — **J:** § 109 II. — **2)** Abs. I: ~~ErwG~~ : A 2c; — Abs. II: ErwG: A 4.

(1) Nachträgliche Entscheidungen, die sich auf Weisungen (§ 11) oder besondere Pflichten (§ 15 Abs. 3) beziehen, trifft der Richter des ersten Rechtszuges nach Anhören des Staatsanwalts und des Jugendlichen durch Beschluß. Er kann das Verfahren an den Jugendrichter abgeben, in dessen Bezirk sich der Jugendliche aufhält, wenn dieser seinen Aufenthalt gewechselt hat. § 42 Abs. 3 Satz 2 gilt entsprechend.

(2) Hat der Richter die Änderung von Weisungen abgelehnt, so ist der Beschluß nicht anfechtbar. Hat er Jugendarrest verhängt, so ist gegen den Beschluß sofortige Beschwerde zulässig. Diese hat aufschiebende Wirkung.

Richtlinie zu § 65:

Der Vollstreckungsleiter und der Vormundschaftsrichter prüfen selbständig, ob wegen Zuwiderhandlungen gegen Weisungen oder wegen Nichterfüllung von besonderen Pflichten Jugendarrest geboten und deshalb die Sache dem Richter des ersten Rechtszuges vorzulegen ist. Sie können sich damit begnügen, den Jugendlichen eindringlich zu ermahnen.

1) § 65 betrifft die Änderung von Weisungen (§ 11 A 1) und die Verhängung von JA bei schuldhafter Verletzung von Weisungen oder bes. Pflichten (§ 11 A 2).

2a) Zuständig ist der JRi. des ersten Rechtszuges, nicht der VollstrL, der an sich die Befolgung der Weisungen u. bes. Pflichten zu überwachen hat (s. RL). Wegen der Abgabe an den JRi. des Aufenthaltsortes gilt § 42 A 4a entspr. (I S 2).

b) Der **VormRi.** ist **nur** zur Änderung von Weisungen selbst berufen; JA wegen Ungehorsams kann nur der übertragende JRi. verhängen (§ 53 A 2d; s. RL).

c) (1) **Beim ErwG** könnte nur die Verhängung von JA wegen Ungehorsams in Frage kommen, weil es die Auswahl und Abänderung der ErzM dem VormRi. überlassen muß (§ 104 IV). Das ErwG kann jedoch auch keinen JA verhängen, weil das Ges. § 65 bei den für das ErwG anwendbaren Vorschriften nicht aufführt (§ 104 I) und die stets notwendige Zuständigkeitsregelung nicht dem Ermessen (§ 104 II) überlassen bleiben kann (aA Potrykus § 104 B 3). Zur Ahndung dieses spezifisch jrechtl. Unrechtstatbestandes (§ 11 A 2a) ist vielmehr mangels einer bes. Vorschrift der gem. § 42 örtl. zuständige JRi. berufen[1]).

d) Wegen der Besonderheiten bei der jrichterl. Verfügung s. § 75 A 2b, 4b.

3) Die Entsch. (auch nach A 2c) erfolgt durch begründeten **Beschl. ohne mündl. Verh.** nach grds mündl. Anhörung des J u. der weiteren Antragsberechtigten, des JStA, des gesVertr., des ErzBer. sowie der JGH. Wegen Eröffnung u. Rechtsmittelbelehrung s. §§ 35, 35a StPO, 67 II JGG. Die nachträgl. Entsch. muß der Erz. Kartei mitgeteilt werden (Nr 2a der AO); der JGH sind Änderungen mitzuteilen (§ 85 RL III 1 entspr.).

4) **Anfechtung** (auch bei A 2c):

a) Änderungen von Weisungen oder (unzulässig) von bes. Pflichten sind mit einfacher Beschw., doch nur im Rahmen des § 55 I, anfechtbar, desgleichen die Ablehnung eines Antrags, JA zu verhängen (§ 304 StPO).

b) Gegen die Verhängung von JA ist sof.Beschw. mit aufschiebender Wirkung, doch nur im Rahmen des § 55 I, gegeben (II S 2, 3). Auch Wiederaufnahme des Verf. ist mögl. (§ 55 A 5b).

c) Die Ablehnung eines Antrags, Weisungen zu ändern, also auch von Weisungen zu befreien (aA Dallinger-Lackner N 12: Beschw.), ist nicht anfechtbar (II S 1). Gleiches gilt hinsichtl. der — nicht abänderbaren — bes. Pflichten.

§ 66

Ergänzung rechtskräftiger Entscheidungen bei mehrfacher Verurteilung

1) **Hw — J:** § 109 II. — 2) **ErwG:** § 104 II; § 66 A 6.

(1) Ist die einheitliche Festsetzung von Maßnahmen oder Jugendstrafe (§ 31) unterblieben und sind die durch die rechtskräftigen Entscheidungen erkannten Erziehungsmaßregeln, Zuchtmittel und Strafen noch nicht vollständig ausgeführt, verbüßt oder sonst erledigt, so trifft der Richter eine solche Entscheidung nachträglich. Dies gilt nicht, soweit der Richter nach § 31 Abs. 3 von der Einbeziehung rechtskräftig abgeurteilter Straftaten abgesehen hatte.

(2) Die Entscheidung ergeht auf Grund einer Hauptverhandlung durch Urteil, wenn der Staatsanwalt es beantragt oder der Vorsitzende es für angemessen hält. Wird keine Hauptverhandlung durchgeführt, so entscheidet der Richter durch Beschluß. Für die Zuständigkeit und das Beschlußverfahren gilt dasselbe wie für die nachträgliche Bildung einer Gesamtstrafe nach den allgemeinen Vorschriften. Ist eine Jugendstrafe teilweise verbüßt, so ist der Richter zuständig, dem die Aufgaben des Vollstreckungsleiters obliegen.

[1]) AA Potrykus § 104 B 3: § 65 gilt gem. § 104 II; aA auch Dallinger-Lackner N 17, § 104 N 16: § 65 I S 1 gilt entspr., I S 2 abgewandelt, I S 3 nicht.

Richtlinien zu § 66:

1. Liegen die Voraussetzungen des Absatzes 1 vor, so ist stets die Entscheidung des Richters herbeizuführen. Der Richter kann in seiner Entscheidung von der einheitlichen Festsetzung von Maßnahmen oder Jugendstrafe absehen (§ 31 Abs. 3).
2. Der Staatsanwalt beantragt die Durchführung einer Hauptverhandlung nach Absatz 2 vor allem dann, wenn zu erwarten ist, daß die ergänzende Entscheidung von den früheren Entscheidungen erheblich abweicht.
3. Wegen der Mitteilung zum Strafregister wird auf Nr. 2 der Richtlinien zu § 94 hingewiesen.

1) Das Einheitsstrafprinzip als Ausfluß des Erz.Gedankens (§ 31 A 3) muß stets beachtet werden.

a) Bei einer nachträgl. Entsch. müssen folgende **Voraussetzungen** vorliegen: (1) Mehrere Taten (s. § 31 A 1). (2) Entsch., deren Art die Anwendung des § 31 gestattet (s. § 31 A 6), auch wenn in ihnen schon teilweise einheitl. Maßnahmen getroffen sind; es genügt auch eine Entsch. wegen mehrerer Taten, wenn sie § 31 nicht beachtet hat (s. b). (3) Rechtskraft dieser Entsch. [§ 31 A 4a (1)]. Auch Zweifel über Auslegung des Urteils u. über Berechnung der JStr., des JA uä müssen schon behoben sein (ObLG NJW 55/601). (4) In allen beteiligten Entsch. müssen einbeziehbare [s. § 31 A 4a (3)] Maßnahmen (auch § 27) oder JStr. enthalten sein, die noch nicht vollständig verbüßt sind [s. § 31 A 4a (2)][1]. (5) Der früher entscheidende Ri. darf nicht nach § 31 III von der Einbeziehung abgesehen haben (s. A 2c); dies gilt jedoch nur, wenn eine Entsch. ausdrückl. getroffen, auf § 31 III gestützt ist u. nunmehr keine anderen Taten als die dabei berücksichtigten vorliegen (Dallinger-Lackner N 6, 7). (6) Die Zusammenfassung darf nicht erz. unzweckmäßig sein (A 2c).

b) Im übrigen aber ist es **gleichgültig, warum früher die Einbeziehung nicht erfolgt** ist, ob also dem Ri. weitere Taten unbekannt waren oder er solche übersehen hat oder ob die Einbeziehung wegen noch nicht eingetretener Rechtskraft nicht mögl. war. Das gilt sogar dann, wenn der Ri. aus unzutreffenden Erwägungen die Einbeziehung abgelehnt hat, weil das Ges. diesen Fall nicht ausschließt, die Einbeziehung aber auch hier erz. geboten ist und durch die Möglichk., eine Hauptverh. durchzuführen und durch Urteil zu entscheiden, erschöpfende Aufklärung gewährleistet ist (Dallinger-Lackner N 4).

2a) Sobald die **Voraussetzungen** vorliegen (RL 1 S 1), **muß** nach **§ 66** entschieden werden. Wo dem J keine Rechtsnachteile entstehen, kann auch noch die Rechtskraft einer weiteren Entsch. abgewartet werden.

b) Für die **Bildung** einer einheitl. Maßnahme gilt hier grds das gleiche wie bei § 31 (§ 31 A 3, 4b—d). Eine Bindung besteht an die Schuldsprüche, abgeschwächt

---

[1]) Dallinger-Lackner N 9; aA Potrykus B 1, der auf den Zeitpunkt der letzten Entsch. abstellt.

auch an die Feststellungen zur Straffrage; nur die Wertung ist frei (§ 31 A 4b). Die Häufung der Taten wird allerdings oft zu einer ungünstigeren Beurteilung der Persönlichk. und damit zur Verhängung von JStr. oder unbestJStr. führen, wenn bisher keine oder nur bestimmte JStr. verhängt war. Das Verschlechterungsverbot gilt nicht (vgl die Beispiele bei Potrykus B 2 u. 5). Die Wirkung ist hier die gleiche wie bei § 31.

c) Auch hier kann der Ri. unter den Voraussetzungen des § 31 III (s. § 31 A 5) davon **absehen,** eine einheitl. Unrechtsreaktion zu treffen. Er muß das ausdrückl. aussprechen, zumal auch diese Entsch. nach § 66 I S 2 bindet.

3a) Die **Entsch.** ergeht auf Grund einer Hauptverh. durch Urteil, wenn der Vorsitzende das für angemessen hält. Das kann ausnahmsweise auch bei mehreren jrichterl. Verfügungen der Fall sein (Dallinger-Lackner N 16; aA Potrykus B 6). Angemessen ist das rglm im Fall der RL 2, vor allem also, wenn Häufung, Tatfolge, Tatzeit uä bei der Gesamtschau eine andere Beurteilung der Täterpersönlichk. nahelegen. Gleiches gilt bei einem entspr. Antrag des JStA. Anträge sonstiger Verf.Beteiligter haben nur die Bedeutung einer Anregung. Eine Anfechtung der Ermessensentsch. des Vorsitzenden ist nicht mögl.; seine Entsch. ist auch für das Ger. bindend (aA Dallinger-Lackner N 18). — Das **Verf.** richtet sich nach den allg. Vorschriften über die Vorbereitung u. Durchführung der Hauptverh.; eines Eröffnungsbeschl. bedarf es nicht. Das Urteil ist im Rahmen des § 55 mit Ber. u. Rev. anfechtbar (Dallinger-Lackner N 20; Potrykus B 5).

b) Sonst wird nach Anhörung des J, JStA, ErzBer. u. gesVertr. (§§ 462 II StPO, 67 I JGG) sowie der JGH (§ 38 III S 1) ohne mündl. Verh. durch begründeten Beschl. entschieden. Wegen Eröffnung u. Rechtsmittelbelehrung s. §§ 35, 35a StPO, 67 II JGG. Anfechtung erfolgt gem. § 462 IV StPO durch sof.Beschw. (außer gegen BGH- u. OLG Beschl.) im Rahmen des § 55 I.

c) Kosten § 74 RL 2, 3 S 4.

4a) Zuständig ist in erster Linie der VollstrL einer nur zum Teil verbüßten **JStr.;** UHaft oä genügt nicht; Erlaß steht der Vollverbüßung gleich (Dallinger-Lackner N 24). Die Zuständigk. liegt bei ihm als JRi (=EinzelRi.) ohne Rücksicht auf Strafhöhe und Art der Taten; die Zuständigk. ist eine **ausschließl.** (vgl insgesamt überzeugend Dallinger-Lackner N 25—28). Bei Wechsel der örtl.VollstrL-Zuständigk. (§§ 85, 88 V), wechselt auch die Zuständigk. nach § 66; bei nur teilweiser Übertragung der Entsch (§ 58 II S 2) wird das Verf. mit Rücksicht auf die Widerruflichk. der Übertragung (§ 85 III) zweckmäßig vom abgebenden VollstrL eingeleitet. Sind mehrere JStr. ausgesprochen und teilverbüßt, ist der VollstrL zuständig, der das Verf. zuerst einleitet.

b) Beim VollstrL des JA ist keine Sonderzuständigk. begründet (aA Potrykus B 6). Hier und **sonst gilt § 462 III StPO.** Wegen Schwere u. Höhe der Maßnahmen des JGG s. § 55 A 4.

5) § 66 gilt **entspr.** auch beim Zusammentreffen von **Erw.- u. J„Strafen“,** wenn die Voraussetzungen des § 460 StPO vorliegen (aA Potrykus B 1). S. § 32 A 2a.

6) Diese Vorschrift gilt **stets für ErwG entspr.** (§ 104 II; Dallinger-Lackner N 17; aA wohl Potrykus B 3, je zu § 104); ob bei mehreren Entsch. das Erw.- oder das JG zuständig ist, richtet sich nach II S 3, 4 (A 4).

Siebenter Unterabschnitt
Gemeinsame Verfahrensvorschriften

§ 67
Stellung des Erziehungsberechtigten und des gesetzlichen Vertreters[1])

1) Hw: § 109 I S 1, § 67 RL, A 5a — **2)** ErwG: RL; § 104 I 9, III, A 2.

(1) Soweit der Beschuldigte ein Recht darauf hat, gehört zu werden, Fragen und Anträge zu stellen oder bei Untersuchungshandlungen anwesend zu sein, steht dieses Recht auch dem Erziehungsberechtigten und dem gesetzlichen Vertreter zu.

(2) Ist eine Mitteilung an den Beschuldigten vorgeschrieben, so soll die entsprechende Mitteilung an den Erziehungsberechtigten und den gesetzlichen Vertreter gerichtet werden.

(3) Die Rechte des gesetzlichen Vertreters zur Wahl eines Verteidigers und zur Einlegung von Rechtsbehelfen stehen auch dem Erziehungsberechtigten zu.

(4) Der Richter kann diese Rechte dem Erziehungsberechtigten und dem gesetzlichen Vertreter entziehen, soweit sie verdächtig sind, an der Verfehlung des Beschuldigten beteiligt zu sein, oder soweit sie wegen einer Beteiligung verurteilt sind. Liegen die Voraussetzungen des Satzes 1 bei dem Erziehungsberechtigten oder dem gesetzlichen Vertreter vor, so kann der Richter die Entziehung gegen beide aussprechen, wenn ein Mißbrauch der Rechte zu befürchten ist. Stehen dem Erziehungsberechtigten und dem gesetzlichen Vertreter ihre Rechte nicht mehr zu, so bestellt der Vormundschaftsrichter einen Pfleger zur Wahrnehmung der Interessen des Beschuldigten im anhängigen Strafverfahren. Die Hauptverhandlung wird bis zur Bestellung des Pflegers ausgesetzt.

(5) Sind mehrere erziehungsberechtigt, so kann jeder von ihnen die in diesem Gesetz bestimmten Rechte des Erziehungsberechtigten ausüben. In der Hauptverhandlung oder in einer sonstigen Verhandlung vor dem Richter wird der abwesende Erziehungberechtigte als durch den anwesenden vertreten angesehen. Sind Mitteilungen oder Ladungen vorgeschrieben, so genügt es, wenn sie an einen Erziehungsberechtigten gerichtet werden.

Richtlinie zu § 67:

§ 67 gilt auch im Verfahren gegen Jugendliche vor den für allgemeine Strafsachen zuständigen Gerichten und im Verfahren gegen Heranwachsende (§ 104 Abs. 1 Nr. 9, § 109 Abs. 1).

---

[1]) Schnitzerling: Probleme um die Stellung des ErzBer. u. gesVertr. im JStrR, UJ 57 H 8.

1a) **ErzBer. ist,** wer — allein oder mit anderen — das Recht u. die Pflicht zur Sorge für die Person des Beschuldigten hat. **GesVertr. ist,** wer das Recht hat, den Beschuldigten in persönl. Angelegenheiten zu vertreten. Es entscheidet das bürgerl. Recht (bes. §§ 1626 II, 1629, 1671, 1707 S 2, 1793 BGB). Pflegeeltern, Lehrherrn ua, die kraft Vertrags zur Erz. verpflichtet sind, sind nicht gesVertr.

b) **Rglm sind mehrere erz.berechtigt** (Vater u. Mutter während der Ehe). Es gilt V. Jeder hat die vollen Rechte; doch genügt Mitt. (A 3) u. Ladung (A 2d) an einen; der Ri. hat aber das Recht, beide oder einen bestimmten unter Ausschluß der Vertretung zu laden und das Erscheinen zu erzwingen (Dallinger-Lackner N 24, Potrykus B 11). In jeder Verh., also auch noch bei dem nach der Urteilsverkündung abgegebenen Rechtsmittelverzicht (Dallinger-Lackner N 25, Potrykus B 11, NJW 55/246), vertritt der Anwesende den Abwesenden; dieser ist an die hier abgegebenen Erklärungen gebunden.

c) Über Ausschluß s. A 4.

d) Die **Stellung des J** wird **im Verf.** dadurch nicht beeinträchtigt; er hat die gleiche Stellung wie ein Volljähriger.

2) **Daneben** hat gem. I, III jeder **ErzBer. u. gesVertr.** selbständig und unabhängig (s. A 1b, § 55 II S 2) in gleichem Umfang wie der Beschuldigte **folgende Rechte:**

a) auf **Gehör** (I) und damit das Recht des **letzten Wortes** (OLG Hamm NJW 58/34), das zu ergreifen ihm ausdrückl. angeboten werden muß (BGH 3/368, 370). Wo also der Beschuldigte Gelegenheit zur Äußerung erhalten muß, muß diese auch ErzBer. u. gesVertr. gegeben werden. Nach den einzelnen Beweismitteln ist dagegen nur die Befragung des Beschuldigten selbst nach § 257 StPO notwendig[2]).

b) **Fragen zu stellen** (I, bes. § 240 II StPO);

c) **Anträge zu stellen** (I, zB Beweisanträge) und einen **Verteidiger zu wählen** (III, § 137 II StPO).

d) in der Hauptverh. (§ 50 A 2), auch bei vorweggenommenen Teilen (§§ 223, 225, 233 StPO) und bei Untersuchungshandlungen (I) **anwesend zu sein** und dazu **geladen zu werden** (§ 50 II, A 2, bes. b; § 67 II iVm § 224 u. entspr. § 233 III StPO). Ihre Abwesenheit beeinträchtigt jedoch nicht die Wirksamk. der Prozeßhandlungen. Unter den Voraussetzungen des § 51 II ist stets ein Ausschluß zulässig (s. § 51 A 2; vgl auch § 48 A 4 u. u. A 4).

e) innerhalb der für den J laufenden Fristen (ObLG 54/51) und unter den Beschränkungen des § 55 zu Gunsten des Beschuldigten selbständig **alle Rechtsbehelfe** (nicht nur Rechtsmittel) **einzulegen** (III). Über Zurücknahme s. § 55 A 1c (1). Wiedereinsetzung wegen Versäumung von Rechtsmittelfristen ist nach den allg. Vorschriften nur dann mögl., wenn der gesVertr. oder ErzBer. von der Entsch. weder recht-

---

[2]) Potrykus B 4a; aA Dallinger-Lackner N 6, die aber selbst § 257 StPO in § 78 N 6 als „Ordnungsvorschrift" bezeichnen und nicht als Teil des rechtl. Gehörs; es wäre auch sinnlos, zB nach jedem reinen Tatzeugen den ErzBer. bes. zu fragen, wenn dieser von der Tat nichts weiß.

zeitig Kenntnis hatte noch haben konnte (OLG Düsseldorf HRR 41 Nr 749); dies ist zB bei Urteilen nicht der Fall, wenn zur Hauptverh. ordnungsgem. geladen wurde, weil hier mit dem Erlaß eines Urteils zu rechnen und entspr. Erkundigung geboten war (bestr.)[3]).

Eine Verletzung dieser Rechte (a—e) kann nach § 337 StPO, ggf nach § 338 Z 8 StPO, mit der Rev. gerügt werden (aA Potrykus B 5 aE).

3a) GesVertr. u. ErzBer. sollen gem. II weiterhin **die gleichen Mitt.** in gleicher Form gemacht werden wie dem Beschuldigten (einschl. Str.Verfügungen, Str.Befehlen uä, über Ladung s. A 2d). Aus bes. Gründen kann ausnahmsweise die Mitt. unterbleiben; Unterlassen der Mitt. ist kein Rev.Grund (BGH MDR 52/564); doch kann ggf die Aufklärungspflicht verletzt sein. Wird eine Entsch. in Anwesenheit des Beschuldigten, aber in Abwesenheit des gesVertr. u. der ErzBer. verkündet, ist diesen grds die Mitt. zu machen, die dem J zu machen wäre, wenn er bei der Verkündung nicht anwesend gewesen wäre, und dabei eine entspr. (s. A 2e) **Rechtsmittelbelehrung** zu erteilen (ObLG 54/51). Ein Verstoß begründet nicht die Rev. — soweit nicht die Aufklärungspflicht verletzt ist — und nicht stets die Wiedereinsetzung (s. A 2e), da II eine Soll-Vorschrift ist und in ihrem Bereich die bloß ergänzende Rechtsmittel-Belehrungs-Vorschrift (§ 35a StPO) ihren zwingenden Charakter einbüßt (Dallinger-Lackner N 13, Potrykus NJW 54/1836; a. im Ergebnis ObLG aaO).

b) Näheres über Mitt. s. § 70 u. MiStra Nr 35.

4a) Diese **Rechte können** gem. IV dem gesVertr. oder ErzBer. ganz oder zum Teil **entzogen werden,** der verdächtig ist, in strafbarer Weise an der Tat beteiligt zu sein (Täterschaft jeder Form, Anstiftung, Beihilfe, Begünstigung, Hehlerei; vgl § 60 Z 3 StPO) oder gar deshalb schon verurteilt ist. Auch wenn der zZ der Entziehung bestehende Verdacht sich später als unberechtigt erweist, war die Entziehung nicht prozeßordnungswidrig (Dallinger-Lackner N 27).

b) Die Gefahr des Mißbrauchs dieser Rechte rechtfertigt ihre Entziehung nur, wenn bei einem anderen Berechtigten die Voraussetzungen o. A 4a vorliegen. Es muß sich um eine naheliegende und ernsthafte, durch tatsächl. Anhaltspunkte begründete Gefahr handeln (Dallinger-Lackner N 30).

c) Zuständig ist hier (a. § 51 II) ab Einreichung der Anklage das Ger. (Dallinger-Lackner N 33, aA Potrykus B 7: Vorsitzender), vorher der JRi., bei VU der URi. Der Beschl. ist zu begründen und stets mit einfacher Beschw. ohne aufschiebende Wirkung anzufechten (§§ 304, 305 II, 307 StPO); seine Wirkung beschränkt sich auf dieses Verf.

d) Sind so alle Berechtigten ausgeschlossen, **muß** der VormRi. einen **Prozeßpfleger** bestellen, der diese Rechte ausübt (§§ 1909, 1915, 1918, 1919 BGB); weiter muß ein **Verteidiger bestellt** werden (§ 68 Z 3). Bis dahin muß die Hauptverh. ausgesetzt

---

[3]) Ähnl. Dallinger-Lackner N 13, 20, Potrykus B 5, NJW 54/1836; **aA ObLG** 54/51, 53, das Wiedereinsetzung stets gewährt, wenn die Entsch. und damit die Rechtsmittelbelehrung nicht rechtzeitig mitgeteilt wurde; doch handelt es sich im JR nur um eine „Soll-Vorschrift" (A 3a); § 44 S. 2 StPO setzt aber eine zwingende Belehrungspflicht voraus.

werden. — Die Bestellung eines **Prozeßpflegers** ist **auch sonst** zweckmäßig, wenn kein Berechtigter vorhanden, zu ermitteln oder zu erreichen ist (Potrykus B 6).

5) Die Vorschrift **gilt auch:**

a) für **Hw** (RL); doch wird sie immer gegenstandslos, sobald der Beschuldigte volljährig (auch für volljährig erklärt) wird, weil es dann weder einen gesVertr. noch einen ErzBer. gibt[4]). Vorher getroffene Maßnahmen des ErzBer. oder gesVertr. wirken aber fort; über die Wirkung bei Rechtsmitteln s. § 55 A 1b (2) (a).

b) vor **ErwG** (RL); vgl jedoch § 104 A 2.

c) Für das **vereinfachte JVerf.** (§ 78 III S 2).

d) Für das **VollstrVerf.** (§ 83 S 3).

§ 68

Notwendige Verteidigung[1])

1) **Hw:** § 109 I S 1, § 68 RL 2. — **2) ErwG:** RL 2; § 104 I 10.

Der Vorsitzende bestellt dem Beschuldigten einen Verteidiger, wenn

1. die Hauptverhandlung im ersten Rechtszuge vor der Jugendkammer stattfindet,

2. einem Erwachsenen ein Verteidiger zu bestellen wäre,

3. dem Erziehungsberechtigten und dem gesetzlichen Vertreter ihre Rechte nach dem Gesetz entzogen sind oder

4. zur Vorbereitung eines Gutachtens über den Entwicklungsbestand des Beschuldigten (§ 73) seine Unterbringung in einer Anstalt in Frage kommt.

Richtlinien zu § 68:

1. Es empfiehlt sich, nach § 68 möglichst nur Verteidiger zu bestellen, die erzieherisch befähigt und in der Jugenderziehung erfahren sind.
2. § 68 gilt auch im Verfahren gegen Jugendliche vor den für allgemeine Strafsachen zuständigen Gerichten und im Verfahren gegen Heranwachsende (§ 104 Abs. 1 Nr. 10, § 109 Abs. 1).

1) Für die **Verteidigung** in JSachen[1]) gelten **grds** die Vorschriften des **allgR.**

a) (1) Es kann auch hier stets ein **Verteidiger** und zwar jeder **gewählt** werden, der nach allgR zum Verteidiger bestellt werden kann (§§ 137, 138 StPO). (2) Nur bei der Auswahl des **Pflichtverteidigers** kann und soll die Eignung zum Verteidiger im JVerf. beachtet werden (RL 1); eine Bindung an Vorschläge oder ein bestimmter Turnus besteht also nicht. Bestimmte, ungeeignete Anwälte zB dürfen übergangen werden (Dallinger-Lackner N 27, Potrykus B 3). Die Bestellung (s. A 3) erfolgt

---

[4]) BGH LM § 109 JGG 2, Dallinger-Lackner N 26, Potrykus NJW 57/1136 gegen B 3, wo er sich noch auf BGH 6/354 stützt; die Entsch. bezieht sich aber nur auf die Stellung der JGH.

[1]) Cohnitz: Der Verteidiger in Jugendsachen.

gem. §§ 68 JGG, 141 III StPO durch den Vorsitzenden (Dallinger-Lackner N 26, aA Potrykus B 2d gegen das Ges.), der auch die Rücknahme nach § 143 StPO verfügt.

b) Auch der **Verkehr zwischen Verteidiger u. J** (§ 148 StPO) ist nicht eingeschränkt, ebenso die **Akteneinsicht** (§ 147 StPO). Wie weit der Verteidiger über vertraul. zu behandelnde Aktenbestandteile (zB JGH Berichte) Mitt. machen darf oder muß, richtet sich auch hier in erster Linie nach den Erfordernissen der Verteidigung; Belange der Erz. oder der JGH sind so weit als mögl. zu beachten, treten aber im Konflikt zurück (Dallinger-Lackner N 30; vgl Lüttger NJW 51/744ff).

c) Wegen der Einlegung von **Rechtsmitteln** durch den Verteidiger s. § 55 A 1b (1).

2a) Die **Verteidigung** im JVerf. muß grds anders als im ErwVerf. **geführt** werden. Da dort die Sühnefunktion der Str. bes. Bedeutung hat, ist es Sache des Verteidigers, die Str. zu vermeiden oder möglichst gering zu halten. Im JR dienen alle Maßnahmen — auch die JStr. — der Erz. Die richtige Maßnahme nutzt also dem Täter, eine falsche kann ihn erhebl. schädigen (vgl Einf. II 2a), ebenso ein zu Unrecht erfolgter Freispruch. Will der Verteidiger seiner Aufgabe entspr. wirkl. das beste herausholen, muß er im JR darauf hinwirken, daß die richtige Maßnahme gefunden wird. Dazu ist er bes. geeignet, weil der J und seine Angehörigen ihm bes. vertrauen, er also oft den besten Einblick hat. Er wird den J zur Wiedergutmachung, Entschuldigung oä anhalten, den Eltern bes. erz. Maßnahmen nahelegen ua; so kann er oft eine Einstellung des Verf. nach §§ 45, 47 vorbereiten.

b) Die weitere Entwicklung des J kann durch eine falsche Verteidigung schwer beeinträchtigt werden (Potrykus B 3); durch den Ausschluß des J nach § 51 I und sorgfältige Auswahl des Pflichtverteidigers [A 1 a (2)] kann diese Gefahr nur zT gebannt werden. Abhilfe ist nur mögl., wenn die Anwaltschaft dem JGG und seinen Grundgedanken größere Beachtung schenkt.

3a) In bestimmten Fällen (b) wird die Bestellung [A 1 a (2)] eines **Pflichtverteidigers notwendig,** wenn der Beschuldigte noch keinen Wahlverteidiger hat. Ein Pflichtverteidiger muß nicht bestellt werden, wenn der gesVertr. oder ErzBer. einen Verteidiger beauftragt hat (OLG Hamm NJW 58/641), außer wenn der J mit diesem nicht einverstanden ist (Dallinger-Lackner N 25, Potrykus B 3).

b) Die **Fälle der notwendigen Verteidigung** sind: (1) Die 1. instanzl. Verh. findet nicht vor dem AG statt (Z 1; § 140 I Z 1 StPO), also auch, wenn die JK das Verf. gem. §§ 40 II, 41 I Z 2 übernommen hat oder wenn sie nach § 108 III zuständig ist. (2) Alle gesVertr. u. ErzBer. sind gem. § 67 IV ausgeschlossen (Z 3; s. § 67 A 4d). Z 3 gilt entspr., wenn gesVertr. u. ErzBer. aus Gründen der Staatssicherheit gem. § 104 III von der Beteiligung ausgeschlossen sind (Dallinger-Lackner § 104 N 18, Potrykus § 104 B 4). (3) Es kommt die Unterbringung des Täters in einer Anstalt zur Vorbereitung eines Gutachtens über seinen Geistes- oder Entwicklungszustand (§§ 81 StPO, 73 JGG) in Frage (Z 4; § 140 I Z 6 StPO), also stets, wenn ein ernstl. Antrag gestellt ist (BGH NJW 52/797). Ob die Unterbringung erfolgt, ist ohne Bedeutung. Die Verteidigerbestellung wirkt für das ganze Verf. (BGH aaO). (4) Die in

§ 140 I Z 2—5, 7 u. § 115d II, III StPO genannten Fälle; s. die Erläuterungsbücher zur StPO. Zu Z 2 empfiehlt sich bes. im JVerf. die konkrete Belehrung (vgl Pohlmann NJW 58/372). Zu Z 3 vgl BGH 4/320, 322, RG 74/193f, 76/183f. Zu Z 5 vgl BGH 4/308, 316; hier genügt jede Freiheitsentziehung iS des § 52 (s. dort A 1a; aA wohl Dallinger-Lackner N 15), die in dem anhängigen Verf. verbüßt wird. (5) Auch sonst bei bes. schweren Taten, schwieriger Sach- u. Rechtslage oder wenn der Beschuldigte sich nicht selbst verteidigen kann (§ 140 II StPO; s. dort); letzteres ist bei J, bes. bei 14—15jährigen, häufig der Fall, da diese oft unbeholfen, verschüchtert oder trotzig sind (BGH MDR 52/564, Dallinger-Lackner N 19, Potrykus B 2b). — Es muß **ersichtl.** sein, daß der Vorsitzende nach allen Gesichtspunkten **geprüft** hat (BGH NJW 53/116).

4) Auch **Rechtsbeistände** können als Verteidiger gewählt werden. Das Ger. sollte jedoch die Eignung sorgfältig prüfen; zu einer Zulassung neben einem Pflichtverteidiger besteht rglm kein Anlaß (Potrykus NJW 57/1137). Bei der Bestellung eines Rechtsbeistandes zum Beistand (§ 69) kann großzügiger verfahren werden (Potrykus aaO), jedoch muß er erz. befähigt sein.

§ 69

Beistand[1])

1) **Hw:** § 109 I S 1. — **2)** ErwG: § 104 II, RL.

(1) Der Vorsitzende kann dem Beschuldigten in jeder Lage des Verfahrens einen Beistand bestellen, wenn kein Fall der notwendigen Verteidigung vorliegt.

(2) Der Erziehungsberechtigte und der gesetzliche Vertreter dürfen nicht zum Beistand bestellt werden, wenn hierdurch ein Nachteil für die Erziehung zu erwarten wäre.

(3) Dem Beistand kann Akteneinsicht gewährt werden. Im übrigen hat er in der Hauptverhandlung die Rechte eines Verteidigers.

1a) Die Beistandschaft[1]) dient der Betreuung des J im Verf. u. seiner erz. Lenkung und Leitung nachher. Der Beistand hat eine **fürsorgerische Stellung** und soll dem J mit menschl. Rat und Zuspruch zur Seite stehen, während der Verteidiger der juristische Berater ist.

b) Die Beistandschaft hat nur noch **geringe praktische Bedeutung,** da ihre Aufgaben heute weitgehend von der JGH, ggf dem BewH erfüllt werden und auch die Stellung des gesVertr. u. ErzBer. der eines Beistandes kaum nachsteht.

c) Die jrechtl. Beistandschaft ist etwas anderes als die des Ehegatten und gesVertr. nach § 149 StPO (bloße Fürsprecher; s. die Erläuterungsbücher dazu); beide sind von einander unabhängig.

2a) Ein **Beistand** kann **nicht gewählt,** sondern **nur** durch den Vorsitzenden (gerichtl. Zuständigk.: § 141 III StPO entspr.) **bestellt werden;** das ist in jeder Lage

[1]) Peters: Einige Bemerkungen zum Beistand des JGG, JWohl 56/400.

des Verf. mögl. (s. § 83 S 3). Die Bestellung kann (ggf muß: b) zurückgenommen werden.

b) (1) Beistandschaft ist nur **zulässig,** wo kein Fall der notwendigen Verteidigung (§ 68) vorliegt, gleichgültig, ob ein Pflicht- oder Wahlverteidiger auftritt (Dallinger-Lackner N 9, aA Potrykus B 3: nur bei Pflichtverteidiger). Im Fall des § 140 II StPO kann aber das Vorhandensein eines Beistandes dazu führen, daß eine Verteidigung nicht mehr notwendig ist. (2) Sonst können Verteidiger u. Beistand nebeneinander auftreten.

c) Bestellt werden kann jeder, der die entspr. erz. Fähigk. hat und das notwendige Vertrauen besitzt oder sich erwerben kann (Lehrherr, älterer Arbeitskamerad, JFührer, JAmts-Mitarbeiter), auch ein ErzBer. oder gesVertr. (s. A 1b) oder ein Rechtsbeistand (§ 68 A 4). Nicht bestellt werden kann, wessen Bestellung erz. Nachteile erwarten oder Mißbrauch oder Pflichtenkollision befürchten läßt (II über den Wortlaut hinaus).

d) Bestellung und Auswahl sind als prozeßleitende Maßnahmen nicht anfechtbar (a. bei notwendiger Verteidigung; A 2 b: § 304 StPO).

3a) Ob **Akteneinsicht** gewährt werden kann, entscheidet der Vorsitzende nach Lage des Einzelfalles. Gegen Verweigerung ist Beschw. gegeben (§ 304 StPO). Mündl. Information durch den JRi. ist stets mögl.

b) Die **Rechte** des Verteidigers hat der Beistand nur in der Hauptverh. und deren vorweggenommenen Teilen (§§ 223, 225, 233 StPO); er ist dazu zu laden. Dagegen kann er keine Rechtsmittel einlegen, hat nicht das Verkehrsrecht (§ 148 StPO) und auch nicht das Anwesenheitsrecht im VorVerf. (§§ 169 II, 193 StPO).

§ 70

Mitteilungen

1) Hw: § 109 I S 1. — **2)** ErwG: A 1d; § 104 I 11, III, A 2. — **3) Sold!** § 112a Vorb. 1a.

Vormundschaftsrichter und Jugendgerichtshilfe, in geeigneten Fällen auch die Schule, werden von der Einleitung und dem Ausgang des Verfahrens unterrichtet. Sie benachrichtigen den Staatsanwalt, wenn ihnen bekannt wird, daß gegen den Beschuldigten noch ein anderes Strafverfahren anhängig ist.

Richtlinie zu § 70:

Zu beachten sind auch die Verwaltungsvorschriften über Mitteilungen in Strafsachen.

Auszug aus der
Anordnung über Mitteilungen in Strafsachen (Mi Stra)
v. 15. 6. 57 in der Fassung v. 15. 1. 58

...

2.) Erweiterung und Einschränkung der regelmäßigen Mitteilungspflichten

(1) Eine Mitteilung ist auch dann zu machen, wenn sie zwar nicht ausdrücklich vorgeschrieben, aber durch ein besonderes öffentliches Interesse geboten ist.

(2) Eine vorgesehene Mitteilung unterbleibt, wenn ihr im Einzelfall erhebliche Bedenken entgegenstehen.

(3) Die Entscheidung trifft der Richter oder der Staatsanwalt.

. . . . .

31.) Mitteilungen an den Vormundschaftsrichter in Strafsachen gegen Jugendliche und Heranwachsende

(1) In Strafsachen gegen Jugendliche und Heranwachsende sind dem Vormundschaftsrichter mitzuteilen

a) die Einleitung des Verfahrens,

b) die Urteile,

c) der Ausgang des Verfahrens.

(2) Werden Tatsachen bekannt, die Maßnahmen des Vormundschaftsrichters erfordern können, so sind ihm auch diese mitzuteilen. Die Mitteilung wird von dem Richter oder dem Staatsanwalt angeordnet.

32.) Mitteilungen an die Jugendgerichtshilfe in Strafsachen gegen Jugendliche und Heranwachsende

(1) In Strafsachen gegen Jugendliche und Heranwachsende sind der Jugendgerichtshilfe mitzuteilen

a) die Einleitung des Verfahrens,

b) vorläufige Anordnungen über die Erziehung,

c) der Erlaß und die Aufhebung eines Haftbefehls sowie die Unterbringung zur Beobachtung,

d) die Erhebung der öffentlichen Klage,

e) Ort und Zeit der Hauptverhandlung,

f) die Urteile,

g) der Ausgang des Verfahrens,

h) der Name des Bewährungshelfers,

i) die nachträglichen Entscheidungen, die sich auf Weisungen oder besondere Pflichten beziehen oder eine Aussetzung der Jugendstrafe, eine Entlassung zur Bewährung oder eine Aussetzung der Verhängung der Jugendstrafe betreffen.

(2) Bei Übertretungen können die Mitteilungen nach Absatz 1 Buchst. b) bis f), h) und i) unterbleiben, wenn die Mitwirkung der Jugendgerichtshilfe für die sachgemäße Durchführung des Verfahrens entbehrlich ist. Die Entscheidung trifft der Richter oder der Staatsanwalt.

33.) **Mitteilungen an die Fürsorgeerziehungsbehörde** in Strafsachen gegen Jugendliche und Heranwachsende

(1) Hat das Gericht im Strafverfahren auf Fürsorgeerziehung erkannt, so ist der zuständigen Fürsorgeerziehungsbehörde[1]) die rechtskräftige Entscheidung mitzuteilen.

(2) Der Fürsorgeerziehungsbehörde ist auch Mitteilung zu machen, wenn gegen einen Fürsorgezögling ein Strafverfahren eingeleitet wird.

34.) **Mitteilungen an die Schule** in Strafsachen gegen Jugendliche und Heranwachsende

(1) In Strafsachen gegen Jugendliche und Heranwachsende sind nach § 70, § 109 Abs. 1 JGG Mitteilungen an die Schule nur in geeigneten Fällen zu machen. Es wird in der Regel genügen, die Schule von der rechtskräftigen Verurteilung zu unterrichten.

Die Einleitung des Verfahrens oder die Erhebung der öffentlichen Klage wird in der Regel nur mitzuteilen sein, wenn aus Gründen der Schulzucht sofortige Maßnahmen gegen den Beschuldigten geboten sein können.

(2) Die Mitteilungen sind an den Leiter der Schule zu richten.

(3) Die Mitteilung wird von dem Richter oder dem Staatsanwalt angeordnet. Inhalt und Form der Mitteilungen richten sich nach dem Umständen des Einzelfalles.

35.) **Mitteilungen an andere Prozeßbeteiligte** in Strafsachen gegen Jugendliche und Heranwachsende

(1) Sind in Strafsachen gegen Jugendliche und Heranwachsende durch verfahrensrechtliche Bestimmungen Mitteilungen an den Beschuldigten vorgeschrieben, so sind diese auch zu richten an

a) den Erziehungsberechtigten,
b) den gesetzlichen Vertreter,
c) den Prozeßpfleger.

---

[1]) Zuständige **Fürsorgeerziehungsbehörden** sind im Land

Baden-Württemberg	im Regierungsbezirk Nordbaden das Regierungspräsidium, im Regierungsbezirk Südbaden das Regierungspräsidium, in den Landkreisen Sigmaringen und Hechingen der Landeskommunalverband der Hohenzollerischen Lande, im übrigen Land der Württ. Landesfürsorgeverband;
Bayern	die Kreisverwaltungsbehörde — Jugendamt —;
Berlin	der Senator für Jugend und Sport;
Bremen	das Landesjugendamt;
Hamburg	die Jugendbehörde;
Hessen	die Hauptverwaltung des Landeswohlfahrtsverbandes Hessen;
Niedersachsen	die Landesjugendämter in Braunschweig, Hannover und Oldenburg;
Nordrhein-Westfalen	die Landschaftsverbände Rheinland in Düsseldorf und Westfalen-Lippe in Münster
Rheinland-Pfalz	das Landesjugendamt
Saarland	das Landesjugendamt im Ministerium für Arbeit und Wohlfahrt;
Schleswig-Holstein	das Landesjugendamt.

(2) Die in Absatz 1 bezeichneten Personen werden ferner benachrichtigt von

a) der Einleitung des Verfahrens,

b) der Verhaftung, Verwahrung oder Unterbringung.

Die Mitteilungen nach Buchst. a) können bei Geringfügigkeit der Verfehlung unterbleiben. Die Entscheidung trifft der Richter oder der Staatsanwalt.

1) **Mitt. der StA, des Ger. u. der Vollstr.Behörden** (s. MiStra § 4).

a) Bes. jrechtl. Mitt.Pflichten sind außer in § 70 noch in §§ 50 III S 1, 67 II, IV S 3, V S 3 (s. auch § 67 A 4d); 75 I S 4 JGG iVm §§ 413 IV u. 409 II StPO enthalten. Eine gute Zusammenstellung bringen MiStra Nr 31, 32, 34, 35. Sie werden ergänzt durch Nr 33 MiStra und durch § 1 RL 2, § 42 RL 2, § 43 RL 6, § 85 RL III 1, IV 2, V 7, VI 4 sowie durch § 73 JVollzO (Mitt. an JAmt bei Aufnahme in JStr.-Anstalt).

b) Neben diesen bes. jrechtl Mitt.Pflichten gelten **auch noch die allg. für das** StReg., die übrigen Bestimmungen der MiStra u. die AO Erz.Kartei (diese ist bei § 94 abgedruckt).

c) (1) Darüber hinaus muß der Ri. oder StA **im Einzelfall** Mitt. **anordnen,** wo an ihnen ein bes. öffentl. Intreesse besteht; (2) umgekehrt **unterbleiben** Mitt. nach AO des Ri. oder StA, wenn ihnen im Einzelfall erhebl. — auch erz. — Bedenken entgegenstehen (MiStra Nr 2; vgl auch die AO der Justizverwaltungen über den Verkehr mit der DDR).

d) Die an sich in gleichem Umfang bestehende Mitt.Pflicht der **ErwG** in Verf. gegen Ju. Hw (§§ 104 I Z 11, 112) kann aus Gründen der Staatssicherheit eingeschränkt werden [§ 104 III; s. dort A 2; s. o. A 1c (2)].

2a) VormRi., JGH u. Schule haben den Behörden des StrVerf. **Mitt. zu machen,** wenn ihnen andere StrVerf. (nicht: Str.Taten) bekannt sind. Dadurch soll die Verbindung mehrerer Str.Verf. ermöglicht werden. Eine Pflicht zur Anzeige von Str.Taten wird dadurch nicht begründet; diese richtet sich nach allg. Vorschriften.

b) Diese und andere Stellen werden jedoch a u c h i n a n d e r e n F ä l l e n nach ihrem pflichtgem. Ermessen Mitt. machen.

§ 71

Vorläufige Anordnungen über die Erziehung

1) ~~Hw~~: RL 5 S 2; § 109 RL 6. — **2)** ErwG: § 104 II, RL; § 71 RL 5 S 1.

(1) Bis zur Rechtskraft des Urteils kann der Richter vorläufige Anordnungen über die Erziehung des Jugendlichen treffen. Die Anordnung der vorläufigen Fürsorgeerziehung ist nicht zulässig.

(2) Ist Jugendstrafe zu erwarten, so kann der Richter auch die einstweilige Unterbringung in einem geeigneten Erziehungsheim anordnen, wenn dies geboten ist, um einem Mißbrauch der Freiheit zu neuen Straftaten entgegenzuwirken oder um den

Jugendlichen vor einer weiteren Gefährdung seiner Entwicklung zu bewahren. Für die einstweilige Unterbringung gelten die §§ 114 bis 115d und 123 bis 126 der Strafprozeßordnung sinngemäß.

Richtlinien zu § 71:

1. Vor Erlaß einer vorläufigen Anordnung über die Erziehung wird der Richter regelmäßig die Jugendgerichtshilfe und, wenn notwendig, auch den Erziehungsberechtigten sowie den gesetzlichen Vertreter hören. Hiervon kann abgesehen werden, wenn die Anordnung keinen Aufschub duldet. In diesem Falle kann eine nachträgliche Anhörung angezeigt sein. Der Beschluß über die vorläufige Anordnung ist zu begründen (§ 34 StPO).
2. Durch vorläufige Anordnung kann der Richter den Jugendlichen auch in ein zur Aufnahme bereites Heim einweisen, in dem der Jugendliche zu geregelter Arbeit angehalten und seine Persönlichkeit erforscht wird.
3. Dem Unterbringungsbefehl nach § 71 Abs. 2 wird der Richter durch einen Haftbefehl ersetzen, wenn sich die Unterbringung des Beschuldigten im Erziehungsheim als ungenügend oder undurchführbar erweist.
4. Der Richter hebt die vorläufige Anordnung auf, sobald sie entbehrlich wird oder das Verfahren rechtskräftig erledigt ist.
5. Auch im Verfahren gegen Jugendliche vor den für allgemeine Strafsachen zuständigen Gerichten kann eine vorläufige Anordnung über die Erziehung getroffen und die einstweilige Unterbringung in einem Erziehungsheim angeordnet werden (§ 104 Abs. 2). Im Verfahren gegen Heranwachsende sind diese Maßnahmen nicht zulässig.

1) Der Erz.Zweck des JVerf. könnte nicht erreicht werden, wenn der J bis zur Rechtskraft in einer erz.bedenkl. Umgebung gelassen oder ggf stets die erz. oft wenig geeignete UHaft angeordnet werden müßte. Dem hilft **bis zur Rechtskraft** § 71 ab (nachher überbrückt bei StrAzBew. § 61). Abgesehen von UHaft (§ 72; s. dort) kann die einstweilige Unterbringung in einem Erz.Heim angeordnet (II, A 2a) oder eine andere vorl. AO über die Erz. getroffen werden (I, A 2b). Nach dem **Subsidiaritätsprinzip** kann UHaft nicht angeordnet werden, wenn die Unterbringung (II) genügt (§ 72 I; mißverständl. Potrykus B 8 aE); diese kann nicht angeordnet werden, wenn andere vorl. AO (I) genügen (s. II: „wenn ... geboten").

2a) Die **Unterbringung in einem Erz.Heim** ist echte Freiheitsentziehung in Erwartung von JStr. [A 3b (1)] und wie UHaft anrechenbar (§ 52 I, RL 1). Sie erfolgt auf Grund eines dem Haftbefehl entspr. Unterbringungsbefehls, der ein bestimmtes Heim benennen muß. Der Unterbringungsbefehl wird wie ein Haftbefehl vollstreckt. Das jeweilige Heim muß fluchtsicher sein und auch Alter und Entwicklung des J entspr. Solche Erz.Heime gibt es zu wenig. Ihre Errichtung ist notwendig, soll nicht der Gedanke des JGG, daß UHaft vermieden werden muß, bedeutungslos werden. JA- u. FE-Anstalten sind keine Erz.Heime.

b) Die anderen **vorl. AO über die Erz.** (I) entspr. den Weisungen. Sie sind nicht erzwingbar. Die Verhängung von JA bei Verstößen ist nicht mögl., notfalls muß Unterbringung (a) oder UHaft angeordnet werden (A 2c). Im Einzelnen kommt in Frage: Eintritt in ein Heim, Aufnahme in eine Familie, Übernahme oder Wechsel eines Arbeitsplatzes oder einer Lehrstelle uä; auch Alkohol-, Nikotin-, Wirtshaus-, Kfz-Verbot uä (vgl RL 2). Stets muß es sich um vorl., überbrückende Maßnahmen mit Einfluß aut die Lebensführung handeln. Nie darf damit zwangsweiser Freiheitsentzug wie bei UHaft (§ 72) oder Unterbringung in einem Erz.Heim (A 2a) verbunden sein; deshalb sind auch vorl. FE (I S 2) und Aufnahme in eine JA-Anstalt (Dallinger-Lackner N 10 überzeugend; aA Potrykus B 1) ausgeschlossen.

c) Reicht die getroffene Maßnahme nicht aus oder ist sie undurchführbar, so ist notfalls eine allg. vorl. AO (A 2b) durch eine Heimunterbringung (A 2a), letztere aber durch Haftbefehl **zu ersetzen,** wenn dafür die Voraussetzungen (§ 72 A 1) vorliegen (RL 3; s. auch § 72 A 1b aE).

3) Voraussetzungen der AO:

a) nach I: (1) Verdacht einer Str.Tat, die Maßnahmen des JRi. rechtfertigt, sei es auch nur nach § 3 S 2 (Dallinger-Lackner N 3); (2) Noch nicht eingetretene Rechtskraft, also schon vor Anklageerhebung und noch nach Urteilsspruch (s. auch A 5); (3) Notwendigk. sofortigen Eingreifens aus erz. Gründen; es darf also nicht bloß ein „Denkzettel" erteilt, ein einmaliges Tun angeordnet werden.

b) nach II: (1) JStr. muß zu erwarten sein, also Überführung hinsichtl. der Schuldfrage und der Voraussetzungen des § 17 II, (2) Rechtskraft darf noch nicht eingetreten sein [A 3a (2)], (3) eine durch ausreichende Anhaltspunkte belegte Wiederholungsgefahr muß bestehen (Schutz der Interessen der Allgemeinheit) oder (3) die erz. Notwendigk., den J vor weiterer Gefährdung seiner Entwicklung zu bewahren, (4) andere vorl. AO über die Erz. dürfen nicht ausreichen (A 1). — Die Unterbringung in einem Erz.Heim ist unter der Einschränkung (4) auch zulässig, wenn die Voraussetzungen für den Erlaß eines Haftbefehls vorliegen (§ 72 III).

c) Die Notwendigk. einer Untersuchung und Beobachtung hinsichtl. des Entwicklungs- oder Geistes-Zustandes rechtfertigt eine solche AO (a, b) nicht (dafür §§ 73 JGG, 81 StPO), doch kann eine zulässige AO zugleich der Persönlichkeitserforschung (RL 2) dienen. — Gegen Volljährige ist die AO (a, b) zwar nicht unzulässig, aber kaum sinnvoll.

4) Verf.

a) Zuständigk.: wie beim Haftbefehl (§ 124 StPO entspr., näheres s. § 72 A 2a).

b) Anhörung: § 33 StPO, RL 1 S 1—3.

c) Entsch. durch begründeten Beschl. (RL 1 S 4); der Unterbringungsbeschl. entspricht dem Haftbefehl auch hinsichtl. der Vorführung vor den Ri., der Benachrichtigung der Angehörigen, der mündl. Verh. auf Antrag, des Haftprüfungsverf. und der Aufhebung (II S 2).

d) Bekanntmachung: §§ 35 I, II S 2, 41 StPO, 67 II JGG, MiStra 32, 35 IIb.

e) Rechtsmittel ist die einfache Beschw. ohne aufschiebende Wirkung (§§ 304, 307 StPO); bei Unterbringung in einem Erz.Heim ist weitere Beschw. gegeben (§ 310 I StPO entspr.; Dallinger-Lackner N 28, Potrykus B 9). — Es gelten aber auch hier die Rechtsmittelbeschränkungen des § 55 I, soweit es sich nicht um eine AO nach II handelt. Beschw. Berechtigter s. § 55 A 1b.

f) Die Kosten der Maßnahmen sind Auslagen des Verf. (§ 92 Z 11 GKG; § 74 RL 4).

5a) Die AO muß **ausdrückl. aufgehoben** werden. Mit Rechtskraft wird nach dem klaren Wortlaut nur die AO unzulässig; schon getroffene Maßnahmen aber bleiben bis zur Aufhebung bestehen (Dallinger-Lackner N 30; s. RL 4, aA Potrykus B 5).

b) Die Aufhebung erfolgt, wenn die AO entbehrl. oder unzweckmäßig geworden ist, eine andere Maßnahme angeordnet wird (RL 3) oder wenn sie nach Rechtskraft überflüssig ist (RL 4). Wo eine AO getroffen wurde, sollte bei Urteilsverkündung auch über ihr Fortbestehen entschieden werden. Doch kann es zweckmäßig sein, die AO noch kurze Zeit über die Rechtskraft hinaus bis zum Anlaufen der endgültigen Maßnahmen aufrechtzuerhalten (zB bei § 53; Dallinger-Lackner N 30).

§ 72

Untersuchungshaft[1])

1) **Hw:** RL 4; § 109 RL 6. — **2)** Abs. I, II, IV, V: **ErwG:** § 104 I 5; § 72 RL 4; — Abs. III: ErwG: § 104 II, RL.

(1) Untersuchungshaft darf nur verhängt und vollstreckt werden, wenn ihr Zweck nicht durch eine vorläufige Anordnung über die Erziehung oder durch andere Maßnahmen erreicht werden kann.

(2) Über die Vollstreckung eines Haftbefehls und über die Maßnahmen zur Abwendung seiner Vollstreckung entscheidet der Richter, der den Haftbefehl erlassen hat, in dringenden Fällen der Jugendrichter, in dessen Bezirk die Untersuchungshaft vollzogen werden müßte.

(3) Unter denselben Voraussetzungen, unter denen ein Haftbefehl erlassen werden kann, kann auch die einstweilige Unterbringung in einem Erziehungsheim (§ 71 Abs. 2) angeordnet werden. In diesem Falle kann der Richter den Unterbringungsbefehl nachträglich durch einen Haftbefehl ersetzen, wenn sich dies als notwendig erweist.

(4) Befindet sich ein Jugendlicher in Untersuchungshaft, so ist das Verfahren mit besonderer Beschleunigung durchzuführen.

(5) Die richterlichen Entscheidungen, die die Untersuchungshaft betreffen, kann der zuständige Richter aus wichtigen Gründen sämtlich oder zum Teil einem anderen Jugendrichter übertragen.

Richtlinien zu § 72:

1. Das Verfahren gegen einen verhafteten Jugendlichen soll durch Ermittlungen gegen Mitbeschuldigte oder durch kommissarische Zeugenvernehmungen nach

---

[1]) Becker: UHaft bei J u. Hw, JR 55/45; Schnitzerling: J u. Hw in UHaft, RdJ 57 H 6; Herold: UHaft bei J u. Hw, RdJ 57 H 7.

Möglichkeit nicht verzögert werden. Erforderlichenfalls ist das Verfahren abzutrennen.

2. Wird der Jugendliche an einem Ort ergriffen, der weder sein gewöhnlicher Aufenthaltsort ist noch zum Bezirk des Richters gehört, dem die vormundschaftsrichterlichen Erziehungsaufgaben obliegen, so veranlaßt der Staatsanwalt in der Regel unverzüglich, daß der Jugendliche durch Einzeltransport dem Richter überstellt wird, der für die vormundschaftsrichterlichen Erziehungsaufgaben zuständig ist. Gleichzeitig beantragt er beim bisherigen Haftrichter, daß dieser seine Aufgaben auf den Richter überträgt, der die vormundschaftsrichterlichen Erziehungsaufgaben wahrzunehmen hat.

3. Wegen des Vollzugs der Untersuchungshaft wird auf § 93 und die Richtlinien dazu hingewiesen.

4. § 72 gilt auch im Verfahren gegen Jugendliche vor den für allgemeine Strafsachen zuständigen Gerichten (§ 104 Abs. 1 Nr. 5), aber nicht im Verfahren gegen Heranwachsende (§ 109).

1a) Die **Voraussetzungen für** die AO der **UHaft**[1]) sind die gleichen wie im allgR, näml. dringender Tatverdacht (auch hinsichtl. Altersreife) und einer der beiden Haftgründe (§§ 112, 113 StPO). Verdunklungsgefahr ist bei J selten, Fluchtgefahr dagegen häufiger auch bei weniger schweren Taten; die Vermutung der Fluchtgefahr bei Verbrechen (§ 112 II Z 1 StPO) ist wegen der Eigenart der Taten J (s. Einf. I 1) und weil im JR die Str.Rahmen des allgR nicht gelten (§ 5, 18 I S 3) nur mit Vorsicht anzuwenden. — Wegen Wiederholungsgefahr darf ein Haftbefehl nicht erlassen werden (im Gegensatz zum Unterbringungsbefehl: § 71 II).

b) (1) Auch unter diesen Voraussetzungen darf ein Haftbefehl **nur** erlassen werden, **wenn andere Maßnahmen nicht ausreichen** (I), da die UHaft zu seelischen Schäden oder zur kriminellen Ansteckung führen kann (vgl Becker JR 55/45, 46, Dallinger-Lackner N 2, Potrykus B 1; auch § 71 A 1). Es kommt also darauf an, ob der im Einzelfall bestehenden Verdunklungs- oder Fluchtgefahr auf andere Weise begegnet werden kann. Möglichk.: s. § 61 A 1d, 2a u. § 71 A 2a, b; weiter ggf Hausarrest bei verständigen Eltern, uU bloßes Versprechen des J (vgl Dallinger-Lackner N 7, 8; Potrykus B 1, Becker JR 55/45, 46). Danach ist es selbstverständl., daß bei Vorliegen der Voraussetzungen für einen Haftbefehl auch als mildere Maßnahme ein Unterbringungsbefehl nach § 71 II erlassen werden kann (III S 1). (2) Ebenso ist es selbstverständl., daß der Unterbringungsbefehl durch einen Haftbefehl ersetzt werden kann, wenn jener nicht ausreicht (s. § 71 RL 3, A 2c) und die Voraussetzungen für den Erlaß eines Haftbefehls vorliegen. Es bedarf auch bei Umwandlung des nach III S 1 erlassenen Unterbringungsbefehls in einen Haftbefehl keiner Darlegung, daß die Voraussetzungen nach A 1a vorliegen, da dies hier schon bei Erlaß des Unterbringungsbefehls dargelegt ist (III S 2). Die Umwandlung ist auch mögl., wenn sich die Tatsachen nicht geändert haben, nun aber anders beurteilt werden (Dallinger-Lackner N 9; aA Potrykus B 4).

2a) Das **Verf.** einschl. Haftprüfung und die **Anfechtung** richten sich nach allgR (s. zu §§ 112ff StPO); doch sind die Rechte des gesVertr. u. der ErzBer. (§ 67 I, III) zu beachten. — Das gilt auch für die Zuständigk. (s. §§ 124, 125, 207 II, 268b StPO; das Ber.Ger. ist mit Akteneingang zuständig); selbstverständl. ist nicht das allg., sondern das JG zur Entsch. berufen; auch die bes. örtl. Zuständigk. des JG (§ 42) ist zu beachten (s. RL 2 S 1); wegen bes. HaftGer. und des BezirksJRi. s. § 33 A 1c. — Oft ist die Übertragung der die UHaft betreffenden Entsch. zweckmäßig (V), zB an den JRi. des Haftortes (vgl RL 2 S 2).

b) Die in IV ausgesprochene Pflicht zur Beschleunigung ist etwas Selbstverständliches [s. Einf. II 2c (2)]; beachtenswert hierfür RL 1.

c) Wegen des Vollz. s. § 93 (RL 3).

d) Wegen der Anrechnung s. § 52; Mitt.: MiStra Nr 31 II, 32, 35 II; §§ 114a StPO, 67 II JGG.

3a) Auch die **Vollstr.** (nicht nur der Erlaß) **des Haftbefehls** muß nach I **unterbleiben,** wenn sein Zweck durch andere Maßnahmen erreicht werden kann (s. A 1b, § 117 StPO). Stets ist zugleich zu prüfen, ob der Haftbefehl nicht ganz aufgehoben werden kann.

b) Zuständigk. für diese Entsch., die bei jeder Überprüfung des Haftbefehls zu treffen ist: II. Nach Einreichung der Anklageschrift ist der nach A 2a zuständige Ri. berufen.

4) Nicht unter § 72 fallen die Unterbringungen nach §§ 71 II, 73 JGG, 81 StPO.

§ 73

Unterbringung zur Beobachtung

1) Hw: § 109 I S 1, § 73 RL 3. — **2) ErwG:** § 104 I 12; § 73 RL 3.

(1) Zur Vorbereitung eines Gutachtens über den Entwicklungsstand des Beschuldigten kann der Richter nach Anhören eines Sachverständigen und des Verteidigers anordnen, daß der Beschuldigte in eine zur kriminalbiologischen Untersuchung Jugendlicher geeignete Anstalt gebracht und dort beobachtet wird. Im vorbereitenden Verfahren entscheidet der Richter, der für die Eröffnung des Hauptverfahrens zuständig wäre.

(2) Gegen den Beschluß ist sofortige Beschwerde zulässig. Sie hat aufschiebende Wirkung.

(3) Die Verwahrung in der Anstalt darf die Dauer von sechs Wochen nicht überschreiten.

Richtlinien zu § 73:

1. Der Staatsanwalt beantragt die Unterbringung zur Vorbereitung eines Gutachtens über den Entwicklungsstand des Jugendlichen nur, wenn die Bedeutung der Strafsache diese schwerwiegende Maßnahme rechtfertigt und eine Untersuchung nach § 43 Abs. 3 nicht ausreicht (vgl die Nrn. 10 und 11 der Richtlinien zu § 43 sowie Nr. 48 RiStV).

2. Dem Beschuldigten, der keinen Verteidiger hat, ist ein solcher zu bestellen (§ 68 Nr. 4).

3. § 73 gilt auch im Verfahren gegen Jugendliche vor den für allgemeine Strafsachen zuständigen Gerichten (§ 104 Abs. 1 Nr. 12) und im Verfahren gegen Heranwachsende (§ 109 Abs. 1).

1) Im Verf. gegen J u. Hw ist der **Entwicklungsstand** [Gegensatz: Geisteszustand in § 81 StPO; s. A 2c (3)] von großer, oft entscheidender Bedeutung. Von ihm hängt bei J die strafrechtl. Verantwortlichk. (§ 3), bei Hw die Anwendung des J- oder ErwR (§ 105) ab; er beeinflußt die Auswahl der Maßnahmen und ihren Umfang (§ 43 A 1b). Die Feststellung des Entwicklungsstandes ist ein Teil der Persönlichkeitserforschung (§ 43; s. dort).

2a) Liegen **konkrete Anhaltspunkte** dafür vor, **daß Abweichungen** vom normalen Entwicklungsstand bestehen, und reicht eine ambulante Untersuchung zur Klärung nicht aus (§ 43 RL 11), kann die Unterbringung in einer zur kriminalbiologischen Untersuchung J geeigneten Anstalt geboten sein [§ 43 A 4c (3)].

b) Diese einschneidende Maßnahme ist aber nicht am Platze, wenn es sich nicht um eine gewichtige Tat handelt (RL 1, s. § 43 A 3). Sie ist nur zu vertreten, wenn JStr., eine längere GefängnisStr. oder FE zu erwarten ist. Läßt die Unterbringung Schäden erwarten, ist bes. Zurückhaltung geboten (allgM). — Die Lücke in der Aufklärung muß ggf hingenommen werden, Zweifel wirken zu Gunsten des Täters.

c) (1) Die Unterbringung nach § 73 dient nur der Klärung des Entwicklungsstandes, nicht der Aufklärung des Tatherganges. Doch muß der Sachverständige dem Ger. zB ein Geständnis oder eine andere für den Tathergang wichtige freiwillige Angabe mitteilen [Verwertung: § 43 A 4c (2)]; als vom Ger. Beauftragter hat er kein Zeugnisverweigerungsrecht. (2) Die AO der Unterbringung berechtigt nicht zu körperl. Untersuchungen und Eingriffen; für diese gelten §§ 81a, 81b StPO. (3) Für die Begutachtung des Geisteszustandes gilt § 81 StPO. Die Beobachtung des Entwicklungsstands und Geisteszustands (§§ 73 JGG, 81 StPO) kann durch die gleiche Unterbringung erfolgen; hier gilt für beide die einmalige Höchstdauer von 6 Wochen. Die gleichen Beobachtungen können aber auch nacheinander je bis zur Höchstdauer von 6 Wochen erfolgen (Potrykus B 6).

d) Die Unterbringung darf **nur** für die Dauer von **6 Wochen** [länger nur bei UHaft: RG 34/306, 308f; s. auch A 2c (3)] angeordnet werden (III), was zweckmäßig im Beschl. ausgesprochen wird (beachte RiStV 48 II). Setzt das Ger. aus bes. Gründen eine kürzere Frist, ist deren Verlängerung oder die spätere Ergänzung der Untersuchung bis zu 6 Wochen insgesamt mögl.[1]) Die Untersuchung ist mit allen Mitteln zu beschleunigen (RiStV 48 III—V); nach Abschluß der notwendigen Untersuchung ist der Untergebrachte sofort zu entlassen. — Vgl im übrigen die Erläuterungswerke der StPO zu § 81 IV.

[1]) RiStV 48 I; Dallinger-Lackner N 11, Potrykus B 5, hM zu § 81 StPO zB OLG Hamm NJW 53/1237.

3a) Die Entsch. trifft das Ger. nach **pflichtgem. Ermessen** [wegen Nachprüfung s. A 4a (7)].

b) Es muß bei der AO der Unterbringung die **Anstalt bezeichnen**[2]), da das Ger. bestimmt, auf welche Weise die Aufklärung erfolgen und welcher Sachverständige die Beobachtung und Untersuchung leiten soll. Als Anstalten kommen bes. Heil- oder Pflegeanstalten mit abgetrennter Unterbringung der J in Betracht.

4a) Das Verf. gleicht dem nach § 81 StPO (s. die StPO Erläuterungswerke). Also: (1) Es müssen **gehört** werden: (a) ein Sachverständiger (§ 43 III S 2, A 4c), der Gelegenheit zur persönl. Untersuchung gehabt haben muß; er kann jedoch in klaren Fällen auch nur auf Grund der Akten seine Meinung äußern (Dallinger-Lackner N 15; aA Potrykus B 2; für § 81 StPO umstritten); (b) der sofort zu bestellende Verteidiger [RL 2, s. § 68 A 3b (3)], der erst nach dem Gutachter gehört wird; (c) der StA (§ 33 StPO) u. (d) hier grds auch die JGH (§ 38 III). (2) Es kann **außerhalb der Hauptverh.** (in dieser Anhörung nach §§ 33 StPO, 67 II JGG) auch ohne Anhörung des J und damit auch ohne Anhörung des gesVertr. u. der ErzBer. entschieden werden. (3) **Zuständig** ist das Ger., bei dem das Verf. anhängig ist oder das bei gleichzeitiger Anklage-Erhebung nach dem bisherigen Stand der Ermittlungen für die Eröffnung des Hauptverf. zuständig wäre, also bei VU stets die JK; (4) Die Entsch. kann **auf Antrag**[3]) **oder von Amts wegen** (ggf auf Anregung zB des Sachverständigen: § 43 RL 11) ergehen. (5) Der Beschl. ist **zu begründen** (§ 34 StPO) unter Angabe der Frist (A 2d) u. der Anstalt (A 3b). (6) (a) Der AOBeschl. ist gem. §§ 35 I, II S 1; 41, 35a StPO, 67 II JGG mit Rechtsmittelbelehrung **zuzustellen,** (b) der Ablehnungsbeschl. gem. §§ 35 I, II S 2; 41 StPO, 67 II JGG formlos mitzuteilen. (7) (a) Der AOBeschl. kann gem. II (geht § 305 S 1 StPO vor) mit der sof. Beschw. **angefochten** werden, die aufschiebende Wirkung hat. Das Beschw.Ger. überprüft die ganze Entsch. einschl. der richtigen Ausübung des Ermessens[4]). Weitere Beschw. ist ausgeschlossen (allgM; auch für § 81 StPO); über das Anfechtungsrecht bes. des Verteidigers s. A 4b; (b) der Ablehnungsbeschl. ist unanfechtbar (allgM, auch zu § 81 StPO); liegt eine Verletzung der Aufklärungspflicht vor, kann allerdings auch das Rev.Ger. das Urteil deshalb aufheben. (8) Die **Vollstr.** betreibt der StA; sie kann erst nach Rechtskraft beginnen; es gilt RiStV 48. (9) Wegen der **Kosten** s. § 92 Z 11 GKG, § 74 RL 4. (10) Wegen der **Anrechnung** auf Str. u. JA s. § 52 RL 1, A 1; § 60 StGB; BGH 4/325.

b) Hinsichtl. der **Anfechtungsberechtigung** gilt § 55 A 1b. Im Gegensatz zu § 81 StPO darf der Verteidiger nicht gegen den Willen des Beschuldigten (a. nur im Auftrag des gesVertr. oder einesErzBer.) sof. Beschw. einlegen. Denn der Beschuldigte ist hier rglm zurechnungsfähig; überdies gewährt das Anfechtungsrecht des gesVertr. u. der ErzBer. genügend Schutz (Dallinger-Lackner N 21, Potrykus B 4).

[2]) Dallinger-Lackner N 18; aA Potrykus B 2, OLG Hamm NJW 53/1237: kann dem Sachverständigen überlassen.

[3]) In der Sitzung je nach Fassung als Beweisermittlungs- oder als Beweis-Antrag: s. BGH LM § 244 III StPO 2.

[4]) Dallinger-Lackner N 23, hM zu § 81 StPO; aA Potrykus B 3, 4 unter Verkennung des Wesens des Beschw.Verf.

§ 74

Kosten und Auslagen

1) Hw—J: § 109 II; § 74 RL 6, A 2a aE. — 2) ErwG: § 104 I 13; § 74 RL 6.

Im Verfahren gegen einen Jugendlichen kann davon abgesehen werden, dem Angeklagten Kosten und Auslagen aufzuerlegen.

Richtlinien zu § 74:

1. Kosten und Auslagen werden dem Jugendlichen nur aufzuerlegen sein, wenn anzunehmen ist, daß er sie aus Mitteln zahlt, über die er selbständig verfügen kann, und wenn ihre Auferlegung aus erzieherischen Gründen angebracht erscheint. Reichen die Mittel des Jugendlichen zur Bezahlung sowohl der Kosten als auch der Auslagen nicht aus, so können ihm entweder nur die Kosten oder nur die Auslagen auferlegt werden.
2. Eine Entscheidung über die Kosten und Auslagen wird auch bei der Ergänzung rechtskräftiger Entscheidungen nach § 66 getroffen. Wenn in einer einbezogenen Entscheidung (§ 31 Abs. 2, § 66) von der Ermächtigung des § 74 kein Gebrauch gemacht worden ist, kann in der neuen Entscheidung ausgesprochen werden, daß es insoweit bei der früheren Kostenentscheidung verbleibt. Das wird sich besonders dann empfehlen, wenn auf Grund der früheren Kostenentscheidung bereits Kosten oder Auslagen eingezogen worden sind.
3. Für die Anordnung von Erziehungsmaßregeln und Zuchtmitteln entstehen keine Gerichtsgebühren. Im übrigen werden Gerichtsgebühren nach § 52 des Gerichtskostengesetzes berechnet. Bei Verurteilung zu Jugendstrafe von unbestimmter Dauer wird das festgesetzte oder das gesetzliche Mindestmaß (§ 19) zugrunde gelegt. Bei Einbeziehung einer Strafe nach § 31 Abs. 2 oder bei Ergänzung rechtskräftiger Entscheidungen nach § 66 werden die Gerichtsgebühren, die auf Grund der früheren rechtskräftigen Urteile fällig geworden waren, angerechnet.
4. Zu den Auslagen des Verfahrens gehören auch die durch die Ausführung einer vorläufigen Anordnung über die Erziehung oder durch die Unterbringung zur Beobachtung entstehenden Kosten (§§ 71, 73).
5. Die Kosten, die einem Jugendlichen dadurch entstehen, daß er einer ihm auferlegten Weisung (§ 10) oder besonderen Pflicht (§ 15) nachkommt, gehören nicht zu den Kosten und Auslagen im Sinne des § 74. Sie werden von dem Jugendlichen oder einem für ihn leistungspflichtigen oder leistungsbereiten Dritten getragen.
6. § 74 gilt auch im Verfahren gegen Jugendliche vor den für allgemeine Strafsachen zuständigen Gerichten (§ 104 Abs. 1 Nr. 13), im Verfahren gegen Heranwachsende nur, wenn der Richter Jugendstrafrecht anwendet (§ 109 Abs. 2).

1a) § 74 baut auf den Kostenvorschriften des allgR auf, die auch im JR gelten; vgl die einschlägigen Erläuterungsbücher zu §§ 464ff StPO.

b) Ein **Ersatz der notwendigen Verteidigungsauslagen** (§ 467 II StPO) wird bei Freispruch wegen nachgewiesener oder wahrscheinl. Alterunreifes (§ 3 S 1) oft gem. § 2 II des Ges. betr. die Entschädigung f. unschuldig erlittene UHaft vom 14. 7. 1904 (RGBl I S 321, geändert RGBl 1933 S 1005) wegen „grober Unredlichkeit" unterbleiben (BGH 7/276); denn es liegt ja eine strafbare Handlung vor.

2. Doch wandelt § 74 JGG den § 465 I S 1 StPO ab. Im JR brauchen dem Verurteilten (A 2b) die Kosten u. Auslagen (A 2c) nicht auferlegt zu werden (Form: A 2d); auch teilweise Auferlegung ist mögl. (s. RL 1 S. 2; zB nur Gebühren, nur Auslagen, bestimmte Auslagen, eine bestimmte Summe, einen prozentualen Anteil); komplizierte Aufteilung ist aber abzulehnen.

a) Das Ger. entscheidet nach pflichtgem. **Ermessen,** wobei es die wirtschaftl. Verhältnisse des J (RL 1), die Art der Tat (bes. Verwerflichk.) und das Verhalten im Verf. (mutwilliges Erzwingen einer größeren Beweisaufnahme, böswillige Verzögerung des Verf.) berücksichtigen muß. Entscheidend sind letztl. erz. Gründe (RL 1); einerseits muß eine wirtschaftl. Gefährdung des J vermieden werden, andererseits kann es oft notwendig sein, dem Angeklagten durch Auferlegung der Kosten zu zeigen, daß er für alle Folgen seiner Taten einzustehen hat. — Bei Hw, die oft über gutes Einkommen verfügen, wird § 74 seltener anzuwenden sein (Dallinger-Lackner § 109 N 18).

b) Verurteilt ist auch, gegen wen ErzM angeordnet oder ZuchtM verhängt sind. Auch die Entsch. nach § 27 enthält eine an sich (§ 465 I StPO) zur Kostentragung verpflichtende Verurteilung (vgl §§ 94 I S 1 JGG u. 465 I S 2 StPO; Dallinger-Lackner N 4; aA Kleinknecht-Müller § 464 StPO A 1a); die Kostenentsch. kann allerdings im Nachverf. (§ 30) nachgeholt werden. — Wegen der Einbeziehung in eine Einheits-„strafe" s. RL 2, 3 S 4.

c) Unter **Kosten u. Auslagen** fallen die Ger.Gebühren u. die Ger.Auslagen sowie die erstattungsfähigen Aufwendungen anderer Verf.Beteiligter (Kosten der Nebenklage bei Hw: OLG Schleswig EJF C I 2). (1) **Ger.Gebühren fallen nicht an bei** ErzM, ZuchtM (RL 3 S 1; s. § 67 I GKG: „Strafe") und Schuldfeststellung nach § 27 (zw.; § 465 I S 2 entspr.?). Wegen der Berechnung der Ger.Gebühren, bes. auch bei unbestJStr. (§ 67 II GKG) und bei Einbeziehung in eine Einheits-„strafe" (§ 68 I S 2, II GKG) s. §§ 67ff GKG u. RL 3 S 2—4. — (2) Was **Auslagen des Ger.** sind, sagen §§ 91ff GKG, erläutert durch § 465 I S 3 StPO u. RL 4, 5; s. bes. § 92 Z 11 GKG. Haftkosten in JA-Anstalten werden nicht in Rechnung gestellt (allgM; § 92 Z 10 GKG gilt nicht). — (3) Hinsichtl. der **Anwaltsgebühren** gelten keine Besonderheiten (s. §§ 83ff RAGebO); wegen der Gebühren bei JK Sachen s. § 83 I Z 1 u. 2 RAGebO.

d) Wegen des Ausspruches im Urteil s. § 54 A 2e.

3. § 74 gilt auch sonst. (1) Bei **Wider-Klagen** (§ 80 II) gibt er einen Anhalt für die Ausübung des Ermessens bei der Kostenverteilung nach § 471 III StPO. Wegen der bes. Parteistellung kann es hier allerdings erz. bedenkl. sein, dem unterlegenen J die Kosten nicht aufzuerlegen. (2) § 74 kann entspr. angewendet werden, wenn ein J eine **unbegründete Anzeige** erstattet (§ 469 StPO) oder ein J einen **Strafantrag zurückgenommen** (§ 470 StPO) hat und ihm nach allgR die Kosten aufzuerlegen wären (Dallinger-Lackner N 19).

Achter Unterabschnitt
Jugendrichterliche Verfügung und vereinfachtes Jugendverfahren

§ 75
Jugendrichterliche Verfügung

1) **Hw**: § 109 RL 3 S 2, § 75 RL 3; s. § 109 A 2b (4). — 2) **ErwG**: A 3b, FN 1.

(1) Bei Übertretungen kann der Jugendrichter durch richterliche Verfügung eine Arbeits- oder eine Geldauflage anordnen oder die Einziehung oder eine Verwarnung aussprechen. Bei einer Verletzung von Verkehrsvorschriften kann er dem Jugendlichen auch die Pflicht auferlegen, an einem polizeilichen Verkehrsunterricht teilzunehmen. Die Heranziehung der Jugendgerichtshilfe ist nicht erforderlich. Im übrigen gilt § 413 Abs. 1 bis 4 der Strafprozeßordnung sinngemäß.

(2) Der Jugendrichter kann das Verfahren unter den Voraussetzungen des § 45 einstellen. Der Beschluß ist nicht anfechtbar.

(3) Kommt der Jugendliche einer Auflage schuldhaft nicht nach, so kann Jugendarrest bis zu vierzehn Tagen verhängt werden, wenn der Jugendliche über die Folgen schuldhafter Nichterfüllung in der Verfügung belehrt worden war. Die Anordnung steht einer jugendrichterlichen Verfügung gleich.

Richtlinien zu § 75:

1. Vor Erlaß der jugendrichterlichen Verfügung wird der Jugendrichter prüfen, ob die Persönlichkeit des Jugendlichen eine Ahndung ohne Verhandlung zuläßt. In geeigneten Fällen wird er zunächst die Jugendgerichtshilfe hören (vgl. § 38 Abs. 3 Satz 3). Hat er Bedenken, ohne Verhandlung zu entscheiden, so übersendet er die Akten der Staatsanwaltschaft.
2. Es empfiehlt sich, daß der Richter den Jugendlichen anhört, bevor er eine Entscheidung nach Absatz 3 trifft. Gegen die Verhängung von Jugendarrest ist ebenso wie gegen die jugendrichterliche Verfügung selbst der Einspruch zulässig.
3. Im Verfahren gegen Heranwachsende ist eine jugendrichterliche Verfügung nicht zulässig. Auf die Nrn. 3 und 4 der Richtlinien zu § 109 wird hingewiesen.

1a) Die jrichterl. Verfügung ist die den bes. Verhältnissen des JR angepaßte gerichtl. Strafverfügung (§ 413 StPO). Gegen sie bestehen rglm keine erz.Bedenken, weil gerade bei J auch kleine Verfehlungen grds nicht ohne jede Reaktion bleiben sollen, es aber andererseits verfehlt wäre, wegen jeder Kleinigk. eine Verh. durchzuführen, und das formlose Verf. nach §§ 45, 47 wegen des fehlenden Zwangs [§ 11 A 2b (2), § 45 A 3d aE] nicht immer geeignet ist.

b) Ob das Verf. nach § 75 **geeignet** ist, richtet sich nicht nur nach der Tat, sondern vor allem nach der Persönlichk. des Täters (RL 1 S 1); **bei kriminellem Unrecht oder einer bedenkl. Entwicklung des Täters ist Verh. notwendig.** Um Klarheit über das anzuwendende Verf. zu gewinnen, ist die nicht vorgeschriebene (§§ 75 I S 3, 38 III S 3) Mitwirkung der JGH oft zweckmäßig (RL 1 S 2).

2a) An Stelle der Geld- oder HaftStr. des allgR treten in der jrichterl. Verfügung folgende **5 Maßnahmen:** (1) als Weisungen (a) **Arbeitsaufl.** [§ 10 I Z 4; RL 4; § 15 RL 1 S 3; § 10 A 2a (2)]; (b) bei Verkehrsdelikten auch **Verkehrsunterricht** (§ 10 I Z 7). (2) **als bes.** Pflichten (a) **Verwarnung** (§ 14 mit RL u. A; § 85 RL IV, 1) und (b) **Geldaufl.** (§ 15 I Z 3; beachte bes. § 15 II, RL 3, 4 u. A 4). Geldaufl. ist auch die zu Gunsten des Geschädigten (§ 15 Z 1, A 2; aA wohl Dallinger-Lackner N 8, Potrykus B 4). (3) **Einziehung,** wo die gesetzl. Voraussetzungen [zB § 367 II StGB; nicht § 40, der nur bei Vergehen u. Verbrechen gilt; s. A 3b (2) (e)] vorliegen. Die Einziehung kann im Gegensatz zum allgR auch allein angeordnet werden (rglm unzweckmäßig); die Strafverfügung kann aber das objektive Verf. (§§ 430ff StPO) nicht ersetzen, wo dessen Voraussetzungen vorliegen (Potrykus B 4 aE).

b) (1) **Jede** dieser fünf [auch Einziehung; s. A 2a (3)] in I S 1, 2 genannten Maßnahmen kann in einer jrichterl. Verfügung **einzeln oder** gem. § 8 **neben anderen** verhängt werden. Wegen der Anwendung des Einheitsstrafprinzips s. § 31 A 6a u. § 66 A 3a. (2) Welche Maßnahmen getroffen werden, richtet sich nach allg. Grundsätzen. Der Ri. ist bei der **Auswahl** frei und nicht an den Antrag (A 3a) gebunden (I S 4, § 413 II S 1 StPO). Stets müssen die allg. Voraussetzungen der einzelnen Maßnahmen vorliegen [s. o. A 2a (1)—(3) (1), (2)]. (3) Von diesen Maßnahmen können die **Weisungen** [A 2a (1)] **nachträgl.** gem. § 11 I **abgeändert** werden. Praktisch kommt auch bei diesen nur Verlängerung, Verkürzung oder Befreiung in Betracht, da andere Weisungen als die in § 75 genannten nicht erteilt werden dürfen u. Arbeitsaufl. u. Verkehrsunterricht wegen des verschiedenen Anwendungsbereiches grds nicht auszutauschen sind.

3a) (1) Die jrichterl. Verfügung setzt einen **Antrag der Polizei** voraus (I S 4, § 413 I StPO). Fehlt dieser, muß das Verf. in jeder Lage eingestellt werden, weil eine **Prozeßvoraussetzung** fehlt (OLG Bremen JZ 52/238). — (2) Welche Dienststellen antragsberechtigt sind, bestimmt das Landesrecht; mangels bes. Regelung gelten die Vorschriften für die gerichtl. Strafverfügung. Fehlen auch dafür landesrechtl. Vorschriften, ist eine jrichterl. Verfügung nicht zulässig (Dallinger-Lackner N 15). — (3) Die Polizeibehörden sind hier die Anklagebehörden (OLG Bremen JZ 52/238), allerdings nur mit dem Recht der Antragstellung; sie können also zB nicht gem. § 45 verfahren; wegen Einstellung s. A 6b. Ihnen obliegt die Auswahl des Ger.Standes gem. § 42; meist kommt § 42 RL 1 in Betracht. Das angegangene Ger. kann nur unter den Voraussetzungen des § 42 III verweisen [s. aber A 3b (3) (a)]. (4) Im Antrag sind wegen § 15 II rglm die wirtschaftl. Verhältnisse des J anzugeben. — Wegen der JGH s. A 1b aE. — (5) Die **Staatsanwaltschaft ist nicht beteiligt** [s. aber A 3b (3) (c)]. Auf eine Anregung des StA, nach § 45 I zu verfahren, kann eine jrichterl. Verfügung nicht erlassen werden, auch nicht, wenn der StA den Erlaß einer jrichterl. Verfügung beantragt (allgM).

b) (1) Der Antrag kann **nur zum JRi.** gestellt werden, nicht zum ErwG[1]) (§ 75 I S 1). (2) Der JRi. muß die **Voraussetzungen** [(a)—(i)] für den Erlaß einer jrichterl. Verfügung **prüfen.** (a) Antrag einer zuständigen Behörde (s. A 3a). (b) Zuständigk. des Ger. (wegen des Bezirks-JRi. s. § 33 A 1c). (c) J.Alter zZ der Tat (§ 1 II; s. § 1 A 2; wegen Hw s. RL 3). (d) Anhörung des J durch Polizei (vgl I S 4, § 413 I StPO: „nach Vernehmung des Beschuldigten"); die Anhörung des gesVertr. u. des ErzBer. nach § 67 I ist hier nicht notwendig, da es sich hier nicht um ein Recht des Beschuldigten handelt, sondern um eine der Sachaufklärung dienende Verf.Vorschrift. (e) Vorliegen einer Übertretung. (f) Fehlen von Verf. Hindernissen. (g) Hinreichender Tatverdacht — auch bezügl. der Altersreife. (h) Keine Eignung der Sache für das formlose Erz. Verf. nach § 45 [s. A 3b (3) (b)]. (i) Keine Notwendigk., eine Verh. durchzuführen, wobei es auf Täterpersönlichk. u. erforderl. Maßnahmen ankommt (RL 1 S. 1). — (3) **Liegen diese Voraussetzungen nicht vor,** hat der JRi. verschiedene Möglichk.; bei ihrer Auswahl entscheidet die Art des Mangels. (a) Bei leicht behebbaren Mängeln wird die Anzeige der Polizei unter entspr. Anregung formlos zurückgegeben. Gleiches gilt bei unzweckmäßigen Maßnahmen, zB bei der Zuständigkeitsauswahl [s. A 3a (3)]. (b) Der JRi. kann in geeigneten Fällen das Verf. auch nach § 45 II einstellen oder in das formlose Erz.Verf. (§ 45 I) übergehen. Eine Zustimmung des StA ist nicht notwendig. Doch müssen die Voraussetzungen des § 45 vorliegen, bei § 45 I zB ein glaubwürdiges Geständnis. — Kommt der J den nach § 45 I verhängten Aufl. nicht nach, kann der JRi. noch die beantragte jrichterl. Verfügung erlassen oder die Akten dem StA zuleiten [s. u. (c)]. JA kann er wegen dieses Ungehorsams nicht verhängen; III gilt nur für die jrichterl. Verfügung. (c) Stets kann der JRi. die Akten dem StA zuleiten (RL 1 S 3, § 413 III StPO). Durch diese Einschaltung des StA wird das jrichterl. StrafverfügungsVerf. in das Regel-Verf. übergeleitet [s. A 3a (5)]. Der StA verfährt wie sonst, wenn ihm die Anzeige unmittelbar und ohne Einschaltung des Ger. vorgelegt wird. — (d) Auch kann der JRi. selbst das Verf. nicht eröffnen (§ 204 StPO), zB wenn das angezeigte Verhalten nicht strafbar oder nicht nachzuweisen ist oder wenn die Tat verjährt ist; vgl auch A 3a (1).

c) Die **jrichterl. Verfügung** gleicht in **Form u. Inhalt** der gerichtl. Str.Verfügung (I S 4). Sie ist dem J zuzustellen (§ 35 II S 1 StPO), dem gesVertr. (§ 409 II StPO) u. einem ErzBer. (§ 67 II, V) mitzuteilen unter gleichzeitiger Belehrung (§ 35a StPO) über das Recht des Einspruchs (s. A 5; wegen des Anfechtungsrechtes gilt § 55 A 1b) und die Folgen einer Zuwiderhandlung gegen die Aufl.; die Belehrung über die Folgen kann nachgeholt werden.

---

[1]) ErwG können nicht nach § 75 verfahren und auch keine amtsrichterl. Str.Verfügung nach § 413 StPO gegen J erlassen: Dallinger-Lackner § 104 N 35; aA Potrykus § 75 B 13; doch kann einerseits in einer solchen Str.Verfügung nur Str. verhängt werden, andererseits darf gegen J keine Geld- oder Haftstrafe ausgesprochen werden!

4a) Die **rechtskräftige jrichterl. Verfügung steht einem Urteil gleich** (I S 4, §§ 413 IV, 410 StPO); doch ist die Rechtskraft wie bei der gerichtl. Str.Verfügung beschränkt (BGH 3/13, 15f für Str.Befehl; vgl BVerfG NJW 54/69).

b) (1) Die darin ausgesprochene **Einziehung** kann **zwangsweise** erfolgen. (2) Die **Verwarnung** ist ebenso wie eine durch Urteil verhängte Verwarnung zu **vollstrecken** (s. § 85 RL IV 1, § 14 A 2). (3) (a) Die **Aufl.** (Arbeits-, Geld-Aufl., Verkehrsunterricht) können **nicht erzwungen werden.** War der Täter über die Folgen einer Zuwiderhandlung belehrt (A 3c), kann gegen ihn **bei Ungehorsam JA bis zu 14 Tagen** verhängt werden (III S 1). Es gilt § 11 A 2a, b, d; wegen mehrerer Verstöße kann JA mehrfach verhängt werden (§ 11 A 2c entspr.). (b) Die Entsch. ergeht durch begründeten (§ 34 StPO) **Beschl.** (§ 65 I S 1 entspr.; allgM) nach der stets notwendigen möglichst mündl. Anhörung des J[2]), der ErzBer. u. des gesVertr. (§ 67 I) sowie des StA (§ 33), möglichst auch der JGH. (c) Der Beschl. ist dem J mit Einspruchsbelehrung zuzustellen (§ 35 II S 1 StPO), sonst nach § 67 II mitzuteilen und kann mit **Einspruch** angefochten werden (III S 2, I S 4, §§ 413 IV, 409 I, 410, 411 I StPO; RL 2 S 2; Dallinger-Lackner N 50; Potrykus B 10, aA noch NJW 54/1350: sof. Beschw.). Es kann nur geprüft werden, ob der J gegen die Aufl. verstoßen hat und ob JA zur Ahndung erforderl. ist, ggf in welcher Höhe. Die Str.Tat unterliegt keiner Nachprüfung mehr, da sie schon bindend festgestellt ist (A 4a). (d) Über den Einspruch wird – rglm im vereinfachten JVerf. (III S 2, § 76 II, RL 3) – durch **Urteil** entschieden, das im Rahmen des § 55 mit Ber. oder Rev. angefochten werden kann[3]). Die StA ist stets beteiligt; die Einschaltung der JGH ist nicht geboten, aber meist zweckmäßig.

5a) Die **jrichterl. Verfügung** selbst kann **mit dem Einspruch** wie ein Str.Befehl **angefochten** werden (I S 4, §§ 413 IV, 409, 410, 411 I StPO). Der Einspruch ergreift den ganzen Sachverhalt; die Rechtsmittelbeschränkung des § 55 I gilt in diesem summarischen Verf. nicht (Dallinger-Lackner N 38), allerdings auch nicht das Verschlechterungsverbot (I S 4, §§ 413 IV, 411 III StPO).

b) Mit der Einlegung des Einspruchs ist der StA eingeschaltet. Dieser kann die Klage fallen lassen (I S 4; §§ 413 IV, 411 I StPO); dann kann auch nach § 45 verfahren werden. Dagegen kann der Ri. nicht mehr nach §§ 75 II, 45 (hM; aA Rasehorn NJW 55/899f), sondern nur nach § 47 tätig werden.

c) (1) Die Verh. findet vor dem JRi. als EinzelRi. statt, grds im vereinfachten JVerf. (s. § 76 II, RL 3). Ob die JGH eingeschaltet wird, steht im Ermessen des JRi. (§ 38 III S 3). (2) Das allgR des Täters, sich in der EinspruchsVerh. durch einen Verteidiger (gesVertr. u. ErzBer. nur ausnahmsweise nach Zulassung gem. § 138 II StPO) vertreten zu lassen (I S 4; §§ 413 IV, 411 II StPO), ist durch § 50 I beschränkt (s. dort A 1b). — (3) Wird der unentschuldigt ausgebliebene Täter nicht zulässig vertreten, muß der Einspruch entgegen § 412 I StPO dann nicht un-

[2]) § 65 I S 1 entspr., Art. 103 I GG; Potrykus B 9, NJW 54/1350; aA Dallinger-Lackner N 48 u. wohl auch RL 2 S 1, die Anhörung nur empfehlen.

[3]) Dallinger-Lackner N 51; aA Potrykus B 10, der — ohne Grundlage im Ges. — durch Beschl. entscheiden will und als Rechtsmittel die sof.Beschw. gibt.

bedingt verworfen werden, wenn im vereinfachten JVerf. entschieden werden soll; es ist auch Vertagung mögl. (§ 78 III S 1). (4) In dem Urteil können auch andere als die in § 75 genannten Maßnahmen getroffen werden; das Verschlechterungsverbot gilt nicht (I S 4; §§ 413 IV, 411 III StPO). Das Urteil weist keine Abweichungen gegenüber einem auf Anklage ergangenen Urteil auf (Anfechtung s. § 55; Abänderung der Maßnahmen u. Folgen der Zuwiderhandlungen s. § 11).

6a) Wegen der landesrechtl. geregelten Verf. (Art. 3 EG StPO) s. § 79 A 2. Wegen der Str.Bescheide von Verwaltungsbehörden s. § 33 A 4; wegen der Bußgeldbescheide s. § 1 A 1a (1).

b) Etwas Besonderes ist die Erteilung **gebührenfreier oder gebührenpflichtiger Verwarnungen** durch die Polizei. (1) **§ 153 I StPO gilt** auch im JG Verf. (s. § 45 A 1b, 2a). Liegen seine Voraussetzungen vor, darf eine Übertretung nicht verfolgt werden. Das gilt auch für die Polizei (Kleinknecht-Müller § 153 StPO A 3b; vgl auch Schwarz § 153 StPO A 2b; aA OLG Hamm HESt 2/354). Ob für Fälle, in denen schriftl. Vorgänge, bes. Anzeigen vorliegen, diese Befugnis ausgeschlossen ist und die Polizei gem. § 163 III StPO stets dem StA vorlegen muß (so 26. Justizminister Konferenz in DRiZ 58/86; aA zB Schwarz § 163 StPO A 1 C a), ist zw. (2) Daß die Polizei das Recht hat, in **solchen Fällen** den Täter zu **verwarnen,** ergibt sich nicht nur aus ihrer Aufgabe, Str.Taten zu verhüten, sondern auch aus allg. verwaltungsrechtl. Gesichtspunkten (s. BVerwG NJW 56/684). Diese Befugnis besteht auch gegenüber Strafunmündigen u. J mit fehlender Altersreife. (3) (a) Das zuständige **Landesrecht** kann **für die Verwarnung eine Gebühr** festsetzen (BVerwG aaO; aA Dallinger-Lackner Vorb. 2, 3). Nach § 22 StVG kann für leichte Straßenverkehrsübertretungen über die Grenzen des § 153 I StPO hinaus eine Gebühr erhoben werden. (b) Eine Gebühr darf nach allg. Grundsätzen nur erhoben werden, wenn eine gebührenfreie Verwarnung nicht ausreicht. Die Gebühr kann nur gegen strafmündige J mit vorhandener Altersreife ausgesprochen werden (Floegel-Hartung § 22 StVG N 2). Gegen J darf eine Gebühr auch nur festgesetzt werden, wenn sie diese aus eigenen Mitteln zahlen können (§ 15 II Z 1 entspr.). (4) **Wer gebührenpflichtige Verwarnungen erteilen kann,** bestimmt das Landesrecht. Die Befugnis sollte erz. noch wenig erfahrenen Beamten J gegenüber nicht erteilt werden. Eine zu große Zurückhaltung der Polizei ist jedoch nicht am Platze, da eine auf frischer Tat erteilte gebührenpflichtige Verwarnung meist besser wirkt als wenn JG u. JStA wegen Nichtigk. eingeschaltet werden; überdies würden die Ger. sonst ihren eigentl. Aufgaben entzogen. (5) Die **Folgen der Verwarnung** bestimmt für das Straßenverkehrsrecht § 22 II StVG, sonst das Landesrecht. Ist nur gebührenfrei verwarnt worden, kann das Verf. wegen dieser Tat stets wieder aufgenommen werden.

§ 76

Voraussetzungen des vereinfachten Jugendverfahrens

1) Hw: § 109 RL 4, § 76 RL 4. — 2) ErwG: RL 4.

(1) Der Staatsanwalt kann bei dem Jugendrichter schriftlich oder mündlich beantragen, im vereinfachten Jugendverfahren zu entscheiden, wenn zu erwarten ist, daß

der Jugendrichter ausschließlich Weisungen erteilen, die Schutzaufsicht anordnen oder Zuchtmittel verhängen wird. Der Antrag des Staatsanwalts steht der Anklage gleich.

(2) Das vereinfachte Jugendverfahren ist mit Zustimmung des Staatsanwalts auch nach vorangegangener jugendrichterlicher Verfügung zulässig, wenn Einspruch eingelegt ist.

Richtlinien zu § 76:

1. Ist zu erwarten, daß der Jugendrichter ausschließlich Weisungen erteilen, die Schutzaufsicht anordnen oder Zuchtmittel verhängen wird, so stellt der Staatsanwalt in aller Regel Antrag auf Entscheidung im vereinfachten Jugendverfahren. Er sieht von dem Antrag namentlich dann ab, wenn eine umfangreiche Beweisaufnahme erforderlich ist oder wenn die Beurteilung der Persönlichkeit des Beschuldigten besonderen Schwierigkeiten begegnet. Liegen die Voraussetzungen des § 45 vor, so verfährt der Staatsanwalt nach dieser Vorschrift.

2. Der Staatsanwalt wird den Antrag im allgemeinen schriftlich stellen, um dem Jugendrichter eine einwandfreie Grundlage für seine Entscheidung nach § 77 Abs. 1 und für das spätere Urteil zu geben. Ein schriftlicher Antrag ist besonders dann angebracht, wenn der Staatsanwalt an der mündlichen Verhandlung nicht teilnehmen will. In dem Antrag bezeichnet der Staatsanwalt die dem Beschuldigten zur Last gelegte Tat und das anzuwendende Strafgesetz.

3. Wird gegen eine jugendrichterliche Verfügung Einspruch eingelegt, so stellt der Staatsanwalt in der Regel den Antrag, im vereinfachten Jugendverfahren zu entscheiden.

4. Das vereinfachte Jugendverfahren findet weder vor den für allgemeine Strafsachen zuständigen Gerichten noch im Verfahren gegen Heranwachsende statt (§§ 104, 109).

Anmerkungen hierzu siehe nach § 78.

§ 77

Ablehnung des Antrages

1) ~~Hw~~ : § 109 RL 4, § 76 RL 4. — 2) ~~ErwG~~: § 76 RL 4.

(1) Der Jugendrichter lehnt die Entscheidung im vereinfachten Verfahren ab, wenn sich die Sache hierzu nicht eignet, namentlich wenn die Anordnung der Fürsorgeerziehung oder die Verhängung von Jugendstrafe wahrscheinlich oder eine umfangreiche Beweisaufnahme erforderlich ist. Der Beschluß kann bis zur Verkündung des Urteils ergehen. Er ist nicht anfechtbar.

(2) Lehnt der Jugendrichter die Entscheidung im vereinfachten Verfahren ab, so reicht der Staatsanwalt eine Anklageschrift ein.

Richtlinien zu § 77:

1. Hält der Jugendrichter die Voraussetzungen für das vereinfachte Jugendverfahren für gegeben, so bestimmt er Termin zur mündlichen Verhandlung. Einer Entscheidung über die Eröffnung des Hauptverfahrens (§ 203 StPO) bedarf es nicht.
2. Hält der Jugendrichter eine richterliche Ahndung der Tat für entbehrlich, so kann er nach § 47 verfahren. In der mündlichen Verhandlung bedarf es hierzu der Zustimmung des Staatsanwalts nicht, wenn dieser an der Verhandlung nicht teilnimmt (§ 78 Abs. 2 Satz 2).

Anmerkungen hierzu siehe nach § 78.

§ 78

Verfahren und Entscheidung

1) Hw: § 109 RL 4, § 76 RL 4. — 2) ErwG: § 76 RL 4.

(1) Der Jugendrichter entscheidet im vereinfachten Jugendverfahren auf Grund einer mündlichen Verhandlung durch Urteil. Er darf auf Fürsorgeerziehung oder Jugendstrafe nicht erkennen.

(2) Der Staatsanwalt ist nicht verpflichtet, an der Verhandlung teilzunehmen. Nimmt er nicht teil, so bedarf es seiner Zustimmung zu einer Einstellung des Verfahrens in der Verhandlung oder zur Durchführung der Verhandlung in Abwesenheit des Angeklagten nicht.

(3) Zur Vereinfachung, Beschleunigung und jugendgemäßen Gestaltung des Verfahrens darf von Verfahrensvorschriften abgewichen werden, soweit dadurch die Erforschung der Wahrheit nicht beeinträchtigt wird. Die Vorschriften über die Anwesenheit des Angeklagten (§ 50), die Stellung des Erziehungsberechtigten und des gesetzlichen Vertreters (§ 67) und die Mitteilung von Entscheidungen (§ 70) müssen beachtet werden.

Richtlinien zu § 78:

1. Von den Vorschriften über die Gewährung des rechtlichen Gehörs und die Unmittelbarkeit der Beweisaufnahme darf nicht abgewichen werden. Dagegen kann im vereinfachten Jugendverfahren ohne Einhaltung von Fristen verhandelt werden.
2. Der Erziehungsberechtigte und der gesetzliche Vertreter werden zur mündlichen Verhandlung insbesondere dann zu laden sein, wenn damit zu rechnen ist, daß die Schutzaufsicht angeordnet, Jugendarrest verhängt oder eine andere einschneidende Maßnahme getroffen wird.
3. Die schnelle Durchführung des vereinfachten Jugendverfahrens wird mitunter die Mitteilungen, die vor Erlaß des Urteils zu machen sind, unmöglich machen. Für die rechtzeitige, notfalls fernmündliche Benachrichtigung der Jugendgerichtshilfe vom Verfahren und vom Verhandlungstermin wird jedoch stets Sorge zu tragen sein.

1. **Das vereinfachte JVerf. steht zwischen dem formlosen** jrichterl. Erz.Verf. (§§ 45, 47), auch dem jrichterl. Str.VerfügungsVerf. (§ 75), **und dem förml. Verf.** Von ersteren unterscheidet es sich dadurch, daß nur nach mündl. Verh. durch Urteil entschieden werden kann und daß in ihm auch JA, Schutzaufsicht und alle Weisungen verhängt werden können. Im Gegensatz zum förml. Verf. gestattet das vereinfachte JVerf. ein Abweichen von verschiedenen Vorschriften, die oft einer erz. notwendigen Beschleunigung und der jgemäßen Verf.Gestaltung entgegenstünden, obgleich die Bedeutung der Sache eine Vereinfachung zuließe (s. § 78 III). Für das vereinfachte JVerf. eignen sich also die nicht ganz unbedeutenden Fälle der kleineren u. mittleren Kriminalität, bes. im Anwendungsbereich des JA (s. A 2). Es tritt vielfach an die Stelle des beschleunigten Verf. und des Strafbefehlsverf. des allgR (§§ 212ff, 407ff StPO), die das JR nicht kennt (§ 79). — **Es ist dem JRi. vorbehalten** (vgl die Fassung der Paragraphen; s. auch A 6).

2. **Sachl. Voraussetzung** ist, daß sich die Sache für das vereinfachte JVerf. **eignet.**

a) Zunächst kommt es auf die zu erwartenden Maßnahmen an. (1) **Die Eignung fehlt bei Maßnahmen, die** vom JRi. überhaupt oder im vereinfachten JVerf. **nicht angeordnet werden dürfen,** also bei **JStr. u. FE** (§ 78 I S 2) und bei **Maßregeln** der Sicherung u. Besserung (§§ 7 JGG, 42b, 42m StGB; s. § 41 A 4c; bestr.). Hierher gehört auch der **Schuldspruch** nach § 27, weil er ggf die Grundlage für die Verhängung von JStr. ist (Dallinger-Lackner § 78 N 19, Potrykus § 78 B 1). Sind solche Maßnahmen auch nur zu erwarten (vgl § 41 A 2a), ist ein Antrag nach § 76 sinnlos und damit unzulässig (§§ 76 I S 1, 77 I S 1). (2) Der **Antrag** auf Entsch. im vereinfachten JVerf. kann auch **nicht** gestellt werden, **wenn Nebenstr. u. Nebenfolgen** (§ 6) zu erwarten sind (§§ 76 I S 1, 77 I S 1), **ausgenommen die Einziehung**, da sie sogar im jrichterl. Strafverfügungsverf. ausgesprochen werden kann (vgl §§ 75 I S 1, 76 II). Doch können **alle NebenStr. u. Nebenfolgen wirksam im Urteil** des vereinfachten JVerf. angeordnet werden (§ 78 I S 2). (3) Ähnl. gilt von der **Überlassung der AO und Auswahl der ErzM an den VormRi.** nach § 53. Ist die Überlassung von vornherein zu erwarten, ist der **Antrag** nach § 76 nach dem klaren Wortlaut des Ges. **nicht zulässig** (§§ 76 I S 1, 77 I S 1); der StA wird hier im Interesse wirksamer Beschleunigung meist die entspr. Maßnahmen unmittelbar beim VormRi. anregen und dann nach § 45 verfahren. — Ist aber das Verf. nach § 76 schon im Gang, kann **im Urteil auch auf Überlassung nach § 53** erkannt werden, wenn dies nicht gegen die bes. Beschleunigungspflicht des vereinfachten JVerf. verstößt (Dallinger-Lackner § 78 N 20). Daß dabei auch FE angeordnet werden kann, steht der Überweisung nicht entgegen, da die FE — im Gegensatz zur JStr. nach dem Schuldspruch gem. § 27 — nur aus Anlaß der Überweisung, aber auf Grund der bürgerl. rechtl. Vorschriften angeordnet wird. (4) Wegen der Erz.Hilfe des Disziplinarvorgesetzten s. § 112b A 4c.

b) Weiter ist das vereinfachte JVerf. **bei kompliziertem Sachverhalt nicht angebracht,** bes. wenn eine umfangreiche Beweisaufnahme zu erwarten ist (§ 77 I) oder die Persönlichkeitserforschung bes. Schwierigk. macht (§ 76 RL 1 S 2)

oder wenn der Eindruck einer förml. **Hauptverh. erz. Vorteile** verspricht (Dallinger-Lackner § 76 N 9); letzteres kann auch bei hartnäckigem Leugnen der Fall sein (Potrykus § 77 B 1; aA Dallinger-Lackner § 76 N 9).

c) Auch für **Bagatellen** ist das vereinfachte JVerf. **nicht geeignet,** da hier eine Verh. ein unverhältnismäßig großer, erz. oft bedenkl. Aufwand wäre (s. §§ 45 A 1c, 75 A 1). Hat nicht schon die Polizei den Antrag auf Erlaß einer jrichterl. Verfügung gestellt, führt rglm der StA das formlose Erz.Verf. nach § 45 durch (§ 76 RL 1 S 3), wenn die danach zulässigen Maßnahmen ausreichen. Doch kann auch bei leichten Taten eine Verh. geboten sein, wenn die Eltern die Tat gutheißen oder ganz bagatellisieren, der J bes. leichtfertig ist oä. — Wegen des Verf. nach § 47, wenn in solchen Fällen Antrag nach § 76 gestellt ist, s. A 4c.

d) Das alles sind nur Beispiele; **weitere Gründe** sind **im Einzelfall** mögl.

3. Formelle Voraussetzung ist ein Antrag des JStA [§ 76 I S 1; wegen II s. A 3a (4)]. Er kommt nur in Betracht, **wenn** die Sache **anklagereif** ist (hinreichender Tatverdacht, auch bezügl. der Altersreife; Fehlen von Verf.Hindernissen, Zuständigk.).

a) Der Antrag ist an **keine bes. Form** gebunden. (1) Er kann ausnahmsweise, zB wenn gegen einen dem JRi. vorgeführten J sofort verhandelt werden kann und soll, auch fernmündl. gestellt werden (vgl § 76 RL 2 S 1, 2); auch mit dem ausdrückl. Verzicht auf Teilnahme an der Verh. kann der Antrag gestellt werden. (2) Doch muß der Antrag wenigstens Tat iS des § 264 StPO (Ort, Zeit, wesentl. Umstände) und Täter sowie das Str.Ges. eindeutig bezeichnen, weil sonst gar kein konkreter Antrag vorliegt (s. § 76 RL 2 S 3, für den StA bindend!). Die Anführung der Beweismittel, ggf die Anregung einer bestimmten Maßnahme ist oft zweckmäßig. (3) Der Antrag kann auch in Form einer Anklage gehalten werden mit dem Zusatz, daß im vereinfachten JVerf. entschieden werden soll. Dieser Zusatzantrag kann auch noch nach Einreichung einer förml. Anklage bis zur Eröffnung des Hauptverf.[1]) gestellt werden [nicht umgekehrt: s. A 3b (2)]. (4) Ist eine jrichterl. Verfügung vorausgegangen, sind also Täter, Tat und Beweismittel schon bezeichnet, genügt nach Einspruch (gegen die jrichterl. Verfügung oder den JA-Beschl. gem. § 75 III) die bloße formlose [o. (1)] Bemerkung des JStA, daß im vereinfachten JVerf. verhandelt werden soll (§ 76 II).

b) (1) Der **Antrag kann** bis zur Vernehmung des J zur Sache, dem Eintritt der Rechtshängigk., **zurückgenommen werden.** Bei der Formungebundenheit des Verf. ist dies der zuverlässig zu ermittelnde Zeitpunkt, der eine mißbräuchl. Zurücknahme ausschließt[2]). Mit der Rücknahme ist ebenso wie mit der Ablehnung nach § 77 I

---

[1]) Dallinger-Lackner § 76 N 13; aA Potrykus § 76 B 3: Bis zum Termin der 1. Hauptverh.; aber was wird dann aus dem Eröffnungsbeschl., bes. wenn das Ger. nach § 77 I verfahren sollte?

[2]) Sehr umstritten; wie hier für § 212a StPO Kleinknecht-Müller A 6; aA Dallinger-Lackner § 76 N 12 u. Löwe-Rosenberg § 12 StPO A 4 für § 212a StPO: Beginn der ersten mündl. Verh.; Potrykus § 76 B 3: Bekanntgabe des Antrags durch den JRi. in der Verh., Schwarz § 212a StPO A 2: Beginn der Urteilsverkündung.

das gerichtl. Verf. beendet [s. A 4d (2)]. — (2) Eine **Überleitung in das förml. Verf. ist nicht** mögl.; es fehlen dafür Anklage und Eröffnungsbeschl. Ggf ist nach Rücknahme [o. (1)] oder Ablehnung (§ 77 I; u. A 4d) des Antrags förml. Anklage einzureichen (allgM). **Der Antrag nach § 76 steht also nur für das vereinfachte JVerf. der Anklage gleich** (§ 76 I S 2).

c) Ob der **JStA** den Antrag nach § 76 stellt oder wieder zurücknimmt, liegt in seinem **Ermessen.** Wo die sachl. Voraussetzungen (A 2) gegeben sind, wird der Antrag grds gestellt (§ 76 RL 1 S 1, RL 3). Der JRi. kann die Stellung des Antrags höchstens anregen. Dagegen hat er stets nach Antragstellung nachzuprüfen, ob die sachl. Voraussetzungen für einen solchen Antrag vorliegen (§ 77; vgl A 4c, d).

4. Geht ein Antrag (§ 76 I S 1, II; o. A 3) **beim JRi. ein, prüft er,** ob die allg. Verf.Voraussetzungen (Dallinger-Lackner § 77 N 5; vgl A 4a) und die bes. Voraussetzungen für das vereinfachte JVerf. (A 2; A 4c, d) vorliegen. Ob hinreichender Tatverdacht gegeben ist, muß nicht — kann aber — geprüft werden (A 4b). Im Rahmen der Prüfung steht es auch hier dem JRi. frei, die Akten dem JStA zur Stellungnahme zu etwaigen Bedenken (ggf mit Anregungen) oder zu weiteren Ermittlungen des Tathergangs oder der Täterpersönlichk. zurückzugeben oder selbst zu ermitteln. Je nach dem Ergebnis der Prüfung richtet sich das weitere Verf.

a) Fehlt die **Zuständigk.** oder bestehen allg. **Verf.Hindernisse** (kein Str.Antrag, Verjährung oä), lehnt der JRi. ab, das Verf. zu eröffnen (§ 204 StPO), oder stellt ggf das Verf. nach § 206a StPO ein; gegen diesen Beschl. hat der JStA die sof. Beschw. (§§ 210 II, 206a II, 311 StPO).

b) Gleiches gilt, wenn der JRi. feststellt, daß eine **Verurteilung** aus tatsächl. oder rechtl. Gründen **nicht zu erwarten ist** (§ 204 StPO). Zwar trifft den JRi. insoweit keine bes. Prüfungspflicht (s. § 77 u. RL 1 dazu); er ist aber dadurch nicht an dieser Entsch. gehindert; eine aA würde nur zu erz. unerwünschten Freisprüchen führen.

c) Hätte nach Ansicht des JRi. der JStA nach § 45 vorgehen sollen (A 2c), ist eine Zurückweisung nach § 77 I nicht mögl. Der JRi. kann aber selbst **nach § 47 verfahren;** der StA kann diese Möglichk. allerdings dadurch ausschalten, daß er die Zustimmung verweigert, auch wenn er schon ausdrückl. auf die Teilnahme an der Sitzung verzichtet hat (Dallinger-Lackner § 78 N 18, Potrykus NJW 56/657). In der Sitzung jedoch, an der der StA nicht teilnimmt [s. A 5a (3)], kann der JRi. ohne dessen Zustimmung bis zum Schluß der mündl. Verh. nach § 47 verfahren (§ 78 II S 2; § 77 RL 2 S 2), selbst wenn der JStA vorher widersprochen hat (Dallinger-Lackner § 78 N 18, Potrykus NJW 56/657, aA noch § 78 B 3). Auch dann ist diese Entsch. nicht anfechtbar (§ 47 II S 3); vgl im übrigen bei § 47.

d) (1) Hält der JRi. die **sachl. Voraussetzungen** (A 2a, b, d; wegen 2c s. A 4c) **nicht** für gegeben, **lehnt** er die **Entsch. im vereinfachten JVerf. ab** (§ 77 I S 1). Der Beschl. ist unanfechtbar und kann bis zur Verkündung des Urteils 1. Instanz (wegen der weiteren Instanzen s. A 6) ergehen (§ 77 I S 2, 3). Eine Begründung ist nicht vorgeschrieben; doch sollten die Gründe dem JStA wenigstens schlagwortartig mitgeteilt werden. — (2) Der Beschl. **versetzt das Verf. wieder in den Stand des Ermittlungsverf.**

zurück. Will der JStA eine Entsch. des Ger., muß er Anklage erheben; wo schon eine Anklage eingereicht wurde [A 3a (3)], genügt Bezugnahme (Potrykus § 77 B 3); ein Antrag nach § 76 ist ausgeschlossen. § 77 II zwingt aber den JStA nicht, in jedem Fall anzuklagen. Er kann zB nach § 45 verfahren, wenn er das für angebracht hält (zB wenn abgelehnt wurde, weil FE geboten ist, und der VormRi. inzwischen — ggf auf Anregung des JStA — FE angeordnet hat). Er kann auch aus sonstigen Gründen das Verf. einstellen, zB wenn kein hinreichender Tatverdacht mehr besteht oder ein Verf.Hindernis vorliegt (zB Rücknahme des Strafantrags). Das gilt auch, wenn das Ger. den Antrag erst zurückgewiesen hat, als der JStA den Antrag nicht mehr hätte zurücknehmen können[3]).

5. Das Hauptverfahren

a) Nur zur Vereinfachung, Beschleunigung u. jgem. Gestaltung sind Abweichungen zulässig (§ 78 III S 1, 1. HS). (1) So brauchen **Fristen** nicht beachtet zu werden (§ 78 RL 1 S 2). (2) Auch in der Ausgestaltung der **„mündl. Verh."** (nicht: „Hauptverh.") ist der Ri. frei (zB ohne Protokollführer, ohne Amtstracht, nicht im Sitzungssaal). Die Verh. kann in Form einer Aussprache ohne die strenge Ordnung des § 243 StPO geführt werden; doch ist es zweckmäßig, auch hier nach dem Aufruf die Personalien aufzunehmen, den Inhalt des Antrags bekannt zu machen und dann den Angeklagten in Abwesenheit der Zeugen zur Sache zu vernehmen. Wegen des rechtl. Gehörs und der Sachaufklärung s. A 5c; wegen der Beeidigung, Öffentlichk. u. Mitt. s. A 5b. (3) **Der JStA** muß nicht an der Sitzung teilnehmen (§ 78 II S 1), was rglm mehr dem Wesen des vereinfachten JVerf. entspricht (Dallinger-Lackner § 78 N 7, Potrykus § 78 B 2). Der StA verliert dadurch allerdings einige Rechte [§ 78 II S 2; A 4c, 5c (3) (a)], nicht jedoch das Recht, das in seiner Abwesenheit ergangene Urteil anzufechten. Das Urteil muß ihm auch zugestellt werden (§§ 35 II S 1, 41 StPO, Potrykus NJW 56/657, Gaberdiel NJW 57/532f). Der örtl. Sitzungsvertreter vertritt die StA hier ebenso wie im förml. Verf.; § 78 II S 2 gilt dann also nicht (aA Potrykus § 78 B 2 ohne Begründung). (4) Die Einschaltung der **JGH** darf das Verf. nicht verzögern. Grds aber sollte sie mindestens fernmündl. vom Termin verständigt und gehört werden (§ 78 RL 3 S 2), obgleich es hier sogar zulässig ist, die JGH erst nachträgl. zu verständigen. Die JGH darf mit dem verhafteten J auch hier wie ein Verteidiger verkehren [§ 93 III; s. A 5c (3) aE].

b) Dagegen dürfen alle **Vorschriften nicht ausgeschaltet** werden, **die gerade der Vereinfachung** (zB Befreiung vom Eideszwang durch § 49) oder der **jgem. Gestaltung** (zB Ausschluß der Öffentlichk. durch § 48) **oder der Beschleunigung dienen.** Auch die bes. Mitt.Pflichten (§ 70) gelten unverändert (§ 78 III S 2; vgl § 78 RL 3).

---

[3]) Dallinger-Lackner § 77 N 10, hM zu § 212b StPO; aA Potrykus § 77 B 2; aber die Zurückweisung hat die Rechtshängigk. beseitigt. — Die Gegenmeinung ist zwar mit dem Wortlaut des § 77 II, nicht aber mit Sinn und Zweck des vereinfachten JVerf. zu vereinbaren, auch nicht — jedenfalls bei Fehlen einer Prozeßvoraussetzung oder des hinreichenden Tatverdachts — mit den §§ 170, 203f StPO; § 77 II bezieht sich eben nur auf den Regel-Fall, daß überhaupt Anklage zu erheben ist.

c) **Ebensowenig darf die Wahrheitsermittlung beeinträchtigt werden** (§ 78 III S 1, 2. HS). (1) Diesem Ziel dient die **mündl. Verh.** (§ 78 I S 1) mit der notwendigen mündl. Erörterung des gesamten Prozeßstoffes (§ 261 StPO), der Unmittelbark. der Beweisaufnahme (§ 78 RL 1, S 1; s. §§ 250ff StPO, § 38 JGG A 5c) und dem gegenüber dem förml. Verf. nicht eingeschränkten [s. A 5c (3)] Recht auf Gehör (Art. 103 I GG, § 78 RL 1 S 1) einschl. des letzten Wortes; nur die bes. Fragepflicht nach § 257 StPO — eine Ordnungs-Vorschrift — entfällt (vgl § 67 A 2a, FN 2). (2) Auch hier hat das Ger. den **Sachverhalt** (Tathergang, Täterpersönlichk.) **von Amts wegen aufzuklären** (§ 244 II StPO); es hat alle Beweise zu erheben, deren Benutzung der bekannte Sachverhalt mindestens nahelegt (BGH LM Nr 1 zu § 244 II StPO). Die Aufklärung darf auch nicht zu Gunsten des Täters unterbleiben, da dies nicht nur den Interessen der Allgemeinheit zuwiderliefe, sondern auch erz. gefährl. wäre. — An sich ist der Ri. hier gegen **Beweisanträge** freier gestellt; die allg. Vorschriften, bes. § 244 III StPO, gelten hier nicht. Da diese Vorschriften jedoch nur der Niederschlag der Rechtsprechung zur Aufklärungspflicht sind, wird die Ablehnung eines Beweisantrags über die allg. Regeln hinaus meist auch die Aufklärungspflicht verletzen. Die Ablehnung eines Beweisantrags ist stets zu begründen (ObLG 51/347 zu § 384 StPO); die Begründung, die behauptete Tatsache sei unwahrscheinl. oder erdichtet, der Zeuge werde in bestimmter Weise aussagen oder das Ger. sei schon vom Gegenteil überzeugt, ist unzulässig (vgl ausführl. Dallinger-Lackner § 78 N 15, 16). Nur deshalb, weil eine Beweiserhebung beantragt oder ein Zeuge mitgebracht ist (§ 245 StPO), muß hier allerdings nicht Beweis erhoben werden. (3) (a) In **Abwesenheit des J** kann nur verhandelt werden, wenn dies auch im förml. Verf. mögl. wäre (§§ 78 III S 2, 50 I); nur die Zustimmung des StA ist hier entbehrl., wenn er nicht an der Verh. teilnimmt (§ 78 II S 2). (b) Ebensowenig kann die **Stellung des gesVertr. u. der ErzBer.** hier eingeschränkt werden (§§ 78 III S 2, 50 II, 67; vgl § 78 RL 2). — (c) Wegen der **JGH** s. A 5a (4). (d) Auch ein **Wahlverteidiger** kann unbeschränkt mitwirken (§§ 137 StPO, 2 JGG; vgl aber A zu § 68, bes. A 2b). Akteneinsicht (§§ 147 I StPO, 76 I S 2 JGG) und Verkehr (§ 148 IV StPO entspr.) sind ab Eingang des Antrags bei Ger. gestattet. (e) Um die Vorbereitung der Verteidigung zu ermöglichen, sollte in der **Ladung** stets wenigstens kurz angegeben werden, was dem J zur Last liegt.

d) (1) Es wird **durch Urteil entschieden** (§ 78 I S. 1). Wegen der zulässigen Maßnahmen s. A 2a; wegen der Fassung s. A zu § 54; die Begründung kann kürzer sein, muß aber stets eine Persönlichkeitsbeurteilung und Tatschilderung enthalten. Weitere Besonderheiten gelten nicht. (2) Auch für die **Anfechtung** gelten keine Besonderheiten (s. näher § 55). Die AO einer unzulässigen Maßnahme (§ 78 I S 2, A 2a) begründet nur die Anfechtung, führt aber nicht zur Nichtigk. (Dallinger-Lackner § 78 N 20, Potrykus § 78 B 1; vgl § 1 A 2d). (3) Die **Rechtskraft** tritt wie im förml. Verf. nach allseitigem Rechtsmittelverzicht oder Fristablauf ein; dieser setzt die Zustellung an einen bei der Verkündung nicht anwesenden Verf. Beteiligten (J, StA) voraus [s. A 5a (3)]; (Potrykus NJW 56/657, Gaberdiel NJW 57/532f).

6. Vor dem RechtsmittelGer. gelten die allg. Verf. Vorschriften; das vereinfachte JVerf. ist dem JRi. vorbehalten (vgl Wortlaut der §§ 76—78); bei einem Kollegial-Ger. mit fünf Ri. wäre es ein Unding. Doch wird nur das Verf. und die Entsch. des vereinfachten JVerf. überprüft. Das bedeutet, daß das Fehlen von Anklage u. Eröffnungsbeschl. sowie die zulässigen Abweichungen des JRi. von Verf.-Vorschriften nicht schaden, daß auch das RechtsmittelGer. nur auf die hier zulässigen Maßnahmen (A 2a) erkennen kann und auch nicht ins förml. Verf. übergehen darf, weil dadurch Rechte des Angeklagten verkürzt würden[4]). Meint das RechtsmittelGer., die Sache eigne sich nicht für das vereinfachte JVerf., muß es das Verf. einstellen (vgl RG 67/59, 62 für § 212 StPO); einen Beschl. nach § 77 I kann nur der JRi. erlassen[4]). Ein Beschl. nach § 47 ist auch hier mögl. (§ 47 A 1c).

Neunter Unterabschnitt

Ausschluß von Vorschriften des allgemeinen Verfahrensrechts

§ 79

Strafbefehl und beschleunigtes Verfahren

1) Abs. I: **Hw—J:** § 109 II, RL 2, A 2a (3), 2b (4);—Abs. II: **Hw:** § 109 RL 4, A 2a (2) — 2) **ErwG:** § 104 I 14, § 79 RL 1.

(1) Gegen einen Jugendlichen darf kein Strafbefehl erlassen werden.

(2) Das beschleunigte Verfahren des allgemeinen Verfahrensrechts ist unzulässig.

Richtlinien zu § 79:

1. Gegen einen Jugendlichen kann auch das für allgemeine Strafsachen zuständige Gericht weder einen Strafbefehl erlassen noch im beschleunigten Verfahren (§§ 212ff. StPO) entscheiden (§ 104 Abs. 1 Nr. 14).
2. Wegen des Strafbefehls und des beschleunigten Verfahrens gegen einen Heranwachsenden wird auf die Nrn. 2 und 4 der Richtlinien zu § 109 hingewiesen.
3. Strafbescheide der Verwaltungsbehörden sind gegen Jugendliche nicht zulässig.

1a) Strafbefehl und beschleunigtes Verf. setzen ein Alter von **mindestens 18 Jahren zZ der Tat** (§ 1 A 2) voraus (Prozeßvoraussetzung: Dallinger-Lackner N 6; Kleinknecht-Müller Einl. 11e); sie werden im Verf. gegen J (nicht Hw) durch das formlose Erz.Verf. (auch vor ErwG: § 45 RL 8) und das vereinfachte JVerf. (nicht vor ErwG: § 76 RL 4) ersetzt.

b) Gegen Hw ist das beschleunigte Verf. immer, das Strafbefehlsverf. nur dann [§ 109 II, A 2a (2), (3), 2b (4)] zulässig, wenn ErwR angewandt wird.

---

[4]) Ebenso Dallinger-Lackner § 78 N 24 u. Potrykus NJW 57/1135. Nur bezeichnen diese auch das Ber.Verf. ohne nähere Darlegung und gegen den Wortlaut des Ges., das nur vom JRi. spricht, als vereinfachtes JVerf.

c) **Ein Strafbefehl gegen einen J ist nicht nichtig** (Dallinger-Lackner N 8: grds; vgl §§ 1 A 2d, 33 A 3b); nach Einspruch wird verhandelt; der Strafbefehl vertritt den Eröffnungsbeschl. (ObLG 57/59).

2) **Die bes. landesrechtl. Verf.** (Art. 3 III EG StPO, zB Forstrügeverf.)[1]) sind gegen J u. Hw **nur im Rahmen der §§ 75 JGG, 413 StPO** mögl.; es kann also an Stelle der StA bei Übertretungen zunächst für die Antragstellung die Verwaltungsbehörde treten [s. § 75 A 3a (2)]. Im übrigen verbieten §§ 33 I, 107 die Ausschaltung des Ger. und der StA (Potrykus B 2), §§ 6, 81 die Festsetzung von Wertersatz und Schadensersatz gegen J u. Hw—J (§ 6 A 2d, e). — Wegen der Str. Bescheide der Verwaltungsbehörden s. § 33 A 4; wegen der Bußgeldbescheide des OWiG s. § 1 A 1a (1).

§ 80

Privatklage und Nebenklage

1) **Hw**: § 80 RL 3 S 2, 3, § 109 RL 5; s. § 109 A 2b (2). — **2) ErwG:** § 104 I 14; § 80 RL 3 S 1; wegen Widerklage s. § 80 RL 2, A 3b.

(1) Gegen einen Jugendlichen kann Privatklage nicht erhoben werden. Eine Verfehlung, die nach den allgemeinen Vorschriften durch Privatklage verfolgt werden kann, verfolgt der Staatsanwalt auch dann, wenn Gründe der Erziehung oder ein berechtigtes Interesse des Verletzten, das dem Erziehungszweck nicht entgegensteht, es erfordern.

(2) Gegen einen jugendlichen Privatkläger ist Widerklage zulässig. Auf Jugendstrafe darf nicht erkannt werden.

(3) Nebenklage ist unzulässig. Dies gilt auch, wenn eine staatliche Behörde die Rechte eines Nebenklägers hat.

Richtlinien zu § 80:

1. Gründe der Erziehung werden die Verfolgung der Privatklageverfehlung eines Jugendlichen dann fordern, wenn dem Jugendlichen, der sich schwer oder wiederholt vergangen hat, zum Bewußtsein gebracht werden muß, daß er nicht ungeahndet die Rechtsordnung verletzen darf.
2. Für die Widerklage bleibt das mit der Privatklage befaßte Gericht zuständig. Gegen den jugendlichen Widerbeklagten kann das für allgemeine Strafsachen zuständige Gericht nur Zuchtmittel (§ 13) selbst verhängen; hält es Erziehungsmaßregeln für erforderlich, so verfährt es nach § 104 Abs. 4 Satz 1.
3. Auch vor den für allgemeine Strafsachen zuständigen Gerichten kann gegen einen Jugendlichen eine Privat- oder Nebenklage nicht erhoben werden (§ 104 Abs. 1 Nr. 14). Gegen einen Heranwachsenden sind die Privat- und die Nebenklage zulässig, gleichviel, ob die Anwendung des allgemeinen Strafrechts oder des Jugendstrafrechts zu erwarten ist (§ 109). Auch insoweit ist grundsätzlich der Jugendrichter zuständig (§ 108 Abs. 1 und 2 JGG in Verbindung mit § 25 Nr. 2a GVG).

---

[1]) **Literatur:** Potrykus: Das hessische ForstGes. u. das JGG, UJ 55/134.

1a) Ein **Alter** des Täters **von mindestens 18 Jahren** zZ der Tat (§§ 1 A 2, 33 Vorb. 1) ist **Prozeßvoraussetzung für die Privatklage** (I S 1; Dallinger-Lackner N 3, Kleinknecht-Müller Einl. 11e). Fehlt sie, ist auch ein Sühneversuch (§ 380 StPO) unzulässig[1]). Die erhobene Privatklage ist zurückzuweisen (§ 383 I StPO), das schon eröffnete Verf. einzustellen (§§ 206a, 260 III, 389 StPO); Kostenfolge: § 471 II StPO. Das Privatklage-Urteil gegen einen J ist nur anfechtbar, nicht nichtig (allgM; vgl §§ 33 A 3b, 1 A 2d).

b) Privatklagedelikte J (§ 374 I StPO) sind, wenn die allg. Voraussetzungen (auch ein erforderl. Str.Antrag) vorliegen, vom JStA **im Offizialverf.** (§§ 45, 76ff, formelles Verf.) zu verfolgen, **wenn** eine der folgenden drei — meist zusammentreffenden — Voraussetzungen gegeben ist (I S 2). (1) **Öffentl. Interesse** an der Str.Verfolgung (§ 376 StPO; vgl. RiStV Nr 68 II); (2) **Gründe der Erz.** (vgl. RL 1); zu berücksichtigen sind dabei auch Alter u. Erz.Verhältnisse (ggf Billigung der Str.Tat durch Eltern oä) **oder** (3) berechtigtes **Interesse des Verletzten** [s. § 48 A 2b (1) (b)]; dh ein vernünftiger Anlaß (nicht Haß, Rache) für den Wunsch nach Verfolgung und Ahndung der Tat. Dieses Interesse ist jedoch nur dann beachtl., wenn der Erz.Zweck nicht entgegensteht; geringe erz. Bedenken können bei stark überwiegenden Interessen des Verletzten hintangestellt werden (Dallinger-Lackner N 14).

c) Der JStA entscheidet nach pflichtgem. Ermessen. Bei Ablehnung der Verfolgung ist nur Dienstaufsichtsbeschw. gegeben, nicht das Klageerzwingungsverf.[2]). Der **JRi. kann** das Vorliegen der Voraussetzungen (A 1b) **nicht nachprüfen** (vgl RiStV 68 III S 2); er kann gem. § 47 verfahren. Im förml. Verf. kann er auch JStr. verhängen[3]).

d) Wegen **Hw** s. RL 3 S 2, 3.

2. Nebenklage gegen J ist nicht zulässig (III). — Der Verletzte hat jedoch ein Anwesenheitsrecht (§ 48 II). Staatl. Behörden (zB Finanzamt) können ggf als Sachverständige gehört werden; Nebenkläger sind sie nie (KG NJW 55/723 für § 54 WiStG 1952, § 20 WiStG 1954). Es gelten A 1a u. A 1d.

3a) Dagegen können **J** wie alle Minderjährigen **als Privat- u. Nebenkläger** auftreten (II S 1, §§ 374 III, 395 I StPO); es gelten die Vorschriften der StPO. Ob das JG oder ErwG zuständig ist, entscheidet das Alter des Privatbeklagten zZ der Tat.

b) Gegen den j. Privatkläger ist unter den allg. Voraussetzungen (§ 388 StPO) **Widerklage** zulässig; Zuständigk.: RL 2 S 1. Vor dem ErwG gilt für den j. Widerbeklagten § 104. Gegen ihn ist also immer JR anzuwenden; JStr. kann hier (a. A 1c aE) nicht verhängt werden; das ErwG darf nur ZuchtM verhängen (RL 2 S 2). — Wegen der Kosten s. § 74 A 3 (1).

---

[1]) Dallinger-Lackner N 6, Potrykus B 1 aE, NJW 57/1137f; aA bes. Schuhmacher zB NJW 57/1548; er übersieht aber, daß das Verbot der Privatklage verhindern will, daß eine Str.Tat J im Wege privater Auseinandersetzung beigelegt wird, und verkennt die Gefahren eines Vergleiches und die Gefahr, daß der J sich „überfahren" fühlen könnte.

[2]) § 172 II S 3 StPO; vgl. Pentz NJW 58/819; § 80 durchbricht das Legalitätsprinzip; das Klageerzwingungsverf. dient aber dessen Schutz.

[3]) Dallinger-Lackner N 24; aA wohl Potrykus B 4 aE, der auch hier — ohne Grundlage im Ges. — keine JStr. zulassen will.

§ 81

Entschädigung des Verletzten

1) Hw — J: § 109 II; 81 RL 2 S 2. — 2) ErwG: § 104 I 14; § 81 RL 2 S 1.

Die Vorschriften der Strafprozeßordnung über die Entschädigung des Verletzten werden im Verfahren gegen einen Jugendlichen nicht angewendet.

Richtlinien zu § 81:

1. Die Wiedergutmachung des Schadens kann dem Jugendlichen als besondere Pflicht nach § 15 Abs. 1 Nr. 1 auferlegt werden.
2. Die Vorschriften der §§ 403ff. StPO sind gegen einen Jugendlichen auch im Verfahren vor den für allgemeine Strafsachen zuständigen Gerichten nicht anzuwenden (§ 104 Abs. 1 Nr. 14). Im Verfahren gegen einen Heranwachsenden ist die Anwendung dieser Vorschriften nur ausgeschlossen, wenn der Richter Jugendstrafrecht anwendet (§ 109 Abs. 2).

Nicht nur die Geltendmachung der Ansprüche nach §§ 403ff. u. § 406 d StPO ist **ausgeschlossen,** sondern die **Verfolgung aller zivilrechtl. Ansprüche** (s. § 6 A 2d, e). Wegen der oft erz. gebotenen Wiedergutmachung des Schadens s. RL 1.

DRITTES HAUPTSTÜCK

Vollstreckung und Vollzug

Vorbemerkung 1

Vollz. ist die eigentl. Verwirklichung der Entsch., also das, was in der JStr.- oder JA Anstalt mit dem Verurteilten geschieht, auch der Ausspruch der Verwarnung uä. **Vollstr. ist** alles, was zur Verwirklichung der Entsch. getan wird, also Prüfung der Vollstr.Voraussetzungen, Ladung u. Einweisung, AO der Überführung, Fahndung, Zwangsgestellung, Berechnung der Zeit und Überwachung der Art u. Dauer des Freiheitsentzuges, Entsch. über die Entlassung zur Bew. uä. An sich ist der Vollz. ein Teil der Vollstr.; Vollstr. ohne Vollz. heißt Betrieb der Vollstr.; in der Praxis wird dieser Betrieb der Vollstr. schlechthin als Vollstr. bezeichnet. — Die Vollstr. betreibt der VollstrL (§ 82; = Vollstr.Behörde des allgR); für den Vollz. ist der VollzL (§ 90 II S 2; s. § 91 IV) verantwortl.

Erster Abschnitt

Vollstreckung

Erster Unterabschnitt

Verfassung der Vollstreckung und Zuständigkeit

Vorbemerkung 2

a) Die Vorschriften gelten für alle Urteile und ihnen gleichstehende Entsch. (§ 75; 65, 66), in denen **ErzM, ZuchtM, JStr., NebenStr., Nebenfolgen, Maßnahmen der**

Sicherung u. Besserung verhängt sind. Bei einer vom ErwG verhängten JStr. zB kommt nur eine Entlassung zur Bew. durch den JRi. als VollstrL (§§ 88f) in Betracht, nicht die bedingte Entlassung (§ 26 StGB) durch das ErwG (OLG München MDR 57/437, EJF C I 29). Wegen Vollstr. der einzelnen Maßnahmen u. AO s. § 82 A 2, 3.

b) Das **JGG** enthält **nur Einzelvorschriften** (über §§ 82ff hinaus vgl. §§ 57ff, 62ff; 56, 65, 66), die durch die §§ 449—463 a StPO ergänzt werden, soweit diese nicht durch das JGG ausgeschlossen sind. Da die Vollstr. Justizverwaltungsangelegenheit ist (§ 83 A 1), sind die **RL bindend,** ebenso die subsidiär geltende **StVollstrO** (§ 85 RL II 6 S 1). Die **Vollstr.** bedarf gerade in J Sachen **bes. Nachdrucks u. bes. Beschleunigung.** § 85 RL II 1 u. VI 1; vgl. auch RiStV 149, § 85 RL IV 1, V 5 u. §§ 55 RL 1, 43 RL 5.

c) Die Vollstr. setzt grds Rechtskraft voraus (§ 449 StPO); urkundl. Grundlage ist deshalb die Urschrift der Entsch (oder eine beglaubigte Abschrift des erkennenden Teils) mit Rechtskraftbescheinigung (StVollstrO § 13; s. weiter § 85 RL II 2). Dieser Grundsatz ist bei Teilvollstr. eines Einheitsstrafurteils durchbrochen (§ 56); wegen der Vollstr.Unterlage in diesem Fall s. § 85 RL II 3. Bei Widerruf einer Bew. ist noch die Urschrift (oder die beglaubigte Abschrift des erkennenden Teils) des Widerrufsbeschl. notwendig (StVollstrO § 14; § 26 A 1d).

d) Für die **Berechnung** der JStr. gelten §§ 37ff StVollstrO; Besonderheiten für JA enthält § 85 RL V 9.

e) Wegen der **Vollstr.Verjährung** s. § 4 A 2.

§ 82

Vollstreckungsleiter

1) Hw — JRecht: A 1, § 110 I, RL 1; § 85 RL I 3. — **2) ErwG:** A 1, § 104 A 1a.

(1) Vollstreckungsleiter ist der Jugendrichter.

(2) Soweit Schutzaufsicht oder Fürsorgeerziehung angeordnet ist, richtet sich die weitere Zuständigkeit nach den Vorschriften über Jugendwohlfahrt.
Richtlinien hierzu siehe nach § 85.

1. Im Gegensatz zum allgR (§ 451 StPO) ist der **ARi. als JRi.** (nicht der Rechtspfleger, § 85 RL II 6 S 2) **immer VollstrL, wo materielles JR** angewendet wurde (§ 110 I), also auch, wenn die JK oder ein ErwG (auch der BGH) entschieden hat (vgl § 84 II; Grundsatz der Einheitlichk. der Erz.; vgl §§ 34, 42). Wegen seiner Aufgaben und Stellung s. § 83, wegen der Zuständigk. und Abgabe s. §§ 84f. — Bei mehreren Verurteilten kann die Vollstr. in verschiedenen Händen liegen; eine Verbindung ist nicht mögl.

2. Die Vollstr. von FE u. Schutzaufsicht besteht praktisch nur in der Fertigung der vorgeschriebenen Mitt. (s. § 70 u. MiStra 31—35, bes. 33 I) und der Übersendung der erforderl. Unterlagen an den nach dem JWG zuständigen VormRi. (§ 85 RL III 2). Voraussetzung ist — selbst bei vorl. FE — die Rechtskraft des Urteils (s. § 12 A 3c). Die Durchführung u. Aufhebung ist Sache des VormRi.

3. Wegen der Vollstr. von **Weisungen** s. § 85 RL III 1 u. — wegen der Erz.Hilfe — s. § 112b u A dazu; **bes. Pflichten** s. § 85 RL IV 2; einer **Verwarnung** s. § 85 RL IV 1, § 14 A 2; von **JA** s. §§ 86f, § 85 RL V u. A 3; von **JStr.** s. §§ 88f, § 85 RL VI u. A 2; von **UHaft** und der Maßnahmen zu ihrer Abwendung s. § 72 II u. A 3 und § 71 A 2a, b; von **Sicherungsmaßnahmen** s. § 61 A 3.

§ 83

Entscheidungen im Vollstreckungsverfahren

1) Hw — JRecht: § 110 I, RL 1; § 85 RL I 3. — **2) ErwG:** § 104 A 1a. — **3) Sold!** § 112c III; § 83 A 2a (1).

Die Entscheidungen des Vollstreckungsleiters nach den §§ 86 bis 89 sind jugendrichterliche Entscheidungen. Sie können, soweit nichts anderes bestimmt ist, mit sofortiger Beschwerde angefochten werden. Die §§ 67 bis 69 gelten sinngemäß.
Richtlinien hierzu siehe nach § 85.

1a) Der VollstrL wird **grds** als **Organ der Justizverwaltung** tätig; er ist dann weisungsgebunden. Seine Entsch. sind Verwaltungsakte (§ 85 RL II 5 S 1, 2).

b) (1) Über **Beschw.** entscheidet rglm der GStA beim OLG, dann das Landesministerium (Senat); Art. 19 IV GG eröffnet schließl. den Rechtsweg vor dem (J)Str.-Ger. (Dallinger-Lackner N 11 vor § 82, § 458 StPO entspr.). (2) Nur in den von der StPO bes. bezeichneten Fällen (vgl. §§ 455, 456, 458, 462, 463a StPO) entscheidet über Beschw. gegen Maßnahmen des VollstrL das Ger. 1. Instanz. (3) S. § 85 RL II 5 S 1.

c) Der **VollstrL** hat bei Zweifeln über die Auslegung des Urteils (Strafzeit, Anrechnung der UHaft uä.) als Vollstr.Behörde die Pflicht, eine Entsch. des erkennenden Ger. gem. § 458 StPO herbeizuführen; in diesem Rahmen hat er auch das **Beschw.Recht** nach § 462 IV StPO (Krauss NJW 58/49).

2a) (1) § 83 u. § 112c III erklären jedoch **bes. bedeutsame Entsch.** des VollstrL **als jrichterl. Entsch.,** näml. (a) die Umwandlung von Freizeit- in Kurzarrest (§ 86), (b) die Entlassung zur Bew. (einschl. Bew.Zeit, -Aufl., Widerruf, Str. Erlaß und der Umwandlung einer unbestJStr.) (§§ 88, 89 I—III), (c) die endgültige Entlassung bei unbestJStr. (§ 89 IV), (d) das Absehen von der Vollstr. von JA nach Teilverbüßung (§ 87 III) oder bei Soldaten überhaupt (§ 112c II) und (e) die Erledigterklärung der militärischen Erz.Hilfe (§ 112c I). (2) Die Berücksichtigung von UHaft bei JA unter den Voraussetzungen des § 450 StPO (§ 87 II) ist keine Entsch., sondern eine bindende, einer Entsch. nicht zugängl. Anweisung für die Berechnung; bei Zweifeln und Einwendungen entscheidet das Ger. des ersten Rechtszuges (§ 458 I StPO, Dallinger-Lackner N 3; aA Potrykus B 1: jrichterl. Entsch.).

b) Diese bes. **jrichterl. Entsch.** trifft der VollstrL auf Grund eines **gerichtl. Verf. in richterl. Unabhängigk.** auf Antrag (s. § 88 A 2a) oder von Amts wegen. Der JStA (Zuständigk.: § 143 I GVG), der gesVertr., ein ErzBer. (S 3, § 67) sind beteiligt, ebenso der Verurteilte. Auch ein Verteidiger oder Beistand kann mitwirken; die Wahl eines Verteidigers wirkt für das ganze Verf., die Bestellung zum Pflichtverteidiger nicht (OLG Hamm NJW 55/1201); wo die Voraussetzungen vorliegen (bes. §§ 67 IV, 68 Z 3), muß hier ein Pflichtverteidiger bes. bestellt werden (S 3, §§ 67f). — Das rechtl. Gehör ist zu beachten; teilweise (§§ 87 III, 88 III, 89 II, 112d) bestehen bes. Anhörungspflichten. Die Entsch. ergeht ohne mündl. Verh. (ggf jedoch nach mündl. Anhörung: §§ 88 III S 2, 89 II) durch begründeten (§ 34 StPO) Beschl, der gem. §§ 35 StPO, 67 II JGG bekannt zu machen ist (Rechtsmittelbelehrung nach § 35a StPO) und der regm mit der sof. Beschw. ohne aufschiebende Wirkung angefochten werden kann (§ 83 S 2; a. § 88 V, 89 II, 59 II, IV: zT einfache Beschw., zT unanfechtbar). Die allg. Rechtsmittel-Beschränkungen (§§ 59 II S 2, 55 I) gelten. Darüber hinaus empfiehlt sich für das Beschw.Ger. Zurückhaltung bei der die Tat- u. Rechtsfrage umfassenden Prüfung, da ihm der unmittelbare Kontakt fehlt (Dallinger-Lackner N 15).

§ 84

Örtliche Zuständigkeit

1) **Hw — JRecht:** § 110 I, RL 1; § 85 RL I 3. — **2) ErwG:** § 104 A 1a.

(1) Der Jugendrichter leitet die Vollstreckung in allen Verfahren ein, in denen er selbst oder unter seinem Vorsitz das Jugendschöffengericht im ersten Rechtszuge erkannt hat.

(2) Soweit, abgesehen von den Fällen des Absatzes 1, die Entscheidung eines anderen Richters zu vollstrecken ist, steht die Einleitung der Vollstreckung dem Jugendrichter des Amtsgerichts zu, dem die vormundschaftsrichterlichen Erziehungsaufgaben obliegen.

(3) In den Fällen der Absätze 1 und 2 führt der Jugendrichter die Vollstreckung durch, soweit § 85 nichts anderes bestimmt.

Richtlinien hierzu siehe nach § 85.

1a) Die **ursprüngl.** (primäre) **örtl. Zuständigk.** (I, II) kann wechseln (§ 85: nachfolgende — sekundäre — Zuständigk.; vgl § 85 RL I 1, 2) oder erhalten bleiben (III).

b) Bei **Streit** über die Zuständigk. entscheidet das **gemeinschaftl. obere Ger.** (§ 14 StPO entspr., ObLG NJW 55/601).

2a) Die **ursprüngl. Zuständigk. liegt** stets bei dem JRi., wenn dieser als Einzel-Ri. oder Vorsitzender des JSchöffG in 1. Instanz tätig war, ohne Rücksicht auf Rechtsmittel und deren Erfolg (§ 85 RL I 1a); bei EinheitsStr. ist zuständig, wer diese gebildet hat (§ 66 II S 3, 4 — s. § 66 A 4—; ebenso Dallinger-Lackner N 6).

b) Sonst liegt die ursprüngl. Zuständigk. beim JRi. des AG, an dem die vormundschaftsrichterl. Erz.Aufgaben wahrgenommen werden, oder beim Bezirks-JRi. (nicht beim Vorsitzenden des Bezirks-JSchöffG; aA Potrykus B 2, wohl irrtüml.), zu dessen Bezirk dieses AG gehört (§ 33 IV S 1; § 85 RL I 1b), wenn die JK oder irgend ein ErwG in erster Instanz entschieden hat. Ist der Verurteilte volljährig, ist der JRi. zuständig, der zuständig wäre, wenn der Verurteilte noch nicht volljährig wäre (Dallinger-Lackner N 8).

3. Wegen der **Zuständigk. für die Nebengeschäfte** der Vollstr. s. § 85 RL II 4.

§ 85

Abgabe und Übergang der Vollstreckung

1) Hw — JRecht: § 110 I, RL 1; § 85 RL I 3. — **2) ErwG:** § 104 A 1a. — **3) Sold!** § 112c IV, A 2b (1); § 85 A 3b (2).

(1) Ist Jugendarrest zu vollstrecken, so gibt der zunächst zuständige Jugendrichter die Vollstreckung an den Jugendrichter ab, der nach § 90 Abs. 2 Satz 2 als Vollzugsleiter zuständig ist.

(2) Ist Jugendstrafe zu vollstrecken, so geht nach der Aufnahme des Verurteilten in die Jugendstrafanstalt die Vollstreckung auf den Jugendrichter eines in deren Nähe gelegenen Amtsgerichts über, den die Landesjustizverwaltung hierfür allgemein bestimmt hat.

(3) Aus wichtigen Gründen kann der Vollstreckungsleiter die Vollstreckung widerruflich an einen sonst nicht oder nicht mehr zuständigen Jugendrichter abgeben.

Richtlinien zu §§ 82 bis 85:

I. Zuständigkeit zur Vollstreckung

1. Vollstreckungsleiter ist

   a) der Jugendrichter in allen Verfahren, in denen er selbst oder unter seinem Vorsitz das Jugendschöffengericht im ersten Rechtszug erkannt hat (§ 82 Abs. 1, § 84 Abs. 1),

   b) in allen anderen Fällen der Jugendrichter des Amtsgerichts, dem die vormundschaftsrichterlichen Erziehungsaufgaben obliegen (§ 84 Abs. 2, § 34 Abs. 3) bzw. der Bezirksjugendrichter, zu dessen Bezirk dieses Amtsgericht gehört (§ 33 Abs. 4).

2. Bei der Vollstreckung von Jugendarrest und Jugendstrafe tritt unter Umständen ein Wechsel der Zuständigkeit ein. An Stelle des zu Nr. 1 genannten Jugendrichters wird Vollstreckungsleiter

   a) der Jugendrichter am Ort des Vollzugs des Jugendarrestes nach Abgabe der Vollstreckung (§ 85 Abs. 1 in Verbindung mit § 90 Abs. 2 Satz 2),

   b) der von der Landesjustizverwaltung gemäß § 85 Abs. 2 bestimmte Jugendrichter nach der Aufnahme des zu Jugendstrafe Verurteilten in die Jugendstrafanstalt.

3. Hat das Gericht wegen der Straftat eines Heranwachsenden das allgemeine Strafrecht angewendet, so bestimmt sich die Zuständigkeit nach den Vorschriften der Strafvollstreckungsordnung.

II. Verfahren im allgemeinen

1. Die bei der Strafvollstreckung ohnehin erforderliche Beschleunigung ist für die Vollstreckung der für Jugendliche festgesetzten Maßnahmen und Strafen besonders wichtig. Je mehr sich für den Jugendlichen der innere Zusammenhang zwischen Tat, Urteil und Vollstreckung durch Zeitablauf lockert, um so weniger ist damit zu rechnen, daß die Maßnahme oder Strafe die beabsichtigte Wirkung erreicht. Alle beteiligten Stellen müssen daher bestrebt sein, die Vollstreckung nachdrücklich zu fördern. In ganz besonderem Maße hängt beim Jugendarrest der Erfolg davon ab, daß er ohne jedes Zögern vollstreckt wird (vgl. hierzu Abschn. V Nr. 5).

2. Nach Eintritt der Rechtskraft des Urteils sind dem in Abschnitt I Nr. 1 genannten Vollstreckungsleiter unverzüglich die Strafakten mit der Bescheinigung der Rechtskraft des Urteils zu übersenden. Falls die Akten noch nicht entbehrlich sind, werden ihm ein Vollstreckungsheft und zwei Ausfertigungen des vollständigen Urteils zugeleitet. Hat ein Mitangeklagter gegen die Verurteilung wegen einer Tat, an der der rechtskräftig verurteilte Jugendliche nach den Urteilsfeststellungen beteiligt war, Revision eingelegt, so ist dem Vollstreckungsheft eine Abschrift der Revisionsbegründung beizufügen oder nachzusenden (§ 10 Abs. 1 der Strafvollstreckungsordnung; § 357 StPO).

3. Wird die Teilvollstreckung einer Einheitsstrafe nach § 56 angeordnet, so werden dem Vollstreckungsleiter unverzüglich nach Eintritt der Rechtskraft des Beschlusses je zwei beglaubigte Abschriften des vollständigen Urteils und des Beschlusses übersandt.

4. Die mit der Rechtskraft des Urteils anfallenden Nebengeschäfte der Vollstreckung (Mitteilungen, Zählkarten usw.) obliegen dem zunächst als Vollstreckungsleiter berufenen Jugendrichter (vgl. Abschn. I Nr. 1). In den Fällen, in denen dem Vollstreckungsleiter die Strafakten nicht zugeleitet werden (vgl. Nr. 2 Satz 2), führt die Staatsanwaltschaft die Nebengeschäfte aus und teilt dem Vollstreckungsleiter die Erledigung bei Übersendung des Vollstreckungsheftes mit.

5. Soweit die Entscheidungen des Vollstreckungsleiters nicht jugendrichterliche Entscheidungen sind (§ 83 Satz 1), nimmt der Jugendrichter als Vollstreckungsleiter Justizverwaltungsaufgaben wahr. Er ist insoweit weisungsgebunden. Über Beschwerden gegen andere als jugendrichterliche Entscheidungen des Vollstreckungsleiters wird im Verwaltungswege entschieden, falls nicht nach §§ 455, 456, § 458 Abs. 2 und § 462 Abs. 1 StPO das Gericht des ersten Rechtszuges zuständig ist.

6. Auf die Vollstreckung finden, soweit nichts anderes bestimmt ist, die Vorschriften der Strafvollstreckungsordnung Anwendung. Dem Rechtspfleger werden die Geschäfte der Vollstreckung auf Grund des Jugendgerichtsgesetzes nicht übertragen.

III. Vollstreckung bei Erziehungsmaßregeln

1. Sind dem Jugendlichen Weisungen erteilt worden, so übersendet der Vollstreckungsleiter der Jugendgerichtshilfe oder, falls der Jugendliche unter Bewährungsaufsicht steht, dem Bewährungshelfer eine beglaubigte Abschrift des Urteils mit dem Ersuchen, die Befolgung der Weisungen zu überwachen, erhebliche Zuwiderhandlungen mitzuteilen (§ 38 Abs. 2) und, falls eine Änderung der Weisungen oder die Befreiung von ihnen angebracht erscheint (§ 11 Abs. 1), solche Maßnahmen anzuregen.

2. Ist Schutzaufsicht oder Fürsorgeerziehung angeordnet worden, so übersendet der Vollstreckungsleiter die Strafakten mit der Bescheinigung der Rechtskraft des Urteils dem zuständigen Vormundschaftsrichter (§ 82 Abs. 2; vgl. auch §§ 56ff. und 62ff. des Reichsgesetzes für Jugendwohlfahrt sowie §§ 36, 43 und 46 des Reichsgesetzes über die Angelegenheiten der freiwilligen Gerichtsbarkeit).

IV. Vollstreckung von Zuchtmitteln (mit Ausnahme des Jugendarrestes)

1. Die Verwarnung wird nach Möglichkeit in Gegenwart des Erziehungsberechtigten ausgesprochen, sobald das Urteil rechtskräftig geworden ist.

2. Sind dem Jugendlichen besondere Pflichten auferlegt worden, so übersendet der Vollstreckungsleiter der Jugendgerichtshilfe oder, falls der Jugendliche unter Bewährungsaufsicht steht, dem Bewährungshelfer eine beglaubigte Abschrift des Urteils mit dem Ersuchen, die Erfüllung der besonderen Pflichten zu überwachen und erhebliche Zuwiderhandlungen mitzuteilen (§ 38 Abs. 2). In geeigneten Fällen wird der Vollstreckungsleiter die Erfüllung der besonderen Pflichten selbst überwachen.

V. Vollstreckung des Jugendarrestes

1. Ist der zunächst als Vollstreckungsleiter zuständige Jugendrichter nicht selbst Vollzugsleiter (vgl. § 90 Abs. 2 Satz 2), so gibt er die Vollstreckung an diesen ab. Mit Zustimmung des Vollzugsleiters kann er zunächst den Jugendlichen zum Antritt des Jugendarrestes laden. Bei Abgabe der Vollstreckung übersendet er dem neuen Vollstreckungsleiter die Strafakten oder, falls diese noch nicht entbehrlich sind, das Vollstreckungsheft.

2. Soll der Jugendarrest an einem in Heimerziehung befindlichen Fürsorgezögling nach § 90 Abs. 2 Satz 3 in dem Fürsorgeerziehungsheim vollzogen werden, so übersendet der in Abschnitt I Nr. 1 genannte Vollstreckungsleiter der Fürsorgeerziehungsbehörde eine beglaubigte Abschrift des Urteils mit der Bescheinigung der Rechtskraft und ersucht um weitere Veranlassung. Falls die Fürsorgeerziehungsbehörde dem Vollzuge des Jugendarrestes in dem Fürsorgeerziehungsheim zustimmt, wird sie das Heim anweisen, den Jugendarrest zu vollziehen und dem Vollstreckungsleiter die Beendigung des Vollzuges mitzuteilen.

Hat die Fürsorgeerziehungsbehörde die Zustimmung zum Vollzuge des Jugendarrestes in bestimmten Heimen allgemein erteilt, so wendet sich der

Vollstreckungsleiter mit dem Ersuchen um Vollzug des Jugendarrestes unmittelbar an das Fürsorgeerziehungsheim.

3. Der Vollstreckungsleiter weist den Jugendlichen in die Jugendarrestanstalt oder in die Freizeitarresträume der Landesjustizverwaltung durch ein Aufnahmeersuchen ein. Er gibt dabei die in der Ladung zum Antritt des Jugendarrestes vorgeschriebene Zeit oder, falls sich der Jugendliche nicht auf freiem Fuße befindet, die Anstalt an, aus der er übergeführt wird. Nach Möglichkeit teilt er in dem Ersuchen ferner die Umstände mit, die für die Festsetzung der Entlassungszeit von Bedeutung sein können (z. B. Arbeits- oder Schulbeginn).

4. Der Vollstreckungsleiter lädt den auf freiem Fuße befindlichen Jugendlichen durch einfachen Brief unter Verwendung des eingeführten Vordrucks zum Antritt des Jugendarrestes. Er schreibt die Zeit des Antritts nach Tag und Stunde vor und teilt die voraussichtliche Entlassungszeit mit. Bei der Festsetzung der Antrittszeit berücksichtigt er die Berufsverhältnisse des Jugendlichen und die Verkehrsverhältnisse.

5. Falls das Urteil sofort rechtskräftig wird und der Vorsitzende des Gerichts entweder selbst Vollzugsleiter ist oder das Einverständnis des Vollzugsleiters herbeiführen kann, wird dem Jugendlichen die Ladung nach Möglichkeit im Anschluß an die Hauptverhandlung ausgehändigt. Ist der Jugendliche für den Vollzug genügend ausgestattet oder in der Lage, sich alsbald mit dem Notwendigen zu versehen, so soll er in geeigneten Fällen im Anschluß an die Hauptverhandlung mündlich geladen werden, den Jugendarrest sofort anzutreten.

6. Hinweise darüber, ob eine Fahrkarte oder Ersatz der Fahrkosten bei einem Reiseweg von mehr als 10 km zur Vollzugsanstalt gewährt wird oder die Kosten der Zuführung eines zum Vollzug des Jugendarrestes in einer Vollzugseinrichtung der Landesjustizverwaltung geladenen Fürsorgezöglings übernommen werden können, enthalten die Nrn. 19 und 20 der Jugendarrestgeschäftsordnung.

7. Zugleich mit der Ladung ist der Erziehungsberechtigte, bei Fürsorgezöglingen die Fürsorgeerziehungsbehörde, von der Ladung zu benachrichtigen und zu ersuchen, für rechtzeitigen Antritt des Jugendarrestes zu sorgen. Auch der Lehrherr oder der sonstige Leiter der Berufsausbildung des Jugendlichen und der Leiter der Schule oder Berufsschule, die der Jugendliche besucht, sollen davon unterrichtet werden, wo und in welcher Zeit der Jugendliche Jugendarrest zu verbüßen hat. Dem Jugendlichen kann auch aufgegeben werden, die Ladung den bezeichneten Personen vorzulegen und von ihnen auf der Ladung die Kenntnisnahme bescheinigen zu lassen. Die Unterrichtung des Lehrherrn oder des Ausbildungsleiters kann unterbleiben, wenn der Arrest in der Freizeit oder während des Urlaubs des Jugendlichen vollzogen wird und dem Jugendlichen aus der Mitteilung Nachteile für sein berufliches Fortkommen entstehen können.

8. Folgt der Jugendliche der Ladung zum Antritt des Jugendarrestes ohne genügende Entschuldigung nicht oder zeigt er sich bei fristloser Ladung nicht zum Antritt des Jugendarrestes bereit, so veranlaßt der Vollstreckungsleiter, daß er sofort dem Vollzuge zugeführt wird. Für die Zwangszuführung kann sich der Vollstreckungsleiter der Hilfe der Polizei oder anderer geeigneter Stellen bedienen. Die Polizei ist darauf hinzuweisen, daß der Jugendliche nicht im Gefangenensammeltransport befördert werden darf.

9. Für die Vollstreckung von Dauerarrest und Kurzarrest wird der Tag zu vierundzwanzig Stunden, die Woche zu sieben Tagen gerechnet. Die Arrestzeit wird von der Annahme zum Vollzug ab nach Tagen und Stunden berechnet. Die Stunde, in deren Verlauf der Jugendliche angenommen worden ist, wird voll eingerechnet.

VI. Vollstreckung der Jugendstrafe

1. Der Erziehungserfolg der Jugendstrafe wird durch die Verzögerung der Vollstreckung in starkem Maße gefährdet. Sogleich nach Eintritt der Rechtskraft des Urteils soll daher der auf freiem Fuße befindliche Verurteilte zum Antritt der Jugendstrafe geladen und der in Untersuchungshaft befindliche oder einstweilen untergebrachte (§ 71 Abs. 2) Verurteilte in die zuständige Vollstreckungsanstalt eingewiesen werden. Der Umstand, daß das Urteil noch nicht mit den Gründen bei den Akten ist, rechtfertigt einen Aufschub der Vollstreckung nicht. In den Fällen, in denen dem Aufnahmeersuchen eine Abschrift des vollständigen Urteils nicht beigefügt werden kann, ist die Abschrift der Vollzugsanstalt nachzureichen, sobald das Urteil abgefaßt ist. Auch hierbei ist Beschleunigung geboten, da die Kenntnis des Urteilsinhalts für die wirksame Gestaltung des Vollzugs unentbehrlich ist.

2. Die Jugendstrafe wird grundsätzlich in der Jugendstrafanstalt vollzogen (§ 92 Abs. 1). Auch wenn der zu Jugendstrafe Verurteilte das 18. Lebensjahr bereits vollendet hat, wird er in der Regel zunächst in die Jugendstrafanstalt eingewiesen. Die Entscheidung über die Eignung des Verurteilten für den Jugendstrafvollzug (§ 92 Abs. 2) wird dann von dem nach § 85 Abs. 2 zuständigen Vollstreckungsleiter getroffen. Lediglich in den Fällen, in denen der Mangel der Eignung für den Jugendstrafvollzug offenkundig ist, wird der über 18 Jahre alte Verurteilte sogleich in die zuständige Vollzugsanstalt für Erwachsene eingewiesen.

3. Der Vollstreckungsleiter weist den Verurteilten in die zuständige Vollzugsanstalt ein und führt die Vollstreckung so lange, bis der Verurteilte in die Jugendstrafanstalt aufgenommen worden ist. Dem Aufnahmeersuchen sind stets zwei Abschriften des vollständigen Urteils beizufügen oder nachzusenden. War gegen den Verurteilten früher Schutzaufsicht oder Fürsorgeerziehung angeordnet worden, so ist dies der Vollzugsanstalt unter Angabe der mit der Durchführung der Erziehungsmaßregel befaßten Behörde mitzuteilen.

4. Zugleich mit der Ladung ist der Erziehungsberechtigte, bei Fürsorgezöglingen die Fürsorgeerziehungsbehörde, von der Ladung zu benachrichtigen und zu ersuchen, für rechtzeitigen Antritt der Jugendstrafe zu sorgen.
5. Mittellosen Verurteilten, die sich auf freiem Fuße befinden und zum Vollzug einer Jugendstrafe in eine mehr als 10 km von ihrem Wohnort entfernt liegende Jugendstrafanstalt eingewiesen werden, kann der Vollstreckungsleiter für die Fahrt zur Jugendstrafanstalt eine Fahrkarte, oder, soweit das Gutscheinverfahren üblich ist, einen Gutschein für die Fahrkarte aushändigen.
6. Sobald der Vollstreckungsleiter von dem Vollzugsleiter Nachricht von der Aufnahme des Verurteilten in die Jugendstrafanstalt erhält, übersendet er die Strafakten oder das Vollstreckungsheft an denjenigen Jugendrichter, auf den die Vollstreckung nach § 85 Abs. 2 mit der Aufnahme übergegangen ist. Der Vollzugsleiter legt dem neuen Vollstreckungsleiter unverzüglich eine Durchschrift der Strafantrittsanzeige und eine der ihm mit dem Aufnahmeersuchen übersandten Urteilsabschriften vor.
7. Der nach § 85 Abs. 2 zuständige Vollstreckungsleiter macht sich mit der Wesensart der einzelnen Jugendlichen vertraut und verfolgt deren Entwicklung im Vollzug. Er hält mit dem Vollzugsleiter und den Beamten der Jugendstrafanstalt Fühlung und nimmt an Vollzugsangelegenheiten von größerer Bedeutung beratend teil.
8. Im Falle der Entlassung des Verurteilten zur Bewährung wird sich die Zurück- oder Weitergabe der Vollstreckung (§ 85 Abs. 3) dann empfehlen, wenn der Vollstreckungsleiter mit dem Verurteilten oder dem Bewährungshelfer wegen weiter Entfernung nicht mehr Fühlung halten kann. Wird die Vollstreckung zurück- oder weitergegeben, so soll sich der bisher zuständige Vollstreckungsleiter über die Führung des Verurteilten während der Bewährungszeit auf dem laufenden halten, damit er vor einem Widerruf der Entlassung zur Bewährung die Vollstreckung wieder an sich ziehen kann. In der Regel wird es zweckmäßig sein, daß sich der Vollstreckungsleiter bei der Abgabe der Vollstreckung ausdrücklich vorbehält, die Vollstreckung wieder zu übernehmen, bevor über den Widerruf der Entlassung zur Bewährung entschieden wird.

1) § 85 betrifft nur die **nachfolgende** (sekundäre) **Zuständigk.** (s. § 84 A 1) des VollstrL. Sie kann nur aus der ursprüngl. hervorgehen. Wo die ursprüngl. u. die nachfolgende Zuständigk. zusammenfallen, bleibt es für die ganze Vollstr. bei der ursprüngl. Zuständigk.; gleiches gilt, wenn kein Fall der nachfolgenden Zuständigk. (A 2—4) vorliegt (§ 84 III).

2a) Bei JStr. wechselt die Zuständigk. gem. II kraft Ges. mit der Aufnahme in eine JStr.Anstalt (nicht in Erw.Str.Anstalt, s. RL VI 2), falls nicht ursprüngl. u. nachfolgende Zuständigk. zusammenfallen (s. A 1). Alle Maßnahmen (vgl auch RL VI 4, 5; II, 4) bis zur Aufnahme in die JStr.Anstalt trifft der nach § 84 berufene JRi. (RL VI 3), alle späteren der JRi. des in der Nähe der Str.Anstalt gelegenen

AG (Grundsatz der Vollz.Nähe; vgl RL VI 7), den die Landesjustizverwaltung als Amtsträger, nicht als Person (Gottwald DRiZ 54/118) allg. bestimmt hat (sog. „**bes. VollstrL**"). Bes. die **Einweisung ist zu beschleunigen** (RL VI 1; vgl auch § 82 Vorb. 2b aE). Wegen der Übersendung der Unterlagen s. RL VI 6; wegen eines späteren Zuständigk.Wechsels s. RL VI 8 u. A 4, bes. b.

b) Der jeweils zuständige JRi. ist VollstrL in vollem Umfang; er ist zu allen Entsch. berufen [vgl aber A 4a (1)].

3a) Bei JA bedarf es gem. I grds (s. b) einer — allerdings **zwingend** vorgeschriebenen — **ausdrückl. Abgabe an den VollzL** (§ 90 II S 2, s. aber u. b), falls nicht ursprüngl. und nachfolgende Zuständigk. zusammenfallen (A 1; RL V 1 S 1; Grundsatz der Vollz.Nähe). Die Abgabe erfolgt zweckmäßig ab Rechtskraft unter gleichzeitiger Übersendung der Unterlagen (RL V 1 S 3). Die Einweisung u. Ladung (s. RL V 3, 4, 6, 7) nimmt dann der neue VollstrL vor (s. aber ausführl. RL V 1 S 2; V 5). Dieser veranlaßt grds auch die Zwangszuführung (RL V 8) u. trifft die Entsch. nach § 86 (grds) u. § 87 III.

b) (1) Soll der gegen einen **FE-Zögling** verhängte JA **im FE-Heim** vollstreckt werden [s. § 90 A 2b (1)], gilt RL V 2. VollzL ist der FE-Heimleiter. Eine Abgabe der Zuständigk. des VollstrL scheidet aus; es bleibt bei der ursprüngl. Zuständigk. nach § 84; Abgabe nach III (A 4) ist jedoch mögl. (2) Ähnl. gilt für **Soldaten** (§ 112c A 2b).

4a) (1) Jeder VollstrL (der ursprüngl. oder der nachfolgende) kann gem. III ohne Rücksicht auf die Art der zu vollstreckenden Maßnahme die **Vollstr. ab-, weiter- oder zurückgeben** (s. RL VI 8). Dieses Recht steht aber nur dem VollstrL (§§ 84, 85 I, II) selbst zu, nicht einem anderen, nur gem. III eingeschalteten Richter; will letzterer abgeben, gilt § 58 A 3c (2). Jede aA führt ggf zu mehreren Widerrufsrechten (A 4c) u. damit zur Unübersichtlichkeit der Vollstr. — (2) Der angegangene JRi. ist zur Übernahme nicht verpflichtet. Ggf entscheidet das gemeinsame obere Ger. (§ 42 III S 2 entspr.); nur wenn keine echten jrichterl. Entsch. mehr in Frage kommen, wird auf dem Verwaltungsweg entschieden (Dallinger-Lackner N 18).

b) Voraussetzung für die Abgabe sind wichtige Gründe, bes. die Rücksicht auf die Vollz.Nähe; entscheidend ist stets der Einzelfall. Rglm sind die Voraussetzungen bei Entlassung zur Bew. gegeben (RL VI 8; §§ 88 V, 89 II; § 88 A 3b: Abgabe an JRi. des Aufenthaltsortes; Potrykus B 5). Auch bei einer Verlegung von einer JStr.Anstalt in eine andere[1]) oder in eine ErwStr.Anstalt[2]) gilt III.

[1]) Potrykus B 5; aA Dallinger-Lackner N 9; diese wollen bei dauernder Verlegung von einer in eine andere JStr.Anstalt II anwenden. Doch sind die Grenzen bei dem Begriff „Dauernde Verlegung" flüssig, die Zuständigk. erfordert aber eine eindeutige Regelung; auch spricht II von Aufnahme in die J Str.Anstalt, worunter wohl nur die Aufnahme zu Beginn des Str.Vollz. zu verstehen ist.

[2]) Dallinger-Lackner § 92 N 28; aA Potrykus B 4: automatischer Rückfall an den ursprüngl. VollstrL, wenn alsbald Ausnahme vom JStr.Vollz. nach § 92 II, III angeordnet wird. Aber dafür bietet das Ges. keine Handhabe; es besteht auch im Hinblick auf III kein Bedürfnis dafür; endl. bietet der Begriff „alsbald" keine sichere Abgrenzung, wie sie für eine Zuständigk. Regelung notwendig ist.

c) Die **Abgabe ist stets** (unverzichtbar: BGH 7/318, 319) **widerrufl.**; deshalb hat der abgebende JRi. Anspruch auf eine angemessene Unterrichtung, jedoch kein Kontrollrecht (BGH 7/318, 321).

d) Zuständigk. des StA: § 36 A 2b.

Zweiter Unterabschnitt
Jugendarrest

§ 86
Umwandlung des Freizeitarrestes

1) **Hw — JRecht:** § 110 I, RL 1; § 85 RL I 3. — **2) ErwG:** § 104 A 1a.

Der Vollstreckungsleiter kann Freizeitarrest in Kurzarrest umwandeln, wenn die Voraussetzungen des § 16 Abs. 3 nachträglich eingetreten sind.

1. Diese **jrichterl. Entsch.** (§ 83; s. dort A 2) ist keine Korrektur des rechtskräftigen Urteils (Beschl. nach §§ 65, 66; j richterl. Verfügung nach § 75 III), sondern die **Anpassung an nachträgl. veränderte Verhältnisse.** Die Verhältnisse müssen sich also zu einem Zeitpunkt geändert haben, in dem ihre Berücksichtigung bei der Entsch. tatsächl. oder rechtl. [s. § 57 A 2a (2)] nicht mehr mögl. war; ob die bes. Verhältnisse dem Ger. damals unbekannt waren, ist ohne Bedeutung. Da die rechtskräftige Entsch. nicht geändert werden darf, muß der feste Umwandlungsmaßstab des § 16 III S 2 beachtet werden, dh 1 Freizeitarrest = 2 Tage Kurzarrest, 2 = 4, 3 = 6, 4 = 6, hier jedoch niemals 1, 3, 5 oder 7 Tage (§ 16 III S 3, Dallinger-Lackner N 10; aA Potrykus B 2: 4 Freizeiten = 6 Tage + 1 Freizeit, ggf § 87 III). Auch Teilumwandlung (von vornherein oder nach Teilverbüßung) ist mögl., doch nur ausnahmsweise angebracht (zB 4 Freizeiten = 2 Freizeiten, 4 Tage).

2a) Die **Voraussetzungen des § 16 III S 1,** müssen vorliegen; Gründe des Vollz sind unbeachtl.; doch kann eine Verzögerung der Vollstr. bei Überbelegung des Freizeitarrestes ein erz. Grund sein (Dallinger-Lackner N 5, Potrykus B 1). Die Umwandlung liegt im pflichtgem. Ermessen des — grds nachträgl. zuständigen (§ 85 A 3a) — VollstrL.

b) Wegen **Verf.,** Entsch., Anfechtung s. § 83 A 2b; gem. § 55 I kann mit der sof. Beschw. nur gerügt werden, daß die Umwandlung an sich unzulässig sei (3 Tage statt 1 Freizeit). Mitt. an Erz.Kartei unterbleibt (Potrykus B 4; aA Dallinger-Lackner N 17; aber N 2a AO Erz.Kartei spricht nur von AO; Mitt. der Umwandlung ist auch sachl. unnötig).

§ 87
Vollstreckung des Jugendarrestes

1) **Hw — JRecht:** § 110 I, RL 1; § 85 RL I 3. — **2) ErwG:** § 104 A 1a. — **3) Sold!** § 112c II, A 2a.

(1) Die Vollstreckung des Jugendarrestes wird nicht zur Bewährung ausgesetzt.

(2) Für die Anrechnung von Untersuchungshaft auf Jugendarrest gilt § 450 der Strafprozeßordnung sinngemäß.

(3) Ist Jugendarrest teilweise verbüßt, so sieht der Vollstreckungsleiter von der Vollstreckung des Restes ab, wenn dies aus Gründen der Erziehung geboten ist. Vor der Entscheidung hört er nach Möglichkeit den erkennenden Richter und den Staatsanwalt.

(4) Die Vollstreckung des Jugendarrestes ist unzulässig, wenn seit Eintritt der Rechtskraft ein Jahr verstrichen ist.

1) S. §§ 82–85, bes. RL V.

2) Bes. der JA, ein Ordnungsruf gegen gutartige Täter bei nicht zu schwerer Verfehlung, häufig mit Schockwirkung (s. bei § 16), verlangt **rasche Vollstr.**

a) (1) Eine Vollstr. längere Zeit nach der Verhängung ist sinnlos; dem beugt **IV** vor. Es kommt für die **Jahresfrist** auf die formelle Rechtskraft der AO (auch nach §§ 65, 66, 75 III), nicht der Umwandlung nach § 86 an. Die Frist wird nach §§ 187f BGB berechnet, dabei jedoch zu Gunsten des Verurteilten § 70 III StGB entspr. angewendet. Ein Ruhen oder eine Unterbrechung der Vollstr. Verjährung (§§ 71f StGB) tritt nicht ein; dies würde nur den Zweck vereiteln; überdies können die allg. Vorschriften nicht gelten, weil **IV ein Vollstr.Verbot** enthält, nicht etwa die Vollstr.Verjährung regelt[1]). (2) Die Jahresfrist darf der VollstrL nicht bewußt verstreichen lassen, auch wenn er den JA-Vollz. nicht mehr für sinnvoll hält; hier muß der Gnadenweg beschritten werden (Erlaß). (3) Nach Ablauf der Jahresfrist ist auch ein inzwischen begonnener JA-Vollz. abzubrechen.

b) Aus dem gleichen Grund ist eine **Aussetzung des JA zur Bew. verboten** (I). Dieses Verbot gilt allerdings nicht für die Gnadeninstanz; doch ist hier dem Zweck der Vorschrift Rechnung zu tragen und Zurückhaltung geboten.

c) Letzteres gilt auch für **Aufschub und Unterbrechung der Vollstr.** im Verwaltungsweg (§ 18 V, VI JAVollzO, §§ 455, 456 StPO entspr.) und im Gnadenweg; solche Maßnahmen sollten nur aus gesundheitl. Gründen, bei fortgeschrittener Schwangerschaft und während der Stillzeit getroffen werden.

3) II bringt den § 450 StPO auch für JA zur Geltung (vgl bei den StPO Erläuterungswerken). Die so berücksichtigte **UHaft** wird fiktiv als JA-Vollz. („Vollstr.Haft") behandelt, so als wäre in dem in § 450 StPO bestimmten Zeitpunkt die formelle Rechtskraft eingetreten (hM). Hierbei handelt es sich nur um eine Frage der Berechnung [s. § 83 A 2a (2)]. Wegen Anrechnung der UHaft allg. s. § 52.

4a) Das Absehen von der Vollstr. des Restes (III) ist eine jrichterl. Entsch. [§ 83; s. dort A 2a (1)]. III S 2 bringt eine Einschränkung des Zwanges (§ 33 StPO) zur Anhörung des StA (Zuständigk.: § 143 I GVG; s. § 36 A 2b; aA Potrykus B 4: StA beim erkennenden Ger.) und fordert zusätzl. „nach Möglichk." — doch rglm — die Anhörung des erkennenden JRi.; grds ist Einvernehmen mit dem erkennenden JRi. anzustreben. Im übrigen gilt für das Verf. § 83 A 2b; Mitt. an Erz.Kartei erfolgt nicht.

---

[1]) Dallinger-Lackner N 19—21; aA Potrykus B 5, der bei sonst gleichem Ergebnis — wenig konsequent — Vollstr.Verjährung annimmt.

b) Sachl. **Voraussetzung** ist, daß entweder (1) der Vollz. die erstrebte Wirkung (Selbstbesinnung, Besserungswille) schon vor der im Urteil festgesetzten Zeit hat; nach dem Höhepunkt kann leicht eine Abstumpfung eintreten; doch ist die AO grds nur gerechtfertigt, wo der Erfolg zweifelsfrei erreicht ist (allgM), oder daß (2) der Zweck des JA nicht erreichbar ist (s. § 16 RL 2), was sich erst im Vollz. herausstellen kann; bei Verwahrlosten u. Kriminellen kommt aber eine vorzeitige Entlassung grds nicht in Betracht, weil das einer erz. gefährl. Belohnung oder Bestärkung gleich käme (Dallinger-Lackner N 11).

5. Wegen des Absehens vom JA-Vollz. **bei Soldaten** mit Rücksicht auf die Besonderheiten des Wehrdienstes s. § 112c A 2a.

Dritter Unterabschnitt

Jugendstrafe

Vorbemerkung[1]).

Die Vorschriften regeln nur die **vorzeitige Entlassung**[1]) und die damit zusammenhängenden Fragen. Sie schalten als **Sondervorschriften** § 26 StGB aus (Potrykus NJW 56/658; s. § 82 Vorb. 2a). Sonst gelten die allg. Vorschriften (s. § 82 Vorb. 2b), bes. aber die §§ 82—85 mit RL, vor allem § 85 RL VI u. die JVollzO (§ 89 RL).

§ 88

Entlassung zur Bewährung während der Vollstreckung einer bestimmten Jugendstrafe

1) **Hw — JRecht:** § 110 I, RL 1; § 85 RL I 3. — 2) **ErwG:** § 104 A 1a; § 82 Vorb. 2a.

(1) Der Vollstreckungsleiter kann den zu einer bestimmten Jugendstrafe Verurteilten zur Bewährung entlassen, wenn dieser einen Teil der Strafe verbüßt hat und die Umstände erwarten lassen, daß er künftig einen rechtschaffenen Lebenswandel führen wird.

(2) Vor Verbüßung von sechs Monaten darf die Entlassung zur Bewährung nur ausnahmsweise aus besonders wichtigen Gründen angeordnet werden. Sie ist bei einer Jugendstrafe von mehr als einem Jahr nur zulässig, wenn der Verurteilte mindestens ein Drittel der Strafe verbüßt hat.

(3) Der Vollstreckungsleiter entscheidet über die Entlassung auf Antrag oder von Amts wegen nach Anhören des Staatsanwalts und des Vollzugsleiters. Dem Verurteilten ist Gelegenheit zur mündlichen Äußerung zu geben.

(4) Wird der Antrag auf Entlassung abgelehnt, so bestimmt der Vollstreckungsleiter eine Frist von höchstens sechs Monaten, vor deren Ablauf ein neuer Antrag nicht gestellt werden darf.

---

[1]) **Literatur:** Steinemann: Zur Modalität der Entlassung aus JStr. gem. §§ 88, 89 JGG, Zbl 57/5; vgl auch Reiser bei §§ 24f u. Steinemann bei §§ 91f.

(5) Ordnet der Vollstreckungsleiter die Entlassung zur Bewährung an, so stellt er den Verurteilten unter Bewährungsaufsicht. Die §§ 22 bis 26 gelten sinngemäß; an die Stelle des erkennenden Richters tritt der Vollstreckungsleiter. Auf das Verfahren und die Anfechtung von Entscheidungen sind § 58, § 59 Abs. 2 bis 4 und §§ 60 und 61 entsprechend anzuwenden.

Richtlinie hierzu siehe nach § 89.

1a) Sachl. Voraussetzung ist die Erwartung eines rechtschaffenen Lebenswandels (I; s. § 21 A 2b). Größte Bedeutung hat hier die Entwicklung im Str.Vollz.; doch sind die übrigen Faktoren daneben bedeutsam, bes. die Verhältnisse, in die der Verurteilte nach der Entlassung kommt. Über die Ermittlungen s. A 2c. Bei Zweifeln, ob diese Voraussetzung gegeben ist, ist die Entlassung unzulässig (Dallinger-Lackner N 16; ähnl. Potrykus B 2: „sollte nicht"); doch ist eine sichere Vorhersage nie mögl.; der JRi. muß versuchen, sich zu einer Entsch. durchzuringen.

b) Weitere Voraussetzung ist Teilverbüßung (II) einer bestimmten JStr. (1) Immer muß bei **JStr. über 1 Jahr mindestens $^1/_3$ verbüßt** sein (II S 2). Die Berechnung erfolgt nach allg. Grundsätzen. Angerechnete UHaft usw zählt als verbüßte Str.Zeit (BGH 6/215, OLG Köln NJW 54/205); doch sind hier wegen der beschränkten erz. Möglichk. der UHaft die sachl. Voraussetzung (A 1a) u. die übrigen Gesichtspunkte [A 2c (2)] bes. sorgfältig zu prüfen (Dallinger-Lackner N 14, 15; ähnl. Potrykus B 3). (2) **Grds sollen mindestens 6 Monate verbüßt** sein (II S 1), weil sonst rglm eine wirksame erz. Beeinflussung nicht mögl. ist (s. § 18 I); wegen der Berechnung s. o. (1). Seltene Ausnahmen sind hier nur aus bes. „wichtigen Gründen", die über die sachl. Voraussetzungen (A 1a) hinausgehen, mögl., zB bei außergewöhnlichen Leistungen, schweren Schicksalsschlägen, einmaliger Gelegenheit zur Resozialisierung in Freiheit, schädl. Einwirkungen des Vollz. auf die Persönlichkeitsentwicklung uä (Dallinger-Lackner N 11). (3) **Beide Voraussetzungen** [(1) u. (2)] **sind unabhängig** voneinander. Bei einer JStr. von 15 Monaten müssen mindestens 5 Monate verbüßt sein [o. (1)], Entlassung im 6. Monat ist aus bes. wichtigen Gründen [o. (2)] mögl. Bei einer JStr. von 18 Monaten u. mehr ist b) gegenstandslos; bei JStr. bis zu 1 Jahr gilt nur b).

c) Der **Verurteilte muß aber nicht im Str.Vollz.** sein [zB bei Str.Unterbrechung oder noch vor Str.Antritt bei angerechneter UHaft in entspr. Höhe: s. A 1b (1)] (BGH 6/215). Doch ist hier Zurückhaltung geboten (Dallinger-Lackner N 17). Vor Str.-Antritt gilt § 57.

2a) (1) Die **Entsch.** ergeht von Amts wegen oder auf Antrag (III). Ein Antrag muß baldmöglichst verbeschieden werden. Das Amtsverf. führt nur zu einer formellen Entsch., wenn die Entlassung angeordnet wird (Dallinger-Lackner N 22, 23). (2) Wird der Antrag abgelehnt, muß stets eine **Sperrfrist** gem. IV bestimmt werden, die für alle Verf.Beteiligten gilt (Dallinger-Lackner N 33; aA Potrykus B 6, der den StA gegen den klaren Wortlaut ausnehmen will). Die Dauer richtet sich nach Höhe des Str.Restes u. Entlassungsreife; sie ist selbständig gem.

§ 83 S 2 anfechtbar. Ein Antrag in der Sperrfrist ist unzulässig, kann aber (als Anregung) zu einem Verf. von Amts wegen führen.

b) Zuständig ist der zZ der Entsch. als VollstrL amtierende JRi. (s. §§ 84f, § 85 A 2, 4).

c) Es handelt sich um ein **jrichterl. Verf.**; wegen der Einzelheiten, auch der Anfechtbark. s. § 83 A 2b. Wegen der bes. Bedeutung gelten Besonderheiten: (1) hinsichtl. der **Anhörung** (III). Der VollzL muß gehört werden, am besten im Rahmen einer Beamtenkonferenz (Näheres s. Holzschuh JWohl 50/102); dieser legt seine Meinung (nicht die der Mehrheit der Konferenz) schriftl. nieder. Der Verurteilte muß mündl. gehört werden, möglichst unter vier Augen (a. der gesVertr. u. einErzBer.; § 67 schreibt nicht die Art der Anhörung vor); er erhält dadurch Gelegenheit zu umfassender Äußerung, der JRi. zur ergänzenden Persönlichkeitserforschung; gegen den Willen des Verurteilten sollte die Entlassung grds nicht angeordnet werden. Der VollstrL muß den J selbst anhören; nur ausnahmsweise ist Anhörung durch einen anderen JRi. im Wege der Rechtshilfe mögl. Die Anhörung des JStA (Zuständigk.: § 143 I GVG, s. § 36 A 2b) erfolgt zweckmäßig nach Abschluß der Ermittlungen auf Grund der Akten schriftl. — (2) Die **jrichterl. Entsch.** (§ 83) **ergeht** nach eingehender, weithin persönl. (§ 85 RL VI 7) Persönlichkeitserforschung in richterl. Unabhängigk. nach pflichtgem. Ermessen. Auch wenn die Voraussetzungen [A 1, 2a (2)] vorliegen, kann die Entlassung unterbleiben, zB wenn noch keine einwandfreie Unterkunft oder Arbeitsmöglichk. gefunden ist, die Entlassung sonst nicht genügend vorbereitet ist (s. Loesch BewH 54/55 S 145f) oder aus dem Sühne-Gedanken. Dabei sind die Ziele der Entlassung zur Bew. zu berücksichtigen, näml. (a) Anreiz für gute Führung nach Entlassung, (b) Erleichterung des Übergangs in die Freiheit durch Aufsicht u. Hilfe (progressiver Str.Vollz!), (c) Belohnung für gute Leistungen in der Anstalt, (d) nachträgl. Korrektur des Urteils (vgl § 18 A 3a). Die Punkte (a) u. (b) werden fast immer eine vorzeitige Entlassung ratsam sein lassen (Dallinger-Lackner N 18) und oft Anlaß sein, eine noch bestehende FE aufzuheben (Potrykus NJW 55/245).

3a) Für die Nebenentsch. gilt bei Entlassung zur Bew. gem. V grds dasselbe wie bei StrAzBew. (vgl die A zu den in V genannten Paragraphen). — Bei der Bew.Aufsicht überwiegt hier das Fürsorge-Element; als Aufl. kommen vor allem Weisungen (Aufenthalt, Arbeit, Befolgung der AO des BewH) in Betracht; denn das Unrecht der Tat und das Einstehen dafür sind durch den Str.Vollz. schon nachdrückl. vor Augen geführt.

b) Zuständig ist der VollstrL. Dieser kann die Vollstr. und damit auch die in V erwähnten Entsch. gem. § 85 III aus wichtigen Gründen **widerrufl. abgeben**; die Entlassung z. Bew. stellt rglm einen wichtigen Grund dar. Demgegenüber hat die Abgabe der Bew.Entsch. allein (V, § 58 II S 2, 3) nur geringe praktische Bedeutung. Doch sind die letztgenannten Vorschriften die Grundlage für die weithin geübte und begrüßenswerte Praxis, daß sich der abgebende VollstrL die Entsch. über den Widerruf der Entlassung z. Bew. und über den endgültigen Erlaß der JStr. vorbehält; diese **Vorbehalte**

kann das OberGer. nicht nachprüfen, da es sich um ErmessensEntsch. handelt (BGH 7/318, 321f). Auch diese Teil-Übertragung kann als Übertragung von Entsch. des VollstrL jederzeit widerrufen werden (BGH 7/318ff, Dallinger-Lackner N 37). Wegen Einzelheiten s. §§ 58 A 3b—d, 85 A 4b—d; der übernehmende JRi. kann seinerseits in keinem Falle weiter- oder zurückübertragen (vgl §§ 85 A 4a (1), 58 A 3c (2) aE). — **Zweckmäßig** ist, wenn der abgebende VollstrL noch den BewH bestimmt und die ersten Bew.Aufl. festsetzt, also sicherstellt, daß die Betreuung mit der Entlassung beginnen kann (Loesch BewH 54—55/145f), der übernehmende aber erst den Bew.Plan aufstellt.

c) **In der Bew.Zeit** ist auch gute **Zusammenarbeit** mit dem VollzL und den Betreuungsstellen geboten (s. §§ 72ff JVollzO).

4) Wegen der **bes.AO** bei Entlassung zur Bew. und bei Erlaß des Str.Restes s. § 89 RL; wegen der Mitt. an das StReg. s. § 94 RL 3, wegen sonstiger Mitt. s. MiStra § 31—35, bes. 32 I i.

5. **Entlassung zur Bew.** ist **auch im Gnadenweg** mögl. Doch sollte hier gerichtl. Entsch. weder vorgegriffen noch sollten diese gar in erz. bedenkl. Weise beseitigt werden (Dallinger-Lackner N 42).

§ 89

Entlassung während der Vollstreckung einer Jugendstrafe von unbestimmter Dauer

1) **Hw — JRecht:** § 110 I, RL 1; § 85 RL I 3. — 2) **ErwG:** § 104 A 1a; § 82 Vorb. 2a.

(1) Der Vollstreckungsleiter entläßt den zu einer Jugendstrafe von unbestimmter Dauer Verurteilten zur Bewährung, wenn dieser das Mindestmaß seiner Strafe verbüßt hat und die Umstände erwarten lassen, daß er künftig einen rechtschaffenen Lebenswandel führen wird.

(2) Die Vorschriften des § 88 Abs. 3 bis 5 gelten sinngemäß.

(3) Zugleich mit der Anordnung der Entlassung wandelt der Vollstreckungsleiter die Jugendstrafe von unbestimmter Dauer in der Weise in eine bestimmte um, daß für den Fall des Widerrufs der Entlassung eine Reststrafe zu vollstrecken ist. Diese beträgt mindestens drei Monate und höchstens ein Jahr. Sie darf zusammen mit dem bereits verbüßten Teil der Strafe das Höchstmaß der Jugendstrafe von unbestimmter Dauer nicht überschreiten.

(4) Wenn es aus besonderen Gründen geboten erscheint, kann der Vollstreckungsleiter die Entlassung auch endgültig anordnen. Dabei wandelt er die Jugendstrafe von unbestimmter Dauer in der Weise in eine bestimmte um, daß die Strafe im Zeitpunkt der Entlassung verbüßt ist.

Richtlinie zu §§ 88 und 89:

Auf die Vorschriften der Jugendstrafvollzugsordnung, auf die Anordnung der **beschränkten Auskunft nach § 96 Abs. 2 und auf die Beseitigung des Strafmakels nach § 96 Abs. 3 wird hingewiesen.**

1a) Sachl. Voraussetzung ist auch hier die Erwartung eines rechtschaffenen Lebenswandels. Es gilt das § 88 A 1a Gesagte (vgl auch Meyer: Die Rückfallprognose bei unbestimmt verurteilten J, sowie – zusammenfassend – in DRiZ 57/294). Tritt zB bei Unerziehbaren diese Voraussetzung nicht ein, muß das Höchstmaß verbüßt werden (Dallinger-Lackner N 9). Auch sonst ist zu bedenken, daß grds nur schwer durchschaubare, stark gefährdete J zu unbestJStr. verurteilt werden und daß eine zu frühe Entlassung alle bisherigen Bemühungen um ihren Erfolg bringen kann.

b) Weitere unabdingbare Voraussetzung ist die Verbüßung des Mindestmaßes der Str., das rglm im Urteil festgesetzt ist, sonst 6 Monate beträgt (§§ 18 I, 19 II S 2). Wegen der Berechnung, bes. wegen Anrechnung von UHaft s. § 88 A 1b (1); zu beachten ist jedoch nur die auf das Mindestmaß angerechnete UHaft (vgl § 52 A 4); dagegen wirkt sich nach § 450 StPO zu berücksichtigende UHaft immer voll aus. Der UHaft steht die sonst anrechenbare Freiheitsentziehung (s. § 52 A 1a) gleich.

2a) (1) **Liegen die Voraussetzungen vor, muß die Entlassung ausgesprochen werden** (I; Dallinger-Lackner N 10). UnbestJStr. erhält ihre eigentl. Bemessung erst im Vollstr.Verf.; sie darf nach dem Grundsatz der Subsidiarität des Freiheitsentzuges (§ 5 A 2, Einf. II 2a) nur so lange aufrecht erhalten werden, als nicht die Aussichten auf eine günstige Entwicklung in Freiheit — grds unter Aufsicht (A 2b) — die erz. Möglichk. des Vollz. überwiegen (Dallinger-Lackner N 3). (2) Liegen die Voraussetzungen nicht vor, ist die Entlassung unzulässig (Dallinger-Lackner N 9; s. § 88 A 1a). (3) **Andere Umstände dürfen** — im Gegensatz zu § 88 („kann") — **nicht berücksichtigt werden, soweit** sie nicht für die Erwartung eines rechtschaffenen Lebenswandels Bedeutung haben (Dallinger-Lackner N 10).

b) (1) **Die Entlassung erfolgt in der Regel (III) zur Bew.** Dadurch wird der abrupte Übergang in die Freiheit vermieden und die Möglichk. geschaffen, den Entlassenen zu leiten und zu beeinflussen; dazu vgl II, § 88 V, A 3a. (2) Die **endgültige Entlassung muß** — wie auch der Ges.Wortlaut (IV) zeigt — **die seltene Ausnahme sein** (Dallinger-Lackner N 14, Potrykus B 5). Sie kann bei außergewöhnl. Verdiensten angebracht sein, vor allem aber dann, wenn ein erz. sinnvolle RestStr. nicht mehr bleibt [s. a u. § 88 A 2c (2)].

c) In jedem Fall der Entlassung muß die unbestimmte (einschl. des schon verbüßten Teiles) **in eine bestimmte JStr. umgewandelt werden** (III, IV S 2). (1) Bei der **Berechnung** ist vom Entlassungstag auszugehen und danach folgende Zeit zu berechnen (Dallinger-Lackner N 18—25): (a) der tatsächl. Str.Verbüßung + (b) eines Freiheitsentzuges (§ 52 A 1a), der auf die MindestStr. anzurechnen ist + (c) eines Freiheitsentzuges, der nur auf die HöchstStr. angerechnet wurde, in dem Umfang, in dem er bei der Umwandlung angerechnet wird, bei Entlassung z. Bew. stets voll [s. u. (3) (b)] + (d) — nur bei Entlassung zur Bew. — zur Bew. auszusetzende RestStr. (2) Die **Entsch. enthält** (a) die AO und den Tag der Entlassung, (b) die Höhe der Umwandlungs-Str. mit Angabe über Anrechnung der UHaft, (c) — bei Entlassung zur Bew. — die Höhe des Str.Restes (Dallinger-Lackner N 26). Die bloße Festsetzung der RestStr. genügt also nicht [Dallinger-Lackner N 17; **wichtig für EinheitsStr., s. § 31 A 4b (3)**]. — (3) **Höhe**

der RestStr. (III S 2): (a) mindestens 3 Monate, grds aber nicht unter 6 Monaten (vgl § 18 I S 1 u. RL 1), (b) höchstens 1 Jahr; sie darf aber nicht höher sein als das Höchstmaß nach Abzug der tatsächl. verbüßten Str.Zeit und der gesamten — auf Mindest- u. Höchstmaß — angerechneten UHaft (BGH 10/21, 24f.).

3. Für das **Verf.** gilt das in § 88 A 2 Gesagte (II) mit der sich aus § 89 A 2a (1) ergebenden Einschränkung gegenüber § 88 A 2c (2); wegen des Gnadenweges s. § 88 A 5; wegen bes. AO s. RL; wegen der Mitt. s. § 88 A. 4. Wegen der allg. Vorschriften s. § 88 Vorb.

Zweiter Abschnitt
Vollzug

Vorbemerkung: s. § 82 Vorb. 1.

§ 90
Jugendarrest

1) Hw — JRecht: § 110 I. — **2) ErwG:** § 104 A 1a. — **3) Sold!** § 112c IV, A 2b; § 90 A 2b (2).

(1) Der Vollzug des Jugendarrestes soll das Ehrgefühl des Jugendlichen wecken und ihm eindringlich zum Bewußtsein bringen, daß er für das von ihm begangene Unrecht einzustehen hat.

(2) Der Jugendarrest wird in Jugendarrestanstalten oder Freizeitarresträumen der Landesjustizverwaltung vollzogen. Vollzugsleiter ist der Jugendrichter am Ort des Vollzugs. An Fürsorgezöglingen, die sich in Heimerziehung befinden, kann der Vollstreckungsleiter im Einvernehmen mit der Fürsorgeerziehungsbehörde Jugendarrest in der Fürsorgeerziehungsanstalt vollziehen lassen.

(3) Im Freizeitarrest und im Kurzarrest bis zu zwei Tagen kann der Jugendliche vereinfachte Kost und hartes Lager erhalten.

(4) Der Kurzarrest von mehr als zwei Tagen und der Dauerarrest können durch strenge Tage verschärft werden, an denen der Jugendliche vereinfachte Kost und hartes Lager erhält.

Richtlinie zu § 90:

Für den Vollzug des Jugendarrestes in Vollzugseinrichtungen der Landesjustizverwaltungen bestimmt die Jugendarrestvollzugsordnung das Nähere.

1a) Durch den **Vollz. des JA** soll der Zweck der ZuchtM allg. erreicht werden (s. § 13 I, A 1). Daraus und aus seiner Dauer ergibt sich, daß im JA Vollz. **keine Umgestaltung der Persönlichk.** vorgenommen werden kann und soll. Der JA soll ein unüberhörbarer — häufig schockartiger — **Ordnungsruf** sein und **zur Selbstbesinnung** führen. Dementspr. ist er auszugestalten. Einzelheiten über den Vollz. enthält die in den meisten Ländern zZ (s. § 115) noch geltende JAVollzO (s. RL). Die notwendigen Verwaltungs- u. Wirtschaftsbestimmungen bringt die ebenfalls in den meisten Ländern noch geltende JAGO. Beide Verwaltungsvorschriften sind bindend (s. A 2a).

b) (1) Der J muß demnach **im Vollz.** voll durch sinnvolle Arbeit und gemeinsame Veranstaltungen wie Sport, Unterricht (11—13 JAVollzO) beansprucht und streng, aber sachl. und gerecht (4, 10 JAVollzO) gehalten werden. Die seelsorgerische Betreuung muß gewährleistet sein; für die freie Zeit sollte jedenfalls später geeigneter Lesestoff vorhanden sein (14 JAVollzO). Wichtig ist die persönl. Aussprache mit dem VollzL (5 JAVollzO) und die fürsorgerische Betreuung nach der Entlassung (22—24 JAVollzO); Besinnungsaufsätze können förderl. sein. (2) Absolut notwendig für die Selbstbesinnung ist der Einzelvollz. (7, 25 JAVollzO), der später nur kurzfristig für gemeinschaftl. Veranstaltungen gelockert werden sollte; auch Besuche u. Schriftverkehr sollen nicht ablenken (15 JAVollzO). Bei der Ausübung der **Hausstrafgewalt** (20 JAVollzO; V u. VI gelten nicht mehr) ist Zurückhaltung anzuraten; **§ 115 II ist zu beachten.** — (3) Zur Intensivierung des Vollz. dienen die **strengen Tage** (hartes Lager, vereinfachte Kost: III, IV; s. 19, 25 II—IV JAVollzO). Ihre Anwendung steht im Ermessen des VollzL, der bei der Ausübung von den Vorstellungen des Ges.Gebers ausgehen muß, also etwa strenge Tage nicht allg. ablehnen darf; entgegenstehendes Landesrecht ist unbeachtl. (Dallinger-Lackner N 12; Potrykus B 8). Entscheidend sind gesundheitl., erz. u. disziplinäre Gründe. Bei Freizeitarrest wird ein strenger Tag die Regel sein (Dallinger-Lackner N 11, Potrykus B 8); bei Dauerarrest sollte über 8 JAVollzO nicht hinausgegangen werden.

2. Der JA-Vollz. ist eine Angelegenheit der Verwaltung.

a) (1) Die **Einrichtung** der JA-Anstalten und der Freizeitarresträume (nur für Freizeitarrest u. Kurzarrest bis zu 3 Tagen: 1 I S 2 JAVollzO) ist Sache der Länder (II S 1; s. JAVollzO 1). (2) **VollzL ist der JRi.** am Ort des Vollz. (II S 2), der insoweit Verwaltungsbeamter ist, dem Vorstand einer Str.Anstalt vergleichbar. Wo kein JRi. ist oder mehrere JRi. sind, wird ein JRi. von der höheren Vollz.Behörde (2 II JAVollzO) zum VollzL bestellt (2 I JAVollzO). Dieser JRi. ist auch VollstrL (§ 85 I). (3) Gegen Maßnahmen des Vollz. gibt es die verwaltungsrechtl. **Dienstaufsichtsbeschw.;** der durch Art. 19 IV GG eröffnete Rechtsweg ist der vor dem (J) Str.Ger. (§ 458 StPO entspr.). (4) Während des Vollz. sind die zu **JA Verurteilten Gefangene** im Sinne der §§ 120, 347 StGB (Dallinger-Lackner N 39, Potrykus B 3). Haftkosten fallen aber ebensowenig an wie Arbeitsentschädigung.

b) (1) JA gegen einen **Fürsorgezögling kann** ausnahmsweise (Dallinger-Lackner N 38, Potrykus B 6) auch in dem **FE-Heim** vollzogen werden, in dem sich der Verurteilte befindet (II S 3; s. § 85 RL V 2). VollzL ist dann der Leiter des FE-Heimes; der JRi. als VollstrL hat keinen Einfluß auf die Gestaltung des Vollz. JAVollzO u. JAGO gelten nicht; die FE-Behörde bestimmt die Art der Vollstr. und trägt die Kosten; die FE wird dabei nicht unterbrochen. Dienstaufsichtsbeschw. gegen Maßnahmen des Vollz. werden im Verwaltungsweg der FE-Behörden entschieden. (2) **Bei Soldaten** muß **JA immer** durch die Behörden der **Bundeswehr** vollzogen werden (§ 112c IV S 1; Näheres s. § 112c A 2b).

§ 91

Aufgabe des Jugendstrafvollzugs[1])

1) Hw — JRecht: § 110 I; RL 2; vgl § 92 II. — **2) ErwG:** § 104 A 1a.

(1) Durch den Vollzug der Jugendstrafe soll der Verurteilte dazu erzogen werden, künftig einen rechtschaffenen und verantwortungsbewußten Lebenswandel zu führen.

(2) Ordnung, Arbeit, Unterricht, Leibesübungen und sinnvolle Beschäftigung in der freien Zeit sind die Grundlagen dieser Erziehung. Die beruflichen Leistungen des Verurteilten sind zu fördern. Lehrwerkstätten sind einzurichten. Die seelsorgerische Betreuung wird gewährleistet.

(3) Um das angestrebte Erziehungsziel zu erreichen, kann der Vollzug aufgelockert und in geeigneten Fällen weitgehend in freien Formen durchgeführt werden.

(4) Die Beamten müssen für die Erziehungsaufgabe des Vollzugs geeignet und ausgebildet sein.

Richtlinie zu § 91:

Über den Vollzug der Jugendstrafe ist das Nähere in der Jugendstrafvollzugsordnung bestimmt.

1. Das Ges. gibt nur einige allg. Richtlinien; die RL verweisen deshalb auf die **JVollzO,** die in den meisten Ländern, wenn auch zum Teil überlagert durch neuere Vorschriften, zZ noch (§ 115) gilt. Ein näheres Eingehen auf dieses weite Sondergebiet würde den Rahmen dieser Arbeit sprengen, zumal die Organe des JGVerf. in den JStr.Vollz. nicht eingeschaltet sind (A 2e). Eine gedrängte, doch inhaltsreiche Einf. ist bei Dallinger-Lackner zu § 91 zu finden.

2. Hier sei nur auf folgendes hingewiesen:

a) Auch der **JStrVollz. ist echter Str.Vollz.,** der durch seine nüchterne und sachl. Strenge (§ 20 JVollzO) die Sühnebereitschaft wecken soll. Auf dieser Grundlage aber muß alles getan werden, um den Gefangenen zu einem rechtschaffenen und verantwortungsbewußten Lebenswandel zu erziehen (I, § 21 JVollzO). Diese erz.Bemühungen müssen individuell erfolgen und dürfen grds (a. § 92 II) nicht aufgegeben werden; die individuelle Behandlung erfordert eine Aufgabenteilung durch Schaffung von Sonderanstalten oder Sonderabteilungen (etwa bei unbestJ-Str., Psychopathen, Störern uä; s. §§ 3, 7 JVollzO). Eine Aufteilung in verschiedene

---

[1]) **Literatur:** Fratzscher: Der JStr.Vollz. Seine Entgegensetzung zum Erw.Str.Vollz., seine Einrichtung und seine erz. Möglichkeiten, SchlHA 58/149; Krüttner: JStr.Vollz. Zbl 53/133; Steinemann: Der JG Beschl. für Gefangene im JStr.Vollz. Zbl 57/62. — Vgl auch bei § 19 über den Vollz. der unbestJStr.

Erz.Gruppen (11 JVollzO) innerhalb der Anstalt ist unumgängl., was eine eingehende Persönlichkeitserforschung zu Beginn der Haftzeit voraussetzt (Beobachtungsabteilung: § 22ff JVollzO).

b) Die Erz. erfordert (II) eine feste Ordnung, die um so besser ist, je weniger sie sich auf Zwang stützt, eine gerechte, sachl. Behandlung sowie eine einfache, doch nicht kalte Unterbringung u. Lebenshaltung. Ihr dient die Arbeit entspr. Veranlagung u. Neigung, bes. die berufl. Aus- u. Fortbildung in eigenen Lehrwerkstätten für möglichst viele und verschiedenartige Berufe (§§ 29ff JVollzO). Daneben müssen allg. Unterricht (§§ 36ff JVollzO), Leibesübungen (§§ 43ff JVollzO) und eine sinnvolle Freizeitgestaltung (§§ 48ff JVollzO) treten. Bes. die Freizeitgestaltung ist wichtig; sie soll den Gefangenen auch für die Zeit nach der Entlassung anregen. Die seelsorgerische Betreuung kann eine wesentl. Grundlage für die Besserung des Täters sein; doch darf sie dem Gefangenen nicht gegen seinen Willen aufgezwungen werden. Der Verkehr mit der Außenwelt darf nicht die erz. Bemühungen beeinträchtigen (§§ 56f JVollzO).

c) **Hausstrafen** (§§ 58ff JVollzO) können nicht entbehrt werden; doch sind sie häufig nur ein Anzeichen dafür, daß die erz.Bemühungen nicht zu dem gewünschten Erfolg geführt haben. **Beachte § 115 II.**

d) Die Zeit der **Entlassung** (s. §§ 61ff JVollzO) muß nicht nur durch umfangreiche fürsorgerische Maßnahmen (Wohnung, Arbeit, Kontakt mit beispielhaften, erz.befähigten Menschen) **vorbereitet,** sondern der Übergang in die Freiheit vor allem durch die Methoden des **progressiven Str.Vollz.** erleichtert werden. Während der Gefangene nach der Einlieferung streng gehalten und angeleitet werden muß, müssen ihm später immer mehr Freiheiten eingeräumt, mehr Selbstverantwortung übertragen werden; am Ende soll er so weit sein, daß er sich aus eigenem Antrieb für das Gute und gegen das Böse entscheidet. Deshalb gestattet das Ges. die **Auflockerung des Vollz.** (III) und schützt damit die Beamten vor Str. (§ 347 StGB), wenn sie ein erz.notwendiges Wagnis eingehen.

e) Den schweren Anforderungen können nur **bes. qualifizierte Vollz.Beamte** genügen. Neben der Begabung u. Neigung, mit jungen Menschen umzugehen und ihnen Vorbild zu sein, müssen sie entspr. geschult und fortgebildet werden (IV). Dies gilt nicht nur für den VollzL, einen höheren Verwaltungsbeamten (10 JVollzO) u. die Gruppen-Leiter (11 JVollzO), sondern für alle Lehrer, Fürsorger, Werk- u. Aufsichtsbeamte (12, 14 JVollzO), zumal letztere meist in bes. enger Berührung mit den Gefangenen stehen. Auch müssen solche Beamte in genügender Anzahl vorhanden sein.

§ 92

Jugendstrafanstalten

1) Hw — JRecht: § 110 I, RL 2. — **2)** **ErwG:** § 104 A 1a.

(1) Die Jugendstrafe wird in Jugendstrafanstalten vollzogen.

(2) An einem Verurteilten, der das achtzehnte Lebensjahr vollendet hat und sich nicht für den Jugendstrafvollzug eignet, braucht die Strafe nicht in der Jugendstraf-

anstalt vollzogen zu werden. Jugendstrafe, die nicht in der Jugendstrafanstalt vollzogen wird, wird wie Gefängnisstrafe vollzogen. Hat der Verurteilte das vierundzwanzigste Lebensjahr vollendet, so soll Jugendstrafe wie Gefängnisstrafe vollzogen werden.

(3) Über die Ausnahme vom Jugendstrafvollzug entscheidet der Vollstreckungsleiter.

Richtlinie zu § 92:

Wegen der Einweisung in die Jugendstrafanstalt und der Ausnahme vom Jugendstrafvollzug wird auf Abschn. VI Nr. 2 der Richtlinien zu §§ 82 bis 85 hingewiesen.

1a) Der JStr.Vollz. ist ein Sondervollz. (I). Das Ges. erstrebt die radikale Trennung, weil die eigenständigen Methoden des JStrVollz. (§ 91 A 2) leiden müssen, wenn die JStr.Anstalt in eine allg. Str.Anstalt eingegliedert ist, wie es leider noch immer vorkommt.

b) VollzL (= Vollz.Behörde) ist der Leiter der JStr.Anstalt (10 JVollzO), oberste Aufsichtsbehörde ist das Landesministerium (Senat) der Justiz. Die höhere Vollz.Behörde — in den Ländern abw. — ist der GStA beim OLG, eine Abteilung des Ministeriums oder ein bes. Amt.

c) Gegen Maßnahmen des Vollz. ist die Dienstaufsichtsbeschw. im Verwaltungsweg gegeben; der durch Art. 19 IV GG eröffnete Rechtsweg ist der vor dem (J-) Str.Ger. (§ 458 StPO entspr.).

2a) Grds ist jede JStr. (ggf auch Gefängnis bei jungen Verurteilten: § 114) in einer JStr.Anstalt zu vollziehen (I). Ausnahmen (s. A 2b) von diesem Grundsatz kann in allen Fällen nur der VollstrL anordnen (III), dessen Aufgabe es allg. ist, die Einweisung in eine Anstalt vorzunehmen (§ 82 Vorb. 1); zu den Aufgaben des VollzL gehört das in keinem Fall (ausführl. Dallinger-Lackner N 26, ebenso Potrykus B 5; vgl § 85 RL VI 2).

b) Ob und in welchem Umfang **Ausnahmen** mögl. sind, richtet sich **nach dem Alter** zZ der Entsch. (II); Berechnung: § 1 A 2b. (1) **Bei J bis 18 Jahren** gibt es keine Ausnahme vom JStr.Vollz. (2) Ist der zu JStr. Verurteilte schon **über 24 Jahre alt,** kann er rglm mit den Methoden des JStr.Vollz. nicht mehr erzogen werden. Hier muß grds (Ausnahmen in Sonderfällen, etwa bei einem noch kurzen Str.Rest, sind mögl.) die JStr. in einem Gefängnis verbüßt werden. (3) Zu JStr. Verurteilte **zwischen 18 u. 24 Jahren** können ausnahmsweise aus dem JStr. Vollz. herausgenommen werden (s. RL), wenn sie für diesen nicht geeignet sind (darüber vgl § 114 RL 1), näml. (a) wenn die erz. Einwirkung bei ihnen keinen Erfolg verspricht (Vorsicht: sehr schwere Prognose mit vielen Fehlerquellen; kein Schaden durch Belassen im JStrVollz.); oder (b) wenn sie den JStrVollz. aktiv oder passiv so erhebl. stören oder voraussichtl. stören werden, daß die Erz. der Mitgefangenen gefährdet wird. Weitere Gründe für eine Ausnahme gibt es nicht; auch die genannten Gründe sind eng auszulegen, da dem J durch die Ausnahme vom JStrVollz. ein anderes (s. § 17 A 1a) als das gegen ihn verhängte Str.Übel auferlegt wird.

c) (1) **Die Entsch. des VollstrL** (= JRi.) nach A 2b (3) ist eine **verwaltungsrechtl. Ermessensentsch.** in Weisungsgebundenheit, bei der auch die Möglichk. der jeweiligen JStr.Anstalt zu berücksichtigen sind. Sie erfordert wegen der einschneidenden Bedeutung sorgfältigste Vorbereitung (grds Beobachtung in der JStr.Anstalt: RL; Gutachten der JStr.Anstalt; grds Anhörung des Verurteilten, des gesVertr., eines ErzBer., ggf der JGH); deshalb müssen auch 18—24jährige zur Verbüßung einer JStr. grds zunächst in die JStr.Anstalt eingewiesen werden (§ 85 RL VI 2 S 2, 4). Die Entsch. sollte (Dallinger-Lackner N 34; aA Potrykus B 5: muß; aber § 34 StPO gilt hier nicht) stets eingehend begründet sein. (2) Mit der AO der Ausnahme weist der VollstrL den Verurteilten in die zuständige Erw.Vollz.Anstalt ein (5 III S 2, 6 VI S 2 JVollzO). Dadurch ändert sich die Vollstr.Zuständigk. nicht; doch ist rglm Übertragung gem. § 85 III zweckmäßig (s. § 85 A 4b u. FN).

d) Zuständigk.: s. §§ 84, 85 II; § 85 A 2, 4. **Anfechtbark.** s. § 83 A 1b (1); es handelt sich um eine die Vollstr., nicht den Vollz. betreffende Entsch. (Dallinger-Lackner N 31; vgl. § 82 Vorb. 1 u. o. A 2a).

§ 93

Untersuchungshaft[1])

1) Hw: § 110 I, II; § 93 A 4b. — **2)** Abs. I, II: **ErwG:** § 104 A 1a; — Abs. III: ErwG: § 104 III, A 1a, 2; § 93 A 4a.

(1) An Jugendlichen wird die Untersuchungshaft nach Möglichkeit in einer besonderen Anstalt oder wenigstens in einer besonderen Abteilung der Haftanstalt oder, wenn Freiheitsstrafe nicht zu erwarten ist, in einer Jugendarrestanstalt vollzogen.

(2) Der Vollzug der Untersuchungshaft soll erzieherisch gestaltet werden.

(3) Den Vertretern der Jugendgerichtshilfe und, wenn der Beschuldigte unter Schutz- oder Bewährungsaufsicht steht, dem Helfer ist der Verkehr mit dem Beschuldigten in demselben Umfang wie einem Verteidiger gestattet.

Richtlinie zu § 93:

Über den Vollzug der Untersuchungshaft sind in Nr. 1 Abs. 4, Nr. 13, Nr. 22 Abs. 4, Nr. 77 bis 85 der Untersuchungshaftvollzugsordnung nähere Bestimmungen getroffen.

Auszug aus der
Untersuchungshaftvollzugsordnung (UVollzO)
vom 12. 2. 53 i. d. Fassung vom 1. 8. 54.

. . . . .

1.) . . . (4) Bei Gefangenen unter einundzwanzig Jahren (jungen Gefangenen) wird die Untersuchungshaft erzieherisch gestaltet.

---

[1]) **Literatur:** s. § 72 FN 1.

. . . . .

13.) Junge Gefangene

(1) An jungen Gefangenen (Nr. 1 Abs. 4) wird die Untersuchungshaft in besonderen Anstalten oder wenigstens in besonderen Abteilungen vollzogen. Hiervon darf ausnahmsweise abgesehen werden.

(2) Junge Gefangene, die keine Freiheitsstrafe zu erwarten haben, können auch in Jugendarrestanstalten verwahrt werden.

. . . . .

19.) Anrede

Untersuchungsgefangene über achtzehn Jahre werden mit „Sie“ angesprochen. Außerdem ist die im bürgerlichen Leben übliche Anrede zu gebrauchen; Titel und Amtsbezeichnungen sollen in der Regel vermieden werden.

. . . . .

22.) . . . (4) Junge Gefangene (Nr. 1 Abs. 4) sind von erwachsenen Gefangenen zu trennen.

Achter Abschnitt

Junge Untersuchungsgefangene

77.) Zuständiger Richter

In Verfahren gegen Jugendliche und Heranwachsende gilt die Vorschrift der Nr. 2 mit der Maßgabe, daß an die Stelle des Amtsrichters der Jugendrichter tritt (§§ 34, 107 des Jugendgerichtsgesetzes). Der zuständige Richter kann in Verfahren gegen Jugendliche die richterlichen Entscheidungen, welche die Untersuchungshaft betreffen, aus wichtigen Gründen sämtlich oder zum Teil einem anderen Jugendrichter übertragen (§ 72 Abs. 5 des Jugendgerichtsgesetzes).

78.) Trennung

(1) Mit erwachsenen Gefangenen dürfen junge Untersuchungsgefangene (Nr. 1 Abs. 4) nicht zusammenkommen (vgl. Nr. 22 Abs. 4). Mit besonders ausgewählten erwachsenen Untersuchungsgefangenen darf ein junger Gefangener ausnahmsweise vorübergehend zusammengelegt werden, wenn es sein Wohl dringend erforderlich macht; der Anstaltsarzt ist vorher zu hören.

(2) Werden junge Gefangene in gemeinsamer Haft zusammengelegt, so sind Entwicklung und Reife der Gefangenen sowie erzieherische Gesichtspunkte zu berücksichtigen.

79.) Persönlichkeitserforschung

(1) Der Anstaltsleiter und die von ihm beauftragten Beamten sollen sich mit der Erforschung der Persönlichkeit des jungen Gefangenen befassen. Sie dient dem Ziele, für die Beurteilung der Persönlichkeit des jungen Gefangenen Unterlagen zu gewinnen und so die richtige Behandlung im Vollzug der Untersuchungshaft wie auch die richtige Entscheidung in der Strafsache zu erleichtern.

(2) Die Persönlichkeitserforschung ist in Zusammenarbeit mit den Organen der Jugendgerichtshilfe durchzuführen. Besonderer Wert ist zu legen auf die Feststellung der seelischen, geistigen und körperlicben Eigenart des jungen Gefangenen, auf seine Lebensgeschichte, die Schul- und Berufsbildung sowie die persönlichen und sozialen Verhältnisse. Der Gefangene ist zu beobachten und sein Verhalten laufend schriftlich festzuhalten. Jeder junge Gefangene hat alsbald nach der Aufnahme seinen Lebenslauf niederzuschreiben.

(3) Das Ergebnis der Persönlichkeitserforschung ist dem Richter oder dem Staatsanwalt mitzuteilen (Nr. 8).

80.) Erzieherische Gestaltung

(1) Bei der erzieherischen Gestaltung des Vollzugs der Untersuchungshaft an jungen Gefangenen ist auf die körperliche, geistige und seelische Entwicklung Rücksicht zu nehmen.

(2) Der junge Gefangene ist aus erzieherischen Gründen zur Arbeit verpflichtet. Es sind möglichst Arbeiten auszuwählen, die dem Erziehungszweck dienen. Die Hälfte der Arbeitsbelohnung ist als Rücklage gutzuschreiben. Erzieherisch wertvolle Selbstbeschäftigung ist zu fördern.

(3) Dem jungen Gefangenen soll Unterricht erteilt werden. Ist die Teilnahme am gemeinsamen Unterricht nicht gestattet, so soll wenigstens in Anstalten mit eigenen Erziehungsbeamten erzieherische Fortbildung sichergestellt werden. Soweit eigene Erziehungsbeamte nicht zur Verfügung stehen, sollen geeignete ehrenamtliche Kräfte gewonnen werden.

(4) Der Anstaltsleiter gestaltet und überwacht die arbeits- und unterrichtsfreie Zeit. Durch Überlassen von gutem und geeignetem Lesestoff, durch Einzelseelsorge, persönliche Einwirkung und persönliche Aussprache soll auf Förderung der geistigen und sittlichen Entwicklung des jungen Gefangenen hingewirkt werden. Lesestoff zuzulassen, der nicht aus der Gefangenenbücherei stammt, ist dem Richter vorbehalten.

81.) Lebenshaltung

(1) Besondere Wünsche des jungen Gefangenen werden nur erfüllt, soweit es mit dem Erziehungszweck vereinbar ist.

(2) Selbstbeköstigung wird versagt, wenn erzieherische Nachteile zu befürchten sind.

(3) Tabakgenuß kann in beschränktem Umfang zugelassen werden.

82.) Bewegung im Freien

Die Zeit der Bewegung im Freien wird nach Möglichkeit für Leibesübungen ausgenützt. Von der Verpflichtung zur Teilnahme an der Bewegung im Freien soll der junge Gefangene nur befreit werden, wenn es der Anstaltsarzt beantragt oder wenn es das Wohl des Gefangenen aus besonderen Gründen erforderlich macht.

83.) Verkehr mit der Außenwelt

(1) Der Verkehr mit der Außenwelt wird mit besonderer Sorgfalt überwacht. Er wird unterbunden, soweit es aus erzieherischen Gründen bedenklich erscheint.

(2) Dem Vertreter der Jugendgerichtshilfe und, wenn der Gefangene unter Schutz- oder Bewährungsaufsicht steht, auch dem Helfer ist der Verkehr mit dem Beschuldigten in demselben Umfange wie einem Verteidiger gestattet (§§ 93, 110 des Jugendgerichtsgesetzes). Die Vorschriften der Nrn. 36 und 37 dieser Vollzugsordnung gelten entsprechend.

84.) Beamte

Die Beamten müssen für die besonderen Aufgaben des Vollzugs an jungen Gefangenen geeignet sein.

85.) Ergänzende Vorschriften

Soweit nicht diese Vollzugsordnung anderes bestimmt, gelten für den Vollzug der Untersuchungshaft an jungen Gefangenen ergänzend die Vorschriften für Erwachsene. Daneben gelten sinngemäß die Vorschriften über den Jugendstrafvollzug, soweit nicht Wesen und Zweck der Untersuchungshaft entgegenstehen.

1. Läßt sich die AO oder der Vollz. der erz. bedenkl. (§ 72 A 1b) UHaft nicht vermeiden (§ 72 I), müssen die Nachteile durch **reinl. Trennung** der j. UHäftlingen (s. auch A 4) von Str.Gefangenen u. Erw. (I, A 2) und durch **erz. Ausgestaltung** der UHaft [II, A 3c (2)] möglichst vermieden werden.

2. I stellt eine **Reihenfolge der Anstalten** nach ihrer Eignung auf.

a) Allg. (1) Bes. J UHaftVollz.Anstalt (entspr. Einrichtung; geeignetes u. ausgebildetes Personal: 84 UVollzO; vgl § 91 A 2e); (2) räuml. getrennte Abteilung einer allg. UHaft-Anstalt (die Forderungen (1) können noch zum Teil verwirklicht werden); (3) notfalls getrennte Abteilung einer JStr.Anstalt, eines Ger.Gefängnisses oä.

b) In den seltenen Fällen der UHaft, in denen keine Str. zu erwarten ist, sondern nur ErzM(FE) oder ZuchtM(JA), kann UHaft in einer JA-Anstalt vollzogen werden (I aE, 13 II UVollzO, 1 IV JA VollzO).

3a) Für den Vollz. gilt im Rahmen der §§ 116 StPO, 93 JGG die **UVollzO** vom 12. 2. 1953, die Sonderregelungen für J bringt (s.o.). Die allg. Vorschriften gelten nur, soweit sie diesen Sondervorschriften nicht widersprechen (85 UVollzO).

b) Wie im allgR hat die **UHaft** auch im JR keinen eigenen Unrechtsgehalt. Sie **dient allein der Verhinderung von Flucht u. Verdunkelung** und darf grds nur solche Nachteile bringen, die zur Erreichung des Haftzweckes oder zur Erhaltung von Sicherheit u. Ordnung in der Anstalt notwendig sind. Sittl. oder körperl. Schäden darf der Gefangene keinesfalls erleiden; sein Ehrgefühl ist zu schonen, seine Persönlichk. zu achten (§ 116 II, IV StPO, 1 UVollzO). Gefangene über 18 Jahren müssen mit „Sie“ angeredet werden (19 UVollzO). Im Interesse der Erz. muß der J weitere Beschränkungen über den bei Erw. notwendigen Umfang hinaus auf sich nehmen.

c) Bei J muß die **UHaft erz. gestaltet** werden (II; 1 IV, 80 UVollzO), da sie durch die Haft ihrem bisherigen erz. Einfluß entzogen werden, die UHaft für junge Menschen bes. Gefahren birgt (§ 72 A 1b) und da andernfalls meist eine Anrechnung der UHaft nicht mögl. wäre (§ 52 II); überdies sind viele J unter der Schockwirkung der UHaft für erz. Einflüsse bes. empfängl. (1) Schädl. Einfluß anderer Gefangener muß ausgeschaltet werden. Über die Trennung der Anstalten (A 2) hinaus sind auch die einzelnen Gefangenen grds getrennt zu halten (§ 116 I StPO, 22, 23, 78 UVollzO); eine Zusammenlegung soll nur aus bes. Gründen und nach sorgfältiger Beobachtung der einzelnen Gefangenen erfolgen. — (2) Der erz.Beeinflussung dienen eine feste Ordnung, sinnvolle Arbeit (ggf geeignete und ausreichende Selbstbeschäftigung), Unterricht, seelsorgerische Betreuung, Aussprachen, Leibeserziehung und allg. Bewegung im Freien sowie sinnvolle Freizeitgestaltung (geeigneter Lesestoff) (55, 80, 82 UVollzO; vgl § 91 A 2b). — (3) Wegen Vergünstigungen wie Selbstbeköstigung, Rauchen u. Alkoholgenuß uä s. § 116 III StPO, 18, 51 III S 1 u. bes. 81 UVollzO.

d) In diesem Rahmen ist die **UHaft auch zur Persönlichkeitserforschung** (nicht zur Tataufklärung) zu nutzen. Grds sollte der J einen Lebenslauf schreiben. In jedem Fall muß dem J genügend Zeit zur Vorbereitung seiner Verteidigung bleiben (20 UVollzO).

e) (1) Der **Verkehr mit der Außenwelt** ist beschränkt (27, 32—35, 83 I UVollzO). Doch müssen erz. günstige Bindungen gefördert u. gefestigt werden; im Rahmen der fürsorgerischen Betreuung können sogar neue Kontakte geschaffen werden. — (2) Verteidiger, Vertreter der JGH, Schutz- u. BewH dürfen aber mit dem Verhafteten mündl. u. schriftl. frei verkehren (§§ 148 StPO, 93 III JGG, 36, 37, 83 II UVollzO). Beschränkungen sind nur bis zur Eröffnung des Hauptverf. oder bis zum Eingang des Antrags nach § 76 beim JG (§ 148 IV StPO entspr.) gem. § 148 II, III StPO mögl.

f) (1) Für die **Zuständigkeitsabgrenzung** zwischen dem JRi. (Zuständigk.: §§ 124f StPO, 34 I JGG, 77 UVollzO.), JStA (Zuständigk.: § 143 I GVG, § 36 A 2b) und Anstaltsleiter gelten die allg. Vorschriften (§ 116 V StPO, 2—6 UVollzO). — (2) **Hausstrafen** (Arten: 68 UVollzO; Grenzen: § 116 II StPO) darf nur der JRi. verhängen; er muß dabei auf jgem. Behandlung achten (zB nicht Schmälerung der Kost oder der Bewegung im Freien); **beachte 115 II.**

4a) § 93 gilt auch, wenn die UHaft vom **ErwG** angeordnet ist (s. § 104 A 1a); jedoch ist das Recht der JGH nach III gem. § 104 III beschränkbar.

b) § 93 gilt auch für **Hw,** bei Hw ab 21 Jahren jedoch nur, wenn in einer noch nicht rechtskräftigen Entsch. JR angewendet wurde (§ 110; Dallinger-Lackner § 110 A 11—13).

c) Doch wird rglm auch bei einem inzwischen **21 Jahre alten J** die UHaft in allg. UHaft-Anstalten ohne bes. erz. Ausgestaltung vollzogen (1 IV UVollzO; vgl § 93 I: „nach Möglichk.“, II: „soll“).

d) Für die 21-Jahresgrenze kommt es auf die Zeit des Vollz., sonst (ob J, Hw) auf die Zeit der Tat an.

VIERTES HAUPTSTÜCK

Strafregister und Beseitigung des Strafmakels durch Richterspruch

Erster Abschnitt

Strafregister

Vorbemerkung.

1) Auch im JR gelten die **StRegVO** (RGBl I 1934 S 140) und das **StTilgG** (RGBl I 1939 S 2254). Das **JGG schränkt jedoch die Fernwirkungen häufig ein** durch Beschränkung der Eintragungen (§ 94), Verkürzung der Fristen (§ 95), Erweiterung der nur beschränkten Auskunft mit alsbaldiger Tilgung bei Bew.Fällen (§ 96) sowie durch die bes. Beseitigung des Strafmakels durch Richterspruch (§§ 97—101).

2) Andererseits ist die Kenntnis früherer Verf. gerade für die Persönlichkeitserforschung bedeutsam. Diesem Bedürfnis dient die **gerichtl. Erz.Kartei** (s. § 94 nach RL). Aus ihr erhalten nur J- u. VormRi., StA u. JAmt Auskunft (Nr 6 AO Erz.Kartei), nicht jedoch zB die Polizei; die nachteiligen Wirkungen des StReg. Eintrags (bes. Mitt. zu den Führungslisten; s. Nr 5 AO Erz.Kartei) sind dadurch vermieden. Die Zuständigk. für die Führung der Erz.Kartei und für die Mitt. ist grds die gleiche wie beim StReg. (Nr 1, 4 AO Erz.Kartei). Wegen der einzutragenden Entsch. s. Nr 2, 3 AO Erz.Kartei u. § 94 A 2; auch verschiedene Entsch. des VormRi. werden eingetragen (s. Nr. 2f, g AO Erz.Kartei).

3) Diese Besonderheiten gelten stets, wo **materielles JR** zur Anwendung gekommen ist, also auch gegenüber Entsch. der ErwG oder bei nach materiellem JR (§ 105) abgeurteilten Hw (§ 111).

4. Diese Besonderheiten führen auch zu einer erhebl. **Beschränkung des Akteneinsichtsrechts** nach Rechtskraft (181 III—V RiStV), weil bei ErzM, ZuchtM, Aussetzung der Verhängung von JStr., Str.Aussetzung zur Bew. u. bedingte Entlassung bei JStr. bis 1 Jahr beschränkte Auskunft besteht und hier nur die Stellen Akteneinsicht erhalten können, denen eine Mitt. aus dem StReg. oder der gerichtl. Erz.-Kartei gemacht werden kann (vgl näher Potrykus NJW 57/1135f).

§ 94

Anwendung der Strafregisterverordnung und des Straftilgungsgesetzes

1) Hw — JRecht: § 111. — **2) ErwG:** § 104 A 1a.

(1) Verurteilungen, durch die Jugendstrafe verhängt oder die Schuld des Jugendlichen festgestellt ist, werden im Strafregister vermerkt. Auf die Vermerke werden, soweit nichts anderes bestimmt ist, die für die Gefängnisstrafe geltenden Vorschriften der Strafregisterverordnung und des Gesetzes über beschränkte Auskunft aus dem Strafregister und die Tilgung von Strafvermerken angewendet.

(2) Die Anordnung von Erziehungsmaßregeln und Zuchtmitteln wird dem Strafregister nur mitgeteilt, wenn sie mit einer Verurteilung zu Jugendstrafe verbunden ist.

Entscheidungen, durch die das Verfahren gegen einen Jugendlichen wegen mangelnder Reife eingestellt wird, werden dem Strafregister nicht mitgeteilt.

(3) Der Tag, an dem Jugendstrafe verbüßt ist, wird dem Strafregister stets mitgeteilt.

Richtlinien zu § 94:

1. Soweit Mitteilungen zum Strafregister und zu den amtlichen Listen (Führungslisten) vorgeschrieben sind, obliegen sie dem Vollstreckungsleiter (vgl. aber die Ausnahmebestimmungen in Abschn. II Nr. 4 der Richtlinien zu §§ 82 bis 85 und in den Richtlinien zu § 100).
2. Dem Strafregister werden auch die Entscheidungen mitgeteilt, durch die gemäß § 66 nachträglich eine einheitliche Jugendstrafe festgesetzt wird. § 2 Abs. 6 der Strafregisterverordnung ist entsprechend anzuwenden.
3. Ist eine Jugendstrafe zur Bewährung ausgesetzt (§ 20) oder ein zu Jugendstrafe Verurteilter zur Bewährung entlassen worden (§§ 88, 89), so werden dem Strafregister in entsprechender Anwendung der §§ 4, 5 und 6 der Strafregisterverordnung auch mitgeteilt
   a) die Strafaussetzung oder die Entlassung zur Bewährung unter Angabe des Tages der Bewilligung, der Dauer und des Beginns der Bewährungszeit sowie der bis dahin verbüßten Strafzeit,
   b) die Verkürzung oder die Verlängerung der Bewährungszeit,
   c) der Widerruf der Strafaussetzung oder Entlassung zur Bewährung,
   d) der Erlaß der Jugendstrafe oder des Restes der Jugendstrafe.
4. Wegen der Mitteilung der in § 94 Abs. 2 genannten Entscheidungen zur Erziehungskartei wird auf die Anordnung über die gerichtliche Erziehungskartei hingewiesen.

Anordnung über die gerichtliche Erziehungskartei
vom 15. Februar 1955. — BAnz. Nr. 37 vom 23. Februar 1955.

1.) Die Strafregisterbehörden führen im Rahmen ihrer Zuständigkeit nach § 1 der Strafregisterverordnung für Zwecke der Jugendrechtspflege eine Kartei (gerichtliche Erziehungskartei).

2.) Der gerichtlichen Erziehungskartei sind folgende Anordnungen und Entscheidungen mitzuteilen, soweit sie nicht nach § 94 Abs. 2 Satz 1, § 111 des Jugendgerichtsgesetzes (JGG) im Strafregister vermerkt werden:

a) die Anordnung von Erziehungsmaßregeln oder Zuchtmitteln nach §§ 9 bis 16, 75, § 112a Nr. 2 JGG oder von Maßnahmen nach § 3 Satz 2 JGG,

b) Entscheidungen, in denen der Richter die Auswahl und Anordnung von Erziehungsmaßregeln dem Vormundschaftsrichter überläßt (§ 53, § 104 Abs. 4 JGG),

c) Anordnungen des Vormundschaftsrichters, die auf Grund einer Entscheidung nach Buchst. b) ergehen,

d) der Freispruch wegen mangelnder Reife und die Einstellung des Verfahrens aus diesem Grunde,

e) das Absehen von der Verfolgung nach § 45 JGG und die Einstellung des Verfahrens nach § 47 oder § 75 Abs. 2 JGG,

f) die Anordnung der Schutzaufsicht oder der (vorläufigen oder endgültigen) Fürsorgeerziehung durch den Vormundschaftsrichter (§§ 57, 65, 67 des Reichsgesetzes für Jugendwohlfahrt) und

g) vorläufige und endgültige Entscheidungen des Vormundschaftsrichters nach § 1631 Abs. 2, § 1666 Abs. 1 und § 1838 BGB sowie diejenigen Entscheidungen nach § 1671 Abs. 5 BGB, welche die Sorge für die Person des Minderjährigen betreffen; ferner diejenigen Entscheidungen, mit denen die vorgenannten Entscheidungen aufgehoben oder geändert werden.

In den Fällen zu e) ist zugleich die von dem Richter nach § 45 Abs. 1 oder § 47 Abs. 1 Nr. 1 JGG getroffene Maßnahme mitzuteilen.

Ist Schutzaufsicht angeordnet, so ist auch ihre Aufhebung mitzuteilen (§ 59 Satz 2 des Reichsgesetzes für Jugendwohlfahrt). Ist Fürsorgeerziehung angeordnet, so ist jede Entscheidung über die Aufhebung oder Fortführung oder Entlassung aus der Fürsorgeerziehung sowie über den Widerruf einer solchen Maßnahme mitzuteilen (§ 72 Abs. 2, §§ 72a, 73 des Reichsgesetzes für Jugendwohlfahrt). Wird dieEntscheidung von der Fürsorgeerziehungsbehörde getroffen, so liegt die Mitteilung dem Vormundschaftsrichter ob.

3.) Für die Mitteilungen nach Nummer 2 Abs. 1 Buchstaben a und b wird das anliegende Muster J[1]) verwendet, für die übrigen Mitteilungen nach Nummer 2 das anliegende Muster K[1]). Weitere Mitteilungen nach dem Muster J sowie alle Mitteilungen nach dem Muster K, die den bereits in der gerichtlichen Erziehungskartei Geführten betreffen, werden auf das zuerst eingelegte Muster J übertragen und sodann vernichtet.

Bei der Erteilung von Weisungen oder der Auferlegung besonderer Pflichten nach §§ 10 und 15 JGG braucht der Inhalt der Weisungen oder Pflichten in die Mitteilungen nicht im einzelnen aufgenommen zu werden, im Falle des § 15 Abs. 1 Nr. 3 JGG ist jedoch die Höhe des Geldbetrages mitzuteilen.

4.) Für die Mitteilungen zur gerichtlichen Erziehungskartei und ihre weitere Behandlung gelten die Vorschriften über die Führung des Strafregisters sinngemäß, soweit nicht anders bestimmt ist.

5.) Die in die gerichtliche Erziehungskartei aufzunehmenden Vermerke werden zu den amtlichen Listen (Führungslisten) nicht mitgeteilt.

---

[1]) Von einem Abdruck dieser allg. eingeführten Formulare wird abgesehen.

6.) Über die in die gerichtliche Erziehungskartei aufgenommenen Vermerke wird nur den Strafgerichten, den Vormundschaftsgerichten, den Behörden der Staatsanwaltschaft und den Jugendämtern Auskunft erteilt. Für die Anfragen ist das anliegende Muster L[1]) zu verwenden.

Den Behörden, denen Auskunft sowohl aus dem Strafregister als auch aus der Erziehungskartei zu erteilen ist, werden auf eine Strafregisteranfrage auch die in die Erziehungskartei aufgenommenen Vermerke mitgeteilt.

7.) Die Vermerke der gerichtlichen Erziehungskartei werden entfernt und vernichtet, wenn der in der Kartei Geführte das 24. Lebensjahr vollendet hat. Die Kartei ist daraufhin zu Beginn eines jeden Kalenderjahres durchzusehen. In dem Zeitpunkt, in dem hiernach die Vermerke zu entfernen wären, wird festgestellt, ob im Strafregister eine Verurteilung zu einer Freiheitsstrafe eingetragen ist; in diesem Falle unterbleibt die Entfernung, solange noch eine Freiheitsstrafe im Strafregister verzeichnet ist.

Der obersten Justizbehörde bleibt vorbehalten, die Entfernung eines Vermerkes aus der gerichtlichen Erziehungskartei vorzeitig anzuordnen.

8.) Die vorstehenden Bestimmungen treten an die Stelle der Vorschriften der Allgemeinen Verfügung des Reichsjustizministers vom 16. Dezember 1943 (Deutsche Justiz S. 578).

1. Bei Anwendung des materiellen JR (§ 111) erfolgt **nur in folgenden Fällen Mitt. zum StReg.** (Zuständigk.: RL 1) und Eintrag:

a) (1) Verhängung von **JStr.** — auch als **nachträgl.** EinheitsStr. gem. § 66 (RL 2) und im Nachtragsverf. gem. § 30 — **und Schuldfeststellung nach § 27** (I S 1); beide werden im Reg. wie GefängnisStr. behandelt (I S 2). — (a) Bei JStr. ist der Tag der Entlassung nach voller Verbüßung mitzuteilen (III); wegen der StrAz-Bew. u. der Entlassung zur Bew. s. RL 3. — (b) Auch bei der Schuldfeststellung nach § 27 ist Beginn, Dauer, Verkürzung u. Verlängerung der Bew.Zeit (§ 5 StRegVO entspr.) mitzuteilen. Ebenso ist jede Entsch. nach § 30 im Hinblick auf § 96 I S 2 mitzuteilen. (2) Daneben werden die zugleich getroffenen ErzM, ZuchtM (II S 1 gilt für Schuldfeststellung entspr.), Nebenstr., Nebenfolgen u. Maßregeln der Sicherung u. Besserung (§ 2 IV StRegVO) mit eingetragen.

b) AO von **Nebenstr., Nebenfolgen u. Maßregeln** der Sicherung und Besserung allein oder neben ErzM oder ZuchtM [§ 2 I, IV StRegVO; neben JStr. u. Schuldfeststellung s. A 1a (2)]; die ErzM oder ZuchtM werden jedoch nicht mit eingetragen (II S 1. Dallinger-Lackner N 9).

c) Entsch., deren Grundlage die **Zurechnungsunfähigk.** des J ist (§§ 51 I, 55 I StGB; nicht aber fehlende Altersreife: II S 2, Dallinger-Lackner N 13; s. dazu A 2; § 9 Z 1 StRegVO). Wegen Aufhebung und Entlassung bei Unterbringung s. §§ 4 III, 5a III StRegVO.

d) Vgl auch §§ 96 u. 97ff.

2. Die übrigen Maßnahmen (ErzM, ZuchtM allein; § 53; §§ 45, 47, 75 II; § 3 S 2, fehlende Altersreife) **werden in die Erz.Kartei eingetragen** (AO Erz.Kartei Nr 2; s.

RL 4 u. Vorb. 2). Der Inhalt von Weisungen u. bes. Pflichten im einzelnen braucht rglm nicht angegeben zu werden (s. näher AO Erz.Kartei Nr. 3 II). Soweit eine Entsch. — wenn auch nur teilweise (s. A 1 b) — ins StReg. kommt, ist weder Raum noch Bedürfnis für die Eintragung in die Erz.Kartei.

§ 95

Beschränkte Auskunft und Tilgung

1) Hw — JRecht: § 111. — **2) ErwG:** § 104 A 1a.

(1) Für Vermerke über Jugendstrafe beträgt die Frist, nach deren Ablauf nur noch beschränkt Auskunft aus dem Strafregister erteilt wird,

1. drei Jahre, wenn auf höchstens ein Jahr Jugendstrafe allein oder mit Nebenstrafen erkannt worden ist, mit Ausnahme der Fälle, in denen die Unterbringung in einer Heil- oder Pflegeanstalt angeordnet worden ist,

2. fünf Jahre in allen übrigen Fällen.

Die Frist der Nummer 1 beginnt mit dem im Strafregister vermerkten Tag der Verurteilung. Die Frist der Nummer 2 beginnt mit dem Tag, an dem die Strafe verbüßt, verjährt oder erlassen oder eine Unterbringung in einer Heil- oder Pflegeanstalt erledigt ist. Hat sich nach Ablauf einer Bewährungszeit die Strafe oder die Unterbringung in einer Heil- oder Pflegeanstalt erledigt, ohne daß die Entlassung zur Bewährung widerrufen worden ist, so wird die Bewährungszeit in die Frist der Nummer 2 eingerechnet.

(2) Die Frist, nach deren Ablauf Vermerke über Jugendstrafe getilgt werden, beträgt

1. zwei Jahre, wenn auf höchstens ein Jahr Jugendstrafe allein oder in Verbindung mit Nebenstrafen erkannt worden ist, mit Ausnahme der Fälle, in denen die Unterbringung in einer Heil- oder Pflegeanstalt angeordnet worden ist,

2. vier Jahre in allen übrigen Fällen.

Die Frist beginnt mit dem Tag, von dem ab nur noch beschränkt Auskunft erteilt wird.

1) § 95 baut grds (Ausnahme: Unterbringung in Heil- oder Pflegeanstalt; A 2, 3) auf dem StTilgG auf. Beschränkte Auskunft u. Tilgung haben hier die allg. Wirkungen (§§ 4, 5 StTilgG).

2a) I S 1, II **verkürzen die Fristen** für beschränkte Auskunft oder Tilgung (§§ 6, 7 StTilgG) **bei JStr.** u. früherem JGefängnis (§ 119) erhebl. Das gilt auch für die damit verbundenen Nebenentsch. [§ 94 A 1a (2)] einschl. der Unterbringung in einer Heil- oder Pflegeanstalt, für die I Z 2 gilt (Dallinger-Lackner N 8, Potrykus B 3); wegen der **Schuldfeststellung** nach § 27 s. § 96. Dadurch tritt zB die Rückfallverjährung rascher ein (§ 5 II StTilgG).

b) I S 2—4 regelt **Beginn u. Berechnung der Fristen** entspr. § 6 III StTilgG. Die Tilgungsfrist beginnt über II S 2 hinaus auch mit der Zustellung des Beschl. über die Strafmakelbeseitigung (§ 99) zu laufen (Dallinger-Lackner N 13, Potrykus B 4, je zu § 100).

3. Für Entsch. über **NebenStr., -folgen u. Maßnahmen** der Sicherung u. Besserung, die allein oder neben ErzM oder ZuchtM getroffen sind, gelten die **allg. Fristen** der §§ 6, 7 StTilgG ohne j rechtl. Verkürzung. Bei Unterbringung in einer Heil- oder Pflegeanstalt laufen hier (a. neben JStr.: A 2a) überhaupt keine Fristen; es kann nur § 8 StTilgG helfen (Dallinger-Lackner N 9, 10).

4. Tilgung oder beschränkte Auskunft durch AO der Justizverwaltung gem. § 8 StTilgG ist auch im JR mögl. (s. § 97 RL). Wegen weiterer Möglichk. s. §§ 96 u. 97–101.

§ 96

Beschränkte Auskunft und Beseitigung des Strafmakels in besonderen Fällen[1])

1) **Hw — JRecht:** § 111. — **2) ErwG:** § 104 A 1a.

(1) Über Vermerke, die einen Schuldspruch betreffen, wird nur beschränkt Auskunft erteilt. Wird der Schuldspruch getilgt oder Jugendstrafe verhängt (§ 30), so wird der Vermerk über den Schuldspruch im Strafregister getilgt.

(2) Bei Verurteilungen von nicht mehr als einem Jahr Jugendstrafe ordnet der Richter an, daß nur beschränkt Auskunft erteilt wird, wenn Aussetzung oder Entlassung zur Bewährung bewilligt ist. Wird die Vollstreckung der Strafe angeordnet, so beginnt die Frist des § 95 Abs. 1 Nr. 1 mit dem Tage dieser Anordnung erneut.

(3) Wird die Jugendstrafe oder der Strafrest in den Fällen des Absatzes 2 erlassen, so erklärt der Richter den Strafmakel als beseitigt. Der Beschluß wird im Strafregister vermerkt. Die §§ 100 und 101 gelten entsprechend.

Richtlinie zu § 96:

Der Beschluß nach Absatz 2, daß über die Jugendstrafe nur beschränkt Auskunft erteilt wird, ist dem Strafregister mitzuteilen.

1. Es handelt sich um **Bew.Fälle**[1]). Die Bemühungen um Resozialisierung sollen nicht durch die unbeschränkte Auskunft aus dem StReg. gefährdet werden.

2. I: **a)** Der **Schuldspruch nach § 27** unterliegt mit allen Nebeneintragungen [§ 94 A 1a (2)] **kraft Ges.** der beschränkten Auskunft (Wirkung: § 95 A 1a).

b) Er ist bei jeder **Nachtragsentsch. nach § 30** (Verhängung von JStr. oder AO der Tilgung) zu tilgen und zwar, wo JStr. nachträgl. verhängt wird, zugleich mit deren Eintrag ohne bes. AO (Dallinger-Lackner N 9). Jede Nachtragsentsch. muß dem StReg. mitgeteilt werden.

3a) II S 1: **Bei bestimmter JStr. bis zu 1 Jahr** muß (kein Ermessensspielraum!) beschränkte Auskunft **angeordnet** werden, wenn die JStr. zur Bew. ausgesetzt (§§ 20ff) oder die Entlassung zur Bew. (§ 88) angeordnet wird. Die AO erfolgt zugleich mit der Sachentsch. durch das sie erlassende J- oder ErwG (Dallinger-Lackner

[1]) **Literatur:** Pentz: Beschränkte Auskunft aus dem StReg. nach § 96 [zT zum künftigen Recht], NJW 57/821.

N 13, Pentz NJW 57/822); der Beschl. ist dem StReg. mitzuteilen (RL) und kann mit der einfachen Beschw. angefochten werden. Die Entsch. kann nachgeholt werden (Dallinger-Lackner N 15, Pentz NJW 57/822). Die Wirkungen treten schon mit Erlaß der richterl. AO ein (Dallinger-Lackner N 18). Auch die Tilgungsfrist läuft von diesem Zeitpunkt an; doch tritt Tilgungsreife niemals vor der abschließenden Entsch. über Erlaß oder Widerruf ein (§ 3 III StTilgG; Dallinger-Lackner N 19, Potrykus NJW 57/1138).

b) II S 2: Wird die Strafaussetzung oder Entlassung zur Bew. **widerrufen,** wird die AO der beschränkten Auskunft gegenstandslos. Der bereits verstrichene Zeitraum wird nicht angerechnet; die Frist des § 95 I beginnt am Tag des Widerrufsbeschl. (Dallinger-Lackner N 20, Potrykus B 3; vgl auch § 94 RL 3c), wie wenn erst jetzt die Verurteilung ausgesprochen würde.

c) III: Wird die JStr. oder die RestStr. **erlassen,** muß (kein Ermessensspielraum!) der J Ri. den Strafmakel zugleich als beseitigt erklären. Die Entsch. wird im StReg. jedoch nur vermerkt, wenn nicht inzwischen die Eintragung wegen Tilgungsreife (vgl A 3a aE) zu tilgen ist. Für Form, Zuständigk., Anfechtung gelten A 3a S 2, 3, nicht §§ 98, 99 (Dallinger-Lackner N 22); für die Wirkungen gelten §§ 100, 101 entspr.

Zweiter Abschnitt

Beseitigung des Strafmakels durch Richterspruch

§ 97

Voraussetzungen

1) Hw — JRecht: § 111. — **2) ErwG:** § 104 A 1a.

(1) Hat der Jugendrichter die Überzeugung erlangt, daß sich ein zu Jugendstrafe verurteilter Jugendlicher durch einwandfreie Führung als rechtschaffener Mensch erwiesen hat, so erklärt er von Amts wegen oder auf Antrag des Verurteilten, des Erziehungsberechtigten oder des gesetzlichen Vertreters den Strafmakel als beseitigt. Dies kann auch auf Antrag des Staatsanwalts oder, wenn der Verurteilte im Zeitpunkt der Antragstellung noch minderjährig ist, auf Antrag des Vertreters der Jugendgerichtshilfe geschehen.

(2) Die Anordnung kann erst zwei Jahre nach Verbüßung oder Erlaß der Strafe ergehen, es sei denn, daß der Verurteilte sich der Beseitigung des Strafmakels besonders würdig gezeigt hat. Während des Vollzugs oder während einer Bewährungszeit ist die Anordnung unzulässig.

Richtlinie zu § 97:

Wird wegen einer Jugendstrafe eine Vergünstigung nach § 8 des Straftilgungsgesetzes erbeten, so ist das Gesuch in der Regel zunächst dem nach § 98 zuständigen Jugendrichter vorzulegen, damit dieser prüfen kann, ob die Beseitigung des Strafmakels durch Richterspruch angebracht ist. Wird der Strafmakel als beseitigt erklärt, so ist dem Verurteilten zu eröffnen, daß sein Gesuch als damit erledigt angesehen wird.

1. **Die Beseitigung des Strafmakels** ist eine richterl. Entsch. (§§ 98f) in voller Unabhängigk. (Wirkung s. §§ 100f). Über die starren Fristen von beschränkter Auskunft u. Straftilgung hinaus schafft sie die Möglichk., die **bes. Situation des J** (zB entwicklungsbedingte Tat; lebenslange Schäden, wenn der Reg.Eintrag die Berufsausbildung gefährdet) zu berücksichtigen und dem J noch einen **bes. Anreiz** zu bieten; er muß deshalb über diese Möglichk. belehrt werden (66 JVollzO).

2. Die **Beseitigung** des Strafmakels **muß** (Dallinger-Lackner N 8) angeordnet werden, **wenn** folgende **sechs Voraussetzungen** vorliegen:

a) (1) **Verurteilung zu** — bestimmter [s. aber u. (2)] oder unbestimmter — **JStr.** (I S 1), gleich ob als J oder Hw (§ 111) oder ob durch J- oder ErwG. (2) Bei JStr. bis zu einem Jahr nach StrAzBew. oder Entlassung zur Bew. gilt § 96 III (s. § 96 A 3c) als Sondervorschrift.

b) (1) **Fehlen der Tilgung** oder Tilgungsreife des Eintrags. Denn die schon eingetretene Wirkung braucht und kann nicht noch einmal herbeigeführt werden (Dallinger-Lackner N 18). (2) Der Verurteilte muß deshalb auch noch am Leben sein (Dallinger-Lackner N 27, aA Potrykus B 3), da die StReg.Einträge Toter entfernt werden (§ 24 I StRegVO).

c) **Verbüßung** oder endgültiger Erlaß der JStr. (II S 2), auch Amnestie uä. — Läuft noch eine Bew.Zeit (auch im Gnadenweg: Dallinger-Lackner N 21; vgl § 23 III Z 2 StGB), ist eine Beseitigung des Strafmakels ausgeschlossen, ebenso bei Str.Unterbrechung, -Aufschub (Dallinger-Lackner N 20) oder gar während des Vollz.

d) **Grds Ablauf von 2 Jahren** (II S 1) seit vollständiger Verbüßung oder Erlaß, also seit Zustellung des Beschl. nach § 26 I, Ausspruch des Gnadenerweises, Inkrafttreten des Amnestie-Ges. (Dallinger-Lackner N 22). Seltene (Dallinger-Lackner N 23, Potrykus B 4) **Ausnahmen** sind bei außergewöhnl. Leistungen mögl., wenn diese ohne die sonst notwendige längere Beobachtung des J ein Abrücken des Täters von seiner früheren schlechten Einstellung deutl. zeigen (s. e).

e) **Rechtschaffenheit,** bewiesen durch einwandfreie Führung (I S 1). Straffreies Verhalten genügt nicht; gefordert wird eine positiv betätigte, die RechtsO bejahende Gesinnung (zB Verhalten u. Leistungen in Beruf, Familie, Nachbarschaft; bei Unglücksfällen; für die Allgemeinheit). Die in der Verfehlung zutage getretene Fehlhaltung muß sichtl. überwunden sein. Für die Bejahung oder Verneinung dieser Voraussetzung müssen bestimmte Tatsachen angeführt werden.

f) (1) **Grds Antrag** (I; s. RL) des Verurteilten, seines gesVertr. oder eines ErzBer. Denn diese können am besten beurteilen, ob der Str.Vermerk nachteilig ist; überdies kann das die Vorgänge wieder aufwühlende Verf. mehr schaden als nützen. — (2) JStA u. JGH sollten deshalb nur in seltenen Ausnahmefällen und nur nach Anhörung des Verurteilten und seiner Angehörigen ihr Antragsrecht ausnützen. Gleiches gilt für die Einleitung eines **Verf. von Amts wegen** durch das Ger. (Dallinger-Lackner N 27, Potrykus B 3). — (3) GesVertr., ErzBer. u. JGH können den Antrag nur stellen, solang der Verurteilte minderjährig ist (s. § 67 A 5a u. § 97 I S 2). — (4) Wegen Wiederholung eines abgewiesenen Antrags s. § 99 A 1a (3) aE; wegen Umdeutung eines Antrags nach § 8 StTilgG s. RL.

§ 98

Verfahren

1) Hw — JRecht: § 111. — **2) ErwG:** § 104 A 1a.

(1) Zuständig ist der Jugendrichter des Amtsgerichts, dem die vormundschaftsrichterlichen Erziehungsaufgaben für den Verurteilten obliegen. Ist der Verurteilte volljährig, so ist der Jugendrichter zuständig, in dessen Bezirk der Verurteilte seinen Wohnsitz hat.

(2) Der Jugendrichter beauftragt mit den Ermittlungen über die Führung des Verurteilten und dessen Bewährung vorzugsweise die Stelle, die den Verurteilten nach der Verbüßung der Strafe betreut hat. Er kann eigene Ermittlungen anstellen. Er hört den Verurteilten und, wenn dieser minderjährig ist, den Erziehungsberechtigten und den gesetzlichen Vertreter, ferner die Schule und die zuständige Verwaltungsbehörde.

(3) Nach Abschluß der Ermittlungen ist der Staatsanwalt zu hören.

Richtlinie zu § 98:

1. In dem Verfahren zur Beseitigung des Strafmakels wird der Jugendrichter außer den Strafakten und den Vorgängen des Vollstreckungsleiters in der Regel die Personalakten der Vollzugsanstalt heranziehen, die Aufschluß über die Führung des Verurteilten auch nach seiner Entlassung aus dem Strafvollzug geben können.
2. Bei der Erteilung von Ermittlungsaufträgen empfiehlt es sich, die beauftragte Stelle auf die Notwendigkeit schonender Durchführung der Ermittlungen hinzuweisen. Es muß vermieden werden, daß die Verurteilung Personen bekannt wird, die bisher darüber nicht unterrichtet waren.

1. Zuständig (I) **ist immer der JRi.** Für die örtl. Zuständigk. kommt es (s. I) während des ganzen Verf. darauf an, ob der Täter zZ des Eingangs des Antrags bei Ger. oder der Einleitung des Amtsverf. (§ 97 I) volljährig war (Dallinger-Lackner N 3). Volljährigk. u. Wohnsitz bestimmt das bürgerl. Recht (§§ 2ff, 7ff BGB).

2. Herr des **Ermittlungsverf.** ist der JRi. (II S 2). Im Hinblick auf die erforderl. eingehende Aufklärung der persönl. Verhältnisse (§ 97 A 2e) sind gründl. Ermittlungen geboten; der JRi. hat aber alles zu tun, um eine schonende Durchführung sicherzustellen (vgl RL 2 u. § 97 A 2f).

a) Er wird zunächst durch Aktenbeiziehung (RL 1) und Anhörung des Verurteilten, ggf des gesVertr. u. ErzBer., feststellen, wie weit bes. Ermittlungen nötig sind. Sind sie nicht zu vermeiden, ist grds die JGH (§ 38 II S 7 JGG, 73ff JVollzO) oder der Bew H (s. aber § 97 A 2c) mit der Durchführung unter Hinweis nach RL 2 rglm mit einem bestimmten Ermittlungsauftrag einzusetzen (II S 1).

b) Weiter sind stets die vom Verurteilten zZ besuchte öffentl. Schule unter Hinweis auf Wesen u. Sinn dieses Verf. und die nach Landesrecht zuständige untere Verwaltungsbehörde (grds Landkreis) **zu hören;** falls noch nicht geschehen (a), auch der Verurteilte, gesVertr. u. ErzBer. (II S 3). Auch JGH, VormRi., VollstrL, FE-Behörde, Polizei können ggf gehört werden.

c) Das Verf. kennt keine mündl. Verh. Doch ist zur Aufklärung mündl. Anhörung mögl. und, zB beim Verurteilten, meist zweckmäßig.

d) Erst nach Abschluß aller Ermittlungen werden die Akten dem für das Ger. zuständigen JStA zur Stellungnahme zugeleitet (III); dieser stellt einen bestimmten Antrag.

§ 99

Entscheidung

1) Hw — JRecht: § 111. — **2) ErwG:** § 104 A 1a.

(1) Der Jugendrichter entscheidet durch Beschluß.

(2) Hält er die Voraussetzungen für eine Beseitigung des Strafmakels noch nicht für gegeben, so kann er die Entscheidung um höchstens zwei Jahre aufschieben.

(3) Gegen den Beschluß ist sofortige Beschwerde zulässig.

1a) Der Beschl. kann einen **dreifachen Inhalt** haben. (1) Entweder er erklärt den **Strafmakel für beseitigt,** wenn die Voraussetzungen vorliegen (§ 97 A 2), (2) (a) **oder er schiebt die Entsch. gem. II auf,** wenn nur die zeitl. Voraussetzungen (§ 97 A 2c, d) nicht gegeben sind oder wenn für das Urteil „rechtschaffener Mensch" (§ 97 A 2e) noch weitere Bew. erforderl. erscheint. (b) Nach Ablauf der gem. II gesetzten Frist muß das Verf. fortgesetzt und durch Beschl. abgeschlossen werden. Eine Einstellung (A 1b) ist ausgeschlossen (Dallinger-Lackner N 8); eine weitere aufschiebende Entsch. ist nur mögl., wenn der Aufschub insgesamt 2 Jahre nicht übersteigt (aA Dallinger-Lackner N 8: überhaupt nicht mögl.; doch ist das aus II nicht abzuleiten). (3) **Oder er weist den Antrag** (s. b) als unbegründet oder als unzulässig **zurück,** wenn eine positive Entsch. in absehbarer Zeit nicht zu erwarten ist. Für einen neuen Antrag müssen neue Tatsachen vorliegen (Rechtskraft).

b) (1) **Ein von Amts wegen** eingeleitetes **Verf.** wird in diesem [A 1a (3)] Falle durch eine Verfügung einfach **eingestellt.** (2) Zwar ist auch ein feststellender Beschl. dahin, daß die Voraussetzungen nicht vorliegen, mögl., doch im Amtsverf. grds nicht angebracht (Dallinger-Lackner N 4).

2a) Der Beschl. [A 1a, b (2)] ist zu begründen (§ 34; s. § 97 A 2e) u. gem. §§ 35 II, 41 StPO, 67 II JGG mit Rechtsmittelbelehrung (§ 35a StPO) zuzustellen. Wegen Mitt. des rechtskräftigen Beseitigungsbeschl. [A 1a (1)] an StReg. u. Führungsliste s. § 100 RL S 1.

b) Die **Einstellungsverfügung** [A 1b (1)] ist nur mitzuteilen (§ 35 II StPO).

3a) (1) Gegen jeden **Beschl.** [A 1a, b (2)] ist die **sof.Beschw.** (III, § 311 StPO) zur JK gegeben, die in vollem Umfang nachprüft. Weitere Beschw. ist nicht zulässig (§ 310 StPO). (2) Die **Einstellungsverfügung** [A 1b (1)] kann nicht angefochten werden; sie hindert einen Antrag nach § 97 I nicht.

b) Beschw.berechtigt sind (1) der Verurteilte, gesVertr., ErzBer., ggf ein Verteidiger u. der Antragsteller bei Ablehnung der Beseitigung [A 1a (3), b (2)] oder Aufschub [A 1a (2)], (2) der JStA immer, außer wenn auf seinen Antrag die Beseitigung angeordnet wurde (hier keine Beschwer; hätte Antrag zurücknehmen können).

4. Kosten u. Auslagen werden nicht erhoben.

§ 100

Wirkung

1) Hw — JRecht: § 111. — **2) ErwG:** § 104 A 1a.

(1) Hat der Jugendrichter den Strafmakel als beseitigt erklärt, so gilt § 4 Abs. 4 des Gesetzes über beschränkte Auskunft aus dem Strafregister und die Tilgung von Strafvermerken sinngemäß.

(2) Der Beschluß, durch den der Strafmakel als beseitigt erklärt wird, wird in das Strafregister eingetragen. Über die Verurteilung wird nur noch dem Strafrichter und dem Staatsanwalt für eine Strafverfolgung auf ausdrückliches Ersuchen Auskunft erteilt.

(3) In den amtlichen Listen wird die Strafe gelöscht.

Richtlinie zu § 100:

Die Mitteilungen zum Strafregister und zu den amtlichen Listen (Führungslisten) obliegen dem Jugendrichter, der über die Beseitigung des Strafmakels im ersten Rechtszug entschieden hat. Im Strafregister wird der Inhalt der Mitteilung bei der Entscheidung, auf die sie sich bezieht, in der Spalte „Bemerkungen" eingetragen.

1a) Der Verurteilte hat nach Beseitigung des Strafmakels die gleichen **Rechte** wie nach Str.Tilgung (I). Er darf also die Auskunft über die Tat verweigern (jedoch nicht gegen Ger. u. StA bei bes. Verlangen), und sich als unvorbestraft bezeichnen (näheres s. § 4 IV StTilgG).

b) Auch wird die Str. **in den amtl. Listen gelöscht** (III, vgl RL).

2a) Dagegen bleibt die Str. im StReg. Der Beschl. wird jedoch vermerkt (II S 1, RL S 2) mit der Wirkung, daß über die Str. grds keine Auskunft mehr erteilt wird. Nur auf ausdrückl. Verlangen, auch Str. mitzuteilen, bei denen der Strafmakel beseitigt ist, erhalten Str.Ri. u. StA — niemals andere Stellen wie Polizei oä — zum Zwecke der Str. Verfolgung Auskunft (II S 2); die Auskunftsbefugnisse (II S 2; § 4 IV S 3 StTilgG) sollten nur mit äußerster Zurückhaltung ausgeübt werden (Dallinger-Lackner N 8, 11).

b) Die Str. **bleibt rückfallbegründend.**

c) Die Beseitigung des Strafmakels kann **sogar widerrufen** werden (s. § 101).

3. Die Beseitigung des Strafmakels **hindert die** — **weitergehende** (A 2) — **Tilgung** durch Zeitablauf (§ 95; wegen des bes. Fristbeginns s. § 95 A 2b aE) oder im Verwaltungsweg (§ 8 StTilgG, vgl. Klemer DJ 43/566) **nicht.**

§ 101

Widerruf

1) Hw — JRecht: § 111. — **2) ErwG:** § 104 A 1a.

Wird der Verurteilte, dessen Strafmakel als beseitigt erklärt worden ist, vor der Tilgung des Vermerks wegen eines Verbrechens oder vorsätzlichen Vergehens erneut verurteilt, so widerruft der Richter in dem Urteil oder nachträglich durch Beschluß die Beseitigung des Strafmakels. In besonderen Fällen kann er von dem Widerruf absehen.

Richtlinie zu § 101:

Der Widerruf der Beseitigung des Strafmakels ist zum Strafregister und zu den amtlichen Listen (Führungslisten) mitzuteilen; er wird im Strafregister bei der Eintragung über die Beseitigung des Strafmakels vermerkt.

1a) (1) **Voraussetzung des Widerrufs** ist eine erneute Verurteilung wegen eines Verbrechens oder vorsätzl. Vergehens (§§ 1 StGB, 4 JGG). Verurteilung ist jeder Schuldspruch, auch wenn von Str. abgesehen oder die Str.-Verhängung ausgesetzt oder wenn nur ZuchtM oder ErzM angeordnet werden (Dallinger-Lackner N 4). Der Zeitpunkt des neuen Urteils oder der ihm zu Grunde liegenden Tat ist ohne Bedeutung; es kann also auch widerrufen werden, wenn die Beseitigung des Strafmakels erst nachträgl. in Unkenntnis der neuen Verurteilung angeordnet wurde. (2) Andere Gründe (Verurteilung wegen Übertretung oder fahrlässigem Vergehen; Einstellung eines Verf.; schlechte Führung) rechtfertigen einen Widerruf nicht.

b) Der Widerruf unterbleibt, wo bereits Tilgungsreife (vgl allg. RG 64/146, 147) eingetreten ist; die Feststellung der Tilgungsreife trifft die Reg.Behörde bindend (RG 56/75f). — Dallinger-Lackner N 5.

2. Trotz der Voraussetzungen kann **vom Widerruf „in bes. Fällen“ abgesehen** werden, also wenn zB die neue Tat bes. leicht u. anders geartet ist als die frühere oder wenn ein Widerruf das Fortkommen ungerechtfertigt behindern würde und mit der neuen Maßnahme kein Strafmakel verbunden ist.

3a) Zuständig ist das Ger. (auch ErwG) des neuen Str.Verf. (Dallinger-Lackner N 15, 16, Potrykus B 1).

b) (1) **Die Entsch.** kann im neuen Urteil — der Widerruf im Tenor — getroffen werden; sie kann mit den allg. Rechtsmitteln (Ber., Rev.) angefochten werden, u.

zwar auch beschränkt auf die Widerrufsentsch. (2) Sonst wird nachträgl. ohne weitere mündl. Verh. durch zu begründenden (§ 34 StPO) u. gem. §§ 35 II, 41 StPO, 67 II JGG formlos mitzuteilenden Beschl. entschieden, der mit der einfachen Beschwerde (§ 304 StPO, überzeugend Dallinger-Lackner N 14; aA Potrykus B 2: entspr. § 99 III sof. Beschw.) angefochten werden kann.

4. Der Widerruf ist mitzuteilen (RL). Durch ihn fallen alle **Wirkungen** der Beseitigung des Strafmakels so weg, als wäre die Beseitigung nie angeordnet worden.

FÜNFTES HAUPTSTÜCK

Jugendliche vor Gerichten, die für allgemeine Strafsachen zuständig sind

Vorbemerkung.

1a) **Verfehlungen J u. Hw** (§ 112 S 1) **können nur in bes. Fällen durch ErwG abgeurteilt werden, näml.** durch BGH, ObLG, OLG u. Staatsschutzkammer (§ 102), uU bei Verbindung mit Verf. gegen Erw. (§ 103) oder bei Widerklage gegen den j. oder hw. Privatkläger (§ 80 II).

b) **Weitere Ausnahmen gibt es nicht** (Potrykus § 102 Vorb.). Wenn also mehrere Taten oder die Einzelakte einer fortgesetzten Handlung oder eines Dauerdeliktes **teils vor, teils nach Vollendung des 21. Lebensjahres** begangen sind, ist bei gemeinsamer Verh. **immer das JG zuständig**[1]). Allerdings besteht kein Zwang zu gemeinsamer Verh.; sogar nach Verbindung kann das Verf. dadurch getrennt werden, daß die Rev. auf Taten einer bestimmten Altersstufe beschränkt wird (BGH 10/100, 101f). — Für die Frage, ob Taten in verschiedenen Altersstufen vorliegen, kommt es zunächst auf die Sachlage nach dem Eröffnungsbeschl. an; doch kann der Angeklagte eine Rev. nicht darauf stützen, daß das ErwG das Verf. unter Verletzung der oben dargelegten Grundsätze eröffnet hat, wenn er nur wegen Taten verurteilt wurde, die er nach Vollendung des 21. Lebensjahres begangen hat (BGH 10/64f). Vgl. auch bei § 33, bes. A 3.

2. §§ 104, 112 S 2 bestimmen die **anzuwendenden Vorschriften.** Wegen der Vorschriften, wenn Erw. sich vor JG zu verantworten haben, s. § 103 A 5a u. § 121 A 2a.

3. **Zuständigk. des JStA** oder ErwStA s. § 36 A 2a.

---

[1]) BGH 7/26f, 8/349ff, 10/64; ObLG 57/1ff, OLG Frankfurt NJW 56/1211, Potrykus § 112 B 1. — AA Dallinger-Lackner § 103 N 14, die entspr. § 103 II je nach Schwergewicht das ErwG oder das JG für zuständig halten, aber einräumen, daß das JG den Vorzug verdient. AA auch Henkel JZ 57/565ff; er sieht einen Widerspruch zu BGH 10/327 (s. § 103 A 3b u. FN 2), doch zu Unrecht, weil hier zur Entsch. nach § 32 die bes. Erfahrungen des JG bedeutsam sind, während dieser Gesichtspunkt dort (s. § 103 A 3b) nicht zutrifft. AA weiter Peters NJW 56/492: entspr. § 32; doch ist ihm entgegenzuhalten, daß ein überwiegend als Erw. kriminell gewordener Täter nicht aus der JKriminalität herausgewachsen sein muß, daß vielmehr oft der erste Schritt vom rechten Weg der entscheidende ist und die Wurzel aller späteren Taten (vgl § 32 A 1c); das aber kann eben das JG besser beurteilen; ein gegenteiliger Wille kann dem Ges. nicht entnommen werden.

§ 102

Zuständigkeit

1) Hw: § 112 S 1. — **2)** ./.

Die Zuständigkeit des Bundesgerichtshofes und des Oberlandesgerichts sowie die Zuständigkeit der Strafkammer nach § 74a des Gerichtsverfassungsgesetzes werden durch die Vorschriften dieses Gesetzes nicht berührt. In Fällen von geringer Bedeutung kann die Strafkammer mit Zustimmung des Staatsanwalts die Strafsache gegen einen Jugendlichen an das Jugendschöffengericht abgeben.

Richtlinien zu § 102:

1. Die zur Zuständigkeit der Strafkammer nach § 74a GVG gehörenden Strafsachen bearbeitet grundsätzlich nicht der Jugendstaatsanwalt, sondern der hierfür allgemein zuständige Sachbearbeiter. Gibt die Strafkammer die Sache an das Jugendschöffengericht ab, so übernimmt der Jugendstaatsanwalt die weitere Bearbeitung.
2. § 102 gilt auch im Verfahren gegen Heranwachsende (§ 112 Satz 1).

1a) BGH, ObLG u. OLG werden als RechtsmittelGer. und auch in den Verf. gegen J u. Hw tätig, in denen sie als Ger. erster Instanz berufen sind (§§ 120, 121, 134, 134a, 135 GVG).

b) Ebenso entscheidet die **Staatsschutzkammer** in ihrem Zuständigkeitsbereich (§ 74a GVG) auch über Verfehlungen von J u. Hw.

2. Die **Staatsschutzkammer** (nicht auch der StA im Vorverf.) **kann** das Verf. mit Zustimmung des StA in Fällen geringerer Bedeutung **an das JSchöffG abgeben** (nicht an JRi. oder JK), jedoch nur hinsichtl. der J u. Hw, nicht auch der erw.Mittäter (Potrykus B 3, Dallinger-Lackner § 103 N 7; vgl § 103 A 3c). Die Abgabe ist ab Einreichung der Anklage, also noch vor Eröffnung des Hauptverf., u. noch in der Hauptverh. mögl. Die Staatsschutzkammer kann auch Verf. abgeben, die sie gem. §§ 270 StPO oder 134a III GVG übernommen hat. Das **JSchöffG kann die Übernahme nicht ablehnen.** Es kann auch nicht gem. § 40 II an die JK zur Übernahme vorlegen. Die örtl. Zuständigk. kann, soweit nicht § 18 StPO einer Prüfung entgegensteht, durch Entsch. des gemeinschaftl. oberen Ger. (grds OLG: ObLG 57/21, 23) festgestellt werden (§ 42 III S 2 entspr.). — Dallinger-Lackner N 10—12.

3. Zuständigk. des StA: RL 1 u. § 36 A 2a; Verf. s. § 104; Einbeziehung in eine EinheitsStr. § 41 A 7.

§ 103

Verbindung mehrerer Strafsachen

1) Hw: § 112 S 1. — **2)** ./.

(1) Strafsachen gegen Jugendliche und Erwachsene können nach den Vorschriften des allgemeinen Verfahrensrechts verbunden werden, wenn es zur Erforschung der Wahrheit oder aus anderen wichtigen Gründen geboten ist.

(2) Der Staatsanwalt erhebt die Anklage vor dem Jugendgericht, wenn das Schwergewicht bei dem Verfahren gegen Jugendliche liegt.

(3) Beschließt der Richter die Trennung der verbundenen Sachen, so erfolgt zugleich Abgabe der abgetrennten Sache an den Richter, der ohne die Verbindung zuständig gewesen wäre.

Richtlinien zu § 103:

1. Die Verbindung von Strafsachen gegen Jugendliche und Erwachsene ist im allgemeinen nicht zweckmäßig. Sie ist namentlich dann nicht angebracht, wenn der Jugendliche geständig und der Sachverhalt einfach ist oder wenn es sich bei den Erwachsenen um die Eltern des Jugendlichen handelt. Die Verbindung wird aber in der Regel geboten sein, wenn ohne sie eine umfangreiche Beweisaufnahme wiederholt werden müßte.
2. Der Staatsanwalt beantragt die Trennung der verbundenen Sachen, sobald sich die gesonderte Bearbeitung als zweckmäßig erweist (z. B. wenn gegen die erwachsenen Beschuldigten in Abwesenheit des Jugendlichen verhandelt und Urteil erlassen worden ist oder wenn der Durchführung des Verfahrens gegen die erwachsenen Beschuldigten für längere Zeit Hindernisse entgegenstehen.
3. § 103 gilt auch im Verfahren gegen Heranwachsende (§ 112 Satz 1).

1) Wegen **mehrerer Taten eines J oder Hw** sollte grds nur ein Verf. durchgeführt werden (§§ 2—4, 13, 237 StPO, 17 RiStV; vgl. § 70 S 2 JGG; Potrykus B 1; Dallinger-Lackner § 33 Vorb. N 7f), weil die Besserung des einen Täters, nicht die Sühne der mehreren Taten im Vordergrund steht (§ 43 A 1b; s. §§ 31f); die Verbindung erfolgt zum höheren Ger. (§§ 2, 4 II StPO). Das gilt im Hinblick auf § 32 (s. dort A 2b) bes. bei Taten des selben Täters in mehreren Altersstufen; für solche Verf. ist immer das JG zuständig (§ 102 Vorb. 1b). Doch zwingt das Ges. nie zur Verbindung (BGH 10/100, 101f).

2) Bei Beteiligung **mehrerer J — und — oder — Hw** ist die Verbindung nach **allg. Grundsätzen** (§§ 2, 3[1]), 4, 13, 237 StPO, 17 RiStV) mögl.; wegen der Schwierigk. des Verf. nach Verbindung (s. § 109 A 1b) ist aber Zurückhaltung angebracht (Dallinger-Lackner § 112 N 4).

3a) Sollen **Verf. gegen J oder Hw mit** solchen gegen **Erw.** verbunden werden, müssen über die allg. Voraussetzungen (s. A 2) hinaus noch die **bes. Voraussetzungen** des § 103 I vorliegen (BGH 10/327, 329) und zwar auch dann, wenn der Erw. an sich vor das JG kommt (§ 121) oder der J (Hw) an sich vor das ErwG (§ 102) (Dallinger-Lackner N 13, vgl § 48 RL 4). Notwendig sind **wichtige sachl. Gründe,** zB zur Wahrheitserforschung (I), etwa bei auseinandergehenden Aussagen mehrerer Mittäter (BGH 10/327, 329), wenn umfangreiche Beweise zu erheben sind (RL 1 S 3), oder zur Vermeidung widersprechender Entsch. (Dallinger-Lackner N 5, Potrykus B 2).

[1]) BGH 11/130 nimmt zu Recht an, daß in § 3 StPO der Begriff „eine strafbare Handlung" wie im materiellen Recht zu verstehen ist, nicht iS des § 264 StPO (bestr.).

Abgesehen von den Fällen, in denen eine Verbindung rechtl. nicht zulässig ist (A 3c), ist auch sonst Zurückhaltung geboten (RL 1 S 1; Dallinger-Lackner N 5; Potrykus B 2), bes. in den Fällen RL 1 S 2.

b) (1) **Zuständig** für die verbundenen Verf. kann nur ein Ger. sein, das für eines der getrennten Verf. zuständig wäre. Wo das Schwergewicht bei dem Verf. gegen J liegt, ist bei Verbindung immer das JG zuständig. Sonst entscheidet das pflichtgem. Ermessen; häufig wird auch hier dem JG der Vorzug zu geben sein (bestr.)[2]. Für das Schwergewicht ist weniger die Zahl der Beteiligten uä als vor allem der Anstoß zur Tat, die Tatherrschaft entscheidend (BGH 10/327, 329; s. a. § 32 A 1c). (2) Die **Zuständigk. des JStA** richtet sich nach § 103; es ist jedoch zweckmäßig, dem JStA im Wege der Geschäftsverteilung die Entsch. über die Verbindung im Vorverf. zu übertragen, bei Verbindung auch Vorverf. u. Anklageerhebung (Potrykus B 3; s. § 36 RL 2 S 3, 4).

c) Eine Verbindung unter Verletzung der Bestimmungen über die sachl. Zuständigk. ist nicht mögl. Ein Erw. kann wegen einer SchwG-Tat nicht von der JK abgeurteilt werden[3]); wegen einer Staatsschutzkammersache nicht vom JSchöffG, wegen schweren Diebstahls nicht vom JRi.; ein J kann wegen einer SchwG-Tat nur von der JK oder dem SchwG, nicht von der allg. StrK verurteilt werden (Dallinger-Lackner N 7). Die Verf. gegen einen j. u. einen erw. Mittäter eines Mordes können also nicht verbunden werden, wenn das Schwergewicht beim J liegt (JK wäre nach II zuständig, doch fehlt ihr die sachl. Zuständigk. gegen den Erw.). Eine unzulässige Verbindung ist vom RevGer. auch ohne Rüge von Amts wegen zu beachten (BGH 10/74, 76f; vgl § 33 A 3).

4a) (1) **Ob** die Verf. gem. § 103 **verbunden** werden, **bestimmt** zunächst der **StA.** (2) Das **Ger. kann** jedoch jederzeit (III) die Verf. **trennen,** wenn es die Voraussetzungen der Verbindung nicht für gegeben hält. Mit der Trennung wird das abgetrennte Verf. an das Ger. abgegeben, das ohne Verbindung zuständig gewesen wäre. Fallen die Voraussetzungen für die Verbindung später weg, können die verbundenen Verf. verbunden bleiben; nur wenn die Voraussetzungen schon bei der Verbindung nicht vorlagen, verfällt das Urteil der Rev. (3) **Scheiden** im Laufe des Verf. **alle J u. Hw aus, kann das JG das Verf. nicht mehr weiterführen**; es muß vielmehr das nur noch gegen Erw. gerichtete Verf. wie nach Trennung an das zuständige ErwG abgeben (s. o.), weil jede Grundlage für eine Verbindung fehlt. **Dasselbe gilt umgekehrt,** wenn im Verf. vor dem ErwG alle Erw. ausgeschieden sind[4]). Hat also nur ein J gegen das Urteil des

[2]) ZB ein Erw., der mehrere J zu einer Diebesbande zusammengeschlossen hat: Anklage zum JG; Dallinger-Lackner N 8; Kohlhaas A in LM § 103 Nr 4; **aA BGH** 10/327, 329f: ErwG bei Schwergewicht bei Erw., doch ohne Anhalt im Ges.; es ist auch nicht einzusehen, warum der BGH daraus Bedenken ableitet, daß sonst die meisten verbundenen Verf. vor das JG kämen.

[3]) BGH 9/399ff, 10/74; aA Henkel JZ 57/565, wenn das Schwergewicht beim J liegt; doch hebt er zu Recht hervor, daß die Ger.Zuständigk. fast verfassungsmäßigen Rang hat; deshalb muß hinter sie notfalls auch die Chance besserer Wahrheitserforschung zurücktreten, zumal sich das nur zugunsten des Angeklagten auswirken kann.

[4]) BGH LM § 103 JGG Nr 1, Potrykus B 3; aA Dallinger-Lackner N 12, die Zuständigk. bis zur förml. Trennung annehmen.

ErwG Ber. eingelegt, während das Urteil hinsichtl. der Erw. rechtskräftig ist, ist die JK (nicht die StrK) als BerGer. zuständig und umgekehrt[5]). Sind diese Regeln nicht beachtet, hat ein unzuständiges Ger. entschieden; es gilt § 33 A 3a.

b) Bei **getrennten Anklagen** können die Verf. **verbunden** werden entweder durch Vereinbarung (nicht gem. § 4 II HS 1 StPO) des Erw.- u. JG mit Zustimmung der beteiligten StA (§ 13 II StPO entspr.: ObLG 57/118f), oder durch Beschl. des gemeinschaftl. oberen Ger. (grds OLG, niemals LG; § 4 II HS 2 StPO entspr.: ObLG 57/21, 22f).

5a) Vor den **ErwG** gelten **für J u. Hw §§ 104, 112. Vor den JG** werden die **Erw. nach** allg. materiellem StrR abgeurteilt. Für das Verf. gilt JR, wenn sich nicht aus den Bestimmungen selbst (zB §§ 43, 45, 47, 55, 75, 76) das Gegenteil ergibt oder das Ges. selbst eine bes. Regelung trifft (§§ 48 III, 49 II).

b) Bei verbundenen Verf. gilt bis zum Ende der Verbindung (A 4a) der **Rechtsmittelzug** des angegangenen Ger.

§ 104

Verfahren gegen Jugendliche

1) Abs. I, II: Hw: § 112 S 1, 2; A 2; — Abs. III—V: **Hw:** § 112 S 1. — **2)** ./. — **3) Sold!** § 112e, § 104 A 1a (2) und 1c.

(1) In Verfahren gegen Jugendliche vor den für allgemeine Strafsachen zuständigen Gerichten gelten die Vorschriften dieses Gesetzes über

1. Verfehlungen Jugendlicher und ihre Folgen (§§ 3 bis 32),
2. die Heranziehung und die Rechtsstellung der Jugendgerichtshilfe (§ 38, § 50 Abs. 3),
3. den Umfang der Ermittlungen im Vorverfahren (§ 43),
4. das Absehen von der Verfolgung und die Einstellung des Verfahrens durch den Richter (§§ 45, 47),
5. die Untersuchungshaft (§§ 52, 72),
6. die Urteilsgründe (§ 54),
7. das Rechtsmittelverfahren (§§ 55, 56),
8. das Verfahren bei Aussetzung der Jugendstrafe zur Bewährung und der Verhängung der Jugendstrafe (§§ 57 bis 64),
9. die Beteiligung und die Rechtsstellung des Erziehungsberechtigten und des gesetzlichen Vertreters (§ 67, § 50 Abs. 2),
10. die notwendige Verteidigung (§ 68),
11. Mitteilungen (§ 70),
12. die Unterbringung zur Beobachtung (§ 73),
13. Kosten und Auslagen (§ 74) und
14. den Ausschluß von Vorschriften des allgemeinen Verfahrensrechts (§§ 79 bis 81).

---

[5]) OLG Hamm, Vorlage-Beschl. NJW 58/1704, OLG Oldenburg NJW 57/1329 = MDR 57/366, OLG Celle NJW 57/1848, Potrykus NJW 54/1350.

(2) Die Anwendung weiterer Verfahrensvorschriften dieses Gesetzes steht im Ermessen des Richters.

(3) Soweit es aus Gründen der Staatssicherheit geboten ist, kann der Richter anordnen, daß die Heranziehung der Jugendgerichtshilfe und die Beteiligung des Erziehungsberechtigten und des gesetzlichen Vertreters unterbleiben.

(4) Hält der Richter Erziehungsmaßregeln für erforderlich, so hat er deren Auswahl und Anordnung dem Vormundschaftsrichter zu überlassen. § 53 Satz 2 gilt entsprechend.

(5) Entscheidungen, die nach einer Aussetzung der Jugendstrafe zur Bewährung erforderlich werden, sind dem Jugendrichter zu übertragen, in dessen Bezirk sich der Jugendliche aufhält. Das gleiche gilt für Entscheidungen nach einer Aussetzung der Verhängung der Jugendstrafe mit Ausnahme der Entscheidungen über die Festsetzung der Strafe und die Tilgung des Schuldspruchs (§ 30).

Richtlinie zu § 104:

Als Verfahrensvorschriften, deren Anwendung nach Absatz 2 im Ermessen des Richters steht, kommen z. B. § 51 (zeitweilige Ausschließung von Beteiligten), § 69 (Beistand), § 71 (vorläufige Anordnungen über die Erziehung) und § 72 Abs. 3 (Unterbringung in einem Erziehungsheim an Stelle von Untersuchungshaft) in Betracht.

1a) Unmittelbar gelten auch vor ErwG: (1) die §§ 1, 2 (vgl Stellung im Ges.; Dallinger-Lackner § 1 Vorb. N 2), (2) die §§ 82—101, 112c, bei denen es nur darauf ankommt, ob eine Unrechtsfolge des materiellen JR angewendet wurde (Dallinger-Lackner § 82 Vorb. N 20, Potrykus § 82 Vorb. 5; s. § 85 RL I 1b und § 82 Vorb. 2a), (3) die §§ 102, 103 (vgl Stellung im Ges.).

b) Dagegen gelten niemals, auch nicht entspr. (II) oder in abgeänderter Form (III—V): (1) die Vorschriften über Organisation u. örtl. Zuständigk. der JG mit JSchöff u. JStA (§§ 33—37, 42; Dallinger-Lackner N 32, Potrykus B 1). Die Geschäftsverteilung kann den JRi. jedoch auch für Vernehmung J zum Rechtshilfe-Ri. bestellen, wenn das Verf. vor dem ErwG anhängig ist (§ 34 RL 1 S 2; Dallinger-Lackner N 33 halten sogar in allen Fällen ein Rechtshilfeersuchen an den JRi. für zulässig). Wegen der sachl. Zuständigk. s. § 41 A 1b; (2) die Vorschriften über die bes. jrichterl. Verf. (s. § 75 A 3b, § 76 RL 4); (3) § 49 als Besonderheit des Verf. des JRi. gegen J (§ 49 RL; Dallinger-Lackner N 34).

c) Von den **übrigen Vorschriften** gelten einige immer und uneingeschränkt (I, § 112e), andere aber nur nach dem Ermessen des Ger. (II), abgeändert (IV, V) oder beschränkbar (III; s. dazu A 2).

d) Wie weit die einzelnen JGG-Vorschriften auch im Verf. vor dem ErwG gelten, ist bei jedem Paragraphen zwischen Überschrift u. Ges.Text vermerkt (näheres s. Abkürzungsverzeichnis Teil I).

2a) III gibt dem ErwG die Möglichk., die **Beteiligung der JGH** (§§ 38, 50 III 70, 93 III, auch 43), **der ErzBer. u. der gesVertr.** (§§ 50 II, 67) **einzuschränken** oder diese ganz von der Teilnahme am Verf. auszuschließen. Bei der Bedeutung gerade der Einschaltung der JGH, der ErzBer. u. gesVertr. in der JGerichtsbark. und der rglm geringen Erfahrung der ErwG in JSachen sind **solche Beschränkungen nur ausnahmsweise und nur für die Hauptverh. selbst angebracht;** auf die Ermittlungen der JGH zur Persönlichk. (§§ 38, 43) und auf die Anhörung der ErzBer. u. gesVertr. wenigstens außerhalb der Hauptverh. sollte nie ganz verzichtet werden (Dallinger-Lackner N 6; Potrykus B 4).

b) Wo ErzBer. u. gesVertr. ausgeschlossen sind, liegt rglm ein Fall der **notwendigen Verteidigung** vor (§§ 68 Z 2, 3 JGG, 140 I Z 1, II StPO; Dallinger-Lackner N 18, Potrykus B 4).

c) Wegen der **Voraussetzung** „aus **Gründen der Staatssicherheit**" vgl die Erläuterungswerke zu § 172 GVG.

DRITTER TEIL

Heranwachsende

Vorbemerkung.

1) Wer Hw ist, sagt § 1 II. Es kommt auf das **Alter zZ der Tat** an; Volljährigk. ist ohne Einfluß (Potrykus NJW 57/1136). Vgl. näheres § 1 A 2 u. § 105 A 3b.

2) Vgl auch die Einführung, bes. II 3!

Erster Abschnitt

Anwendung des sachlichen Strafrechts

§ 105

Anwendung des Jugendstrafrechts auf Heranwachsende[1])

1) ./. — **2) ErwG:** § 112, A 3.

(1) Begeht ein Heranwachsender eine Verfehlung, die nach den allgemeinen Vorschriften mit Strafe bedroht ist, so wendet der Richter die für einen Jugendlichen geltenden Vorschriften der §§ 4 bis 32 an, wenn

1. die Gesamtwürdigung der Persönlichkeit des Täters bei Berücksichtigung auch der Umweltbedingungen ergibt, daß er zur Zeit der Tat nach seiner sittlichen und geistigen Entwicklung noch einem Jugendlichen gleichstand, oder

---

[1]) **Literatur:** Hinrichsen: Hw- u. JKriminalität, RdJ 56 H 14; Potrykus-Middendorf: Die Rechtsbrüche der Hw u. ihre Behandlung, RdJ 56 H 23; Schaffstein: Zur jstrafrechtl. Behandlung der Hw. Die Problematik des § 105, NJW 55/1577; Schnitzerling: § 105 JGG in der höchstrichterl. Rechtsprechung u. das Verkehrsdelikt als JVerfehlung, UJ 57 H 5; Suttinger: Psychologische Kriterien für die Anwendung des § 105 I Z 1 des JGG, MKrim 56/65; Vins: Zur Problematik des § 105 JGG, UJ 54/261. — Vgl auch die „Marburger Richtlinien" (Ergebnisse der Arbeitstagung der deutschen Vereinigung für JPsychiatrie vom 24/25. 4. 1954 in Marburg) in UJ 54/283, MKrim 55/60; Dallinger-Lackner N 11—38, Jagusch A 6 u. Potrykus B 2, NJW 54/1351, hier in A 2b eingearbeitet.

2. es sich nach der Art, den Umständen oder den Beweggründen der Tat um eine Jugendverfehlung handelt.

(2) Das Höchstmaß der Jugendstrafe für Heranwachsende beträgt zehn Jahre.

Richtlinien zu § 105:

1. Der Heranwachsende ist stets strafmündig; seine Verantwortlichkeit wird nicht nach § 3, sondern nur nach den allgemeinen Vorschriften beurteilt. Gröbere Entwicklungsmängel können Anlaß zu der Prüfung geben, ob die Zurechnungsfähigkeit nach § 51 StGB ausgeschlossen oder vermindert ist.

2. Die zur Feststellung des Entwicklungsstandes notwendige Persönlichkeitserforschung setzt besonders sorgfältige Ermittlungen voraus (vgl. hierzu die Richtlinien zu §§ 38 und 43).

1. § 105[1]) betrifft nur die Straffrage (BGH 5/207, 209). Ob ein Hw strafrechtl. verantwortl. ist, richtet sich nach allg R (BGH aaO). Eine bes. Schuldvoraussetzung gibt es nicht; § 3 gilt für Hw nicht (RL 1). Bei erhebl. Reifeverzögerungen kann jedoch Zurechnungsunfähigk. (§ 51 StGB: RL 1) oder Verbotsirrtum (Potrykus § 3 B 9) gegeben sein. — Die **Reifegradentsch.** nach § 105 I muß **bei allen Verfehlungen** (§ 1 A 1) **Hw** (Vorb. 1) getroffen werden.

2. Materielles JR ist auch gegen Hw anzuwenden bei verzögerter Entwicklung (c) oder bei einer JVerfehlung (d), also immer, **wenn Täter oder Tat jgem.**, dh **entwicklungsbedingte Züge** tragen (Dallinger-Lackner N 2). **Eine Vermutung für die Anwendung des J- oder des Erw.Rechts besteht nicht** (Jagusch A 4). Doch hat die Praxis ergeben, daß häufiger JR anzuwenden ist als man ursprüngl. angenommen hatte (vgl Einf. II 3).

a) Die Entsch. muß jeweils auf Grund der Besonderheiten des Einzelfalls getroffen werden. So wenig es bestimmte Str.Tatbestände gibt, die stets eine JVerfehlung (d) darstellen, so wenig gibt es einen bestimmten, fest abgrenzbaren Typ des J, des typischen 14—17jährigen. Das Leben des einzelnen verläuft nicht in klar erkennbaren, allg. gültigen Entwicklungsabschnitten. Man muß deshalb mit Potrykus (B 2, ähnl. Dallinger-Lackner N 6, Schaffstein NJW 55/1577) unter „J" hier abw. von der Legaldefinition (§ 1 II) entspr. dem materiellen Inhalt den noch ungefestigten, in der Entwicklung stehenden Menschen verstehen. Entspr. ist die JVerfehlung eine Tat, die in dieser Art unter diesen Umständen oder aus diesen Gründen zu begehen typisch für einen solchen Menschen ist (Schaffstein NJW 55/1580).

b) Die **Anhaltspunkte für die Entsch.**, die nur im Zusammenhang richtig gewürdigt werden können (s. A 2c), sind im Folgenden dargestellt. Vgl dazu die „Marburger Richtlinien"; FN 1.

(1) Zeichen einer unreifen, noch in der Entwicklung stehenden Persönlichk. sind:

(a) Vorherrschen des Gefühls- u. Trieblebens (Besitz-, Geschlechtstrieb, sinnlose Zerstörungswut, Lust am Quälen) mit Launen u. allg. Unausgeglichenheit;

Leben im Augenblick; spielerische Einstellung zur Arbeit. Die Handlungen entspringen der Gelegenheit, nicht der Planung und sind ohne Verbindung zu tieferen Schichten der Persönlichk., weshalb den Verlockungen nicht genügend Widerstand entgegengesetzt werden kann; hierher zählen auch die Primitivreaktionen bes. der geistig Retardierten.

(b) Drang zur Selbständigk. mit Lösung der familiären Bindungen, Widerstand gegen bisherige positive erz. Einflüsse, ja gegen jede Autorität, Suche nach neuen, meist bedingungslos anerkannten [s. (d)] Vorbildern (Film, Sport); Wunsch, anerkannt zu werden [s. (c)], bes. nicht als feige zu gelten.

(c) Hang zum Abenteuer und Phantastischen; Leidenschaft für die Technik (Kfz, Geschwindigk. — Rausch); Sucht, in aller Mund zu sein (Angeberei, Kraftmeierei), auch echter Kampf gegen Mängel der Rechts- u. Sozialordnung (Tötung des Liebhabers der Mutter).

(d) Unsicherheit gegen die noch nicht verstandene Ordnung der Erw., oft verborgen in Arroganz u. Trotz; bei Auflehnung gegen Bestehendes [s. (b)] Anlehnung und Vertrauensseligk. gegenüber Fremden, auch Nachahmung u. Herdentrieb (j. Überzeugungstäter; Mitwirkung bei Banden; verführter Einzeltäter); äußert sich auch in falsch verstandener Kameradschaft, Ritterlichk. uä.

(2) **Demgegenüber sind Zeichen einer weitgehend abgeschlossenen Entwicklung:** (a) gewisse Lebensplanung mit ernsthafter Einstellung zur Arbeit, (b) Fähigk. zu selbständigem, rationell unterbautem Urteil u. Entscheiden sowie zu zeitl. überschauendem Denken, (c) gewisse Eigenständigk. gegenüber anderen Menschen.

(3) **Hw Anlagetäter** sind rglm schon in ihrer kriminellen Haltung gefestigt; für sie gilt grds allg R. — Gegen **Hw Entwicklungstäter** (Tat aus Reifungsvorgängen; ohne feststellbare Anlage- oder Milieu-Schäden) ist grds JR anzuwenden; der „normale" Hw hat „Sturm u. Drang" im wesentl. hinter sich. — Auf **Hw Verwahrlosungstäter** (schädl. Umwelteinflüsse meist neben entspr. Anlage u. Entwicklung) ist großzügig JR anzuwenden, da gerade wegen dieser Gruppe § 105 geschaffen wurde; doch muß ErwR gelten, wenn die schon abgeschlossene Entwicklung zu einem negativen Persönlichkeitsbild geführt hat, das unabhängig von den schädl. Einflüssen in sich gefestigt ist.

(4) **Als Taten** entsprechen der Vorstellungswelt eines **in der Entwicklung** stehenden jungen Menschen vor allem Diebstahl (bes. Banden, Warenhaus), Sittlichkeitsdelikte, Taten aus technischem Interesse (unbefugter Kfz-Gebrauch), Gewaltakte (Sachbeschädigung, Tierquälerei, Brandstiftung; ggf Raub, Totschlag). **Dagegen** entsprechen rglm **nicht** Untreue, Hehlerei (bes. gewerbsmäßig); komplizierte Betrügereien (a. zB Fahrkartenschwindel) und Urkundenfälschungen. Die meisten Taten sind selbst einer so groben Eingliederung nicht zugängl.

(5) **Ein wichtiges Indiz in Zweifelsfällen** [s. auch A 2e (3)], sonst aber eine stets beachtenswerte Kontrolle bietet die Frage, welche Rechtsordnung **die für diesen Täter am besten geeignete Maßnahme** enthält. Die RechtsO ist stets, gerade aber mit § 105

bestrebt, für jeden Täter die geeignete Maßnahme zur Verfügung zu stellen (Dallinger-Lackner N 47, Jagusch A 4, Potrykus B 6, Becker NJW 54/335, ausführl. Schaffstein NJW 55/1578f; aA Vins UJ 54/261, 262, Hinrichsen RdJ 55/44, 45).

c) (1) Ob eine verzögerte Entwicklung vorliegt (I Z 1), ist auf Grund einer **Gesamtwürdigung der Täterpersönlichk.** zu entscheiden. Es kommt auf die **Reife im ganzen,** nicht nur in Bezug auf die konkrete Tat an[2]). Es muß nachdrückl. davor gewarnt werden, auf das Vorliegen einzelner unter A 2b genannter Umstände allein die Entsch. zu stützen.

(a) Es kommt allerdings **nur auf die** für das soziale Verhalten entscheidende **Entwicklung auf geistigem u. sittlichem Gebiet** an. Doch ist eine stark verzögerte körperl. Entwicklung rglm ein Indiz dafür, daß auch die geistige u. sittl. Entwicklung zurückgeblieben ist (allgM, zB Dallinger-Lackner N 8), nicht umgekehrt. — **Die Verzögerung auf geistigem oder sittl. Gebiet allein genügt,** wenn dadurch das Gesamtbild des Hw entspr. beeinflußt wird (BGH NJW 56/1408, Dallinger-Lackner N 9). Fehlt, wie meist, nur die sittl. Reife, doch in erhebl. Umfang, darf auch eine fortgeschrittene geistige Entwicklung nicht darüber hinwegtäuschen, daß die gesamte Persönlichkeitsentwicklung noch der eines J entspricht.

(b) Für die Persönlichkeitsentwicklung haben die **Umwelteinflüsse** oft entscheidendes Gewicht und müssen deshalb eingehend erforscht und bei der Entsch. berücksichtigt werden. Steht fest, daß die Ursachen der Tat eines Hw ausschl. Erz.Mängel, erz.ungünstige Umwelteinflüsse uä sind, liegt es nahe, daß der Täter mindestens in seiner sittl. Entwicklung zurückgeblieben ist u. grds nach JR abgeurteilt werden muß (BGH MDR 54/694), ohne daß es noch darauf ankäme, ob diesem Einfluß alle Gleichalterigen ausgesetzt waren (BGH 8/90, 91f). Jedoch bleiben die Umwelteinflüsse außer Betracht, die die Persönlichkeitsentwicklung nicht beeinflußt haben (Dallinger-Lackner N 40).

(2) **Unbehebbare Entwicklungsrückstände** (Schwachsinn, charakterl. Fehlhaltung) berechtigen nicht zur Anwendung des § 105 I Z 1 (vgl JSchöffG Kiel NJW 56/35). Doch findet fast immer eine Nachreifung statt, die nach den Erfahrungen gerade durch unbestJStr. oft erhebl. gefördert wird. Deshalb ist eine so negative Prognose praktisch nicht mögl. Daß der Entwicklungsrückstand wahrscheinl. nicht behoben werden kann, steht der Anwendung von JR nicht entgegen[3]).

d) Eine Jugendverfehlung ist mindestens ein partieller Rückfall eines altersgem. entwickelten Hw in die **Verhaltensweise eines J** (Dallinger-Lackner N 42, Potrykus B 5), wenn sie nicht überhaupt noch dem ganzen Wesen eines in der Entwicklung zurückgebliebenen Hw entspricht [s. A 2e (2)]. Sie muß — entgegen den im Ges. Text

---

[2]) Jagusch A 4; zw.; vgl Schaffstein NJW 55/1580; es ist zB denkbar, daß eine Reifeverzögerung nur auf sexuellem Gebiet vorliegt; eine befriedigende Lösung ist noch nicht gefunden.

[3]) Dallinger-Lackner N 39, ähnl. Jagusch A 6; abw. Potrykus B 2, der schon gegen die Anwendung des JR an sich keine Bedenken hat. Vgl dazu vom ärztl. Standpunkt Munkwitz Zbl 56/117.

nicht zum Ausdruck gekommenen, also unbeachtl. Vorstellungen des Ges.Gebers — nicht notwendig eine Tat geringer Bedeutung sein; auch die schwerste Tat kann eine J Verfehlung sein[4]). Für die Beurteilung kommt es darauf an, ob die **Motive** oder das **äußere Erscheinungsbild** oder auch nur die **Begleitumstände** der Tat eine Verhaltensweise zeigen, wie sie bei J übl. ist; s. dazu A 2b. Es wird nicht gefordert, daß so nur J zwischen 14 u. 17 Jahren handeln; es genügt, daß vorwiegend unreife Menschen dieser Versuchung erliegen oder aus diesen Gründen in dieser Art handeln uä (Schaffstein NJW 55/1580). Bei der Rauschtat muß sich die Rauschtat, nicht die im Rausch begangene Tat, als J Verfehlung darstellen, weil jene bestraft wird, während letztere nur Bedingung der Strafbark. ist (LG Nürnberg-Fürth MDR 55/566).

e) (1) Die schwere Entsch. nach I Z 1 kann immer (RL 2, Potrykus NJW 56/658), die Entsch. nach I Z 2 jedenfalls dann nur nach **eingehender Persönlichkeitserforschung** (§ 43, s. dort u. § 105 A 4c) getroffen werden, wenn es auf das Tatmotiv ankommt. Der Eindruck in der Hauptverh. gestattet nur die Feststellung der körperl., allenfalls der geistigen Entwicklung, niemals der Entwicklung in sittl. Hinsicht[5]). Nur wo schon die äußeren Lebensumstände zeigen, daß der Hw eine entwickelte, ausgereifte Persönlichk. ist, können die in § 43 vorgeschriebenen Ermittlungen unterbleiben[6]) (a. ggf bei § 106). Dies gilt nicht umgekehrt bei klar erkennbar zurückgebliebener Entwicklung, weil in diesem Fall jedenfalls für die Auswahl der Maßnahme Ermittlungen nach § 43 notwendig sind. — Wegen Strafbefehl.-Verfügg s. § 109 A 2b (4) (b).

(2) **I Z 1 u. Z 2 sind selbständige Tatbestände,** wenn sie sich auch meist decken (Dallinger-Lackner N 45, Jagusch A 7). Es ist zweckmäßig, zunächst das Vorliegen einer J Verfehlung zu prüfen, weil deren Voraussetzungen enger und daher rglm leichter festzustellen sind als der Stand der vielschichtigen Entwicklung (vgl Schaffstein NJW 55/1580).

(3) Lassen sich trotz eingehender Ermittlungen die **Zweifel** nicht beseitigen [s. auch A 2b (5)], verdient das **JR** ob seiner reichen Auswahl und großen Anpassungsfähigk. den **Vorzug,** zumal seine ungerechtfertigte Anwendung — im Gegensatz zum umgekehrten Fall — grds nicht schadet (Dallinger-Lackner N 3, 33, Potrykus B 3, 4). **Doch** darf sich das **nicht zum Nachteil des Täters** auswirken; es muß deshalb ErwR angewendet werden, wenn die nach ErwR konkret verwirkte Str. milder ist als die verwirkte Maßnahme des JGG (Jagusch A 4 u. A 4b); über Vergleichsmaßstäbe s. § 1 A 2c (2).

---

[4]) BGH bei Herlan GA 56/347, Dallinger-Lackner N 43, Jagusch A 7; vgl BGH NJW 54/1775 für Meineid, MDR 54/694 für Hehlerei, 8/90 f für politische Delikte; — unklar Potrykus B 5, der zunächst die Erwägungen des Ges.Gebers, dann aber die Meineidentsch. des BGH billigt.

[5]) BGH MDR 54/694, ObLG DAR 56/19; bedenkl. OLG Hamm JMBl NRW 55/190, Rspr 55 Nr 800, das sich bei einem Verkehrsdelikt mit den Feststellungen, der Täter arbeite als KfzMechaniker im väterl. Betrieb, u. dem Eindruck in der Verh. begnügt; vgl auch Potrykus NJW 56/657 FN 33 u. hier FN 6.

[6]) BGH 6/316, 329: Täterin 19 u. 20 Jahre alt, 3 Jahre verheiratet, ordentl. Ehe, gesicherte Lebensgrundlage; als Unrecht klar erkennbare Ladendiebstähle; vgl auch BGH bei Herlan GA 54/310: ErwR bei geistig u. sittl. voll entwickeltem Kfz Schlosser bei fahrlässiger Tötung im Verkehr. — Vgl auch FN 5.

3a) (1) **Es muß materielles JR angewendet werden, wenn die Voraussetzungen** des § 105 I Z 1 oder Z 2 **vorliegen.** Die §§ 4—32 gelten an sich (s. b) unverändert mit der einen Ausnahme, daß **die HöchstJStr. für alle Delikte 10 Jahre** beträgt (II; abw. von § 18 I S 1, 2). Eine JStr. von mehr als 5 Jahren ist aber gegen einen Hw entspr. dem Grundgedanken des § 18 I S 2 nur gerechtfertigt, wenn auch das allgR eine Str. in dieser Höhe zuließe; denn Str. über 5 Jahre dienen weniger der Erz. (s. § 18 A 2a, b, 3d) als der Sühne (Dallinger-Lackner N 81; **aA BGH** MDR 55/372, Jagusch A 8, Potrykus B 8). — (2) Wegen der Schwierigk. bei geringfügiger Oberflächenkriminalität s. § 109 A 2b (4) (b).

b) Doch ergeben sich **aus dem höheren Lebensalter der Hw Besonderheiten** [s. § 1 A 2a [2)], die bei den Einzelvorschriften behandelt sind. Allg. tritt mit fortschreitendem Alter der Erz.Gedanke mehr zurück, der Sühnegedanke mehr hervor (Jagusch A 8). Schutzaufsicht, FE u. Verwarnung sind rglm nicht mehr angebracht (§ 12 A 1a aE, § 14 A 1d), bei der Auswahl der Weisungen ist Vorsicht geboten (§ 10 A 1c (2)). Für bes. Pflichten (§ 15 A 1b), JA (§ 16 A 2e), JStr. [§ 17 A 2, § 18 A 2b, 3d (2)], unbestJStr. (§ 19 A 2b), Aussetzung der Verhängung von JStr. (§ 27 A 2b (4), § 30 A 1c) gilt im wesentl. das gleiche wie bei J; die StrAzBew. weist nur insofern Besonderheiten auf, als für die Weisungen u. bes. Pflichten als Bew.Aufl. Besonderes gilt (s. o.).

c) Wegen Taten in verschiedenen Alters- u. Reifestufen s. § 32 mit A.

4a) Die **Reifegradentsch.** (§ 105 I) wird **rglm auf Grund einer Hauptverh.,** ggf auch im summarischen Verf. [§ 109 A 2b (4)] getroffen.

b) Über diese Frage ist **gesondert abzustimmen.** Die Entsch. erfordert **$^2/_3$ Mehrheit** (Dallinger-Lackner N 58, Potrykus B 7, NJW 54/822, Lackner GA 55/36). Wird diese nicht erreicht, sind gem. § 196 III S 2 GVG die im Einzelfall nach ErwR u. JR verwirkten Maßnahmen festzusetzen u. gegeneinander abzuwägen [wegen der Vergleichsmaßstäbe s. § 1 A 2c (2)]; die mildere ist auszusprechen; das JR ist nicht generell milder (Einf. II 2, Jagusch A 4; Schaffstein NJW 55/1578); die Frage, welche Maßnahme milder ist, wird ggf mit einfacher Mehrheit entschieden (Dallinger-Lackner N 57—60, Lackner GA 55/36).

c) Die Entsch. nach § 105 I ist stets **eingehend zu begründen** (§ 54 FN 1). Die Anführung des Ges.Wortlauts genügt auch in VerkehrsStr. Sachen nicht. Allein der Eindruck in der Verh. u. die Feststellung, daß der Täter KfzMechaniker im väterl. Betrieb ist, reicht auch in diesen Fällen nicht (ObLG DAR 56/19 — vgl. FN 5). Vielmehr müssen auch hier **bestimmte Tatsachen angegeben** werden, die erkennen lassen, daß auch die Umweltverhältnisse und die Tatsache berücksichtigt sind, daß häufig die sittl. Entwicklung mit der körperl.-geistigen nicht Schritt hält (OLG Schleswig SchlHA 57/211, Rspr 57 Nr 749). Wegen der Ermittlungspflicht s. A 2e (1).

d) Die **Anfechtung** und Aufhebung des Urteils kann auf die Str.Frage, nicht aber auf die Frage des § 105 allein beschränkt werden[7]); dagegen ergreift

[7]) Dallinger-Lackner N 65, 66; aA Potrykus B 7; hat die Anfechtung aber Erfolg, muß stets eine neue Maßnahme verhängt werden.

eine Anfechtung, die auf die Rüge der Ablehnung einer Strafmilderungsvorschrift oder der Versagung der StrAzBew. beschränkt ist, nicht die Frage des § 105 I (ObLG 56/7f; OLG Frankfurt NJW 56/233). Wegen der Wirkung des Verschlechterungsverbots bei Aufhebung wegen falscher Anwendung des § 105 s. § 55 A 4g und wegen des Verhältnisses von ErwStr. zu den Maßnahmen des JGG § 1 A 2c (2).

e) In **späteren Verf.** besteht **keine Bindung an die ReifegradEntsch.** (§ 105 I) des früheren Verf. (a. im Nachverf.; s. § 30 A 1c); die Vorentsch. ist jedoch oft ein wertvolles Indiz (Dallinger-Lackner N 41a).

§ 106

Milderung des allgemeinen Strafrechts für Heranwachsende

1) ./. — 2) **ErwG:** § 112, A 3.

(1) Ist wegen der Straftat eines Heranwachsenden das allgemeine Strafrecht anzuwenden, so kann der Richter an Stelle von lebenslangem Zuchthaus auf eine Zuchthausstrafe von zehn bis fünfzehn Jahren und an Stelle einer zeitigen Zuchthausstrafe auf Gefängnisstrafe von gleicher Dauer erkennen.

(2) Von der Anordnung der Sicherungsverwahrung und der Aberkennung der bürgerlichen Ehrenrechte oder der Fähigkeit zur Bekleidung öffentlicher Ämter kann der Richter absehen.

1a) Auch bei altersgem. entwickelten Hw, die nach allgR abgeurteilt werden müssen, ist **rglm die Reifeentwicklung noch nicht abgeschlossen** (vgl § 114); bei ihnen ist häufig nach entspr. erz. Bemühungen eine **Wiedereingliederung** auch dann zu erwarten, wenn sie schwer gefehlt haben. Müßten die in § 106 genannten bes. schwerwiegenden Maßnahmen des allgR gegen sie verhängt werden, würde die anzustrebende Resozialisierung dadurch vereitelt, mindestens wesentl. erschwert. Das aber muß möglichst vermieden werden.

b) Vielfach genügen schon die Wahlmöglichk. (zB §§ 178, 307; 174, 224; 161 II, 180 I StGB) **oder die Milderungsbefugnisse des allgR,** die bes. Situation des hw. Täters zu berücksichtigen. Dann ist kein Raum für die Anwendung des § 106 (Dallinger-Lackner N 4). Gleiches gilt, wenn die bes. Umstände (A 1a) zB dazu führen, daß eine **Sicherungsverwahrung oft** schon deshalb **nicht** angeordnet werden kann, weil im Hinblick auf die zu erwartende Nachreife im Zeitpunkt des Urteils nicht festgestellt werden kann, daß der Hw auch nach der Str.Verbüßung noch eine Gefahr für die Allgemeinheit sein wird (vgl BGH JZ 53/673).

c) Zwingt aber das allgR zur Verhängung der in § 106 genannten, für die weitere Entwicklung bes. nachteiligen Str. (I; zB in §§ 211 StGB, 5 III SprengstoffGes.; 234, 306 StGB) oder Maßregeln der Sicherung u. Besserung (II; zB in §§ 20a, 42e; 161 I, 181 II, 302d StGB), **ermöglicht § 106 eine Abweichung im Interesse der Wiedereingliederung** (BGH 7/353, 355).

d) Dagegen kann das Ger. die kraft Ges. eintretenden **Nebenfolgen der ZuchthausStr.** (§ 31 StGB) **auch bei Hw nicht beseitigen,** wenn es auf Zuchthaus erkennt (Dallinger-Lackner N 8, Jagusch A 1, aA Potrykus B 1; doch gestattet das Ges. in seiner **abschließenden Regelung** — BGH bei Herlan GA 56/347 — nur, von einer AO abzusehen; überdies kann in den geeigneten Fällen statt auf Zuchthaus auf Gefängnis erkannt werden).

2a) Die Anwendung des § 106 liegt — grds nach Anhörung der JGH (s. § 38 A 8a aE) — im pflichtgem. Ermessen des Ger. Dabei steht die Frage **im Vordergrund, ob eine Wiedereingliederung zu erwarten ist** (BGH 7/353, 355). Ist diese Frage (wie meist: A 1a) zu bejahen, wird gemildert, falls nicht ausnahmsweise Art u. Schwere der Tat und die anderen anerkannten Str.Zwecke, bes. der Sühne oder des Schutzes der Allgemeinheit, die Milderung verbieten (BGH 7/353, 355f bei bes. schwerer Mordtat; Dallinger-Lackner N 9).

b) Die **ablehnende Entsch** bedarf stets einer $^2/_3$ Mehrheit (§ 263 I StPO); die Urteilsgründe müssen jedenfalls in den Fällen, in denen eine Milderung in Betracht kommt, erkennen lassen, daß das Ger. sich seiner Befugnis bewußt war (ähnl. StrAzBew., Dallinger-Lackner N 10, Jagusch A 3).

c) (1) Bei **Milderung** nach § 106 wird im Tenor nur auf die gemilderte Str. erkannt (I, s. § 54 A 2h) oder die an sich verwirkte Maßregel nicht angeordnet (II). In den Gründen ist auszuführen, welche Str. oder Maßregel an sich verwirkt wäre (das ist der Ausgangspunkt der Entsch. nach § 106; vgl A 1b) u. warum das Ger. gemildert hat (Jagusch A 3). — (2) Eine **zeitige ZuchthausStr.** wird **in eine GefängnisStr. gleicher Höhe** umgewandelt. § 21 StGB gilt also nicht (Dallinger-Lackner N 5, Jagusch A 1). Diese GefängnisStr. darf höher als 5 Jahre sein; § 16 I StGB gilt hier nicht (Potrykus FN 1).

Zweiter Abschnitt

Gerichtsverfassung und Verfahren

§ 107

Gerichtsverfassung

1) ./. — **2)** ~~ErwG~~ : nur § 38 gilt; § 112, § 104 I Z 2, A 1b.

Die Vorschriften über die Jugendgerichtsverfassung (§§ 33 bis 38) gelten für Heranwachsende entsprechend.

Unabhängig vom Alter zZ der Aburteilung und unabhängig davon, ob JR oder allgR angewendet wird (§ 105), und welche Verf. Vorschriften gelten (§ 109), kommen **Hw** ebenso wie J **vor das JG** (s. § 33 A 1d). Es ist nur konsequent, daß auch der **JStA** mitwirkt (§ 36; vgl dort RL 2 S 2) und daß die **JGH** eingeschaltet werden muß (§ 38 A 8).

§ 108

Zuständigkeit

1) ./. — 2) ~~ErwG~~: s. § 41 A 1b, § 104 A 1b; § 112.

(1) Die Vorschriften über die Zuständigkeit der Jugendgerichte (§§ 39 bis 42) gelten auch bei Verfehlungen Heranwachsender.

(2) Der Jugendrichter ist für Verfehlungen Heranwachsender auch zuständig, wenn die Anwendung des allgemeinen Strafrechts zu erwarten ist und nach § 25 des Gerichtsverfassungsgesetzes der Amtsrichter allein zu entscheiden hätte.

(3) Das Jugendschöffengericht darf wegen der Verfehlung eines Heranwachsenden nicht auf Zuchthaus von mehr als zwei Jahren und nicht auf Sicherungsverwahrung erkennen. Ist höhere Zuchthausstrafe oder Sicherungsverwahrung zu erwarten, so ist die Jugendkammer zuständig.

1. Für die **sachl. Zuständigk.** kommt es darauf an, ob materielles JR oder ErwR anzuwenden ist (§ 105).

a) (1) **Ist die Anwendung materiellen JR zu erwarten,** gelten die §§ 39—41 uneingeschränkt (I).

(2) (a) **Wird voraussichtl. eine Str. nach allgR verhängt,** hat der **JRi.** dieselbe sachl. Zuständigkeit wie der EinzelRi. des allgR (III; § 25 GVG für die Eröffnung; nach hM § 24 GVG für die Entsch: zB ObLG 51/452ff, Löwe-Rosenberg § 25 GVG A 5b; aA zB Kleinknecht-Müller § 25 GVG A 6). Die **JK** ist für SchwG-Sachen (I §§ 41 I Z 1 JGG, 80 GVG) und für Verf. zuständig, in denen auf Zuchthaus von mehr als 2 Jahren oder Sicherungsverwahrung zu erkennen ist (III). In diesen Fällen muß unmittelbar zur JK angeklagt werden (OLG Hamm JMBl NRW 54/181, Rspr 54 Nr 897). Sonst gehört — abgesehen von der Sonderzuständigk. nach § 102 (§ 112 S 1) — das Verf. zum **JSchöffG;** dieses darf sowohl bei der Gesamtstrafenbildung als auch bei Anwendung des § 106 eine 5 Jahre übersteigende GefängnisStr. verhängen (Dallinger-Lackner N 12; aA Potrykus B 5; — vgl. § 41 FN 1). (b) Das JSchöffG kann auch hier ein Verf. wegen des Umfangs der JK zur Übernahme vorlegen (I; §§ 40 II, 41 I S 2). Dadurch werden die Nachteile vermieden, die sich aus dem Fehlen des erweiterten SchöffG ergeben könnten. Die Ablehnung der Übernahme hindert nicht die spätere Verweisung, wenn der Str.Bann nicht ausreicht (OLG Celle MDR 57/117).

(3) Läßt sich, wie oft, **keine sichere Voraussage über die anzuwendende RechtsO** treffen, ist die Zuständigk. in beiden Richtungen [o. (1) u. (2)] zu prüfen. Sind danach verschiedene Ger. zuständig, muß zum höheren angeklagt bzw vor dem höheren eröffnet werden; nur so können unnötige Verweisungen vermieden werden. So gehört zB der schwere Diebstahl eines Hw rglm vor das JSchöffG.

b) Ist das **Ger.** bei der Eröffnung oder später **aA als der StA,** so verfährt es, wenn die Bedenken für den Fall der Anwendung des JR bestehen, wie § 41 A 3—5 dargestellt; andernfalls gelten die Regeln des allgR (s. die Erläuterungsbücher zu §§ 209, 270 StPO). Wegen Übernahme vom JSchöffG zur JK s. A 1a (2) (b).

2a) Die **örtl. Zuständigk.** richtet sich stets nach § 42 (s. dort RL u. A). Doch wird, auch wo bevorrechtigte Gerichtsstände (§ 42 II, RL 1) gegeben sind, das pflichtgem. Ermessen (§ 42 A 3a) bei fortgeschrittener Entwicklung häufiger zur Anwendung des Tatortgerichtsstandes als Regel-Gerichtsstand des allgR (Kleinknecht-Müller § 7 StPO Vorb. 2) führen. Bes. zu beachten ist hier, daß es eine vormundschaftsrichterl. Zuständigk. nach Volljährigk. nicht mehr gibt (Dallinger-Lackner N 15, aA Potrykus B 1, der den zZ der Tat zuständigen VormR. für berufen hält) und daß es eine Zuständigk. beim VollstrL nur gibt, wenn eine frühere JStr., nicht eine frühere GefängnisStr. zu vollstrecken ist (§ 42 A 2c).

b) Auch bei Hw kann das Verf. nach § 42 III abgegeben werden.

§ 109

Verfahren

1) ./. — **2)** Abs. I: ErwG: §§ 112, 104 Z 2, 3, 9, 10, 11, 12; — wegen § 68 s. § 112 A 2a (2).

Abs. II: ErwG: §§ 112, 104 Z 5, 6, 7, 8, 13, 14; — wegen § 53 s. § 104 IV; § 112 S 1, A 2a (3); § 53 RL 3; — wegen § 65 s. dort A 2c; — wegen § 66 s. dort A 6 iVm § 112.

(1) Von den Vorschriften über das Jugendstrafverfahren (§§ 43 bis 81) sind im Verfahren gegen einen Heranwachsenden § 43, § 50 Abs. 2 und 3, §§ 67 bis 70 und 73 entsprechend anzuwenden. Die Öffentlichkeit kann ausgeschlossen werden, wenn dies im Interesse der Erziehung des Angeklagten geboten ist.

(2) Wendet der Richter Jugendstrafrecht an (§ 105), so gelten auch die §§ 52 bis 66, § 74, § 79 Abs. 1 und § 81 entsprechend.

Richtlinien zu § 109:

1. Im Gegensatz zum Verfahren gegen Jugendliche ist das Verfahren gegen Heranwachsende grundsätzlich öffentlich. Die Öffentlichkeit kann aber nicht nur aus den in §§ 171a, 172 GVG genannten Gründen, sondern auch im Interesse der Erziehung ausgeschlossen werden (vgl. hierzu die Richtlinien zu § 48).
2. Gegen einen Heranwachsenden darf ein Strafbefehl nur erlassen werden, wenn das allgemeine Strafrecht anzuwenden ist (§ 109 Abs. 2, § 79 Abs. 1). Der Staatsanwalt beantragt deshalb den Erlaß eines Strafbefehls gegen einen Heranwachsenden nur, wenn er Ermittlungen nach § 43 angestellt hat und zu der Auffassung gelangt ist, daß das allgemeine Strafrecht anzuwenden ist.
3. Eine amtsrichterliche Strafverfügung (§ 413 StPO) darf gegen einen Heranwachsenden nur erlassen werden, wenn das allgemeine Strafrecht anzuwenden ist. Eine jugendrichterliche Verfügung (§ 75) ist unzulässig.
4. Das vereinfachte Jugendverfahren ist gegen einen Heranwachsenden nicht zulässig, wohl aber das beschleunigte Verfahren nach §§ 212ff. StPO.
5. Privatklage und Nebenklage sind gegen einen Heranwachsenden zulässig, gleichviel, ob allgemeines Strafrecht oder Jugendstrafrecht anzuwenden ist. Auch insoweit ist grundsätzlich der Jugendrichter zuständig.

6. Im Strafverfahren gegen Heranwachsende gelten folgende Vorschriften über das Jugendstrafverfahren nicht:

§ 44 — Vernehmung des Beschuldigten durch den Staatsanwalt oder den Vorsitzenden des Jugendgerichts (vgl. jedoch Nr. 1 der Richtlinien zu § 44),

§ 45 — Absehen von der Verfolgung (bei Einstellung des Verfahrens wegen Vergehens ist also die Zustimmung des Amtsrichters nach § 153 Abs. 2 StPO erforderlich),

§ 46 — Zurückhaltung bei der Darstellung des Ermittlungsergebnisses (vgl. jedoch Nr. 4 der Richtlinien zu § 46),

§ 47 — Einstellung des Verfahrens durch den Richter (in Betracht kommen also § 153 Abs. 3, § 154 Abs. 2, § 154b Abs. 4 StPO),

§ 48 — Nichtöffentlichkeit (vgl. jedoch Nr. 1 der vorstehenden Richtlinien),

§ 49 — Vereidigung von Zeugen und Sachverständigen (vgl. die Richtlinien zu § 49),

§ 50 Abs. 1 — Voraussetzungen für eine Hauptverhandlung in Abwesenheit des Angeklagten,

§ 51 — Zeitweilige Ausschließung von Beteiligten (vgl. Nr. 4 der Richtlinien zu § 51),

§ 71 — Vorläufige Anordnungen über die Erziehung,

§ 72 — Untersuchungshaft.

1a) Für Hw gilt allg.Verf.Recht, wo nicht eine Sonderregelung getroffen ist (Dallinger-Lackner N 4). (1) Gem. I S 1 gelten die j rechtl. Sondervorschriften zur Persönlichkeitserforschung (§§ 43, 50 II, III, 67, 70, 73) und die auf die Minderjährigk. abgestellten Vorschriften (§§ 50 II, III, 67—70) auch gegen Hw immer. (2) Die bei der Anwendung materiellen JR notwendigen Sondervorschriften (§§ 52—66, 74, 79 I, 81) gelten dagegen gem. II nur bei nach JR abzuurteilenden Hw; Schwierigk. entstehen hier nicht, weil diese Vorschriften erst bei der Entsch. des Ger. zur Anwendung kommen, also zu einem Zeitpunkt, in dem auch über die Frage, welche materielle RechtsO anzuwenden ist (§ 105), entschieden werden muß. (3) Hinsichtl. der Frage der Öffentlichk. trifft I S 2 eine Sonderregelung. (4) **Auch sonst** muß das Ger. bei Hw **den Erz.Gedanken im Rahmen seines Ermessens** berücksichtigen (Dallinger-Lackner N 4; vgl §§ 44 RL 1 S 2, 46 RL 4).

b) Für **Verf. gegen J u. Hw** (Verbindung nach allg.StPO-Grundsätzen s. § 103 A 2) treffen nur §§ 48 III (Öffentlichk.) und 49 II (Eid) Sonderregelungen. Sonst gilt für jeden Täter das seiner Altersgruppe entsprechende Verf.Recht (Dallinger-Lackner N 47); eine Verh. gegen J u. Hw zugleich ist also nur im förml. Verf. mögl., nicht etwa im vereinfachten JVerf. (nicht gegen Hw) oder im beschleunigten Verf. (nicht gegen J). — Wegen Verf. auch gegen Erw. s. § 103 A 5.

c) (1) **Wie weit die einzelnen Vorschriften des 2. Teiles des JGG auch für Hw gelten, ist bei jedem Paragraphen zwischen Überschrift u. Ges.Text vermerkt** (näheres s. Abkürzungsverzeichnis Teil I). (2) Wegen des Verf. gegen **Hw vor ErwG** s. § 112.

2. Die bes. Verf.Arten.

a) (1) Die bes. JVerf., näml. das formlose Erz.Verf. [§§ 45, 47; s. aber u. A 2b (1)], das j.richterl. Verfügungsverf. (§ 75) und das vereinfachte JVerf. (§§ 76—78) können **gegen Hw nicht** durchgeführt werden (RL 6; 3 S 2; 4). (2) Dagegen sind **gegen Hw immer** das beschleunigte Verf. (§§ 212ff StPO), Privat- u. Nebenklage [§§ 374ff, 395ff StPO; s. A 2b (2)] mögl. (RL 4, 5), ebenso — wie bei J — die gebührenpflichtige Verwarnung durch die Polizei (s. § 75 A 6b). (3) **Nur wenn ErwR angewendet wird,** sind auch das Str.Befehlsverf. [§§ 407ff StPO; s. A 2b (4)], die gerichtl. Str.Verfügung [§ 413 StPO; s. A 2b (4)] u. das Entschädigungsverf. [§§ 403ff StPO; s. A 2b (3)] zulässig (RL 2, 3 S 1; § 81 RL 2 S 2). (4) Wegen der VerwaltungsStr.Verf. s. § 33 A 4, wegen der bes. landesrechtl. Verf. (Forstrüge) s. § 79 A 2.

b) An **Besonderheiten** ist dabei zu beachten: (1) Zwar ist eine **Einstellung des Verf.** nur nach den allg. Vorschriften (s. § 45 A 1a, b u. § 47 A 1 a, b) mögl. Doch wird die bes. Entwicklungssituation der Hw, bes. wenn die Voraussetzungen des § 105 zu bejahen sind, häufiger als sonst eine Einstellung nach den allg. Vorschriften rechtfertigen (Dallinger-Lackner N 22). (2) Auch für die **Privatklage** ist grds der JRi. zuständig (§§ 107, 108 I, 2, 33 I, 39 JGG, 25 Z 2a GVG, § 109 RL 5 S 2) (a. nach §§ 112, 103 u. bei Widerklage, vgl § 80 II, RL 2). Das Ger. prüft wie auch bei der Nebenklage stets nach § 105 und ahndet entspr. dem Ergebnis die Tat nach J- oder ErwR (Dallinger-Lackner N 32, Becker NJW 54/336). JStr. dürfte ausgeschlossen sein (§ 80 II S 2 entspr.: auch hier private Genugtuung). (3) Das **EntschädigungsVerf.** bietet dem Verletzten hier bes. Schwierigk. weil er kaum zuverlässig voraussehen kann, ob ErwR angewendet wird und ihm sein Anspruch zuerkannt werden kann (Dallinger-Lackner N 20). (4) (a) Eine **gerichtl. Str.Verfügung** oder ein **Str.Befehl** kann grds. nur erlassen werden, wenn auf Grund sorgfältiger Ermittlungen zum Entwicklungsstand feststeht, daß die Voraussetzungen des § 105 I nicht vorliegen (RL 2 S 2, Dallinger-Lackner N 35, 40, Potrykus B 6a, b, Becker NJW 54/335). Auch sonst ist Zurückhaltung geboten. Bei rückfallbegründenden Delikten, bei Taten mit kriminellem Gehalt, wo FreiheitsStr. zu erwarten ist oder wo allg. nachteilige Folgen für den Hw aus dem Verf. entstehen könnten, ist das summarische Verf. nicht geeignet (Dallinger-Lackner N 36, Potrykus B 6a). (b) Andererseits ist das schnelle, kostensparende Verf. im Interesse der Entlastung der Ger., aber auch deshalb nicht zu entbehren, weil es gerade bei Hw meist erz. ungünstig ist, wenn wegen einer geringfügigen Verfehlung eine Hauptverh. durchgeführt werden muß. Da — außer dem nicht immer geeigneten beschleunigten Verf. — kein vereinfachtes Verf. zur Verfügung steht, wenn auf einen Hw JR anzuwenden ist oder eine Klärung dieser Frage noch aussteht, erläßt die Praxis rglm wegen leichter, nicht krimineller Oberflächenverstöße Hw ohne Prüfung des Entwicklungsstandes Str.Befehle oder gerichtl.Str. Verfügungen. Das steht in Widerspruch zu den §§ 105, 109 und wird im Schrifttum allg. abgelehnt[1]). Abgesehen davon, daß der Ges.Geber — irrig —

[1]) Dallinger-Lackner N 35, Potrykus B 6a; vgl. aber Dallinger-Lackner N 42, die die an sich gebotene Zurückhaltung bei Str.Verfügung für entbehrl. halten, weil es hier nur um

davon ausgegangen ist, daß gegen Hw häufiger allgR anzuwenden (s. Einf. II 3 b) u. damit oft Str.Befehl oder gerichtl. Str.Verfügung mögl. sei, findet das Verf. der Praxis auch eine Rechtfertigung in dem für die Auslegung des JGG maßgebenden Erz.Gedanken. Es ist meist erz.wesentl. schädl., wenn eine leichte Verfehlung in einer Hauptverh. abgeurteilt wird (Reise, Arbeitsausfall, häusl. Aufregung, geringe Maßnahme nach förml. Verf. u. Urteil) als wenn eine Geldstrafe verhängt wird, an deren Stelle vielleicht (!) besser eine nicht sehr einschneidende [tatangemessen: § 10 A 1b (3)] Weisung ergangen wäre. Überdies verdienen Hw meist gut, auch wird der Unterschied zwischen GeldStr. (ErwR) und Geldaufl. (JR) oft nicht empfunden; endl. können sogar gegen J im Ordnungsstrafverf. GeldStr. u. Haft [§ 1 A 1a (2)] verhängt werden. — Es ist dringend notwendig, daß der Ges.Geber bald einen Ausweg aus diesem Dilemma schafft.

Dritter Abschnitt

Vollstreckung, Vollzug und Strafregister

§ 110

Vollstreckung und Vollzug

1) ./. — **2) ErwG:** §§ 104 A 1a (2), 112.

(1) Die Vorschriften über die Vollstreckung und den Vollzug bei Jugendlichen (§§ 82 bis 93) gelten für Heranwachsende entsprechend, soweit der Richter Jugendstrafrecht angewendet (§ 105) und nach diesem Gesetz zulässige Maßnahmen oder Jugendstrafe verhängt hat.

(2) § 93 ist entsprechend anzuwenden, solange der Heranwachsende das einundzwanzigste Lebensjahr noch nicht vollendet hat.

Richtlinien zu § 110:

1. Wird gegen einen Heranwachsenden das allgemeine Strafrecht angewendet, so gelten für die Vollstreckung die allgemeinen Vorschriften.
2. Wegen der Möglichkeit des Vollzugs einer Gefängnisstrafe in der Jugendstrafanstalt wird auf § 114 und die Richtlinien dazu hingewiesen.

1a) Die §§ 82—89 (s. dort) gelten auch für Hw uneingeschränkt, wenn das Ger. JR angewendet und nach JGG zulässige Maßnahmen (auch §§ 6, 7) oder JStr. verhängt hat (I). Andernfalls gelten für die **Vollstr.** die allg. Vorschriften der StPO und der StVollstrO (RL 1, § 85 RL I 3) selbst dann, wenn eine GefängnisStr. nach § 114 (s. dort) in einer JStr.Anstalt vollstreckt wird.

b) (1) Wo ein Hw gem. § 105 nach JR abgeurteilt ist, müssen wegen des Fehlens anderer Bestimmungen für den **Vollz.** der bes. Maßnahmen des JGG zwangs-

Übertretungen geht. Vgl auch Becker NJW 54/335, der diese Praxis in Verkehrssachen mit dem Hinweis rechtfertigt, Hw hätten im Verkehr grds die volle Entwicklung; doch begründen technische Kenntnisse noch keine sittl. Reife. — Vgl auch Potrykus, Str.Befehl u. Str.Verfügung gegen Hw, MDR 54/403; Just-Dahlmann, Erste Fragen zum JGG, MDR 54/24.

läufig auch die Sondervorschriften des JGG (§§ 90—92) gelten (I). Ebenso gelten umgekehrt die allg. Vorschriften, wenn Str. oder Maßnahmen des allgR gegen einen Hw verhängt sind; doch schafft § 114 hier Ausnahmen hinsichtl. der GefängnisStr. (RL 2). (2) Wegen des **Vollz. der UHaft** an Hw (I u. II) s. § 93 A 4b.

2) Bei jeder Vorschrift, die Vollstr. oder Vollz. betrifft, **ist** zwischen Überschrift u. Ges. Text **auf ihre Geltung gegenüber Hw hingewiesen** (näheres s. Abkürzungsverzeichnis Teil I).

§ 111

Strafregister und Beseitigung des Strafmakels durch Richterspruch

1) ./. — **2) ErwG: §§ 104 A 1a (2), 112.**

Die Vorschriften über das Strafregister und die Beseitigung des Strafmakels durch Richterspruch (§§ 94 bis 101) gelten für Heranwachsende entsprechend, soweit der Richter Jugendstrafe verhängt oder die Schuld des Heranwachsenden festgestellt hat (§ 27).

Richtlinie zu § 111:

Erziehungsmaßregeln und Zuchtmittel gegen Heranwachsende sind der Erziehungskartei mitzuteilen, soweit die Maßnahmen nicht neben einer Jugendstrafe angeordnet worden sind und daher im Strafregister vermerkt werden (vgl. § 94 Abs. 2 und die Anordnung über die gerichtliche Erziehungskartei).

1a) Wird auf einen Hw gem. § 105 materielles JR angewandt, gelten folgerichtig auch für ihn die bes. Vorschriften über StReg. u. Beseitigung des Strafmakels (§ 111), sowie die AO Erz.Kartei (RL).

b) Bei Anwendung des **ErwR** gilt das allg.StRegR.

2) Auf die **Geltung** gegenüber Hw **ist** zwischen Überschrift u. Ges.Text **jeder einschlägigen Vorschrift hingewiesen** (Näheres s. Abkürzungsverzeichnis Teil I).

Vierter Abschnitt

Heranwachsende vor Gerichten, die für allgemeine Strafsachen zuständig sind

§ 112

Entsprechende Anwendung

1) ./. — **2)** ./.

Die §§ 102 bis 104 gelten für Verfahren gegen Heranwachsende entsprechend. Die in § 104 Abs. 1 genannten Vorschriften sind nur insoweit anzuwenden, als sie nach dem für die Heranwachsenden geltenden Recht nicht ausgeschlossen sind.

1a) Verf. gegen Hw kommen (u. bleiben!) unter den selben Voraussetzungen vor das ErwG wie Verf. gegen J (I; s. §§ 102, 103 u. Vorb. 1 vor § 102). Auch die Möglichk. der Abgabe des Verf. von der Staatsschutzkammer an das JSchöffG (§ 102 S 2) besteht (Dallinger-Lackner N 2).

b) Über Verf. wegen Taten in verschiedenen Altersstufen s. § 102 Vorb. 1b.

c) Wegen der Verbindung von Verf. gegen J u. Hw s. § 103 A 2.

2a) Grundsatz ist auch (s. § 109 A 1a) **hier die Anwendung allg. R.** (1) Vorschriften des **JR** gelten **nur, wenn** sie gem. §§ 105 I, 107, 108 I, 109 I S 1, II, 110, 111 im Verf. gegen Hw vor dem JG anzuwenden wären **und** wenn das ErwG sie im Verf. gegen J anwenden müßte (S 2; § 104 mit der Einschränkung des III) oder könnte (§ 104 II, Grundgedanke des § 112 S 2 entspr.; Dallinger-Lackner N 13). (2) **Nicht gelten** in Verf. des ErwG gegen einen Hw **zB** die §§ 3, 45, 47, 49, 51, 71, 75—78, 80. Dagegen ist die Bestellung eines Beistandes (§§ 104 II, 109 I S 1) mögl. Die Öffentlichk. kann ausgeschlossen werden (§§ 104 II, 48 I), wenn das im Interesse der Erz. des Hw geboten ist (§ 109 I S 2) [Dallinger-Lackner N 13; § 48 A 1c (1)]. (3) Auch hier muß das ErwG Auswahl u. AO von **ErzM dem VormRi.** überlassen (S 1, § 104 IV) u. die **Entsch. nach einer Aussetzung zur Bew. dem JRi.** übertragen (S 1, § 104 V; s. dort).

b) Die Geltung einer JGG-Vorschrift in einem Verf. gegen einen Hw vor einem ErwG ist insgesamt unschwer **aus der zwischen Überschrift u. Ges.Text jedes Paragraphen angebrachten Kennzeichnung** für die Geltung gegenüber Hw u. vor ErwG zu entnehmen. (Näheres s. Abkürzungsverzeichnis Teil I.)

3) Soweit das Hw-Recht **Verschärfungen des JR** (§ 105 II) oder **Milderungen des allgR** (§ 106) vorsieht, gelten diese Vorschriften sinngem. **auch vor dem ErwG.** Sie dienen näml. nur der näheren Ausgestaltung des vom allgR abweichenden materiellen JR für Hw u. fallen deshalb unter die durch § 112 gebotene entspr. Anwendung des § 104 I Z 1.

Vierter Teil

Sondervorschriften für Soldaten der Bundeswehr [1])

Vorbemerkung

1a) Das JGG gilt auch für Soldaten (§ 3 II Wehrstrafges.). Die §§ 112a ff sehen nur geringfügige Veränderungen des materiellen JR (§§ 112a, 112b), ein Anhörungsrecht des Disziplinarvorgesetzten in bes. Fällen (§ 112d) und zwei Besonderheiten in Vollstr. u. Vollz. (§ 112c) vor. Weiter sind für j. u. hw. Soldaten neben den allg.Mitt. (MiStra 20 IV; s. § 70) noch weitere an militärische Stellen zu fertigen (MiStra 20). **Es kommt darauf an, ob der Täter zZ des Urteils, der Vollstr. oder des Vollz. Soldat ist,** nicht darauf, ob er zZ der Tat Soldat war.

---

[1]) **Literatur:** Potrykus: Das Einf.Ges. zum Wehrstrafges., NJW 57/814; Potrykus: Das JGG u. die Bundeswehr Zbl 57/229; Schwalm: Das Einf.Ges. zum Wehrstrafges., JZ 57/399; Schnitzerling: Der BewH im militärischen Bereich, BewH 57/95. — S. auch Dreher-Lackner-Schwalm, Wehrstrafgesetz (Referenten-Kommentar); Rittau, Wehrstrafgesetz (Sammlung Guttentag), Vorb. und Art. 1 zum EinfGes. und Dallinger-Lackner, Ergänzungsheft zum JGG-Kommentar.

b) Die Sonderbestimmungen sind erst nachträgl. durch das Einf.Ges. z. Wehr-Strafges. vom 30. März 1957 (BGBl I 306) in das JGG eingefügt. **Auf die Abweichungen oder auch nur auf Besonderheiten ist bei den einzelnen Vorschriften** durch ein Sold! zwischen Überschrift u. Ges.Text **hingewiesen** (vgl. näher Abkürzungsverzeichnis Teil I).

2a) Soweit gem. § 2 allgR anzuwenden ist, gilt für Soldaten zunächst das Wehrstrafgesetz (§ 3 I WehrStG). **Bei j.u.hw. Soldaten gilt also folgende Reihenfolge (1) JGG** gem. §§ 2 JGG, 3 II WehrStG, **(2) WehrStG** gem. § 3 I WehrStG, **(3) das sonstige allg.StrR.**

b) (1) Die **§§ 15—48 WehrStG** enthalten bes. Deliktstatbestände u. **gelten ebenso wie** die allg. Bestimmungen über die Strafbarkeit bei Handeln auf Befehl, aus Furcht u. in selbstverschuldeter Trunkenheit **(§§ 5—7 WehrStG)** auch für den Geltungsbereich des JGG (s. § 2 A 2b); das gilt auch für § 22 II, III WehrStG, der nur eine Normierung allg.Grundsätze des Verbotsirrtums hinsichtl. der Verbindlichkeit des militärischen Befehls enthält. Auch die allg. Vorschriften über Geltungs- u. Anwendungsbereich des allgR sowie die Begriffsbestimmungen **(§§ 1—4 WehrStG)** gelten auch für J u. Hw, da das JGG nicht entgegensteht. (2) **Dagegen** sind die Regelungen über die bes. Strafarten **(§§ 8—14 WehrStG)** durch die §§ 5, 105, 2 JGG **ausgeschlossen, wenn materielles JRecht anzuwenden** ist (bei J oder Hw — J).

§ 112a

Anwendung des Jugendstrafrechts

1) Hw — J: Text des § 112a. — **2) ErwG:** § 112e.

Das Jugendstrafrecht (§§ 3 bis 32, 105) gilt für die Dauer des Wehrdienstverhältnisses eines Jugendlichen oder Heranwachsenden mit folgenden Abweichungen:

1. Schutzaufsicht und Fürsorgeerziehung dürfen nicht angeordnet werden.

2. Bedarf der Jugendliche oder Heranwachsende nach seiner sittlichen oder geistigen Entwicklung besonderer erzieherischer Einwirkung, so kann der Richter Erziehungshilfe durch den Disziplinarvorgesetzten als Erziehungsmaßregel anordnen.

3. Bei der Erteilung von Weisungen und der Auferlegung besonderer Pflichten soll der Richter die Besonderheiten des Wehrdienstes berücksichtigen. Weisungen und besondere Pflichten, die bereits erteilt oder auferlegt sind, soll er diesen Besonderheiten anpassen.

4. Als ehrenamtlicher Bewährungshelfer kann ein Soldat bestellt werden. Er untersteht bei der Bewährungsaufsicht (§ 25 Satz 1) nicht den Anweisungen des Richters.

5. Von der Überwachung durch einen Bewährungshelfer, der nicht Soldat ist, sind Angelegenheiten ausgeschlossen, für welche die militärischen Vorgesetzten des Jugendlichen oder Heranwachsenden zu sorgen haben. Maßnahmen des Disziplinarvorgesetzten haben den Vorrang.

1a) Nur die AO von **Schutzaufsicht u. FE** (§ 12) ist verboten (Z 1). Schon bestehende Schutzaufsicht u. FE sollte der zuständige VormRi. (§ 82 A 2 aE) nach Einberufung allerdings rglm aufheben (Potrykus NJW 57/815; vgl § 19 RL 6); denn der militärische Vorgesetzte hat für den Soldaten so zu sorgen, daß er nicht verwahrlost (Schwalm JZ 57/399).

b) (1) Wegen der Auswahl (§ 10) und der erforderl. Anpassung (§ 11) der **Weisungen** bei Soldaten (Z 3) s. §§ 10 A 1c (3), 11 A 1a. (2) Über die **Erz.Hilfe** durch den Disziplinarvorgesetzten (Z 2) vgl § 112b.

2a) **Verwarnungen** (§ 14) sind bei Soldaten kaum angebracht (§ 14 A 1d).

b) Wegen der Auswahl der **bes. Pflichten** (Z 3; § 15) s. § 15 A 6; eine Abänderung dürfte auch bei Soldaten nur zulässig sein, wenn sie Bew.Aufl. sind (bestr., s. § 15 A 6).

c) Auch bei der Frage, ob gegen einen Soldaten **JA** (§ 16) zu verhängen ist, dürfen die militärischen Belange nicht ganz unbeachtet bleiben (Potrykus NJW 57/817 entspr. dem Gedanken des § 112c II).

3a) Für die Verhängung von **JStr.** (§§ 17—19) — mit oder ohne StrAzBew. (§§ 20—22) — und für die **Aussetzung der Verhängung** der JStr. (§§ 27f) gelten keine Besonderheiten, auch nicht für Erlaß, Widerruf u. Nachverf. (§§ 26, 30). Manchmal wird die AO der Erz. Hilfe (Z 2) an Stelle der JStr. mögl. sein, wenn der Disziplinarvorgesetzte bes. geeignet und interessiert ist.

b) Wegen der **Bew.Aufl.** (§§ 23, 29) ist § 112a Z 3 zu beachten. Über den BewH und seine Stellung (§§ 24, 25, 29) gegenüber Soldaten s. § 25 A 5; vgl auch Schnitzerling BewH 57/95.

§ 112b

Erziehungshilfe durch den Disziplinarvorgesetzten

1) Hw — J: Text des § 112a. — **2) ErwG:** § 112e.

(1) Hat der Richter Erziehungshilfe (§ 112a Nr. 2) angeordnet, so sorgt der nächste Disziplinarvorgesetzte dafür, daß der Jugendliche oder Heranwachsende, auch außerhalb des Dienstes, überwacht und betreut wird.

(2) Zu diesem Zweck werden dem Jugendlichen oder Heranwachsenden Pflichten und Beschränkungen auferlegt, die sich auf den Dienst, die Freizeit, den Urlaub und die Auszahlung der Besoldung beziehen können. Das Nähere wird durch Rechtsverordnung (§ 115 Abs. 3) geregelt.

(3) Die Erziehungshilfe dauert solange, bis ihr Zweck erreicht ist. Sie endet jedoch spätestens, wenn sie ein Jahr gedauert hat oder wenn der Soldat zweiundzwanzig Jahre alt oder aus dem Wehrdienst entlassen wird.

(4) Die Erziehungshilfe kann auch neben Jugendstrafe angeordnet werden.

Rechtsverordnung zur Durchführung der Erziehungshilfe durch den Disziplinarvorgesetzten (§ 112a Nr. 2 des Jugendgerichtsgesetzes) vom 25. August 1958 (BGBl I S. 645f) [auf Grund § 115 III JGG].

§ 1 Geltungsbereich

(1) Hat der Richter Erziehungshilfe durch den Disziplinarvorgesetzten rechtskräftig angeordnet (§ 112a Nr. 2 des Jugendgerichtsgesetzes), so unterliegt der Soldat für ihre Dauer den Vorschriften der §§ 2 bis 9.

(2) Der nächste Disziplinarvorgesetzte eröffnet dem Soldaten, daß er seine Überwachung und Betreuung (§ 112b Abs. 1 des Jugendgerichtsgesetzes) übernommen habe und macht den Tag der Eröffnung aktenkundig.

§ 2 Gemeinschaftsunterkunft und Gemeinschaftsverpflegung

Der Soldat hat in einer Gemeinschaftsunterkunft zu wohnen und an einer Gemeinschaftsverpflegung teilzunehmen, wenn nicht zwingende dienstliche oder gesundheitliche Gründe entgegenstehen.

§ 3 Dienstleistung

Der Soldat leistet Dienst wie jeder andere Soldat der Einheit.

§ 4 Auflagen

(1) Der nächste Disziplinarvorgesetzte kann dem Soldaten, auch für die Freizeit, Auflagen machen, die dem Zweck der Erziehungsmaßregel dienen.

(2) Insbesondere kann er eine bestimmte Beschäftigung aufgeben oder ihm verbieten,

1. alkoholische Getränke oder andere Rauschmittel zu sich zu nehmen,
2. Gaststätten, Vergnügungsstätten oder Spielhallen aufzusuchen,
3. sich an Glückspielen zu beteiligen,
4. sich an bestimmten Orten oder Örtlichkeiten aufzuhalten,
5. mit bestimmten Personen oder Personen bestimmter Gruppen zu verkehren, von denen zu befürchten ist, daß sie ihn schädlich beeinflussen werden, oder
6. bestimmte Gegenstände im Besitz zu haben, die ihm Gelegenheit oder Anreiz zu weiteren Straftaten bieten können.

§ 5 Verlassen der Unterkunft

(1) Der Soldat darf sich einen Monat lang während seiner Freizeit nicht außerhalb der Gemeinschaftsunterkunft aufhalten; die Frist beginnt mit dem Tage der Eröffnung (§ 1 Abs. 2). Aus zwingenden Gründen oder bei besonders guter Führung kann der nächste Disziplinarvorgesetzte Ausnahmen zulassen.

(2) Darüber hinaus kann der nächste Disziplinarvorgesetzte, wenn es dem Zweck der Erziehungsmaßregel dient, den Aufenthalt während der Freizeit außerhalb der Gemeinschaftsunterkunft zeitlich beschränken oder für insgesamt nicht mehr als vier Monate verbieten.

§ 6 Urlaub

(1) Erholungsurlaub ist dem Soldaten in den ersten drei Monaten nach dem Tage der Eröffnung (§ 1 Abs. 2) zu versagen. Bei besonders guter Führung kann der nächste Disziplinarvorgesetzte Ausnahmen zulassen.

(2) In der Folgezeit kann der nächste Disziplinarvorgesetzte dem Soldaten den allgemein zustehenden Erholungsurlaub ganz oder teilweise gewähren, wenn keine erzieherischen Nachteile zu erwarten sind oder diese auf andere Weise, insbesondere durch Auflagen (§ 4), vermieden werden können.

§ 7 Besoldung

(1) Die Besoldung des Soldaten wird nicht gekürzt.

(2) Der nächste Disziplinarvorgesetzte kann anordnen, daß dem Soldaten nur ein Teil der Besoldung, jedoch mindestens ein Viertel, ausgezahlt wird, wenn es dem Zweck der Erziehungsmaßregel dient. Der Rest ist spätestens am Ende der Erziehungshilfe nachzuzahlen.

§ 8 Vorschlag für die Beendigung der Erziehungshilfe

Hält der nächste Disziplinarvorgesetzte den Zweck der Erziehungshilfe für erreicht, bevor sie ein Jahr gedauert hat oder der Soldat zweiundzwanzig Jahre alt geworden ist oder der Soldat aus dem Wehrdienst entlassen wird, so schlägt er dem Vollstreckungsleiter vor, die Erziehungsmaßregel für erledigt zu erklären.

§ 9 Verhältnis zur Wehrdisziplinarordnung und zur Wehrbeschwerdeordnung

(1) Die Vorschriften der Wehrdisziplinarordnung werden durch diese Verordnung nicht berührt.

(2) Die Vorschriften der Wehrbeschwerdeordnung finden Anwendung. Ist die weitere Beschwerde gegen eine Maßnahme, die der nächste Disziplinarvorgesetzte nach dieser Verordnung getroffen hat, erfolglos geblieben oder ist über sie innerhalb eines Monats nicht entschieden worden, so kann der Soldat, soweit nicht andere gerichtliche Zuständigkeiten gesetzlich begründet sind, die Entscheidung des Truppendienstgerichts (§ 17 der Wehrbeschwerdeordnung) beantragen, wenn seine Beschwerde eine Verletzung seiner Rechte oder eine Verletzung von Pflichten eines Vorgesetzten ihm gegenüber zum Gegenstand hat.

§ 10 Inkrafttreten

Diese Verordnung tritt am Tage nach ihrer Verkündigung in Kraft.

1a) Voraussetzung der AO ist, daß **JR** angewendet wird (§ 112a) und daß eine **bes. erz. Einwirkung notwendig** ist (§ 112a Z 2). Letzteres ist der Fall, wenn bestimmte auch länger dauernde Weisungen nicht ausreichen, weil erhebl. Erz.Mängel bestehen, die in ihrem Umfang und der Möglichk. sie zu bekämpfen nicht genügend zu übersehen sind (ähnl. Potrykus NJW 57/815, 816), so daß ein intensiver erz. Einfluß einer im Leben des Täters gewichtigen Persönlichk. von entspr. Dauer erforderl. ist. Die Erz.Hilfe wird häufig angebracht sein, wo JStr. noch nicht geboten ist (s. aber IV u. A 5 u. § 112a A 3a) und JA oder andere gegen Soldaten zulässige Weisungen und bes. Pflichten (§ 112a Z 3) jedenfalls allein nicht ausreichen (Potrykus NJW 57/1815f).

b) **Die AO trifft der Ri. durch Urteil** (in §§ 45, 47, 75 nicht vorgesehen), auch im vereinfachten JVerf. (s. A 4c); sie kann gem. § 8 mit anderen für Soldaten zulässigen Maßnahmen des JGG — auch mit JStr. (IV) — gekoppelt werden. Die Anhörung des nächsten Disziplinarvorgesetzten (§ 112d; s. dort) ist hier deshalb bes. bedeutsam, weil er kraft Ges. die Maßnahme durchzuführen hat (s. A 2a).

c) Der Disziplinarvorgesetzte wird nicht namentl. bezeichnet; **Erz.Helfer** ist nicht eine bestimmte Person, sondern **der jeweils nächste Disziplinarvorgesetzte des Täters**[1]). Wer nächster Disziplinarvorgesetzter ist, bestimmen §§ 16ff WDO v. 15. 3. 57 (BGBl I S. 189); grds also der Kompanie-Chef.

2) Die **Durchführung** der Erz.Hilfe ist in II u. der gem. § 115 III erlassenen RVO (hier: **DVO Erz.Hilfe**; s. o. nach Ges.Text) geregelt.

a) Sie **obliegt dem Disziplinarvorgesetzten in eigener Verantwortung;** der JRi. ist nicht beteiligt. Auch für Beschwerden ist nur der allg. militärische Weg gegeben (§ 9 II DVO Erz.Hilfe); dem JRi. bleiben auch bei schweren Mißgriffen uä nur die in A 5 beschriebenen Möglichkeiten.

b) (1) Der Disziplinarvorgesetzte führt **als erstes** selbst ein **erz.Gespräch** mit dem Verurteilten. Dabei eröffnet er ihm, daß er ihn nun betreut und überwacht (§ 1 II DVO Erz.Hilfe) und belehrt ihn über Sinn und Zweck der Erz.Hilfe und über die bes. Beschränkungen u. Pflichten (A 2c). Die **Eröffnung** ist mit Datum aktenkundig zu machen (§ 1 II DVO Erz.Hilfe), da die Wirkungen der AO der Erz.Hilfe erst damit eintreten [A 2c, bes. (2) u. 3a]. (2) Der **Disziplinarvorgesetzte muß** den Verurteilten nicht selbst **betreuen u. überwachen.** Er kann damit einen geeigneten Angehörigen seiner Einheit beauftragen, dem er jedoch genaue Richtlinien u. Anregungen geben muß; bes. die AO gem. II, §§ 4, 7 II, auch 5 I S 2, II, 6 I S 2, II (s. A 2c) kann er nicht übertragen. Auch muß er sich durch Berichte stets auf dem Laufenden halten u. bei Schwierigk. selbst eingreifen.

c) (1) **Während der Dauer der Erz.Hilfe** (A 2b(1) aE, 3) muß der Verurteilte grds in Gemeinschaftsunterkunft wohnen, an der Gemeinschaftsverpflegung teilnehmen (§ 2 DVO Erz.Hilfe) und militärischen Dienst wie jeder andere leisten (§ 3 DVO Erz.Hilfe); seine Besoldung darf nicht gekürzt, sondern höchstens zu $^3/_4$ bis zum Ende der Erz.Hilfe zurückbehalten werden (§ 7 DVO Erz.Hilfe). Ab Beginn

---

[1]) Schwalm JZ 57/400; aA Potrykus NJW 57/816 in irriger Auslegung des Ges.Wortlautes „der nächste Disziplinarvorgesetzte"; das Ges. umschreibt in § 112a Z 2 die AO des Ger. als Anordnung „der Erz.Hilfe durch den Disziplinarvorgesetzten" und bestimmt in § 112b I weiter, daß nach dieser AO der nächste Disziplinarvorgesetzte (so auch Potrykus. Schwalm aaO) tätig werden muß; bei einer Versetzung ändert sich also der Disziplinarvorgesetzte und damit auch der Erz.Helfer.

der Erz.Hilfe (A 2b(1) aE) tritt ohne bes. AO eine Ausgangssperre für 1 Monat u. eine Urlaubssperre für 3 Monate ein; der Disziplinarvorgesetzte kann beide aus erz.Gründen verlängern oder bei bes. guter Führung verkürzen (§§ 5, 6 DVO Erz.Hilfe). — (2) (a) **Daneben** kann u. soll der Disziplinarvorgesetzte (nicht der JRi.) weitere dem Einzelfall angepaßte **Maßnahmen** anordnen. Er ist dabei in der freien Auswahl nur so weit beschränkt, als seine AO **der Überwachung u. erz.Betreuung** dienen, also die Lebensführung des Verurteilten günstig beeinflussen muß (II iVm I, § 112a Z 2). Die **Auflagen** der Erz.Hilfe entspr. also den Weisungen, deren Grundsätze (§ 10 A 1 b (2) — (4), d) auch hier zu beachten sind; sie sollten deshalb stets **schriftl. erteilt** werden. Dagegen darf der Disziplinarvorgesetzte keine bes.Pflichten (§ 15) — Unrechtsreaktion mit Sühnezweck! — auferlegen; wo ihre AO geboten ist, ordnet sie der Ri im Urteil neben der Erz.Hilfe an. (b) §§ 4 II, 7 II DVO Erz.Hilfe enthalten **Beispiele,** leider vorwiegend Verbote. Doch verdienen auch hier Gebote entspr. § 10 RL 2 den Vorzug. Die notwendigen, dem Gewicht der Tat entspr. Beschränkungen sollten grds nur neben positiven, fördernden Maßnahmen getroffen (Potrykus NJW 57/816) und nach allg. Grundsätzen fortschreitend abgebaut werden. Die Maßnahmen können stets geändert werden (wie Weisungen: §§ 10f); Ungehorsamsfolgen s. u. A 4b (2). (3) Der Disziplinarvorgesetzte ist durch die DVO Erz.Hilfe nicht gehindert, **auch Maßnahmen nach der Wehrdisziplinarordnung** zu treffen (§ 9 I DVO Erz.Hilfe), soweit solche zulässig und notwendig sind.

3a) Die Maßnahme endet von selbst, wenn die in III S 2 genannten drei Gründe vorliegen [s. aber A 4b (1)]. Die **Entlassung aus dem Wehrdienst,** die **Dauer von 1 Jahr** (ab Eröffnung: A 2b (1); aA Potrykus NJW 57/816: nach Rechtskraft des Urteils) und die **Vollendung des 22. Lebensjahres** (s. § 1 A 2b) lassen sich leicht feststellen. Der Erz.Helfer benachrichtigt das Ger. Dieses kann das Verf. formlos abschließen (Nachricht an Erz.-Kartei!); besser erklärt es auch hier die Erz.Hilfe formell für erledigt (s. § 112c I).

b) Ist der Zweck — näml. die genügende Nacherz. — **schon früher erreicht, ist die Erz.Hilfe beendet** (III S 1); der JRi. erklärt sie für erledigt (§ 112c I). Hält der Disziplinarvorgesetzte den Zweck für erreicht, berichtet er (§ 8 DVO Erz.Hilfe). Der Ri. entscheidet eigenverantwortl., er kann die Maßnahme auch für erledigt erklären, wenn der Disziplinarvorgesetzte den Zweck noch nicht für erreicht hält[2]). Wegen des Verf., der Entsch. u. ihrer Anfechtbarkeit s. § 112c A 3, wegen der Anhörung des Disziplinarvorgesetzten s. § 112d.

4a) Die Erz.Hilfe durch den Disziplinarvorgesetzten ist eine ErzM (§ 112a Z 2). Zweifelhaft ist nur, ob sie eine **Weisung** (§ 10) ist oder eine selbständige, der Weisung nahestehende ErzM. — Weisungen sind Gebote u. Verbote, die die Lebensführung des J regeln und dazu seine Erz. fördern und sichern sollen (§ 10 I S 1). Die Erz.Hilfe enthält diese erz. Beeinflussung (I, II). Ihre AO enthält auch das Gebot, sich dieser Erz.Hilfe und ihren einzelnen Maßnahmen (II) zu unterwerfen. Sie entspricht damit

[2]) AA Potrykus NJW 57/816, der meint, der Ri. sei an den Vorschlag des Disziplinarvorgesetzten gebunden; doch bietet das Ges. für eine so systemwidrige Bindung des gem. § 112c III in richterl. Unabhängigk. entscheidenden Ri. keinen genügenden Anhalt.

bei Soldaten der Weisung § 10 RL 3. Die Erz.Hilfe durch den Disziplinarvorgesetzten muß deshalb als Weisung iS des § 10 aufgefaßt werden.

b) Das hat zur Folge, daß **§ 11 gilt** (den Potrykus ohne Klärung dieser Frage für anwendbar hält: NJW 57/816). (1) Im Rahmen der **Anpassung früherer Weisungen** (§ 112a Z 3 S 2) ist deshalb die Ersetzung einer zivilistischen Weisung durch die AO der Erz.Hilfe nach § 112a Z 2 ebenso mögl. wie die Ersetzung der Erz.Hilfe durch eine andere Weisung. Letzteres ist zu erwägen, wenn bei Vorliegen der Voraussetzungen des III S 2 die Erz.Hilfe aufgehoben werden müßte, obgleich der an sich erreichbare Erfolg noch nicht ganz erreicht ist; die Umwandlung muß allerdings schon vor Eintritt dieser Voraussetzungen erfolgen, da sonst die Aufhebung zwingend vorgeschrieben ist. Diese Änderungsmöglichk. ist auch deshalb bedeutsam, weil Erz. Helfer stets der nächste Disziplinarvorgesetzte ohne Rücksicht auf dessen Neigungen u. erz. Fähigk. ist und da der Ri. keinen Einfluß auf dessen Maßnahmen hat (s A 2a, 5). (2) Auch kann **wegen Zuwiderhandlungen** gegen einzelne AO des Erz.Helfers **JA** verhängt werden, weil der Täter sich nur dann der Erz.Hilfe unterstellt, wenn er alle AO des Erz.Helfers befolgt. Stellen sich die AO des Disziplinarvorgesetzten als Mißgriffe dar, wird der JRi. von der Verhängung von JA absehen, ggf auch die Ersetzung der Erz.Hilfe durch eine andere Weisung erwägen (s. A 5).

c) Weiter ergibt sich aus der Erkenntnis A 4a auch, daß die **Erz.Hilfe durch den VormRi.** (§ 53), **im vereinfachten JVerf.**[3]) (§§ 76ff) oder **als Bew.Aufl.** (§ 25 A 5a) angeordnet werden kann.

5) Wo **der nächste Disziplinarvorgesetzte** von Anfang an oder später (Wechsel, Mißgriffe) als **nicht geeignet** (s. A 4b (1) aE) erscheint, wird der JRi. zu der Weisung greifen, daß der Soldat sich der Leitung u. Aufsicht eines anderen Soldaten unterstellen muß (§ 10 RL 3 u. § 112a Z 4; Potrykus NJW 57/816); er kann auch die Versetzung des Soldaten anregen (Schwalm JZ 57/400).

§ 112c

Vollstreckung und Vollzug

1) Hw — JRecht: Text der §§ 112a, 112c. — **2) ErwG:** § 112e A.

(1) Der Vollstreckungsleiter erklärt die Erziehungsmaßregel nach § 112a Nr. 2 für erledigt, wenn ihr Zweck erreicht ist.

(2) Der Vollstreckungsleiter sieht davon ab, Jugendarrest, der wegen einer vor Beginn des Wehrdienstverhältnisses begangenen Tat verhängt ist, gegenüber Soldaten der Bundeswehr zu vollstrecken, wenn die Besonderheiten des Wehrdienstes es erfordern und ihnen nicht durch einen Aufschub der Vollstreckung Rechnung getragen werden kann.

---

[3]) Potrykus NJW 57/816 FN 9 kommt über eine ausdehnende Auslegung des § 76 I zum selben Ergebnis; aA Schwalm JZ 57/400 wegen der Bedeutung der Erz.Hilfe. — Vgl auch § 78 I S 2.

(3) Die Entscheidungen des Vollstreckungsleiters nach den Absätzen 1 und 2 sind jugendrichterliche Entscheidungen im Sinne des § 83.

(4)[1]) Jugendarrest wird während der Dauer des Wehrdienstverhältnisses von den Behörden der Bundeswehr vollzogen. Er darf nicht verschärft werden.

1) Wegen der **Erledigt-Erklärung der Erz.Hilfe** durch den Disziplinarvorgesetzten s. § 112b A 3.

2a) Nur JA wegen einer vor Beginn des Wehrdienstes begangenen Tat ist ohne Rücksicht auf den Zeitpunkt der Verhängung nicht zu vollstrecken, solange die Besonderheiten des Wehrdienstes es erfordern (zB zusammenhängende Grundausbildung). Die Vollstr. von Freizeit- oder Kurzarrest wird meist mögl. sein, ggf wenigstens als Teilvollstr. Von der Vollstr. darf nur dann abgesehen werden, wenn den Besonderheiten des Wehrdienstes nicht durch einen Aufschub der Vollstr. Rechnung getragen werden kann, etwa weil die Vollstr. dann unzulässig (§ 87 IV) oder jedenfalls erz. sinnlos (§ 87 A 2) würde. — Wegen des Verf. u. der Entsch. s. A 3.

b) (1) **JA, der während des Wehrdienstes vollstreckt wird, wird von den Behörden der Bundeswehr vollzogen**[1]); IV S 1 schließt also § 90 II aus. Eine Übertragung der VollstrL-Zuständigk. nach § 85 I findet nicht statt[1]). Es gilt § 85 RL V 2 Abs. 2 entspr.; die Übersendung der Unterlagen erfolgt an den für die Bundeswehrarrest-Anstalt zuständigen Offizier. (2) Für den **Vollz.**[1]) gilt § 90 I; die Möglichk. der Verschärfung (§ 90 III, IV) wird durch IV S 2 — leider — ausgeschlossen. Im übrigen gilt das § 90 A 2b für den Vollz. in der FE-Anstalt Gesagte entspr.

3) Die Erledigt-Erklärung (I) und die Entsch., ob JA vollstreckt wird, wenn die Tat noch in der Zivil-Zeit begangen ist (II), sind **j.richterl. Entsch.** (III). Sie ergehen in richterl. Unabhängk. und unterliegen der sof. Beschw.; nähere Einzelheiten s. § 83 S 2, 3 u. § 83 A 2b. Hier ist auch der nächste Disziplinarvorgesetzte zu hören (§ 112d; s. dort).

---

[1]) Vgl. **Bekanntmachung** d. BMin. f. Verteidigg über d. Vollstr. u. d. Vollz. v. FreiheitsStr. u. Jugendarrest an Soldaten v. 2. 12. 1958 (VR II 8 — 39-78-01), BAnz. Nr. 234 v. 5. 12. 1958. [Auszug].

I.) Ab 1. 1. 1959 werden an **Soldaten** 1. . . . 3. **Jugendarrest** v. d. Bundeswehr vollzogen (. . .; § 112c IV JGG) Die erforderl Einrichtungen sind vorhanden. (Art. 6 Einf.Ges.z. WehrStr.Ges.).

II.) **Die Vollstreckung** obliegt den Vollstr. Behörden d. **Justiz**. Sie richtet sich nach d. StPO, d. JGG u. d. StVollstrO v. 15. 2. 1956, die i. d. am 1. 1. 1959 geltenden Fassung auch bes. Bestimmungen f. Soldaten enthalten wird. FreiheitsStr. u. JA sind im I., II. u. III Abschnitt d. StVollstrO behandelt. Diese Vorschriften (§§ 1—52) sind f. d. Bundeswehr als verbindl erklärt u. ihr bekannt gemacht worden.

IV.) **Der Vollzug** i. d. **Bundeswehr** (Abschnitt I) richtet sich 1. . . . 2. beim JA nach § 90 I, § 112c IV JGG. Ergänzend sind d. unter Nr 1 genannten Besimmungen über d. disziplinaren Arrest [näml. d. Erlasse über Vollstr. u. Vollz. disziplinarer ArrestStr. v. 10. 6. 1958 (Abschnitt III A—K) u. v. 6. 9. 1958 (Min.ABl. d. BMin. f. Verteidigg S. 362 u. S. 565)] sinngem. anzuwenden. Am Dienst nimmt d. Verurteilte nicht teil. Von Soldaten, die Str.Arrest, Gefängnis, Haft oder disziplinaren Arrest verbüßen, ist er getrennt zu halten.

§ 112d

Anhörung des Disziplinarvorgesetzten

1) Hw — J und **Hw — JRecht:** Text des § 112d. — **2) ErwG:** § 112e.

Bevor der Richter oder der Vollstreckungsleiter einem Soldaten der Bundeswehr Weisungen erteilt oder besondere Pflichten auferlegt, die Erziehungsmaßregel nach § 112a Nr. 2 anordnet oder für erledigt erklärt, von der Vollstreckung des Jugendarrestes nach § 112c Abs. 2 absieht oder einen Soldaten als Bewährungshelfer bestellt, soll er den nächsten Disziplinarvorgesetzten des Jugendlichen oder Heranwachsenden hören.

1a) Um die bes. militärischen Gesichtspunkte berücksichtigen zu können, wenn eine Weisung erteilt, eine bes. Pflicht auferlegt (§ 112a Z 3), Erz.Hilfe durch den Disziplinarvorgesetzten angeordnet (§ 112a Z 2) oder für erledigt erklärt (§ 112c I), von der Vollstr. des JA wegen der Besonderheiten des Wehrdienstes abgesehen (§ 112c II) oder ein Soldat als BewH bestellt (§ 112a Z 4) werden soll, ist der nächste Disziplinarvorgesetzte des J oder Hw zu hören. Über die Eignung des Soldaten zum BewH oder des Disziplinarvorgesetzten zum Erz.Helfer wird der Ri. sich am besten noch auf andere Weise unterrichten.

b) § 112d ist **nur eine Soll-Vorschrift.** Ihre Verletzung ist rglm unschädl., falls nicht ausnahmsweise darin ein Verstoß gegen die allg. Aufklärungspflicht liegt. Nur die Verf.Beteiligten können ggf wegen des Verstoßes anfechten, nicht der Disziplinarvorgesetzte selbst; dieser kann sich nur an den StA wenden (Schwalm JZ 57/400, Potrykus NJW 57/815 unter Hinweis, daß die ein BeschwR begründende Bestimmung des Regierungsentwurfs gestrichen wurde).

c) Die Anhörung des nächsten Disziplinarvorgesetzten macht die Einschaltung der **JGH** (§§ 38, 43) **nicht überflüssig.**

2) Über diese gesetzl. Verpflichtung hinaus kann die **Anhörung auch sonst geboten sein,** bes. bei Änderungen bestehender Weisungen und bes. Pflichten (§ 112a Z 3 S 2; s. auch § 112b A 4b; Potrykus NJW 57/815 hält hier die Anhörung entspr. dem Gedanken der Vorschrift für stets geboten), vor der Verhängung von JA (s. § 112a A 2c) bes. nach §§ 11 II, 15 III (ob Erfüllung dienstl. mögl. war), bei Unterstellung eines J oder Hw unter die Aufsicht eines Soldaten (§ 112b A 5). Auch sonst kann ganz allg. das Zeugnis des nächsten Disziplinarvorgesetzten für die Ermittlung der Täterpersönlichk. (§ 43) förderl. und im Rahmen der Aufklärungspflicht einzuholen sein.

3) Zuständiger Disziplinarvorgesetzter: s. § 112b A 1c.

§ 112e

Verfahren vor Gerichten, die für allgemeine Strafsachen zuständig sind

1) Hw — J: Text des § 112a. — **2)** ./.

In Verfahren gegen Jugendliche oder Heranwachsende vor den für allgemeine Strafsachen zuständigen Gerichten (§ 104) sind die §§ 112a, 112b und 112d anzuwenden.

Alle Sondervorschriften für Soldaten muß auch das ErwG. beachten. Der in § 112 e nicht genannte § 112c betrifft nur Vollstr. u. Vollz., die beide dem JRi. obliegen, soweit überhaupt ein Ri. eingeschaltet ist; es ist dabei gleichgültig, ob ein JG oder ein ErwG die Erz.Hilfe (§ 112a Z 2) angeordnet oder den JA verhängt hat [vgl. § 104 A 1a (2)].

Fünfter Teil
Schluß- und Übergangsvorschriften

§ 113
Bewährungshelfer

Für den Bezirk eines jeden Jugendrichters ist mindestens ein hauptamtlicher Bewährungshelfer anzustellen. Die Anstellung kann für mehrere Bezirke erfolgen oder ganz unterbleiben, wenn wegen des geringen Anfalls von Strafsachen unverhältnismäßig hohe Aufwendungen entstehen würden. Das Nähere über die Tätigkeit des Bewährungshelfers ist durch Landesgesetz zu regeln.

Die Vorschrift **verpflichtet die Länder,** durch Ges. die Verhältnisse der hauptamtl. BewH zu regeln. Dabei müssen die Ziele des JGG beachtet werden (vgl bes. § 25 A 4a). Nähere Ausführungen würden den Rahmen dieses Handbuches für die Anwendung des JGG in der Praxis sprengen.

§ 114
Vollzug von Gefängnisstrafe in der Jugendstrafanstalt

In der Jugendstrafanstalt darf an Verurteilten, die das vierundzwanzigste Lebensjahr noch nicht vollendet haben und sich für den Jugendstrafvollzug eignen, auch Gefängnisstrafe vollzogen werden.

Richtlinien zu § 114:

1. Ein zu Gefängnisstrafe Verurteilter unter 24 Jahren ist für den Jugendstrafvollzug geeignet, wenn die erzieherische Einwirkung in der Jugendstrafanstalt bei ihm Erfolg verspricht und von seiner Anwesenheit in der Jugendstrafanstalt Nachteile für die Erziehung der anderen Gefangenen nicht zu befürchten sind.
2. Ein zu Gefängnisstrafe Verurteilter unter 21 Jahren wird in die Jugendstrafanstalt eingewiesen. Wenn jedoch in der Strafanstalt für Erwachsene eine besondere Abteilung für junge Gefangene besteht, kann der Verurteilte in die Strafanstalt für Erwachsene eingewiesen werden.
3. Ein zu Gefängnis Verurteilter, der das 21., aber noch nicht das 24. Lebensjahr vollendet hat, wird in der Regel in die Strafanstalt für Erwachsene eingewiesen.
4. Hält der Leiter der Strafanstalt für Erwachsene einen Verurteilten unter 24 Jahren für den Jugendstrafvollzug für geeignet, so überweist er ihn in die Jugendstrafanstalt und benachrichtigt hiervon die Strafvollstreckungsbehörde.

5. Nach Anhörung des Vorsitzenden des Gerichts, das im ersten Rechtszug erkannt hat, und, falls sich der Verurteilte in Haft befindet, des Leiters der Vollzugsanstalt kann die Strafvollstreckungsbehörde einen zu Gefängnisstrafe Verurteilten, der das 21., aber noch nicht das 24. Lebensjahr vollendet hat, ausnahmsweise sogleich in die Jugendstrafanstalt einweisen, wenn seine Eignung für den Jugendstrafvollzug offenkundig ist. Dies gilt auch für Verurteilte unter 21 Jahren, die nach Nr. 2 Satz 2 in die Strafanstalt für Erwachsene einzuweisen wären.

6. Die Entscheidung darüber, ob ein zu Gefängnisstrafe Verurteilter unter 24 Jahren in die Jugendstrafanstalt oder in die Strafanstalt für Erwachsene einzuweisen ist, wird dem Rechtspfleger nicht übertragen.

7. Über die endgültige Übernahme des Verurteilten in den Jugendstrafvollzug und über sein Verbleiben in der Jugendstrafanstalt entscheidet in allen Fällen der Leiter dieser Anstalt.

1 a) Die Vorschrift gehört nicht ins JGG, weil sie sich mit dem **Vollz. einer ErwStr.** befaßt. Sie wendet sich an den ARi. (auch JRi.) u. StA (nicht an den Rechtspfleger RL 6) als Vollstr.Behörde des allgR (Dallinger-Lackner N 8).

b) Sie betrifft **nur GefängnisStr.** Zu Zuchthaus Verurteilte sind nie geeignet. Andererseits sind JStr.Anstalten auf eine Erz. über eine gewisse Zeit (§ 18 I S 1) eingestellt und deshalb zum Vollz. kurzfristiger HaftStr. nicht geeignet. Deshalb kommen grds auch nur GefängnisStr. **ab 6 Monate** in Betracht. Ferner scheiden Verurteilte aus, die schon fast 24 Jahre alt sind und deshalb nur wenige Wochen oder Monate im JStr.Vollz. verbleiben könnten (A 3; Potrykus B 3).

2) Entscheidend ist zunächst das **Alter zZ der Vollstr.**

a) Noch nicht 21 Jahre alte Verurteilte werden stets in die JStr.Anstalt eingewiesen, falls nicht eine bes. Abteilung für junge Männer in einer Erw.Str.Anstalt zur Verfügung steht (RL 2); wegen einer seltenen Ausnahme vgl RL 5 S 2.

b) Verurteilte im Alter **von 21 bis etwa $23^1/_2$** (s. A 1 b, 3) **Jahren** werden in die Erw. Str.Anstalt eingewiesen (RL 3), falls nicht ausnahmsweise nach RL 5 S 1 verfahren wird. Der Leiter der Str.Anstalt kann einen geeigneten (RL 1) Gefangenen in die JStr.Anstalt überweisen (RL 4).

c) Ob der nach A 2 a oder b **in eine JStr.Anstalt Eingewiesene dort verbleibt** oder (wieder) in die Erw.Str.Anstalt kommt, **entscheidet der Leiter der JStr.Anstalt** (RL 7), ein Verwaltungsbeamter, nach Prüfung der Eignung [RL 1, vgl § 92 A 2 b (3)]; an die Eignung sind hier jedoch strengere Anforderungen zu stellen als bei zu JStr. Verurteilten gem. § 92 II (Potrykus B 3). Die Entsch. kann auch noch getroffen werden, wenn der Verurteilte schon längere Zeit in der JStr.Anstalt war (Dallinger-Lackner N 7). Die Entsch. ist eine Verwaltungsentsch., die mit der Dienstaufsichtsbeschw. (GStA, Ministerium) angefochten werden kann; gerichtl. Nachprüfung: Art. 19 IV GG.

3) Sobald der in der JStr.Anstalt Einsitzende 24 Jahre alt ist, muß er in eine Erw. Str.Anstalt überführt werden, falls nicht nur ein unbedeutender Str.Rest noch aussteht (Dallinger-Lackner N 4).

4) Die Regelung beseitigt die durch § 105 vorgenommene Differenzierung häufig und ist auch sonst den Interessen der zu JStr. Verurteilten abträgl. (Potrykus B 1). Eine **befriedigende Lösung** wäre nur durch Schaffung eigener **Jungmänner-Gefängnis-**Strafanstalten zu gewinnen (Potrykus B 1).

§ 115

Rechtsvorschriften der Bundesregierung über den Vollzug

(1) Die Bundesregierung wird ermächtigt, durch Rechtsverordnung mit Zustimmung des Bundesrates für den Vollzug der Jugendstrafe, des Jugendarrestes und der Untersuchungshaft Vorschriften zu erlassen über die Art der Unterbringung, die Behandlung, die Lebenshaltung, die erzieherische, seelsorgerische und berufliche Betreuung, die Arbeit, den Unterricht, die Gesundheitspflege und körperliche Ertüchtigung, die Freizeit, den Verkehr mit der Außenwelt, die Ordnung und Sicherheit in der Vollzugsanstalt und die Ahndung von Verstößen hiergegen, die Aufnahme und die Entlassung sowie das Zusammenwirken mit den der Jugendpflege und Jugendfürsorge dienenden Behörden und Stellen.

(2) Die Rechtsverordnungen der Bundesregierung dürfen für die Ahndung von Verstößen gegen die Ordnung der Sicherheit der Anstalt nur Hausstrafen vorsehen, die der Vollzugsleiter oder bei Untersuchungshaft der Richter verhängt. Die schwersten Hausstrafen sind die Beschränkung des Verkehrs mit der Außenwelt auf dringende Fälle bis zu drei Monaten und Arrest bis zu zwei Wochen. Mildere Hausstrafen sind zulässig. Dunkelhaft ist verboten.

(3) Die Bundesregierung wird ermächtigt, durch Rechtsverordnung mit Zustimmung des Bundesrates zur Durchführung des § 112b Abs. 2 Vorschriften über Art, Umfang und Dauer der Pflichten und Beschränkungen zu erlassen, die dem Jugendlichen oder Heranwachsenden hinsichtlich des Dienstes, der Freizeit, des Urlaubs und der Auszahlung der Besoldung auferlegt werden oder durch den nächsten Disziplinarvorgesetzten auferlegt werden können.

1 a) (1) Die **Bundesregierung** hat von der **Ermächtigung** nach I noch nicht Gebrauch gemacht. Es kämen in Betracht eine JStr.- u. eine JA-Vollz.O (statt der nicht mehr einheitl. geltenden vom 1. 9. 44 — SV DJ Nr 32 — u. vom 20. 12. 43 — DJ S 580 —). Als UHaft-Vollz. O genügen zunächst die Nr 77—85 der UVollzO vom 12. 2. 1953 (s. bei § 93). (2) Die VO gem. III ist ergangen (s. § 112b nach Ges.-Text u. A 2).

b) Eine einheitl. JA-Geschäftsordnung (statt der nicht mehr einheitl. geltenden vom 15. 5. 44 — SV DJ Nr 31 —) kann nur — ähnl. wie die AO über die gerichtl. Erz-Kartei vom 15. 2. 1955 (s. bei § 94) und die AO über die Mitt. in

Str.Sachen vom 15. 6. 1957 (s. bei § 70) — durch **Vereinbarung der Länder** entstehen (Dallinger-Lackner N 3; zw. Potrykus B 1).

2) **II bringt bereits jetzt gültige** (Dallinger-Lackner N 4) **Beschränkungen der Hausstrafgewalt.**

§ 116

Zeitlicher Geltungsbereich

(1) Das Gesetz wird auch auf Verfehlungen angewendet, die vor seinem Inkrafttreten begangen worden sind. Für diese Verfehlungen ist das Mindestmaß der Jugendstrafe drei Monate.

(2) Auf Jugendstrafe darf gegen einen Heranwachsenden nicht erkannt werden, wenn die Straftat vor dem Inkrafttreten dieses Gesetzes begangen ist und nach dem allgemeinen Strafrecht die Verhängung einer Freiheitsstrafe von weniger als drei Monaten zu erwarten gewesen wäre.

(3) Auf Jugendstrafe von unbestimmter Dauer darf gegen einen Heranwachsenden nur erkannt werden, wenn die Tat nach dem Inkrafttreten dieses Gesetzes begangen ist oder wenn bei mehreren Straftaten das Schwergewicht in der Zeit nach dem Inkrafttreten des Gesetzes liegt.

Diese Übergangsbestimmung ist nunmehr praktisch **gegenstandslos.**

§ 117

Gerichtsverfassung

(1) Die Wahl der Jugendschöffen nach § 35 erfolgt erstmalig innerhalb von sechs Monaten nach Inkrafttreten dieses Gesetzes, später gleichzeitig mit der Wahl der Schöffen für die Schöffengerichte und die Strafkammern. Solange noch keine Jugendschöffen gewählt sind, werden dem Jugendschöffengericht und der Jugendkammer die auf Grund anderer Rechtsvorschriften gewählten Jugendschöffen oder, soweit solche nicht vorhanden sind, die nach den allgemeinen Vorschriften gewählten Schöffen beigegeben. Solange keine nach diesem Gesetz gewählten Jugendschöffen zur Verfügung stehen, kann von der Durchführung des § 33 Abs. 3 Satz 2 abgesehen werden.

(2) Wo ein Jugendwohlfahrtsausschuß noch nicht besteht, wird die Vorschlagsliste nach § 35 Abs. 3 vom Jugendamt aufgestellt.

1) Die Bestimmung, daß künftig die **JSchöff zugleich mit den Erw.Schöff gewählt** werden (I S 1 HS 2) ist gültiges Recht.

2) **Im übrigen** ist die Bestimmung Übergangsbestimmung und nunmehr **bedeutungslos.** Das gilt auch von II (Potrykus B 4 FN 1).

§ 118

Zuständigkeit und Verfahren

(1) Die am Tage des Inkrafttretens dieses Gesetzes anhängigen Strafsachen gegen Jugendliche oder Heranwachsende gehen in der Lage, in der sie sich befinden, auf das zuständige Jugendgericht über.

(2) Sind Strafsachen gegen Heranwachsende und Erwachsene verbunden, so sollen die Sachen gegen Heranwachsende abgetrennt und an das zuständige Jugendgericht verwiesen werden, wenn nicht wichtige Gründe entgegenstehen.

(3) Hat die Hauptverhandlung begonnen, so ist sie nach den bisherigen Verfahrensvorschriften zu Ende zu führen. Die Bekanntmachung einer Entscheidung und ihre Anfechtung durch Rechtsmittel bestimmen sich, wenn die Entscheidung vor dem Inkrafttreten dieses Gesetzes oder auf Grund einer nach Satz 1 zu Ende geführten Hauptverhandlung erlassen worden ist, nach den bisher geltenden Vorschriften. Die Besetzung des Rechtsmittelgerichts bestimmt sich nach den Vorschriften dieses Gesetzes.

Diese Übergangsbestimmung ist nunmehr **gegenstandslos.**

§ 119

Freiheitsstrafen

(1) Jugendgefängnisstrafen, auf die gegen einen Jugendlichen vor dem Inkrafttreten dieses Gesetzes erkannt worden ist, werden für die Anwendung dieses Gesetzes der Jugendstrafe gleichgestellt.

(2) Die Vorschriften über die beschränkte Auskunft und Tilgung von Jugendstrafen (§ 95) werden auch auf Gefängnis- und Festungshaftstrafen angewendet, die von Wehrmachtgerichten oder Gerichten wehrmachtähnlicher Formationen gegen einen Jugendlichen verhängt worden sind.

Jugendgefängnisstrafen werden wie JStr. behandelt. Gleiches gilt hinsichtl. der strafregisterl. Behandlung von Gefängnis- u. FestungshaftStr., die WehrmachtsGer. oä gegen J (zZ der Tat) verhängt haben. Durch Zeitablauf hat die Vorschrift nun kaum noch Bedeutung. Wegen der gelegentl. auftretenden Fragen sei auf die Erläuterungswerke von Dallinger-Lackner u. Potrykus verwiesen.

§ 120

Verweisungen

Verweisungen auf Vorschriften des Reichsjugendgerichtsgesetzes vom 6. November 1943 (Reichsgesetzbl. I S. 637) gelten als Verweisungen auf die an ihre Stelle getretenen Vorschriften dieses Gesetzes.

Die neueren Textausgaben sind durchweg berichtigt.

§ 121

Änderung des Gerichtsverfassungsgesetzes

Das Gerichtsverfassungsgesetz wird wie folgt geändert:

1. § 26 wird durch folgende Vorschrift ersetzt:

„§ 26

(1) Für Straftaten Erwachsener, durch die ein Kind oder ein Jugendlicher verletzt oder unmittelbar gefährdet wird, sowie für Verstöße Erwachsener gegen Vorschriften, die dem Jugendschutz oder der Jugenderziehung dienen, sind neben den für allgemeine Strafsachen zuständigen Gerichten auch die Jugendgerichte zuständig. Die §§ 24 und 25 gelten entsprechend.

(2) In Jugendschutzsachen soll der Staatsanwalt Anklage bei den Jugendgerichten nur erheben, wenn in dem Verfahren Kinder oder Jugendliche als Zeugen benötigt werden oder wenn aus sonstigen Gründen eine Verhandlung vor dem Jugendgericht zweckmäßig erscheint."

2. Nach § 74a wird folgender § 74b eingefügt:

„§ 74b

In Jugendschutzsachen (§ 26 Abs. 1 Satz 1) ist neben der für allgemeine Strafsachen zuständigen Strafkammer auch die Jugendkammer als erkennendes Gericht des ersten Rechtszuges zuständig. § 26 Abs. 2 und §§ 73 und 74 gelten entsprechend."

Richtlinie zu § 121:

Es empfiehlt sich, nach Möglichkeit bei den Landgerichten im Wege der Geschäftsverteilung die landgerichtlichen Jugendschutzsachen einer bestimmten Strafkammer als Jugendschutzkammer zuzuweisen.

1a (1) **Jugendschutzsachen sind einmal** Verf. wegen Verstößen gegen Str.Vorschriften, die dem J Schutz (zB Unzucht mit Kindern, § 176 I Z 3 StGB) oder der JErz. dienen (zB Verbreitung jugendgefährdender Schriften, Ges. vom 9. 6. 1953, BGBl I S 377). Weitere Beispiele: §§ 143, 170d, 174 Z 1, 175a Z 3, 182, 184 I Z 2, 184a, 223b, 235, 237, 239a, 361 Z 4 HS 2, 361 Z 6b StGB; Ges. zum Schutz der J in der Öffentlichk. vom 4.12.1951 — BGBl I S 936 —; J Schutz Ges. vom 30. 4. 1938 — RGBl I S 437; AVO S 1777 —; ebenso Dallinger-Lackner N 11). (2) Jugendschutzsachen sind **aber auch** Verf. wegen Str.Taten, durch die ein Kind (§ 1 III entspr.) oder ein J (§ 1 II entspr.) — auch mittelbar — verletzt oder — nur unmittelbar — gefährdet worden ist; nicht gefordert wird, daß der Str.Tatbestand den Unrechtsgehalt nur oder in bes. Weise gegen Kinder oder J hat (Dallinger-Lackner N 9; Kleinknecht-Müller § 26 GVG A 1b bb). Der Begriff des Verletzten ist weit zu fassen (ähnl. § 61 Z 2 StPO, allg.M); doch ist es notwendig, daß die durch die verletzte Str.Vorschrift geschützten Interessen des Kindes oder J beeinträchtigt werden (Dallinger-Lackner N 7), also Verletzung seines körperl. oder sittl. Wohls, von Gesundheit, Freiheit, Ehre, Vermögensrecht, nicht aber zB Tötung des Ernährers.

b) Täter kann **nur ein Erw.** sein; J u. Hw kommen schon nach den §§ 33 I, 107 vor das JG.

c) Verletzter kann **nur ein Kind** (§ 1 III entspr.) **oder J** (§ 1 II entspr.) sein, nicht ein Hw (Schwarz StPO § 26 GVG A 1 B, Potrykus B 1), falls nicht eine JSchutz-Vorschrift [A 1a (1)] auch Hw schützt, zB § 174 Z 1 StGB (Dallinger-Lackner N 10, Kleinknecht-Müller § 26 GVG A 1b aa).

2a) Hier sind die **JG wahlweise** (A 2b) **neben den ErwG zuständig.** (1) Die JG entscheiden in ihrer durch das JGG (§§ 33 II—IV, 35, 37) vorgeschriebenen **Besetzung** mit JSchöff; ein zweiter BerufsRi. kann also beim JSchöffG auch in JSchutzVerf. nicht zugezogen werden (Dallinger-Lackner § 33 N 26, Potrykus NJW 56/656, aA Kleinknecht-Müller § 29 GVG A 5). Auch der JStA wirkt mit (§ 36 A 2a). (2) Die sachl. (§§ 26 I S 1, 74b S 2 GVG) u. örtl. (allg.M) **Zuständigk.** richtet sich nach allgR (§§ 24, 25, 73, 74 GVG; 7ff StPO). (a) Statt zum (Erw.)EinzelRi. kann also zum JRi., statt zum (Erw.)SchöffG zum JSchöffG und statt zur StrK zur JK angeklagt werden; die Zuständigk. der JK (s. RiStV 92, Kleinknecht-Müller § 24 A 4a bb; vgl auch BGH JR 55/189, 190) ist also nicht erweitert (Dallinger-Lackner N 16, 17 ausführl., Löwe-Rosenberg § 26 GVG A 4, Schwarz § 74b GVG A 2 A; zu weit Potrykus B 4); doch ergeben sich gewisse Abweichungen daraus, daß es ein erweitertes JSchöffG nicht gibt u. §§ 40 II, 41 I Z 2 hier nicht gelten. (b) Auch in JSchutzsachen muß aber das ErwG stets tätig werden, wo im allgR weder das AG noch die StrK zuständig sind, sondern Staatsschutzkammer, SchwG, OLG, BGH. (3) Es gelten auch die **allg. Verf.Vorschriften.** (4) Gegen Urteile des JRi. oder des JSchöffG ist die JK **Ber.- u. Beschw.Ger.;** ebenso entscheidet umgekehrt die Str. über Urteile des (Erw.) EinzelRi. und des (Erw.) SchöffG (Dallinger-Lackner N 21. Kleinknecht-Müller § 74 GVG A 2, Löwe-Rosenberg § 26 GVG A 5; aA Potrykus B 5, Schwarz § 74b GVG A 2 B: je nach Geschäftsverteilung). Auch wo der JRi. allein entschieden hat, ist die JK in voller Besetzung zuständig; eine kleine JK gibt es nicht. (5) Wegen der **Rechtshilfe** im JSchutzverf. s. § 34 A 1a (2).

b) (1) **Die Wahl trifft der StA** (§§ 26 II, 74b S 2 GVG) bei der Anklageerhebung **verbindl.** für das Ger. (allg.M). Nur wo keine JSchutzsache vorliegt (A 1) oder wo stets das allg.Ger. entscheiden muß [A 2a (2) (b)], darf, weil ein Prozeßhindernis besteht (Kleinknecht-Müller § 26 GVG A 2b; vgl. § 33 A 3a), das JG nicht eröffnen. (2) § 26 II GVG stellt **für den StA verbindl. Richtlinien** auf, deren Einhaltung das Ger. aber nicht nachprüfen darf. Das Ges. ist dahin zu verstehen, daß **nur in bes. Fällen zum JG** angeklagt werden soll; andernfalls würden die JG zu sehr ihrer eigentl. Aufgabe entzogen und wohl auch entfremdet (allg.M; vor allem Dallinger-Lackner N 24—26). (3) Wo das Ger. groß genug ist, sollten **bes. JSchutzkammern** (RL) und entspr. Dezernate am AG geschaffen werden, zu denen der StA ausschließl. anklagen sollte.

§ 122

Aufhebung von Rechtsvorschriften

Vorschriften, die diesem Gesetz entgegenstehen oder gegenstandslos werden, treten außer Kraft. Aufgehoben werden namentlich folgende Vorschriften, soweit sie nicht bereits außer Kraft getreten sind:

1. **Das Reichsjugendgerichtsgesetz in der Fassung der Anlage zu § 1 Abs. 1 der Verordnung über die Vereinfachung und Vereinheitlichung des Jugendstrafrechts (Jugendstrafrechtsverordnung) vom 6. November 1943 (Reichsgesetzbl. I S. 637),**
2. **die Verordnung über die Vereinfachung und Vereinheitlichung des Jugendstrafrechts (Jugendstrafrechtsverordnung) vom 6. November 1943 (Reichsgesetzbl. I S. 635),**
3. **die Verordnung zur Durchführung der Jugendstrafrechtsverordnung in den Alpen- und Donau-Reichsgauen, im Reichsgau Sudetenland und im Protektorat Böhmen und Mähren (Erste Durchführungsverordnung zum Reichsjugendgerichtsgesetz) vom 6. Dezember 1943 (Reichsgesetzbl. I S. 669),**
4. **die Verordnung zur Anwendung des Reichsjugendgerichtsgesetzes in der Wehrmachtgerichtsbarkeit und der SS- und Polizeigerichtsbarkeit (Zweite Durchführungsverordnung zum Reichsjugendgerichtsgesetz) vom 28. Dezember 1943 (Reichsgesetzbl. I S. 687),**
5. **§ 1 des württembergisch-badischen Gesetzes Nr. 205 zur Abänderung des Reichsjugendgerichtsgesetzes und der Jugendarrestvollzugsordnung vom 14. August 1946 (Regierungsbl. der Regierung Württemberg-Baden S. 246),**
6. **§ 6a der Landesverordnung des Landes Rheinland-Pfalz über Gerichtsverfassung und Verfahren vom 11. April 1947 (Verordnungsbl. der Landesregierung Rheinland-Pfalz S. 155) in der Fassung des Landesgesetzes zur Wiedereinführung der Schöffen und Geschworenen in der Strafrechtspflege und zur Änderung der Strafprozeßordnung vom 2. September 1949 (Gesetz- und Verordnungsbl. der Landesregierung Rheinland-Pfalz Teil I Seite 374),**
7. **§ 6 des badischen Landesgesetzes zur Wiedereinführung der Schöffen und Geschworenen in der Strafrechtspflege vom 30. Dezember 1947 (Badisches Gesetz- und Verordnungsbl. 1948 S. 39),**
8. **§ 6 des Gesetzes des Landes Württemberg-Hohenzollern zur Wiedereinführung der Schöffen und Geschworenen in der Strafrechtspflege vom 14. Mai 1948 (Regierungsbl. für das Land Württemberg-Hohenzollern S. 85),**
9. **das Landesgesetz des Landes Rheinland-Pfalz zur Änderung des Reichsjugendgerichtsgesetzes vom 30. Dezember 1948 (Gesetz- und Verordnungsbl. der Landesregierung Rheinland-Pfalz 1949 Teil I S. 1),**
10. **§ 6 der Rechtsanordnung des Kreispräsidenten von Lindau zur Wiedereinführung der Schöffen und Geschworenen in der Strafrechtspflege vom 26. April 1949 (Amtsblatt des Bayerischen Kreises Lindau Nr. 18).**

Es sind also **alle entgegenstehenden Vorschriften,** auch verwaltungsrechtl. Inhalts, **aufgehoben,** auch wenn sie vom Ges. nicht ausdrückl. erwähnt sind.

§ 123

Land Berlin

Dieses Gesetz gilt nach Maßgabe des § 13 Abs. 1 des Dritten Überleitungsgesetzes vom 4. Januar 1952 (Bundesgesetzbl. I S. 1) auch im Land Berlin. Rechtsverordnungen, die auf Grund der in diesem Gesetz enthaltenen Ermächtigung erlassen werden, gelten im Land Berlin nach § 14 des Dritten Überleitungsgesetzes.

Vgl Berliner Gesetz zur Übernahme des Jugendgerichtsgesetzes vom 10. 8. 1953 (GVBl S 768).

§ 124

Inkrafttreten

Dieses Gesetz tritt am 1. Oktober 1953 in Kraft.

A

Fundstellenverzeichnis der Entscheidungen des Bundesgerichtshofes

I. Amtliche Sammlung

Amtl. Sammlung	Datum	Aktenzeichen	NJW	MDR	JZ	JR	LM Nr	FN *)
1/ 47	27. 2. 51	4StR 123/51		51/370		51/502	§ 50 StGB 1a	
1/346	2. 10. 51	1StR 434/51	52/192	52/117			§ 247 StPO 2	
1/373	30. 10. 51	1StR 67/51				51/349		
2/ 63	12. 12. 51	3StR 691/51			52/149		§ 345 StPO 4	
2/393	30. 8. 52	3StR 496/51						
3/ 13	10. 6. 52	1StR 827/51	52/900	52/628			§ 103 GG 2	
3/327	9. 12. 52	1StR 518/52	53/232				§ 60 StGB 3	
3/344	16. 12. 52	1StR 528/52	53/315				§ 338Z 6 StPO 4	
3/368	9. 1. 53	1StR 623/52	53/673	53/247	53/186		§ 258 StPO 1	
3/384	9. 1. 53	1StR 620/52	53/515	53/246			§ 247 StPO 3	
4/157	30. 4. 53	4StR 90/53	53/1195				§ 161 StGB 3	
4/205	8. 5. 53	2StR 690/52	53/1233		53/609		§ 149 StPO 1	
4/308	24. 6. 53	GSSt 1/53	53/1561		53/766		§ 140 StPO 9	
4/320	23. 7. 53	3StR 312/53	53/1481		53/738		§ 141 StPO 2	
4/325	17. 9. 53	4StR 791/52	53/1679		54/ 56		§ 60 StGB 4	
4/364	8. 10. 53	5StR 245/53	53/1925	54/54	53/767		§ 274 StPO 4	
5/ 52	13. 10. 53	1StR 710/52	54/122				§ 358 StPO 10	
5/168	5. 11. 53	3StR 504/53	54/159		54/123			
5/207	17. 11. 53	1StR 362/53	54/360			54/189	§ 105 JGG 2	
5/226	15. 12. 53	5StR 294/53	54/1009				§ 207 StPO 1	
5/338	20. 11. 53	1StR 279/53	54/687	54/372		54/230	§ 335 StPO 2	
5/366	23. 2. 54	1StR 723/53	54/847		54/397		§ 1 JGG 3	
5/377	12. 3. 54	1StR 333/53	54/846		54/363	54/228	§ 23 StGB 6	
6/ 6	24. 3. 54	6StR 84/54	54/848	54/371	54/398	54/229	§ 32 JGG 2	
6/109	1. 4. 54	StE 4/54	54/1375		55/ 52			
6/117	6. 4. 54	5StR 89/54	54/1210				§ 45 GVG 2	
6/163	26. 5. 54	3StR 109/54	54/1086	54/494	54/517		§ 23 StGB 12	
6/206	14. 7. 54	5StR 324/54	54/1377		54/709		§ 59 JGG 1	
6/209	30. 6. 54	6StR 172/54	54/1415	54/628			§ 250 StPO 8	
6/215	6. 7. 54	StE 1/53	54/1208	54/691	54/645			
6/258	13. 7. 54	1StR 465/53	54/1616	54/757			§ 8 JGG 1	
6/298	23. 4. 54	2StR 79/54	54/1087				§ 23 StGB 8	

*) Diese Spalte verweist auf andere Zeitschriften, in denen die Entscheidungen angeführt sind. Aus Raumgründen sind diese nicht in die Tabelle, sondern in Fußnoten aufgenommen. Die Zahl in dieser Spalte bezeichnet die entsprechende Fußnote.

Amtl. Sammlung	Datum	Aktenzeichen	NJW	MDR	JZ	JR	LM Nr.	FN *)
6/326	5. 10. 54	2StR 194/54	54/1855				§ 43 JGG 1	[1]
6/354	12. 10. 54	5StR 335/54	54/1855				§ 38 JGG 1	[2]
6/391	4. 11. 54	3StR 392/54	55/30		55/88		§ 23 StGB 18	
6/394	11. 11. 54	4StR 526/54	55/72	55/118	55/90	55/27	§ 42mStGB 12	[3]
7/ 26	2. 11. 54	5StR 492/54	55/273	55/180	55/219	55/104	§ 338Z4 StPO2	
7/ 53	28. 10. 54	1StR 379/54	55/271	55/178			s. FN [4]	
7/ 64	8. 12. 54	6StR 272/54	55/232			55/147		
7/ 86	7. 1. 55	5StR 638/54	55/600			55/147	§ 358 StPO 14	
7/180	16. 12. 54	3StR 189/54	55/758				§ 74 StGB 16	
7/214	25. 1. 55	3StR 552/54	55/557	55/306	55/383	55/187	§ 60 StGB 6	
7/238	8. 3. 55	5StR 49/55	55/840	55/372	55/456		§ 51 I StGB 6	
7/276	1. 3. 55	1StR 626/54	55/997		55/457		§ 467 StPO 3	
7/300	8. 2. 55	5StR 591/54	55/598	55/623	55/508	55/188	§ 244 StGB 7	
7/318	18. 5. 55	3ARs 46/55	55/1238	55/690	55/618		§ 89 JGG 1	
7/353	8. 6. 55	3StR 163/55	55/1196	55/500		55/388	§ 211 StGB 32	
8/ 78	12. 7. 55	2StR 188/55	55/1605		55/711		§ 49 JGG 1	
8/ 90	27. 7. 55	6StR 48/55	55/1606				§ 105 JGG 7	
8/182	4. 10. 55	5StR 268/55	55/1889		56/63	56/25	§ 23 StGB 28	
8/346	12. 1. 56	3ARs 172/55	56/520				§ 42 JGG 1	
8/349	15. 12. 55	4StR 342/55	56/517				§ 108 JGG 1	
9/ 34	24. 1. 56	1StR 568/55	56/680				§ 55 StPO 3	
9/104	13. 3. 56	2StR 472/55	56/960				§ 358 StPO 18	
9/160	6. 4. 56	2StR 91/56	56/1078		56/539		§ 27 JGG 1	
9/195	1. 6. 56	2StR 27/56	56/1288				§ 52 StPO 12	
9/258	14. 6. 56	3StR 37/56	56/1447	56/624	57/63	56/382	§ 24 StGB 3	
9/292	7. 6. 56	3StR 136/56	56/1526	56/691	57/227		§ 250 StPO 10	
9/324	18. 7. 56	6StR 28/56	56/1725		57/479		§ 264 StPO 15	
9/365	3. 10. 56	4StR 345/56	56/1886	57/50			§ 24 StGB 4	
9/370	6. 7. 56	2StR 87/55	57/ 29			57/25		
9/399	19. 10. 56	5StR 142/56	57/390		57/585	57/148	§ 103 JGG 3	[5]
10/ 21	29. 11. 56	4StR 350/56	57/309		57/314		§ 19 JGG 2	[6]
10/ 35	6. 12. 56	4StR 234/56	57/229		57/549		§ 59 StGB 36	

[1] Zbl 55/240.
[2] Zbl 55/239; UJ 55/178.
[3] UJ 55/131; DAR 55/21.
[4] Vorb. zu § 3 StGB Interlokales Strafrecht Nr 1.
[5] EJF C I 11.
[6] EJF C I 10; Zbl 57/243.

Amtl. Sammlung	Datum	Aktenzeichen	NJW	MDR	JZ	JR	LM Nr.	FN *)
10/ 64	8. 1. 57	5StR 378/56	57/ 389	57/307	57/314	57/109	§ 33 JGG 3	7)
10/ 74	10. 1. 57	2StR 575/56	57/ 511	57/307			§ 6 StPO 2	8)
10/100	29. 2. 56	2StR 25/56	56/ 680				§ 108 JGG 2	9)
10/104	15. 1. 57	5StR 390/56	57/ 551		57/515	57/187	§ 45 JGG 1	10)
10/109	7. 2. 57	4StR 453/56	57/ 550		57/355	57/227	§ 62 StPO 1	
10/119	23. 1. 57	2StR 600/56	57/ 599		57/389		§ 48 JGG 2	11)
10/137	26. 2. 57	5StR 411/56	57/ 719			57/384	§ 200 StPO 2	
10/174	20. 3. 57	2StR 583/56			57/639			12)
10/177	4. 4. 57	2ARs 49/57	57/ 838	57/370	57/640		§ 42 JGG 2	13)
10/198	3. 4. 57	4StR 517/56	57/ 998		58/ 32		§ 55 JGG 1	14)
10/233	7. 3. 57	4StR 552/56	57/1040	57/433			§ 21 JGG 1	15)
10/252	8. 5. 57	2StR 174/57	57/1118				§ 49 GVG 3	
10/287	6. 6. 57	4StR 138/57	57/1287	57/563	58/ 30		§ 23 StGB 36	
10/323	6. 6. 57	2ARs 63/57	57/1370				§ 42 JGG 3	16)
10/327	22. 5. 57	2StR 181/57	57/1327				§ 103 JGG 4	17)
10/372	30. 8. 57	4StR 277/57	57/1683	57/757	58/251		§ 61 Z 2StPO 6	
10/373	10. 9. 57	5StR 230/57	57/1682	57/755	58/373		§ 199 StGB 1	
10/384	24. 9. 57	1StR 532/56	57/1770					18)
10/391	11. 10. 57	2ARs 167/57	57/1809		58/181		§ 42 JGG 4	19)
11/ 80	29. 11. 57	2ARs 179/57	58/ 191		58/218		§ 453 StPO 2	
11/106	22. 11. 57	4StR 497/57	58/ 429	58/253			§ 63 GVG 10	
11/116	13. 12. 57	2ARs 188/57	58/ 638	58/260		58/148	§ 33 JGG 5	
11/130	10. 1. 58	5StR 487/57	58/ 469	58/356		58/187	§ 3 StPO 3	
11/169	9. 1. 58	4StR 514/57	58/ 638	58/260			§ 19 JGG 3	
11/319	29. 4. 58	1StR 68/58	58/1050					
11/332	7. 5. 58	2ARs 60/58	58/1006	58/620			§ 453 StPO 5	

7) EJF C I 12.
8) EJF D II 3.
9) EJF C I 1.
10) Zbl 58/54; EJF C I 16.
11) EJF C I 15.
12) EJF D II 2.
13) EJF C I 24; Zbl 58/53.
14) EJF C I 21; Zbl 57/241.
15) EJF C I 23.
16) Zbl 58/53; EJF C I 30.
17) EJF C I 28.
18) Rpfl. 58/181.
19) EJF C I 32.

II. NJW

NJW	Datum	Aktenzeichen	LM	Sonstige Zeitschriften
51/ 450	2. 3. 51	1StR 44/50	§ 42b StGB 2	JZ 51/344
51/ 769	12. 7. 51	4StR 339/51	§ 155 StPO 1	
51/ 894	2. 8. 51	3StR 463/51	§ 410 StPO 1	
52/ 436	3. 1. 52	3StR 1153/51		
52/ 797	17. 4. 52	5StR 349/52	§ 140 StPO 3	
52/ 892	5. 6. 52	4StR 635/51	§ 358 StPO 5	
53/ 116	28. 10. 52	2StR 435/52	§ 140 StPO 6	
54/ 39	14. 10. 53	2StR 40/53	§ 23 StGB 1, 2	JZ 54/101
54/ 360	15. 1. 54	5StR 703/53		JR 54/149
54/ 522	2. 2. 54	5StR 686/53	§ 24 StGB 1	MDR 54/309; JZ 54/260
54/1775	7. 10. 54	4StR 216/54	§ 105 JGG 6	UJ 55/176
54/1775	27. 4. 54	3ARs 18/54		
56/1408	19. 7. 56	1StR 224/56	§ 105 JGG 8	EJF C I 5
57/1326	28. 6. 57	1StR 179/57	§ 247 StPO 7	MDR 57/626; JZ 58/316
57/1370	28. 6. 57	1StR 8/57	§ 354 I StPO 7	EJF D II 5
58/ 559	24. 10. 57	4StR 320/57		MDR 58/358
58/ 560	5. 2. 58	2ARs 13/58	§ 453 StPO 3	MDR 58/360
58/ 560	11. 2. 58	1StR 589/57	§ 357 StPO 10	JZ 58/375; MDR 58/359

III. MDR

MDR	Datum	Aktenzeichen	LM	Sonstige Zeitschriften
52/564	20. 12. 51	4StR 880/51		
54/694	29. 7. 54	4StR 276/54	§ 105 JGG 5	NJW 54/1617; JR 54/427
55/246	11. 1. 55	1StR 302/54	§ 48 JGG 1	
55/372	25. 2. 55	2StR 556/54	§ 105 JGG 6a	NJW 55/760; Zbl 55/214; UJ 55/368
55/433	31. 3. 55	4StR 68/55		
58/356	21. 1. 58	1StR 602/57	§ 37 JGG 1	NJW 58/639

IV. JZ

JZ	Datum	Aktenzeichen	LM	Sonstige Zeitschriften
53/673	11. 8. 53	2StR 206/53	§ 42e StGB 4	NJW 53/1559; MDR 53/755; JR 54/65
56/101	13. 10. 55	4StR 372/55	§ 358 StPO 16	NJW 55/1847

V. JR

JR	Datum	Aktenzeichen	LM	Sonstige Zeitschriften
51/349	13. 2. 51	1StR 58/50	§ 252 StPO 1	NJW 51/283
54/149	8. 12. 53	5StR 540/53		Zbl 55/57
54/271	29. 1. 54	1StR 632/53	§ 1 JGG 2	
55/189	1. 3. 55	5StR 34/55	§ 140 StPO 18	

VI. LM

LM		Datum	Aktenzeichen	Sonstige Zeitschriften
§ 60	StGB 1	3. 11. 50	4StR 17/50	JZ 51/151
§ 244 II	StPO 1	27. 2. 51	1StR 73/50	
§ 244 III	StPO 2	6. 4. 51	2StR 84/51	
§ 103	JGG 1	21. 9. 54	5StR 170/54	NJW 54/1695
§ 67	JGG 1	11. 11. 55	1StR 309/55	NJW 56/520
§ 32	JGG 4	7. 6. 56	4StR 154/56	EJF C I 4
§ 109	JGG 2	9. 8. 56	1StR 269/56	EJF C I 6; Rpfl. 56/336; NJW 56/1607

VII. Weitere Fundstellen

1) GA	Datum	Aktenzeichen	
53/ 83	27. 11. 52	5StR 803/52	
58/305	23. 1. 58	4StR 664/57	

2) EJF	Datum	Aktenzeichen	Sonstige Zeitschriften
C I 3	15. 5. 56	5StR 127/56	
C I 7	10. 5. 55	5StR 189/55	Herlan GA 55/364, 56/346
C I 22	26. 3. 57	5StR 15/57	Herlan GA 58/47

3) Herlan in GA	Datum	Aktenzeichen	Sonstige Zeitschriften
54/308	23. 10. 53	2StR 188/53	Dallinger MDR 54/400
54/309	26. 1. 54	1StR 632/53	
54/310	10. 12. 53	3StR 460/53	
55/364	26. 4. 55	1StR 94/55	Herlan GA 56/346
55/364	2. 6. 55	4StR 175/55	Herlan GA 56/345
56/346	29. 11. 55	5StR 526/55	
56/347	19. 7. 55	5StR 259/55	
56/347	6. 3. 56	2StR 39/56	
56/347	30. 5. 56	3StR 88/56	

4) Dallinger in MDR	Datum	Aktenzeichen	
53/273	23. 1. 53	2StR 863/52	
55/394	15. 2. 55	1StR 701/54	

B

Fundstellenverzeichnis der Entscheidungen des Bayerischen Obersten Landesgerichts

Amtl. Samm-lung	Datum	Aktenzeichen	NJW	MDR	JZ	JR	EJF C I Nr.	Zbl.	FN
51/347	14. 3. 51	RR III 105/50			51/377				
51/452	27. 6. 51	RR III 170/51							
52/ 9	9. 1. 52	RR III 788/51			52/494				
54/ 51	25. 5. 54	BR 2St 30/54	54/1378						
54/152	17. 12. 54	RR 3St 112/53							
55/ 1	24. 1. 55	BR 3St 215/54	55/601	55/374	55/252	55/192		55/115	
55/ 53	30. 3. 55	RR 1St 141/55	55/959	55/373		55/272		55/142	
55/ 77	27. 4. 55	RR 1St 113/55							
56/ 7	17. 1. 56	RR 2St 414/55							
56/163	13. 7. 56	RR 1St 609/56	56/1488	56/694			8	56/270	1)
57/ 1	11. 1. 57	BR 3St 130/56	57/600		57/314		18	57/54	2)
57/ 21	20. 2. 57	RR1St1033/56	57/1161				14	57/245	
57/ 59	15. 3. 57	RR 3St 53/57	57/838		57/389		27	57/246	
57/ 83	8. 5. 57	RR 1St 63/56		58/500		57/303			
57/118	12. 8. 57	RR 1St 198/57	57/1329	57/628	57/719	57/338	25	58/54	

Sonstige Fundstellen:

NJW: 55/601; Datum: 24. 1. 55; Akt. Z.: AR 50/54
DAR: 56/19; Datum: 5. 10. 55; Akt. Z.: 1St 144/55.

1) Rpfl. 57/80.
2) GA 57/147.

Sachregister

SAMMLUNG GUTTENTAG

*Nr. 2: **Strafgesetzbuch** (Kohlrausch-Lange). 1959. etwa DM 35,—

*Nr. 2a: **Schutz der Landesverteidigung** (Lange). 1957. DM 2,40

Nr. 4: **Handelsgesetzbuch** (Heymann-Kötter). 1950. DM 18,—

Nr. 5: **Wechselgesetz** (Stranz). 1952. DM 32,—

*Nr. 29: **Genossenschaftsgesetz** (Lang-Weidmüller). 1959. DM 24,—

*Nr. 34: **Abzahlungsgesetz** (Crisolli-Ostler). 1958. DM 38,—

Nr. 36: **Binnenschiffahrts- und Flößereirecht** (Vortisch-Zschucke). 1953. DM 38,—

Nr. 36a: **Binnenschiffahrtsgesetz** (Vortisch). 1955. DM 5,80

*Nr. 37: **Wettbewerbsrecht** (Godin-Hoth). 1957. DM 28,—

*Nr. 38/39: **Bürgerliches Gesetzbuch** (Achilles-Greiff). 1958. DM 38,—

*Nr. 41: **Börsengesetz** (Meyer-Bremer). 1957. DM 36,—

*Nr. 42: **Grundbuchordnung** (Hesse-Saage-Fischer. 1957. DM 38,—

*Nr. 46: **Freiwillige Gerichtsbarkeit** (Jastrow-Jansen). 1959. Im Druck

*Nr. 50: **Viehgewährschaftsrecht** (Lerche). 1955. DM 29,40

*Nr. 196: **Wehrstrafgesetz** (Rittau). 1958. DM 16,—

Nr. 203: **Depotgesetz** (Opitz). 1955. DM 48,—

Nr. 205: **Aktiengesetz** (Godin). 1950. DM 52,—

Nr. 212: **Wasser- und Bodenverbandrecht** (Bochalli-Linckelmann). 1949. DM 10,—

Nr. 218a: **Urheberrecht** (Voigtländer-Elster-Kleine). 1952. DM 20,—

Nr. 230: **Ehegesetz** (Godin). 1950. DM 22,—

Nr. 232: **Rückerstattung feststellbarer Vermögensgegenstände** (Godin-Godin). 1950. DM 30,—

Nr. 238: **Gesetz über die Mitbestimmung der Arbeitnehmer** (Kötter). 1952. DM 16,—

Nr. 239: **Grundpfandrechte und Währungsumstellung** (Nehlert). 1952. DM 12,—

Nr. 239a: **Aufbaugrundschuld und Hypothekengewinnabgabe** (Nehlert). 1952. DM 4,20

Nr. 240: **Neuere haushaltsrechtliche Bestimmungen** (Greuner). 1954. DM 18,—

Nr. 241: **Vermögensrechnung des Bundes** (Helmert). 1954. DM 24,—

N. 242: **Das Recht des Schiffskredits** (Prause) 1954. DM 58,—

Nr. 243: **Pachtkreditgesetz** (Sichtermann). 1954. DM 10,—

*Nr. 244: **Patent und Gebrauchsmustergesetz** (Busse). 1956. DM 48,—

*Nr. 245: **Staatsangehörigkeitsrecht** (Schätzel). 1958. DM 38,—

*Nr. 246: **Warenzeichengesetz** (Busse). 1959. In Vorbereitung

*Nr. 247: **Mitbestimmungs-Ergänzungsgesetz** (Holding-Novelle). (Kötter). 1958. DM 22,—

*Nr. 248: **Enteignung von Grundeigentum** (Meyer-Thiel-Frohberg). 1959. DM 34,—

*Nr. 250: **Kostenrecht in Sozialsachen** (Tschischgale). 1959. Im Druck

*Die Neuerscheinungen sind mit * bezeichnet*

WALTER DE GRUYTER & CO. / BERLIN W 35

vormals G. J. Göschen'sche Verlagshandlung · J. Guttentag, Verlagsbuchhandlung
Georg Reimer · Karl J. Trübner · Veit & Comp.

FSC
www.fsc.org
MIX
Papier | Fördert gute Waldnutzung
FSC® C083411

Kolibri 360 GmbH
Ferdinand-Jühlke-Straße 7
99095 Erfurt, Deutschland
produktsicherheit@kolibri360.de